职业技能培训鉴定教材

机械设备安装工

(基础知识)

主　编　陈国祥
编　者　黄国雄　张忠旭　龙林彬　李选华
审　稿　金　清

中国劳动社会保障出版社

图书在版编目(CIP)数据

机械设备安装工:基础知识/人力资源和社会保障部教材办公室组织编写. —北京:中国劳动社会保障出版社,2011

职业技能培训鉴定教材

ISBN 978-7-5045-9015-2

Ⅰ.①机… Ⅱ.①人… Ⅲ.①机械设备-设备安装-职业技能-鉴定-教材 Ⅳ.①TH182

中国版本图书馆 CIP 数据核字(2011)第 094519 号

中国劳动社会保障出版社出版发行

(北京市惠新东街1号 邮政编码:100029)

出 版 人:张梦欣

*

北京北苑印刷有限责任公司印刷装订 新华书店经销

787 毫米×1092 毫米 16 开本 22 印张 477 千字

2011 年 7 月第 1 版 2011 年 7 月第 1 次印刷

定价:43.00 元

读者服务部电话:010-64929211/64921644/84643933

发行部电话:010-64961894

出版社网址:http://www.class.com.cn

版权专有 侵权必究

举报电话:010-64954652

如有印装差错,请与本社联系调换:010-80497374

内容简介

本教材由人力资源和社会保障部教材办公室组织编写。教材以《国家职业标准·机械设备安装工》为依据，紧紧围绕"以企业需求为导向，以职业能力为核心"的编写理念，力求突出职业技能培训特色，满足职业技能培训与鉴定考核的需要。

本教材详细介绍了机械设备安装工要求掌握的最新实用知识和技术。全书分为10个模块单元，主要内容包括：职业道德和相关法规、识图、机械基础、常用材料、钳工基本操作、管道安装基础、金属结构制作和焊接基础、起重与搬运、设备安装工艺过程、质量检验与安全文明生产。每单元后安排了单元测试题及答案，供读者巩固、检验学习效果时参考使用。

本教材是机械设备安装工职业技能培训与鉴定考核用书，也可供相关人员参加在职培训、岗位培训使用。

前 言

　　1994年以来，原劳动和社会保障部职业技能鉴定中心、教材办公室和中国劳动社会保障出版社组织有关方面专家，依据《中华人民共和国职业技能鉴定规范》，编写出版了职业技能鉴定教材及其配套的职业技能鉴定指导200余种，作为考前培训的权威性教材，受到全国各级培训、鉴定机构的欢迎，有力地推动了职业技能鉴定工作的开展。

　　原劳动保障部从2000年开始陆续制定并颁布了国家职业标准。同时，社会经济、技术不断发展，企业对劳动力素质提出了更高的要求。为了适应新形势，为各级培训、鉴定部门和广大受培训者提供优质服务，人力资源和社会保障部教材办公室组织有关专家、技术人员和职业培训教学管理人员、教师，依据国家职业标准和企业对各类技能人才的需求，研发了职业技能培训鉴定教材。

　　新编写的教材具有以下主要特点：

　　在编写原则上，突出以职业能力为核心。 教材编写贯穿"以职业标准为依据，以企业需求为导向，以职业能力为核心"的理念，依据国家职业标准，结合企业实际，反映岗位需求，突出新知识、新技术、新工艺、新方法，注重职业能力培养。凡是职业岗位工作中要求掌握的知识和技能，均作详细介绍。

　　在使用功能上，注重服务于培训和鉴定。 根据职业发展的实际情况和培训需求，教材力求体现职业培训的规律，反映职业技能鉴定考核的基本要求，满足培训对象参加各级各类鉴定考试的需要。

　　在编写模式上，采用分级模块化编写。 纵向上，教材按照国家职业资格等级单独成册，各等级合理衔接、步步提升，为技能人才培养搭建科学的阶梯型培训架构。横向上，教材按照职业功能分模块展开，安排足量、适用的内容，贴近生产实际，贴近培训对象需要，贴近市场需求。

　　在内容安排上，增强教材的可读性。 为便于培训、鉴定部门在有限的时间内把最重要的知识和技能传授给培训对象，同时也便于培训对象迅速抓住重点，提高学习效率，在教材中精心设置了"培训目标""特别提示"等栏目，以提示应该达到的目标，需要掌握的重点、难点、鉴定点和有关的扩展知识。另外，每个学习单元后安排了单元测试题，方便培训对象及时巩固、检验学习效果。

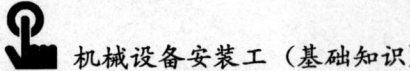

本书在编写过程中得到四川省职业技能鉴定指导中心、西南安装高级技工学校的大力支持和热情帮助,在此一并致以诚挚的谢意。

编写教材有相当的难度,是一项探索性工作。由于时间仓促,不足之处在所难免,恳切希望各使用单位和个人对教材提出宝贵意见,以便修订时加以完善。

人力资源和社会保障部教材办公室

目 录

第1单元 职业道德和相关法规/1

第一节 职业道德和职业守则/2
一、职业道德及其特点
二、机械设备安装工职业道德
三、机械设备安装工职业守则

第二节 相关法律法规知识/5
一、《中华人民共和国劳动法》相关知识
二、《中华人民共和国建筑法》相关知识
三、《中华人民共和国安全生产法》相关知识
四、《建设工程质量管理条例》相关知识

单元测试题/17
单元测试题答案/19

第2单元 识图/21

第一节 制图基本知识/22
一、图纸幅面（GB/T 14689—2008）
二、比例（GB/T 14690—1993）
三、字体（GB/T 14691—1993）
四、图线（GB/T 4457.4—2002）
五、尺寸注法（GB/T 4458.4—2003）

第二节 机械图样的表达形式/27
一、投影方法及视图
二、剖视图、断面图的画法

单元测试题/34
单元测试题答案/35

第3单元 机械基础/37

第一节 机械原理/38
一、常用机构

二、刚性转子的静平衡
第二节　机械零件/62
一、螺纹连接
二、轴
三、键与销
四、滑动轴承
五、滚动轴承
六、联轴器、离合器、制动器
第三节　润滑/92
一、润滑剂
二、润滑方式
单元测试题/93
单元测试题答案/94

第4单元　常用材料/97
第一节　金属材料概述/98
一、金属材料及其分类
二、金属材料的性能
第二节　钢的热处理/104
一、退火与正火
二、淬火
三、回火
四、表面热处理
第三节　常用金属材料/107
一、钢
二、铸铁
三、有色金属
四、金属的腐蚀及防腐方法
第四节　非金属材料及其分类/117
一、塑料
二、混凝土
三、陶瓷
四、复合材料
单元测试题/123
单元测试题答案/124

第5单元　钳工基本操作/125
第一节　划线/126
一、划线的作用、种类和工具

二、划线操作
第二节 金属的錾削、锯割和锉削/128
    一、金属的錾削和锯割
    二、金属的锉削
第三节 孔加工、螺纹加工及刮削和研磨/142
    一、钻孔、锪孔和铰孔
    二、螺纹加工
    三、刮削与研磨
单元测试题/156
单元测试题答案/156

第6单元 管道安装基础/159

第一节 管道常用参数和分类/160
    一、管道常用参数
    二、管道的分类
第二节 管材、板材和型钢/163
    一、管材及其管件
    二、板材和型钢
第三节 常用法兰和阀门/174
    一、常用法兰及其螺栓与垫片
    二、常用阀门
单元测试题/186
单元测试题答案/186

第7单元 金属结构制作和焊接基础/187

第一节 金属结构制作安装基础/188
    一、放样与下料
    二、金属结构制作加工方法
第二节 焊接/201
    一、焊条电弧焊
    二、气焊与气割
    三、其他焊接方法
单元测试题/215
单元测试题答案/217

第8单元 起重与搬运/219

第一节 起重索、吊具/220
    一、索具
    二、起重吊具

第二节 起重机械与起重方法/226
　　一、常用起重机械
　　二、起重机
　　三、起重方法
单元测试题/261
单元测试题答案/262

第9单元　设备安装工艺过程/263

第一节 设备安装施工一般工艺/264
　　一、设备的开箱检查及基础验收
　　二、地脚螺栓和垫铁
　　三、基础放线与设备划线
　　四、设备就位及初平
　　五、设备的拆卸、清洗和装配
　　六、设备的找正、找平和二次灌浆
　　七、设备调试及试运行

第二节 设备安装的竣工验收/298
　　一、机电安装工程竣工验收应具备的资料
　　二、设备的性能试验
　　三、设备的验收

单元测试题/300
单元测试题答案/301

第10单元　质量检验与安全文明生产/303

第一节 质量检验/304
　　一、常用检测器具
　　二、常用测量方法
　　三、联轴器找正对中

第二节 安全文明生产/339
　　一、安全用电
　　二、安全用电要求
　　三、安全用电的防护措施
　　四、触电的急救
　　五、消防基本知识
　　六、施工环境保护

第1单元

职业道德和相关法规

- 第一节　职业道德和职业守则/2
- 第二节　相关法律法规知识/5

第一节　职业道德和职业守则

一、职业道德及其特点

职业道德是同人们的职业活动紧密联系的符合职业特点所要求的道德准则、道德情操与道德品质的总和，也就是人们在从事正当职业并履行职责过程中应遵循的行为规范和道德规则。每个从业人员，不论是从事哪种职业，在职业活动中都要遵守与自己相关的基本职业道德。职业道德不仅是从业人员在职业活动中的行为标准和要求，而且是本行业对社会所承担的道德责任和义务。从这个意义上讲，职业道德也就是社会道德在职业生活中的具体化。

要理解职业道德，需要掌握以下四点：

首先，在内容方面，职业道德总是要鲜明地表达职业义务、职业责任以及职业行为上的道德准则。它不是一般地反映社会道德和阶级道德的要求，而是要反映职业、行业以至产业特殊利益的要求；它不是在一般意义上的社会实践基础上形成的，而是在特定的职业实践的基础上形成的，因而它往往表现为某一职业特有的道德传统和道德习惯，表现为从事某一职业的人们所特有的道德心理和道德品质。

其次，在表现形式方面，职业道德往往比较具体、灵活、多样。它总是从本职业的交流活动的实际出发，采用制度、守则、公约、承诺、誓言、条例，以及标语口号之类的形式，这些灵活的形式既易于为从业人员所接受和实行，又易形成一种职业的道德习惯。

再次，从调节的范围来看，职业道德一方面用来调节从业人员内部关系，加强职业、行业内部人员的凝聚力；另一方面，也用来调节从业人员与其服务对象之间的关系，塑造本职业从业人员的形象。

最后，从产生的效果来看，职业道德与各种职业要求和职业生活结合，形成比较稳定的职业心理和职业习惯。

二、机械设备安装工职业道德

《中共中央关于加强社会主义精神文明建设若干问题的决议》规定了各行各业都应共同遵守的职业道德的五项基本规范，即"爱岗敬业、诚实守信、办事公道、服务群众、奉献社会"。

1. 爱岗敬业

爱岗敬业是为人民服务和集体主义精神的具体体现，是社会主义职业道德一切基本规范的基础。爱岗就是热爱自己的工作岗位，热爱本职工作。敬业就是用一种严肃的态度对待自己的工作，勤勤恳恳，兢兢业业，忠于职守，尽职尽责。爱岗与敬业是相互联系在一起的。爱岗是敬业的基础，敬业是爱岗的具体表现。

2. 诚实守信

诚实，就是忠诚老实，不讲假话。守信，就是信守诺言，说话算数，讲信誉，重信用，履行自己应承担的义务。诚实侧重于对客观事实的反映是真实的，对自己内心的思想、情感的表达是真实的。守信侧重于对自己应承担、履行的责任和义务的忠实，毫无保留地实践自己的诺言。

机械设备安装工要从以下几个方面做到诚实守信：

首先，守合同、重服务、求信誉。工程质量和服务质量直接关系到企业的信誉，是企业的生命。工程质量优良、服务质量高，企业的信誉就好，市场份额就大，承接工程的机会就多，企业也就拥有了强大的生命力。相反，工程质量低下，会使业主或建设方感觉受到了欺骗，企业也就没有信誉可言。

其次，诚实劳动、合法经营。从业者应严格按照每道工序的操作程序去做，做到诚实劳动，文明生产。经济利益会使意志薄弱者忘记自己应遵守的职业道德，投机取巧、偷工减料。从业人员在职业活动中，只有诚实劳动、合法经营，才能实现最大的、长远的利益，才能做到诚实守信。

最后，实事求是，不讲假话。这要求从业人员平时不讲假话，不讲空话。对工作中的成绩不夸大，对工作中的失误也不回避，对完成工程的能力及业绩的宣传要符合实际，只有实事求是，不讲假话，才能做到诚实守信。

3. 办事公道

办事公道是指从业人员在处理问题时，要站在客观公正的立场上，遵循同一标准和同一原则。

首先，要热爱真理，追求正义。公道就是要合乎公认的道理，合乎正义。不追求真理，不追求正义，无正义感的人办事很难会合乎公道。其次，要坚持原则，摒弃私心杂念，不徇私情，不畏权势。最后，真正做到办事公道，一方面与品德相关，另一方面也与认识能力有关。如果一个人认识能力很差，就会无法弄清分辨是非的标准，分不清原则与非原则，就很难做到办事公道。所以，要做到办事公道，还必须加强学习，不断提高认识能力，能明确是非标准，分辨善恶美丑，并有敏锐的洞察力，这样才能公道办事。

4. 服务群众

服务群众是为人民服务精神更集中的表现。工作中应当依靠人民群众，时时刻刻为群众着想，急群众所急，忧群众所忧，乐群众所乐。从以下几个方面做到服务群众：

首先，要树立服务群众的观念。要做到服务群众，必须先树立服务群众的观念。

其次，要做到真心待群众。仅仅树立服务群众的观念还不够，还必须落实到行动上，即每个从业人员无论做任何事情，都要想到他人，想到他人的利益，实实在在地为他人提供自己应有的服务，尤其要对客户热情提供超值服务。

再次，要尊重他人。只有尊重他人，才能了解他人所思、所想、所需，才能真正做到服务他人。

最后，做每件事都要方便他人。每个从业人员做每件事情都与群众有关，因此任何职业要便民而不扰民。要真正为群众谋利益，决不应损害他人的利益。

5. 奉献社会

奉献社会就是要努力为社会作贡献，是为人民服务精神的最高体现。奉献社会的精神主要强调的是一种忘我的全身心投入的精神。当一个人专注于某种事业时，他关注的是这一事业对于人类、对于社会的意义。他为此而兢兢业业，任劳任怨，不计较个人得失，甚至不惜献出自己的生命。这就是伟大的奉献社会的精神。

一个人的能力有大小，但奉献社会的精神没有不同；一个人不论从事什么行业的工作，不论在什么岗位，都可以做到奉献社会。我们不苛求每一个人都全心全意、全身心地投入到奉献社会中，但我们倡导、推崇、褒扬奉献社会的精神，这也应该是时代进步的要求，是社会文明的象征。

三、机械设备安装工职业守则

我国于1997年颁布了《建筑业从业人员职业道德规范（试行）》，对建筑从业人员提出了规范性要求。其中针对施工作业人员的内容如下：

1. 苦练硬功，扎实工作

刻苦钻研技术，熟练掌握本工种的基本技能，努力学习和运用先进的施工方法，练就过硬本领，立志岗位成才。热爱本职工作，不怕苦、不怕累，认认真真，精心操作。

安装企业属建筑业的大范畴，作为一名机械设备安装工，要高质量地完成工作，为企业的发展作贡献，为自己的事业发展搭建坚实的平台，就必须要有过硬的本领和踏实苦干的工作热情。

2. 精心施工，确保质量

严格按照设计图纸和技术规范操作，坚持自检、互检、交接检制度，确保工程质量。

工程质量是企业生存发展的生命，也是个人生存的基础。质量意识是首要的、关键的，只有牢固树立质量意识，才能做到精心施工；只有牢固树立质量意识，才能主动而不是被动地工作，更不会敷衍了事。当然，严格按照设计图纸工作、坚持技术操作规范，是保证工程质量的基础。自检、互检和交接检制度是确保质量的重要保证，三检制度要有书面文字资料及相关责任人的签字认可作为执行制度的依据；三检制度要与责任人经济利益及工作考核相联系，才能使检查制度得到落实，才能使检查得到更好的效果。

3. 安全生产，文明施工

树立安全生产意识，严格执行安全操作规程，杜绝一切违章作业现象。维护施工现场整洁，不乱倒垃圾，做到工完场清。

安全包括人身安全与设备安全两大方面。安全意识与安全措施必须同时落实，但安全意识是第一位的，只有有很强的安全意识，才能有可靠的安全措施。安全措施上的"三宝"通常是指安全帽、安全带和安全网，它们是重要的安全措施。不仅领导要重视安全，作为生产工人更要重视安全。必须要克服侥幸心理，更要杜绝一切违章作业行为，违章作业是安全事故的导火索，是安全事故的重要根源。

文明施工是指坚持合理的施工程序，科学组织施工、严格现场管理、保证现场整洁有序。

文明施工不仅是建设文明社会的需要，也是企业员工个人素质的展示，同时，也是企业竞争力的一个有力支撑。安全、健康、环保已经成为企业工作的一个重要部分，并且纳入到行业管理规范，由管理部门进行监督。

4. 争做文明职工

不断提高文化素质和道德修养，遵守各项规章制度，发扬劳动者的主人翁精神，维护国家利益和集体荣誉，服从上级领导和有关部门的管理，争做文明职工。

第二节　相关法律法规知识

一、《中华人民共和国劳动法》相关知识

为了保护劳动者的合法权益，调整劳动关系，建立和维护适应社会主义市场经济的劳动制度，促进经济发展和社会进步，1994年7月5日，全国人民代表大会常务委员会第八次会议通过了《中华人民共和国劳动法》（以下简称《劳动法》），自1995年1月1日起执行。这是我国第一部劳动法典，它确立了我国社会主义市场经济条件下劳动力市场的基本法律原则，为保护劳动者的合法权益、稳定劳动关系提供了法律保障，在我国境内的企业、个体经济组织和与之形成劳动关系的劳动者，均适用本法。

《劳动法》规定：劳动者享有平等就业和选择职业的权利、取得劳动报酬的权利、休息休假的权利、获得劳动安全卫生保护的权利、接受职业技能培训的权利、享受社会保险和福利的权利、提请劳动争议处理的权利以及法律规定的其他劳动权利。劳动者应当完成劳动任务，提高职业技能，执行劳动安全卫生规程，遵守劳动纪律和职业道德。劳动者有权依法参加和组织工会。工会代表和维护劳动者的合法权益，依法独立自主地开展活动。劳动者依照法律规定，通过职工大会、职工代表大会或者其他形式，参与民主管理或者就保护劳动者合法权益与用人单位进行平等协商。

1. 关于劳动合同内容的主要规定

劳动合同是劳动者与用人单位确立劳动关系、明确双方权利和义务的协议。建立劳动关系应当订立劳动合同。订立和变更劳动合同，应当遵循平等自愿、协商一致的原则，不得违反法律、行政法规的规定。劳动合同依法订立即具有法律约束力，当事人必须履行劳动合同规定的义务。

违反法律、行政法规的劳动合同，采取欺诈、威胁等手段订立的劳动合同均无效。无效的劳动合同，从订立起，就没有法律约束力。确认劳动合同部分无效的，如果不影响其余部分的效力，其余部分仍然有效。劳动合同是否无效，应由劳动部门的劳动争议仲裁委员会或者人民法院予以确认。

劳动合同应当以书面形式订立，并具备劳动合同期限、工作内容、劳动保护和劳动条件、劳动报酬、劳动纪律、劳动合同终止的条件、违反劳动合同的责任等条款。除前述劳动合同规定的必备条款外，当事人可以协商约定其他内容。

劳动合同的期限分为有固定期限、无固定期限和以完成一定的工作为期限等几种。劳动者在同一用人单位连续工作满十年以上，当事人双方同意续延劳动合同的，如果劳动者提出订立无固定期限的劳动合同，应当订立无固定期限的劳动合同。

劳动合同可以约定试用期。根据劳动合同约定工作期限的长短，其试用期时间的长

短可有所不同，但试用期最长不得超过六个月。

劳动合同当事人可以在劳动合同中约定保守用人单位商业秘密的有关事项，劳动合同当事人应遵守该项规定，否则应承担相应的责任。

劳动合同期满或者当事人约定的劳动合同终止条件出现，劳动合同即行终止。经劳动合同当事人协议一致，劳动合同可以解除。

2. 关于劳动工作时间和休假时间的规定

国家实行劳动者每天工作时间不得超过 8 小时、平均每周工作时间不应超过 44 小时的工时制度。对于实行计件工作的劳动者，用人单位应当根据劳动法规定的工时制度合理确定其劳动定额和计件报酬标准。用人单位应当保证劳动者每周至少休息一天。企业因生产特点不能实行上述规定的（如建筑安装类企业的施工现场作业），经劳动行政部门批准，可以实行其他工作和休息办法。

用人单位在元旦、春节、国际劳动节、国庆节以及法律、法规规定的其他休假节日期间应当依法安排劳动者休假。

用人单位由于生产经营需要，经与工会和劳动者协商后可以延长工作时间，一般每日不得超过 1 小时；因特殊原因需要延长工作时间的，在保障劳动者身体健康的条件下延长工作时间每日不得超过 3 小时，但是每月不得超过 36 小时。

在发生自然灾害、事故或者因其他原因，威胁劳动者生命健康和财产安全，需要紧急处理的，生产设备、交通运输线路、公共设施发生故障，影响生产和公众利益，必须及时抢修的，法律、行政法规规定的其他情形等，其延长工作时间不受上面规定的限制。用人单位不得违反本法规定延长劳动者的工作时间。

3. 关于劳动保护、职业培训及社会保险和福利的规定

用人单位必须建立、健全劳动安全卫生制度，严格执行国家劳动安全卫生规程和标准，对劳动者进行劳动安全卫生教育，防止劳动过程中的事故，减少职业危害。劳动安全卫生设施必须符合国家规定的标准。新建、改建、扩建工程的劳动安全卫生设施必须与主体工程同时设计，同时施工，同时投入生产和使用。

用人单位必须为劳动者提供符合国家规定的劳动安全卫生条件和必要的劳动防护用品，对从事有职业危害工作的劳动者应当定期进行健康检查。从事特种作业的劳动者必须经过专门培训并取得特种作业资格。劳动者在劳动过程中必须严格遵守安全操作规程。劳动者对于用人单位管理人员违章指挥、强令冒险作业，有权拒绝执行；对危害生命安全和身体健康的行为，有权提出批评、检举和控告。女职工和未成年工的特殊保护，可参见劳动法相关条款。

在职业培训方面，国家通过各种途径，采取各种措施，发展职业教育和职业培训，开发劳动者的职业技能，提高劳动者素质，增强劳动者的就业能力和工作能力。用人单位应当建立职业培训制度，按照国家规定提取和使用职业培训经费，根据本单位实际，有计划地对劳动者进行职业培训。从事技术工种的劳动者，上岗前必须经过培训。国家确定职业分类，对规定的职业制定职业技能标准，实行职业资格证书制度，由经过政府批准的考核鉴定机构负责对劳动者实施职业技能考核鉴定。

4. 关于劳动争议解决的相关规定

用人单位与劳动者发生劳动争议，当事人可以依法申请调解、仲裁、提起诉讼，也可以协商解决。调解原则适用于仲裁和诉讼程序。

解决劳动争议，应当根据合法、公正、及时处理的原则，依法维护劳动争议当事人的合法权益。劳动争议发生后，当事人可以向本单位劳动争议调解委员会申请调解；调解不成，当事人一方要求仲裁的，可以向劳动争议仲裁委员会申请仲裁。当事人一方也可以直接向劳动争议仲裁委员会申请仲裁。对仲裁裁决不服的，可以向人民法院提起诉讼。

在用人单位内，可以设立劳动争议调解委员会。劳动争议调解委员会由职工代表、用人单位代表和工会代表组成。劳动争议调解委员会主任由工会代表担任。劳动争议经调解达成协议的，当事人应当履行。

劳动争议仲裁委员会由劳动行政部门代表、同级工会代表、用人单位方面的代表组成。劳动争议仲裁委员会主任由劳动行政部门代表担任。提出仲裁要求的一方应当自劳动争议发生之日起60日内向劳动争议仲裁委员会提出书面申请。仲裁裁决一般应在收到仲裁申请的60日内作出。对仲裁裁决无异议的，当事人必须履行。劳动争议当事人对仲裁裁决不服的，可以自收到仲裁裁决书之日起15日内向人民法院提起诉讼。一方当事人在法定期限内不起诉又不履行仲裁裁决的，另一方当事人可以申请人民法院强制执行。

因签订集体合同发生争议，当事人协商解决不成的，当地人民政府劳动行政部门可以组织有关各方协调处理。因履行集体合同发生争议，当事人协商解决不成的，可以向劳动争议仲裁委员会申请仲裁；对仲裁裁决不服的，可以自收到仲裁裁决书之日起15日内向人民法院提起诉讼。

5. 违反劳动法所应承担的法律责任

用人单位制定的劳动规章制度违反法律、法规规定的，由劳动行政部门给予警告，责令改正；对劳动者造成损害的，应当承担赔偿责任。

用人单位违反本法规定，延长劳动者工作时间的，由劳动行政部门给予警告，责令改正，并可以处以罚款。

用人单位有克扣或者无故拖欠劳动者工资，拒不支付劳动者延长工作时间工资报酬，低于当地最低工资标准支付劳动者工资，解除劳动合同后，未依照本法规定给予劳动者经济补偿等侵害劳动者合法权益情形的，由劳动行政部门责令支付劳动者的工资报酬、经济补偿，并可以责令支付赔偿金。

用人单位的劳动安全设施和劳动卫生条件不符合国家规定或者未向劳动者提供必要的劳动防护用品和劳动保护设施的，由劳动行政部门或者有关部门责令改正，可以处以罚款；情节严重的，提请县级以上人民政府决定责令停产整顿；对事故隐患不采取措施，致使发生重大事故，造成劳动者生命和财产损失的，对责任人员比照刑法规定追究刑事责任。用人单位强令劳动者违章冒险作业，发生重大伤亡事故，造成严重后果的，对责任人员依法追究刑事责任。用人单位非法招用未满十六周岁的未成年人的，由劳动行政部门责令改正，处以罚款；情节严重的，由工商行政管理部门吊销营业执照。用人单位违反本法对女职工和未成年工的保护规定，侵害其合法权益的，由劳动行政部门责令改正，处以罚款；对女职工或者未成年工造成损害的，应当承担赔偿责任。

用人单位有以暴力、威胁或者非法限制人身自由的手段强迫劳动，侮辱、体罚、殴打、非法搜查和拘禁劳动者等行为的，由公安机关对责任人员处以15日以下拘留、罚款或者警告；构成犯罪的，对责任人员依法追究刑事责任。

由于用人单位的原因订立的无效合同，对劳动者造成损害的，应当承担赔偿责任。用人单位违反本法规定的条件解除劳动合同或者故意拖延不订立劳动合同的，由劳动行政部门责令改正；对劳动者造成损害的，应当承担赔偿责任。用人单位招用尚未解除劳动合同的劳动者，对原用人单位造成经济损失的，该用人单位应当依法承担连带赔偿责任。用人单位无故不缴纳社会保险费的，由劳动行政部门责令其限期缴纳，逾期不缴的，可以加收滞纳金。用人单位无理阻挠劳动行政部门、有关部门及其工作人员行使监督检查权，打击报复举报人员的，由劳动行政部门或者有关部门处以罚款；构成犯罪的，对责任人员依法追究刑事责任。

劳动者违反本法规定的条件解除劳动合同或者违反劳动合同中约定的保密事项，对用人单位造成经济损失的，应当依法承担赔偿责任。

二、《中华人民共和国建筑法》相关知识

为了加强对建筑活动的监督管理，维护建筑市场秩序，保证建筑工程的质量和安全，促进建筑业健康发展，1997年11月1日第八届全国人民代表大会常务委员会第二十八次会议通过《中华人民共和国建筑法》（以下简称《建筑法》），自1998年3月1日起执行。

《建筑法》共8章85条。《建筑法》规定：在我国境内从事各类房屋建筑及其附属设施的建造和与其配套的线路、管道、设备的安装等活动及对建筑、安装活动的监督管理，应当遵守本法。建筑、安装活动应当确保工程质量和安全，符合国家的建设工程安全标准。

1. 关于建筑工程施工许可的规定

建筑工程开工前，建设单位应当按照国家有关规定向工程所在地县级以上人民政府建设行政主管部门申请领取施工许可证；但是，国务院建设行政主管部门确定的限额以下的小型工程除外。按照国务院规定的权限和程序批准开工报告的建筑工程，不再领取施工许可证。

申请领取施工许可证，应当具备的条件有：已经办理该建筑工程用地批准手续；在城市规划区的建筑工程，已经取得规划许可证；需要拆迁的，其拆迁进度符合施工要求；已经确定建筑施工企业；有满足施工需要的施工图纸及技术资料；有保证工程质量和安全的具体措施；建设资金已经落实；法律、行政法规规定的其他条件。

2. 关于从业资格规定

从事建筑活动的建筑施工企业、勘察单位、设计单位和工程监理单位，应当具备：有符合国家规定的注册资本；有与其从事的建筑活动相适应的具有法定执业资格的专业技术人员；有从事相关建筑活动所应有的技术装备；法律、行政法规规定的其他条件。

从事建筑活动的建筑施工企业、勘察单位、设计单位和工程监理单位，按照其拥有

的注册资本、专业技术人员、技术装备和已完成的建筑工程业绩等资质条件，划分为不同的资质等级，经资质审查合格，取得相应等级的资质证书后，方可在其资质等级许可的范围内从事建筑活动。从事建筑活动的专业技术人员，应当依法取得相应的执业资格证书，并在执业资格证书许可的范围内从事建筑活动。

3. 关于建筑工程发包与承包的规定

建筑工程的发包单位与承包单位应当依法订立书面合同，明确双方的权利和义务。发包单位和承包单位应当全面履行合同约定的义务。不按照合同约定履行义务的，依法承担违约责任。建筑工程发包与承包的招标投标活动，应当遵循公开、公正、平等竞争的原则，择优选择承包单位。

发包单位及其工作人员在建筑工程发包中不得收受贿赂、回扣或者索取其他好处。承包单位及其工作人员不得利用向发包单位及其工作人员行贿、提供回扣或者给予其他好处等不正当手段承揽工程。建筑工程造价应当按照国家有关规定，由发包单位与承包单位在合同中约定。公开招标发包的，其造价的约定须遵守招标投标法律的规定。发包单位应当按照合同的约定，及时拨付工程款项。

建筑工程依法实行招标发包，对不适于招标发包的可以直接发包。建筑工程实行公开招标的，发包单位应当依照法定程序和方式，发布招标公告，提供载有招标工程的主要技术要求、主要的合同条款、评标的标准和方法以及开标、评标、定标的程序等内容的招标文件。开标应当在招标文件规定的时间、地点公开进行。开标后应当按照招标文件规定的评标标准和程序对标书进行评价、比较，在具备相应资质条件的投标者中，择优选定中标者。建筑工程招标的开标、评标、定标由建设单位依法组织实施，并接受有关行政主管部门的监督。

建筑工程实行招标发包的，发包单位应当将建筑工程发包给依法中标的承包单位。建筑工程实行直接发包的，发包单位应当将建筑工程发包给具有相应资质条件的承包单位。政府及其所属部门不得滥用行政权力，限定发包单位将招标发包的建筑工程发包给指定的承包单位。提倡对建筑工程实行总承包，禁止将建筑工程肢解发包。建筑工程的发包单位可以将建筑工程的勘察、设计、施工、设备采购一并发包给一个工程总承包单位，也可以将建筑工程勘察、设计、施工、设备采购的一项或者多项发包给一个工程总承包单位；但是，不得将应当由一个承包单位完成的建筑工程肢解成若干部分发包给几个承包单位。

按照合同约定，建筑材料、建筑构配件和设备由工程承包单位采购的，发包单位不得指定承包单位购入用于工程的建筑材料、建筑构配件和设备或者指定生产厂、供应商。承包建筑工程的单位应当持有依法取得的资质证书，并在其资质等级许可的业务范围内承揽工程。禁止建筑施工企业超越本企业资质等级许可的业务范围或者以任何形式用其他建筑施工企业的名义承揽工程。禁止建筑施工企业以任何形式允许其他单位或者个人使用本企业的资质证书、营业执照，以本企业的名义承揽工程。大型建筑工程或者结构复杂的建筑工程，可以由两个以上的承包单位联合共同承包。共同承包的各方对承包合同的履行承担连带责任。两个以上不同资质等级的单位实行联合共同承包的，应当按照资质等级低的单位的业务许可范围承揽工程。禁止承包单位将其承包的全部建筑工程转包给他人，禁止承包单位将其承包的全部建筑工程肢解以后以分包的名义分别转包给他人。建筑工程总承包单位可以将承包工程中的部分工程发包给具有相应资质条件的分包单位，但是，除总承包合同中约定的分包外，必须经建设单位认可。施工总承包的，建筑工程主体结构的施工必须由总承包单位自行完成。

建筑工程总承包单位按照总承包合同的约定对建设单位负责；分包单位按照分包合同的约定对总承包单位负责。总承包单位和分包单位就分包工程对建设单位承担连带责任。禁止总承包单位将工程分包给不具备相应资质条件的单位。禁止分包单位将其承包的工程再分包。

4. 关于建筑工程监理的规定

国家推行建筑工程监理制度。实行监理的建筑工程，由建设单位委托具有相应资质条件的工程监理单位监理。建设单位与其委托的工程监理单位应当订立书面委托监理合同。

建筑工程监理应当依照法律、行政法规及有关的技术标准、设计文件和建筑工程承包合同，对承包单位在施工质量、建设工期和建设资金使用等方面，代表建设单位实施监督。工程监理人员认为工程施工不符合工程设计要求、施工技术标准和合同约定的，有权要求建筑施工企业改正。工程监理人员发现工程设计不符合建筑工程质量标准或者合同约定的质量要求的，应当报告建设单位要求设计单位改正。

实施建筑工程监理前，建设单位应当将委托的工程监理单位、监理的内容及监理权限，书面通知被监理的建筑施工企业。工程监理单位应当在其资质等级许可的监理范围内，承担工程监理业务。工程监理单位应当根据建设单位的委托，客观、公正地执行监理任务。工程监理单位与被监理工程的承包单位以及建筑材料、建筑构配件和设备供应单位不得有隶属关系或者其他利害关系。工程监理单位不得转让工程监理业务。工程监理单位与承包单位串通，为承包单位谋取非法利益，给建设单位造成损失的，应当与承包单位承担连带赔偿责任。

5. 关于建筑安全生产管理及质量管理的规定

建筑工程安全生产管理必须坚持安全第一、预防为主的方针，建立健全安全生产的责任制度和群防群治制度。

建筑工程设计应当符合按照国家规定制定的建筑安全规程和技术规范，保证工程的安全性能。建筑施工企业在编制施工组织设计时，应当根据建筑工程的特点制定相应的安全技术措施；对专业性较强的工程项目，应当编制专项安全施工组织设计，并采取安全技术措施。建筑施工企业应当在施工现场采取维护安全、防范危险、预防火灾等措施；有条件的，应当对施工现场实行封闭管理。施工现场对邻近的建筑物、构筑物和特殊作业环境可能造成损害的，建筑施工企业应当采取安全防护措施。建设单位应当向建筑施工企业提供与施工现场相关的地下管线资料，建筑施工企业应当采取措施加以保护。

建筑施工企业应当遵守有关环境保护和安全生产的法律、法规的规定，采取控制和处理施工现场的各种粉尘、废气、废水、固体废物以及噪声、振动对环境的污染和危害的措施。

对于需要临时占用规划批准范围以外场地的，可能损坏道路、管线、电力、邮电通信等公共设施的，需要临时停水、停电、中断道路交通的，需要进行爆破作业的，以及法律、法规规定需要办理报批手续的其他情形，建设单位应当按照国家有关规定办理申请批准手续。

建筑施工企业必须依法加强对建筑安全生产的管理，执行安全生产责任制度，采取有效措施，防止伤亡和其他安全生产事故的发生。建筑施工企业的法定代表人对本企业的安全生产负责。施工现场安全由建筑施工企业负责。实行施工总承包的，由总承包单位负责。分包单位向总承包单位负责，服从总承包单位对施工现场的安全生产管理。建筑施工企业应当建立健全劳动安全生产教育培训制度，加强对职工安全生产的教育培训；未经安全生产教育培训的人员，不得上岗作业。建筑施工企业和作业人员在施工过程中，应当遵守有关安全生产的法律、法规和建筑行业安全规章、规程，不得违章指挥或者违章作业。作业人员有权对影响人身健康的作业程序和作业条件提出改进意见，有权获得安全生产所需的防护用品。作业人员对危及生命安全和人身健康的行为有权提出批评、检举和控告。建筑施工企业必须为从事危险作业的职工办理意外伤害保险，支付保险费。涉及建筑主体和承重结构变动的装修工程，建设单位应当在施工前委托原设计单位或者具有相应资质条件的设计单位提出设计方案；没有设计方案的，不得施工。房屋拆除应当由具备保证安全条件的建筑施工单位承担，由建筑施工单位负责人对安全负责。

施工中发生事故时，建筑施工企业应当采取紧急措施减少人员伤亡和事故损失，并按照国家有关规定及时向有关部门报告。

建设单位不得以任何理由，要求建筑设计单位或者建筑施工企业在工程设计或者施工作业中，违反法律、行政法规和建筑工程质量、安全标准，降低工程质量。建筑设计单位和建筑施工企业对建设单位违反前款规定提出的降低工程质量的要求，应当予以拒绝。建筑工程实行总承包的，工程质量由工程总承包单位负责，总承包单位将建筑工程分包给其他单位的，应当对分包工程的质量与分包单位承担连带责任。分包单位应当接受总承包单位的质量管理。建筑设计单位对设计文件选用的建筑材料、建筑构配件和设备，不得指定生产厂、供应商。建筑施工企业对工程的施工质量负责。建筑施工企业必须按照工程设计图纸和施工技术标准施工，不得偷工减料。工程设计的修改由原设计单位负责，建筑施工企业不得擅自修改工程设计。建筑施工企业必须按照工程设计要求、施工技术标准和合同的约定，对建筑材料、建筑构配件和设备进行检验，不合格的不得使用。

建筑物在合理使用寿命内，必须确保地基基础工程和主体结构的质量。建筑工程竣工时，屋顶、墙面不得留有渗漏、开裂等质量缺陷；对已发现的质量缺陷，建筑施工企业应当修复。交付竣工验收的建筑工程，必须符合规定的建筑工程质量标准，有完整的工程技术经济资料和经签署的工程保修书，并具备国家规定的其他竣工条件。建筑工程竣工经验收合格后，方可交付使用；未经验收或者验收不合格的，不得交付使用。建筑工程实行质量保修制度。建筑工程的保修范围应当包括地基基础工程、主体结构工程、屋面防水工程和其他土建工程，以及电气管线、上下水管线的安装工程，供热、供冷系统工程等项目；保修的期限应当按照保证建筑物合理寿命年限内正常使用，维护使用者合法权益的原则确定。具体的保修范围和最低保修期限由国务院规定。任何单位和个人对建筑工程的质量事故、质量缺陷都有权向建设行政主管部门或者其他有关部门进行检举、控告、投诉。

6. 违反《建筑法》的法律责任

违反《建筑法》的规定，未取得施工许可证或者开工报告未经批准擅自施工的，责令改正，对不符合开工条件的责令停止施工，可以处以罚款。

发包单位将工程发包给不具有相应资质条件的承包单位的，或者违反本法规定将建筑工程肢解发包的，责令改正，处以罚款。超越本单位资质等级承揽工程的，责令停止违法行为，处以罚款，可以责令停业整顿，降低资质等级；情节严重的，吊销资质证书；有违法所得的，予以没收。未取得资质证书承揽工程的，予以取缔，并处罚款；有违法所得的，予以没收。以欺骗手段取得资质证书的，吊销资质证书，处以罚款；构成犯罪的，依法追究刑事责任。

建筑施工企业转让、出借资质证书或者以其他方式允许他人以本企业的名义承揽工程的，责令改正，没收违法所得，并处罚款，可以责令停业整顿，降低资质等级；情节严重的，吊销资质证书。对因该项承揽工程不符合规定的质量标准造成的损失，建筑施工企业与使用本企业名义的单位或者个人承担连带赔偿责任。承包单位将承包的工程转包的，或者违反本法规定进行分包的，责令改正，没收违法所得，并处罚款，可以责令停业整顿，降低资质等级；情节严重的，吊销资质证书。

在工程发包与承包中索贿、受贿、行贿，构成犯罪的，依法追究刑事责任；不构成犯罪的，分别处以罚款，没收贿赂的财物，对直接负责的主管人员和其他直接责任人员给予处分。对在工程承包中行贿的承包单位，除依照前款规定处罚外，可以责令停业整顿，降低资质等级或者吊销资质证书。

涉及建筑主体或者承重结构变动的装修工程擅自施工的，责令改正，处以罚款；造成损失的，承担赔偿责任；构成犯罪的，依法追究刑事责任。

建筑施工企业对建筑安全事故隐患不采取措施予以消除的，责令改正，可以处以罚款；情节严重的，责令停业整顿，降低资质等级或者吊销资质证书；构成犯罪的，依法追究刑事责任。建筑施工企业的管理人员违章指挥、强令职工冒险作业，因而发生重大伤亡事故或者造成其他严重后果的，依法追究刑事责任。

建筑施工企业在施工中偷工减料的，使用不合格的建筑材料、建筑构配件和设备的，或者有其他不按照工程设计图纸或者施工技术标准施工的行为的，责令改正，处以罚款；情节严重的，责令停业整顿，降低资质等级或者吊销资质证书；造成建筑工程质量不符合规定的质量标准的，负责返工、修理，并赔偿因此造成的损失；构成犯罪的，依法追究刑事责任。

建筑施工企业违反规定，不履行保修义务或者拖延履行保修义务的，责令改正，可以处以罚款，并对在保修期内因屋顶、墙面渗漏、开裂等质量缺陷造成的损失，承担赔偿责任。

在建筑物的合理使用寿命内，因建筑工程质量不合格受到损害的，有权向责任者要求赔偿。

三、《中华人民共和国安全生产法》相关知识

《中华人民共和国安全生产法》（以下简称《安全生产法》）是我国第一部全面规范安全生产的专门法律，是我国安全生产法律体系的主体法，是各类生产经营单位及其从业人员实现安全生产所必须遵循的行为准则，《安全生产法》的立法目的是：加强安全生产监督管理，防止和减少生产安全事故，保障群众生命财产安全，促进经济发展。《安全生产法》把安全生产工作的重点放到企业，以企业作为安全生产管理的重点，以促进企业安全责任落实和安全生产管理制度建设为核心，按照对人的和对物的管理相结合，标本兼治的思想，从源头上消除事故隐患，建立安全生产长效机制。

1. 《安全生产法》的适用范围及主要内容

在我国的生产经营单位的安全生产，均适用于《安全生产法》；有关法律、行政法规对消防安全和道路交通安全、铁路交通安全、水上交通安全、民用航空安全另有规定的，适用其规定。

2. 生产经营单位的安全生产保证

生产经营单位应当具备安全生产法和有关法律、行政法规及国家标准或者行业标准规定的安全生产条件；不具备安全生产条件的，不得从事生产经营活动。

生产经营单位的主要负责人对本单位安全生产工作负有的职责包括：建立、健全本单位安全生产责任制；组织制定本单位安全生产规章制度和操作规程；保证本单位安全生产投入的有效实施；督促、检查本单位的安全生产工作，及时消除生产安全事故隐患；组织制定并实施本单位的生产安全事故应急救援预案；及时、如实报告生产安全事故等。

生产经营单位应当具备的安全生产条件所必需的资金投入，由生产经营单位的决策机构、主要负责人或者个人经营的投资人予以保证，并对由于安全生产所必需的资金投入不足导致的后果承担责任。建筑施工单位应当设置安全生产管理机构或者配备专职安全生产管理人员。生产经营单位的主要负责人和安全生产管理人员必须具备与本单位所从事的生产经营活动相适应的安全生产知识和管理能力。建筑施工单位的主要负责人和安全生产管理人员，应当由有关主管部门对其安全生产知识和管理能力考核合格后方可任职。考核不得收费。

生产经营单位应当对从业人员进行安全生产教育和培训，保证从业人员具备必要的安全生产知识，熟悉有关的安全生产规章制度和安全操作规程，掌握本岗位的安全操作技能。未经安全生产教育和培训合格的从业人员，不得上岗作业。生产经营单位采用新工艺、新技术、新材料或者使用新设备，必须了解、掌握其安全技术特性，采取有效的安全防护措施，并对从业人员进行专门的安全生产教育和培训。生产经营单位的特种作业人员必须按照国家有关规定经专门的安全作业培训，取得特种作业操作资格证书，方可上岗作业。特种作业人员的范围由国务院负责安全生产监督管理的部门会同国务院有关部门确定。

生产经营单位新建、改建、扩建工程项目（以下统称建设项目）的安全设施，必须

与主体工程同时设计、同时施工、同时投入生产和使用。安全设施投资应当纳入建设项目概算。生产经营单位应当在有较大危险因素的生产经营场所和有关设施、设备上，设置明显的安全警示标志。安全设备的设计、制造、安装、使用、检测、维修、改造和报废，应当符合国家标准或者行业标准。生产经营单位必须对安全设备进行经常性维护、保养，并定期检测，保证正常运转。维护、保养、检测应当做好记录，并由有关人员签字。生产经营单位使用的涉及生命安全、危险性较大的特种设备，以及危险物品的容器、运输工具，必须按照国家有关规定，由专业生产单位生产，并经取得专业资质的检测、检验机构检测、检验合格，取得安全使用证或者安全标志，方可投入使用。检测、检验机构对检测、检验结果负责。生产经营单位对重大危险源应当登记建档，进行定期检测、评估、监控，并制定应急预案，告知从业人员和相关人员在紧急情况下应当采取的应急措施。生产经营单位应当按照国家有关规定将本单位重大危险源及有关安全措施、应急措施报有关地方人民政府负责安全生产监督管理的部门和有关部门备案。生产经营场所和员工宿舍应当设有符合紧急疏散要求、标志明显、保持畅通的出口。禁止封闭、堵塞生产经营场所或者员工宿舍的出口。生产经营单位进行爆破、吊装等危险作业，应当安排专门人员进行现场安全管理，确保操作规程的遵守和安全措施的落实。生产经营单位应当教育和督促从业人员严格执行本单位的安全生产规章制度和安全操作规程，并向从业人员如实告知作业场所和工作岗位存在的危险因素、防范措施以及事故应急措施。生产经营单位必须为从业人员提供符合国家标准或者行业标准的劳动防护用品，并监督、教育从业人员按照使用规则佩戴、使用。生产经营单位的安全生产管理人员应当根据本单位的生产经营特点，对安全生产状况进行经常性检查；对检查中发现的安全问题，应当立即处理；不能处理的，应当及时报告本单位有关负责人。检查及处理情况应当记录在案。生产经营单位应当安排用于配备劳动防护用品、进行安全生产培训的经费。

两个以上生产经营单位在同一作业区域内进行生产经营活动，可能危及对方生产安全的，应当签订安全生产管理协议，明确各自的安全生产管理职责和应当采取的安全措施，并指定专职安全生产管理人员进行安全检查与协调。生产经营单位不得将生产经营项目、场所、设备发包或者出租给不具备安全生产条件或者相应资质的单位或者个人。生产经营项目、场所有多个承包单位、承租单位的，生产经营单位应当与承包单位、承租单位签订专门的安全生产管理协议，或者在承包合同、租赁合同中约定各自的安全生产管理职责；生产经营单位对承包单位、承租单位的安全生产工作统一协调、管理。生产经营单位必须依法参加工伤社会保险，为从业人员缴纳保险费。

3. 安全生产中从业人员的权利和义务

生产经营单位与从业人员订立的劳动合同，应当载明有关保障从业人员劳动安全、防止职业危害的事项，以及依法为从业人员办理工伤社会保险的事项。生产经营单位不得以任何形式与从业人员订立协议，免除或者减轻其对从业人员因生产安全事故伤亡依法应承担的责任。

生产经营单位的从业人员有权了解其作业场所和工作岗位存在的危险因素、防范措施及事故应急措施，有权对本单位的安全生产工作提出建议。从业人员有权对本单位安全生产工作中存在的问题提出批评、检举、控告，有权拒绝违章指挥和强令冒险作业。生产经营单位不得因从业人员对本单位安全生产工作提出批评、检举、控告或者拒绝违章指挥、强令冒险作业而降低其工资、福利等待遇或者解除与其订立的劳动合同。从业人员发现直接危及人身安全的紧急情况时，有权停止作业或者在采取可能的应急措施后撤离作业场所。生产经营单位不得因从业人员在前款紧急情况下停止作业或者采取紧急撤离措施而降低其工资、福利等待遇或者解除与其订立的劳动合同。因生产安全事故受到损害的从业人员，除依法享有工伤社会保险外，依照有关民事法律尚有获得赔偿的权利的，有权向本单位提出赔偿要求。从业人员在作业过程中，应当严格遵守本单位的安全生产规章制度和操作规程，服从管理，正确佩戴和使用劳动防护用品。从业人员应当接受安全生产教育和培训，掌握本职工作所需的安全生产知识，提高安全生产技能，增强事故预防和应急处理能力。从业人员发现事故隐患或者其他不安全因素，应当立即向现场安全生产管理人员或者本单位负责人报告；接到报告的人员应当及时予以处理。

工会有权对建设项目的安全设施与主体工程同时设计、同时施工、同时投入生产和使用进行监督，提出意见。工会对生产经营单位违反安全生产法律、法规，侵犯从业人员合法权益的行为，有权要求纠正；发现生产经营单位违章指挥、强令冒险作业或者发现事故隐患时，有权提出解决的建议，生产经营单位应当及时研究答复；发现危及从业人员生命安全的情况时，有权向生产经营单位建议组织从业人员撤离危险场所，生产经营单位必须立即作出处理。工会有权依法参加事故调查，向有关部门提出处理意见，并要求追究有关人员的责任。

4. 关于安全生产责任事故处理的规定

生产经营单位发生生产安全事故后，事故现场有关人员应当立即报告本单位负责人。单位负责人接到事故报告后，应当迅速采取有效措施，组织抢救，防止事故扩大，减少人员伤亡和财产损失，并按照国家有关规定立即如实报告当地负有安全生产监督管理职责的部门，不得隐瞒不报、谎报或者拖延不报，不得故意破坏事故现场、毁灭有关证据。

事故调查处理应当按照实事求是、尊重科学的原则，及时、准确地查清事故原因，查明事故性质和责任，总结事故教训，提出整改措施，并对事故责任者提出处理意见。事故调查和处理的具体办法由国务院制定。

生产经营单位发生生产安全事故，经调查确定为责任事故的，除了应当查明事故单位的责任并依法予以追究外，还应当查明对安全生产的有关事项负有审查批准和监督职责的行政部门的责任，对有失职、渎职行为的，依法追究法律责任。

任何单位和个人不得阻挠和干涉对事故的依法调查处理。

四、《建设工程质量管理条例》相关知识

1. 建设工程质量管理概述

《建设工程质量管理条例》于 2000 年 1 月 10 日国务院第 25 次常务会议通过，自发布之日起施行。《建设工程质量管理条例》是《建筑法》颁布实施后制定的第一部配套的行政法规，也是我国第一部建设工程质量条例。条例的适用范围：凡在我国境内从事

建设工程的新建、扩建、改建等有关活动及实施对建设工程质量监督管理的，必须遵守该条例。

2. 建设单位的质量责任和义务

《建设工程质量管理条例》规定：建设单位应当将工程发包给具有相应资质等级的单位，不得将工程肢解发包。建设单位应当依法对工程建设项目的勘察、设计、施工、监理以及与工程建设有关的重要设备、材料等的采购进行招标。建设单位必须向有关的勘察、设计、施工、工程监理等单位提供与建设工程有关的原始资料。原始资料必须真实、准确、齐全。建设工程发包单位不得迫使承包方以低于成本的价格竞标，不得任意压缩合理工期。建设单位不得明示或者暗示设计单位或者施工单位违反工程建设强制性标准，降低建设工程质量。施工图设计文件未经审查批准的，建设单位不得使用。对必须实行监理的工程，建设单位应当委托具有相应资质等级的监理单位进行监理。建设单位在领取施工许可证或者开工报告之前，应当按照国家有关规定办理工程质量监督手续。按照合同约定，由建设单位采购建筑材料、建筑构配件和设备的，建设单位应当保证建筑材料、建筑构配件和设备符合设计文件和合同要求。建设单位不得明示或者暗示施工单位使用不合格的建筑材料、建筑构配件和设备。对于涉及建筑主体和承重结构变动的装修工程，建设单位应在施工前委托原设计单位或者具有相应资质等级的设计单位提出设计方案。建设单位应按照国家有关规定组织竣工验收，建设工程验收合格的，方可交付使用。

3. 施工单位的质量责任和义务

《建设工程质量管理条例》规定：施工单位应当依法取得相应资质等级的证书，并在其资质等级许可的范围内承揽工程。施工单位不得转包或违法分包工程。施工单位对建设工程的施工质量负责，总承包单位与分包单位对分包工程的质量承担连带责任。施工单位必须按照工程设计和施工技术标准施工，不得擅自修改工程设计，不得偷工减料。施工单位必须按照工程设计要求、施工技术标准和合同约定，对建筑材料、建筑构配件、商品混凝土进行检验，未经检验或检验不合格的，不得使用。施工单位必须建立、健全施工质量的检验制度，严格工序管理，做好隐蔽工程的质量检查和记录。隐蔽工程在隐蔽前，施工单位应当通知建设单位和建设工程质量监督机构。施工人员对涉及结构安全的试块、试件以及有关材料，应在建设单位或工程质量监理单位监督下现场取样，并送具有相应资质等级的质量检测单位进行检测。建设工程实行质量保修制度，承包单位应履行保修义务。

4. 关于建设工程质量保修的规定

建设工程质量保修制度是指建设工程在办理竣工验收手续后，在规定的保修期限内，因勘察、设计、施工、材料等原因造成的质量缺陷，应当由施工单位负责维修、返工或更换，由责任单位负责赔偿损失。

《建设工程质量管理条例》规定：建设工程承包单位在向建设单位提交竣工验收报告时，应当向建设单位出具质量保修书。质量保修书中应当明确建设工程的保修范围、保修期限和保修责任等。保修范围和正常使用条件下的最低保修期限为：基础设施工程、房屋建设的地基基础工程和主体结构工程，为设计文件规定的该工程的合理使用年限；屋面防水工程、有防水要求的卫生间、房间和外墙面的防渗漏，为5年；供热与供冷系统，为两个采暖期、供冷期；电气管线、给排水管道、设备安装和装修工程，为2年。其他项目的保修期限由发包方与承包方约定。建设工程的保修期，自竣工验收合格之日起计算。因使用不当或者第三方造成的质量缺陷，以及不可抗力造成的质量缺陷，不属于法律规定的保修范围。

建设保修范围和保修期限内发生质量问题的，施工单位应当履行保修义务，并对造成的损失承担赔偿责任。对在保修期限内和保修范围内发生的质量问题，一般应先由建设单位组织勘察、设计、施工等单位分析质量问题的原因，确定维修方案，由施工单位负责维修。但当问题较严重复杂时，不管是什么原因，只要是在保修范围内的，均先由施工单位履行保修义务，不得推诿扯皮。对于保修费用，则由质量缺陷的责任方承担。

单元测试题

一、填空题（请将正确的答案填在横线空白处）

1. 社会主义职业道德的核心是_____；基本原则是_____。
2. 安全"三宝"是指施工作业现场中必备的_____、_____和_____。
3. 职业道德是同人们的职业活动紧密联系的符合职业特点所要求的道德_____、道德_____与道德_____的总和。
4. 建设部规定的建筑业职工文明守则是"八要""_____"。

二、单项选择题（下列每题的选项中，只有1个是正确的，请将其代号填在横线空白处）

1. 人的良好的道德品质是_____。
   A. 与生俱来的　　　　　　B. 小时候形成的习惯
   C. 经过教育培养的　　　　D. 学校教育的结果
2. 履行岗位职责就是要_____。
   A. 明确自己的岗位应做哪些工作，其工作应干到什么程度
   B. 明确自己的岗位内容，但不一定全都做到
   C. 明确自己的岗位内容的一部分，并把这些内容做好
   D. 以上答案都不对
3. 职业道德的基本规范主要指爱岗敬业、诚实守信、办事公道、服务群众和_____。
   A. 奉献社会　　B. 敬老爱幼　　C. 关心集体　　D. 学习知识
4. 劳动合同应当采用_____订立。
   A. 书面形式　　B. 口头形式　　C. 公证形式　　D. 格式条款
5. 劳动合同约定的试用期最长不得超过_____。
   A. 12个月　　B. 6个月　　C. 3个月　　D. 1个月
6. 下列做法中，不符合《建筑法》关于承揽工程的规定的是_____。
   A. 承包建筑工程的单位应当持有依法取得的资质证书

B. 承包建筑工程的单位应当在其资质等级许可的业务范围内承揽工程
C. 大型建筑工程可以由两个以上的承包单位联合共同承包
D. 实行联合共同承包的，应当按照资质等级高（同一专业）的单位的业务许可范围承揽工程

7. 生产经营单位_____为从业人员提供符合国家标准或者行业标准的劳动防护用品。
  A. 应当   B. 必须   C. 可以   D. 不必

8. 根据《建设工程质量管理条例》关于质量保修制度的规定，供热与供冷系统的最低保修期为_____。
  A. 1年   B. 一个采暖期、供冷期
  C. 2年   D. 两个采暖期、供冷期

三、多项选择题（下列每题的选项中，至少有2个是正确的，请将其代号填在横线空白处）

1. _____等条款，是劳动合同应具备的内容。
  A. 劳动合同期限   B. 劳动报酬   C. 劳动纪律
  D. 劳动保护和劳动条件 E. 劳动争议的解决方法

2. 根据《建筑法》的规定，颁发施工许可证必须具备的条件包括_____。
  A. 已经办理了建筑工程用地批准手续
  B. 按照规定应该委托监理的工程已委托监理
  C. 施工图和设计文件等待审查
  D. 已经确定具备相应资质条件的施工企业
  E. 建设资金已经落实

3. 从业人员安全生产中的权利包括_____。
  A. 知情权   B. 建议权   C. 危险报告权
  D. 紧急避险权 E. 控告权

4. 根据我国《安全生产法》的规定，下列属于生产经营单位主要负责人安全生产职责的是_____。
  A. 建立、健全本单位安全生产责任
  B. 组织制定本单位安全生产责任制
  C. 保证本单位安全生产投入的有效实施
  D. 为从业人员缴纳保险费
  E. 及时、如实报告生产安全事故

5. 建设工程在保修范围和保修期限内发生质量问题时，则_____。
  A. 施工单位应当履行保修义务
  B. 一般应先分析质量问题的原因，确定维修方案
  C. 损失应由施工单位承担
  D. 保修费用，由质量缺陷的责任方承担
  E. 问题严重、原因不明时，应先保修

单元测试题答案

一、填空题
1. 为人民服务　集体主义　　2. 安全帽　安全带　安全网　　3. 准则　情操　品质
4. 八不准

二、单项选择题
1. C　2. A　3. A　4. A　5. B　6. D　7. B　8. D

三、多项选择题
1. ABCD　2. ABDE　3. ABDE　4. ABCE　5. ABDE

第 2 单元

识 图

- 第一节 制图基本知识/22
- 第二节 机械图样的表达形式/27

第一节 制图基本知识

工程图样是机电设备安装工程中用来指导安装、调试、检验和交工验收最基本的重要技术文件。为了便于生产、管理和技术交流，对图样的画法、尺寸注法、所用代号等都必须统一，这些统一的规定由国家制订并颁布实施。现将国家标准有关制图的规定摘要介绍如下。

一、图纸幅面（GB/T 14689—2008）

1. 图纸幅面

绘制图样时，应优先采用表2—1中所规定的基本图纸幅面尺寸。

表2—1　　　　　　　　基本图纸幅面尺寸

幅面代号	尺寸 $B \times L$
A0	841×1 189
A1	594×841
A2	420×594
A3	297×420
A4	210×297

必要时，允许按表2—1中所规定的基本图纸幅面的短边成整倍数地增加，如图2—1所示。虚线为加长后的图纸幅面。

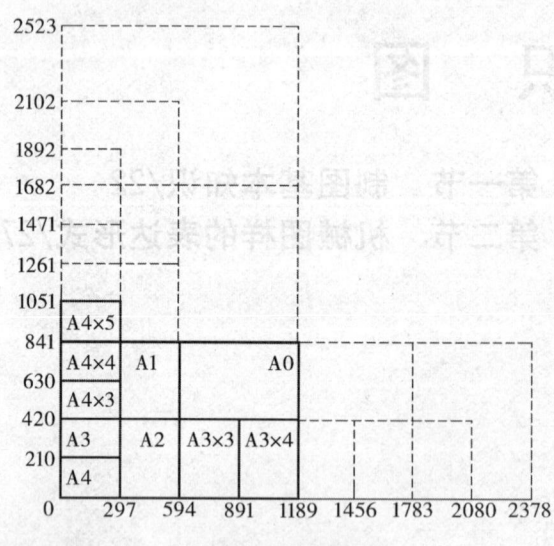

图2—1　图纸幅面

2. 图框格式

在图纸上必须用粗实线画出图框，图样必须绘制在图框内。其格式分为留有装订边和不留装订边两种，如图2—2所示。国家标准规定，同一种产品的图样只能采用一种图框格式。图框尺寸见表2—2。

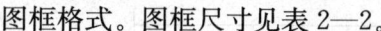

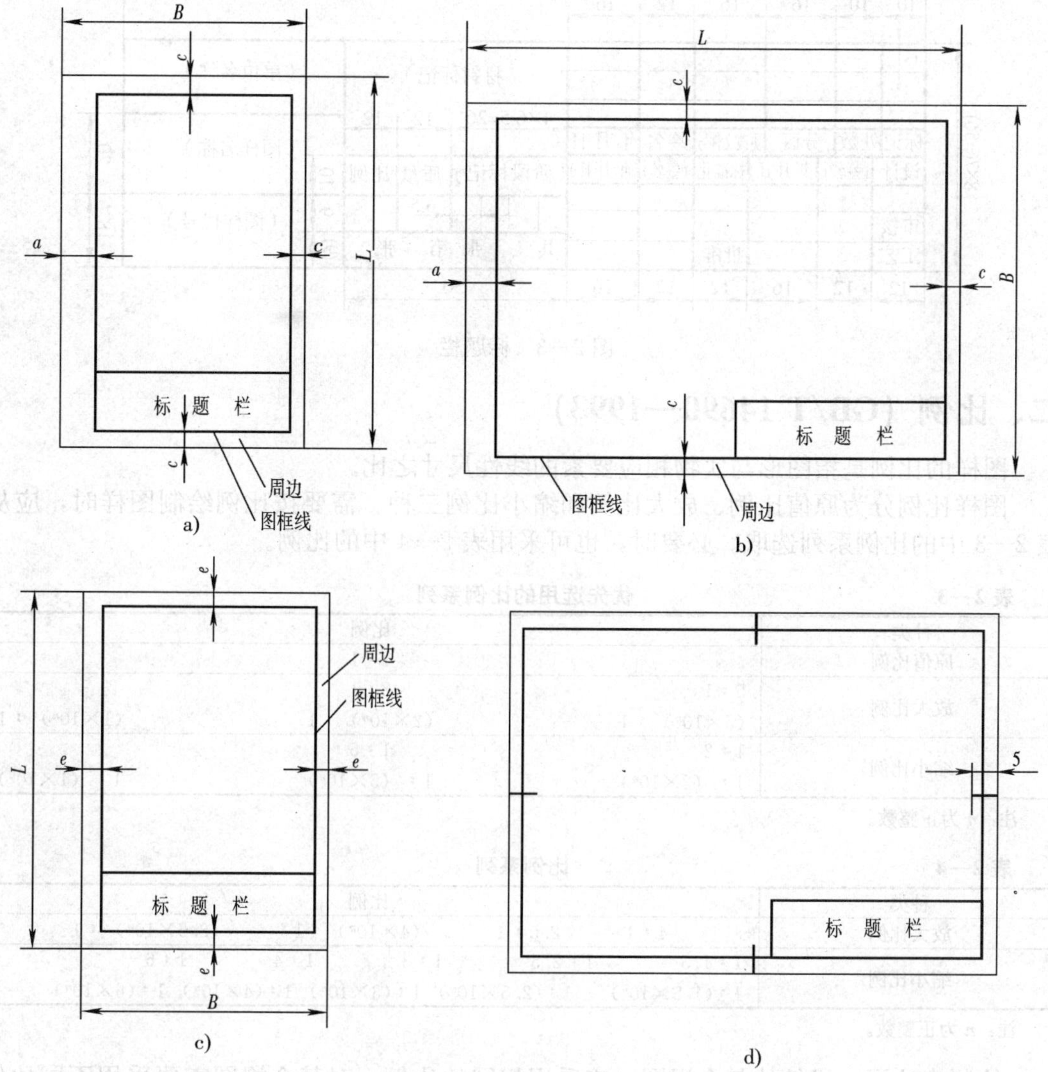

图2—2 图框格式

表2—2 图框尺寸

图幅代号	A0	A1	A2	A3	A4
$B \times L$	841×1 189	594×841	420×594	297×420	210×297
e	20	20	10	10	10
c	10	10	10	5	5
a	25	25	25	25	25

3. 标题栏

标题栏位于图纸的右下角，其格式和尺寸应按GB/T 10609.1—2008的规定。标题栏格式如图2—3所示。

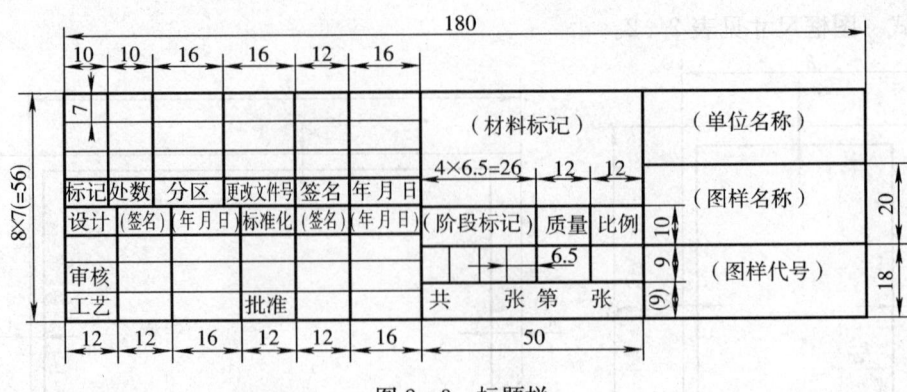

图 2—3　标题栏

二、比例（GB/T 14690—1993）

图样的比例是指图形与实物相应要素的线性尺寸之比。

图样比例分为原值比例、放大比例和缩小比例三种。需要按比例绘制图样时，应从表 2—3 中的比例系列选取。必要时，也可采用表 2—4 中的比例。

表 2—3　　　　　　　　　　　优先选用的比例系列

种类	比例		
原值比例	1∶1		
放大比例	5∶1 $(5×10^n)∶1$	2∶1 $(2×10^n)∶1$	$(1×10^n)∶1$
缩小比例	1∶2 $1∶(2×10^n)$	1∶5 $1∶(5×10^n)$	$1∶(1×10^n)$

注：n 为正整数。

表 2—4　　　　　　　　　　　　比例系列

种类	比例				
放大比例	4∶1 $(4×10^n)∶1$	2.5∶1 $(2.5×10^n)∶1$			
缩小比例	1∶1.5 $1∶(1.5×10^n)$	1∶2.5 $1∶(2.5×10^n)$	1∶3 $1∶(3×10^n)$	1∶4 $1∶(4×10^n)$	1∶6 $1∶(6×10^n)$

注：n 为正整数。

绘制表达同一机件的各个视图，应采用相同的比例。对某个视图需要采用不同比例时，必须另行标注。

三、字体（GB/T 14691—1993）

工程图样和技术文件中书写的汉字、数字及字母等必须做到字体工整、笔画清楚、排列整齐、间隔均匀。字体的大小按其高度 h（单位为 mm）分为 20、14、10、7、5、3.5、2.5、1.8 共八种。用做指数、分数、极限偏差、注脚等的数字及字母，一般应采用小一号的字体。

1. 汉字

制图国家标准规定图样上的汉字为长仿宋体，并应采用国家正式公布推行的简化字。汉字的高度不应小于 3.5 mm，字体的宽度一般为 $h/2$。长仿宋体字的书写要领是：横平竖直，结构匀称。

长仿宋体字体示例如图2—4所示。

图2—4 汉字长仿宋体字号

2. 数字和字母

数字和字母可写成直体和斜体。斜体字的字头向右倾斜,与水平成75°夹角,如图2—5所示。

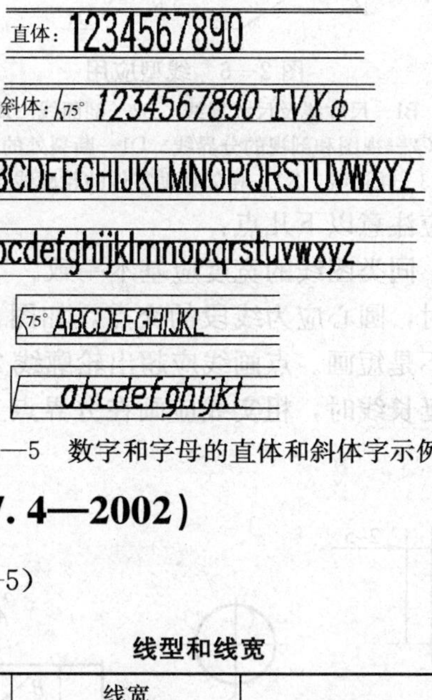

图2—5 数字和字母的直体和斜体字示例

四、图线（GB/T 4457.4—2002）

1. 线型和线宽（见表2—5）

表2—5　　　　　　　　　　线型和线宽

名称	图线形式	线宽	一般应用
粗实线	——————	d（优先采用0.5 mm和0.7 mm）	可见棱边线、可见轮廓线等
细实线	——————	$d/2$	尺寸线、尺寸界线、指引线、短中心线、剖面线等
细点画线	— · — · —	$d/2$	轴线、对称中心线、分度圆（线）、孔系分布的中心线、剖切线
细虚线	- - - - - -	$d/2$	不可见棱边线、不可见轮廓线
波浪线	～～～～	$d/2$	断裂处边界线、视图与剖视的分界线
双折线	—/\—/\—	$d/2$	
细双点画线	— ·· — ·· —	$d/2$	相邻辅助零件的轮廓线、可动零件的极限位置的轮廓线、轨迹线、中断线
粗虚线	- - - - - -	d	允许表面处理的表示线
粗点画线	— · — · —	d	限定范围表示线

2. 线型应用（见图 2—6）

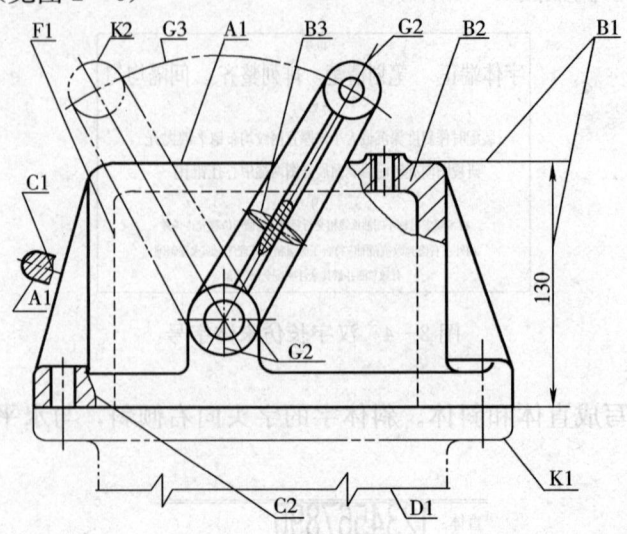

图 2—6 线型应用

A1—可见轮廓线　B1—尺寸线及尺寸界线　B2—剖面线　B3—重合断面的轮廓线
C1—断裂处的边界线　C2—视图和剖视的分界线　D1—断裂处的边界线　F1—不可见轮廓线
G2—对称中心线　G3—轨迹线　K1—相邻辅助零件的轮廓线　K2—极限位置的轮廓线

工程图样中，画图线应注意以下几点：

（1）在同一张图样中，同类图线的宽度应基本一致。

（2）绘制圆的中心线时，圆心应为线段的交点，如图 2—7a 所示。点画线和双点画线的首末两端应是线段而不是短画。点画线应超出轮廓线 2～5 mm。

（3）当虚线是实线的延长线时，粗实线应画在分界点上，而虚线应留出间隙，如图 2—7b 所示。

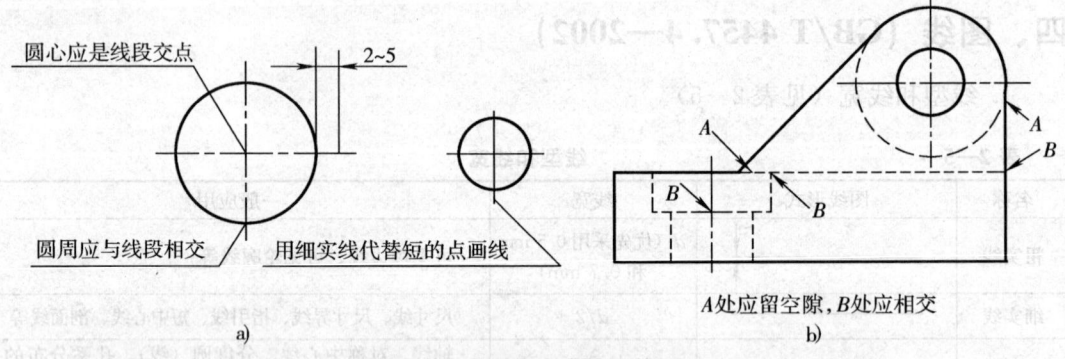

图 2—7 点画线、虚线连接画法
a）点画线画法　b）虚线连接画法

五、尺寸注法（GB/T 4458.4—2003）

在工程图样中，除需要表达机件的结构形状外，还需要标注尺寸，以确定机件的大小。国家标准对尺寸标注的有关规定如下：

1. 基本规则

（1）机件的真实大小应以图样上所注的数值为依据，与图样的大小和绘图的准确度无关。

（2）工程图样中（包括技术要求和其他说明）的线性尺寸除特别注明的（如标高）均以 mm 为单位，并不需标注计量单位的代号或名称。如采用其他单位，则必须注明相应的计量单位的代号或名称。

（3）图样中所标注的尺寸为该图样所示机件的最后完工尺寸，否则应另加说明。

（4）机械图样上，机件的每一个尺寸一般只标注一次，并应标注在反映结构特征明显的视图上。

2. 尺寸的组成

图样上标注的每一个尺寸，一般由尺寸界线、尺寸线、箭头和尺寸数值四部分组成，其相互间的关系如图 2—8 所示。

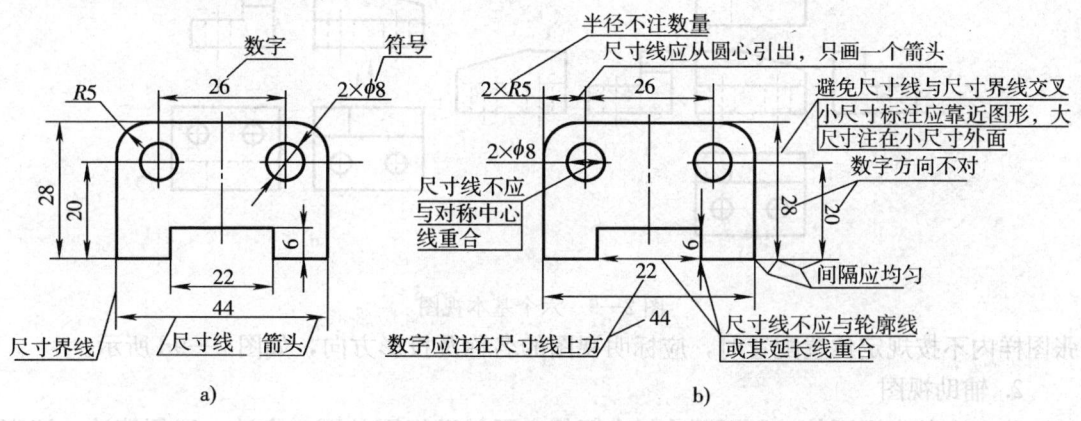

图 2—8 尺寸的组成
a）正确注法　b）错误注法

第二节　机械图样的表达形式

安装施工中常见的机械表达形式按用途可分为零件图、装配图和各种简图。按机件表达的结构特征可分为视图、剖视图、断面图。下面根据国家标准《技术制图　投影法》（GB/T 14692—2008）及《机械制图　图样画法》（GB 4458.1—2002）简要介绍机械图样的表达。

一、投影方法及视图

1. 基本视图

机械图样采用正六面体的基本投影面，机件按正投影法分别向六个基本投影面进行投影，所得的投影图称为基本视图，简称视图。一般采用第一角投影（被画机件或机器的位置在观察者和对应投影面之间），如图 2—9a 所示。

投影后，规定正面不动，把其他投影面展开到与正面成同一个平面，如图 2—9b 所示。展开后基本视图的名称及与正面视图的规定位置配置关系如图 2—9c 所示。在同一

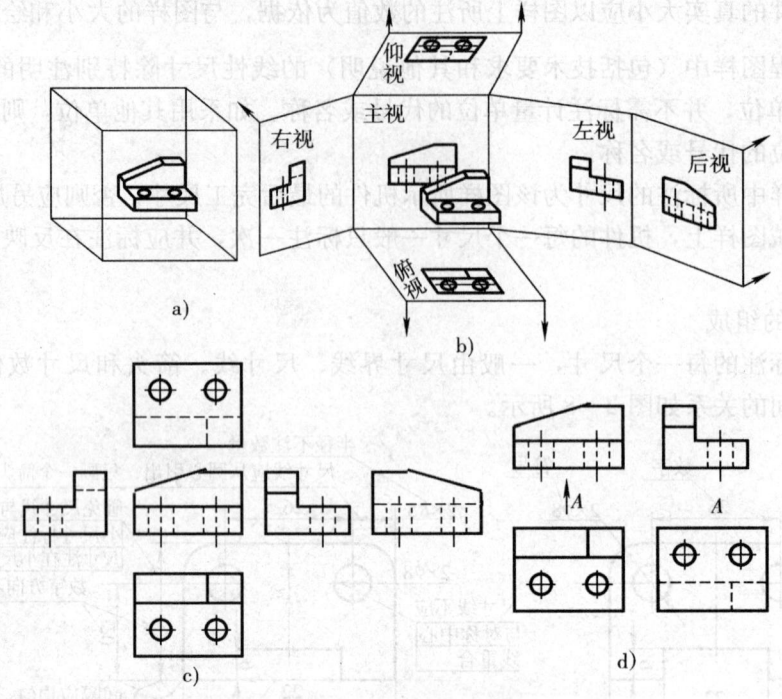

图 2—9 六个基本视图

张图样内不按规定位置配置时,应标明视图的名称及投影方向,如图 2—9d 所示。

2. 辅助视图

除六个基本视图外,制图国家标准还规定了辅助视图的图示方法,以便简洁、清晰地表达机件的轮廓形状和结构。常用的辅助视图有局部视图、斜视图和旋转视图等。

(1) 局部视图。将机件的某一部分向基本投影面进行投影所得的视图,称为局部视图。画局部视图时,一般在局部视图的上方标出视图的名称"X",在相应视图的附近同时用箭头指明投影的方向,并在箭头旁按水平方向注上相应的字母,如图 2—10 所示。

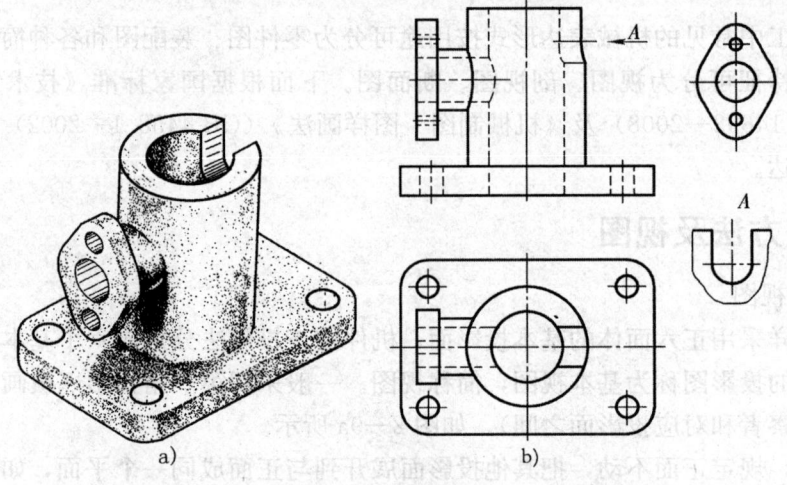

图 2—10 局部视图

(2) 斜视图。机件向不平行于任何基本投影面的平面投影得到的视图，称为斜视图。如图 2—11 所示的机件，其倾斜部分在俯视图和左视图上的投影都不反映实形，因此，可新设一个与倾斜部分平行的投影面，机件倾斜部分在该投影面上的实形投影，即为斜视图。

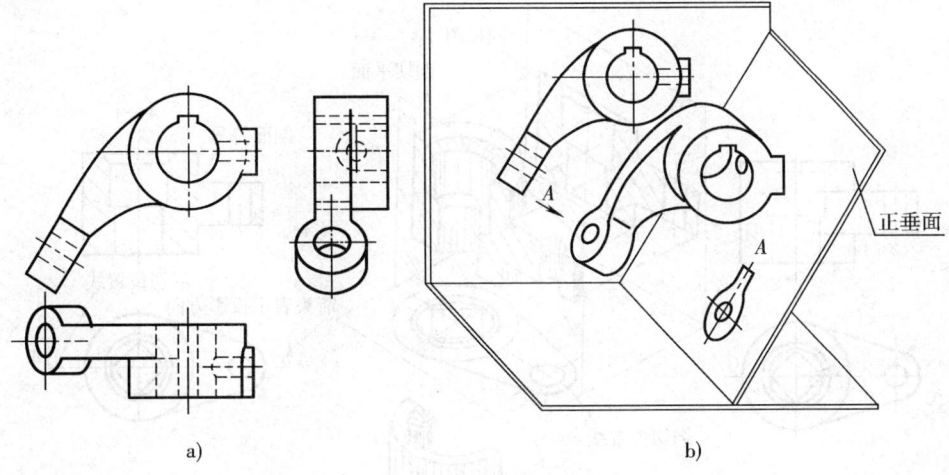

图 2—11 斜视图

(3) 旋转视图。当机件的某一部分结构是倾斜的而该部分又具有回转轴线时，可假想将机件的倾斜部分先旋转到与某一基本投影面平行后再向投影面进行投影，所得到的视图称为旋转视图，如图 2—12 所示。

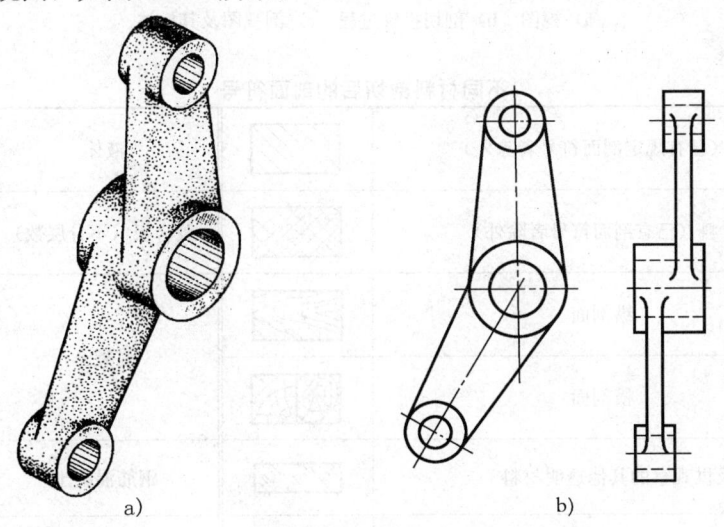

图 2—12 旋转视图

二、剖视图、断面图的画法

当表达机件内部结构时，在视图上会出现较多的虚线，不便于绘图和读图。国标规定可用"剖视"的方法表达机件内部结构。假想用剖切面剖开机件，移去剖切面与观察者之间的部分，将余下的部分向与剖切平面平行的投影面投影，并在切断面上画出剖面符号的图形，称为剖视图。

剖视图的剖切及其投影、表达方法如图 2—13 所示。不同材料剖切后的剖面符号见表 2—6。

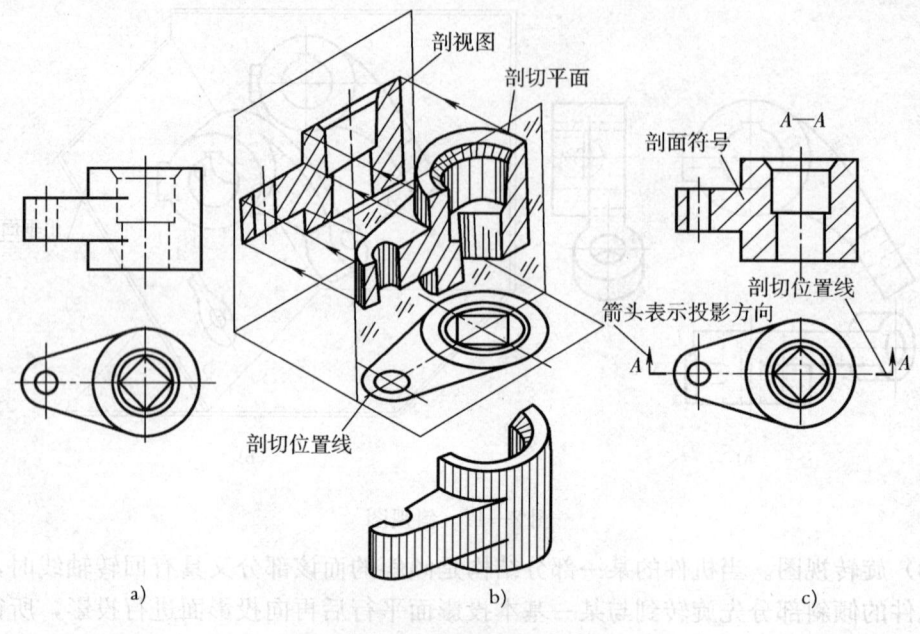

图 2—13 剖视图的形成
a) 视图 b) 剖切投影过程 c) 剖视图及其标注

表 2—6　　　　　　　不同材料剖切后的剖面符号

金属材料（已有规定剖面符号者除外）			液体	
非金属材料（已有剖面符号者除外）			胶合板（不分层数）	
木材	纵剖面		混凝土	
	横剖面			
玻璃及供观察的其他透明材料			钢筋混凝土	
线圈绕组元件			砖	
转子、电枢、变压器和电抗器等			基础周围的泥土	
型砂、填砂、粉末冶金、砂轮、陶瓷刀片、硬质合金刀片等			格网（筛网、过滤网等）	

根据所表达机件内部形状复杂多变的情况，常用不同数量、位置、形状和范围的剖切面剖切机件，这样就形成不同的剖视图。

1. 全剖视图

用剖切面（一个或几个）完全剖开机件所得的剖视图称为全剖视图，如图 2—14 所示。

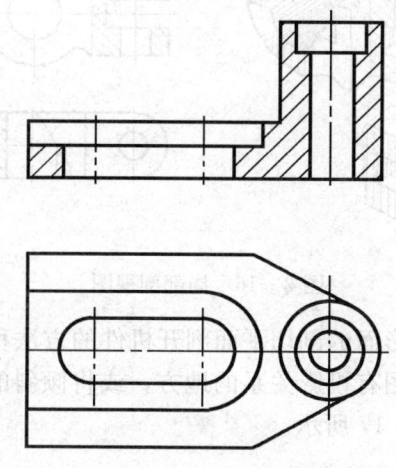

图 2—14　全剖视图

2. 半剖视图

当机件具有对称平面时，在垂直于对称平面的投影面上投影所得的图形，可以用对称中心为界，一半画成剖视图，另一半画成视图，这种图形称为半剖视图，如图 2—15 所示。

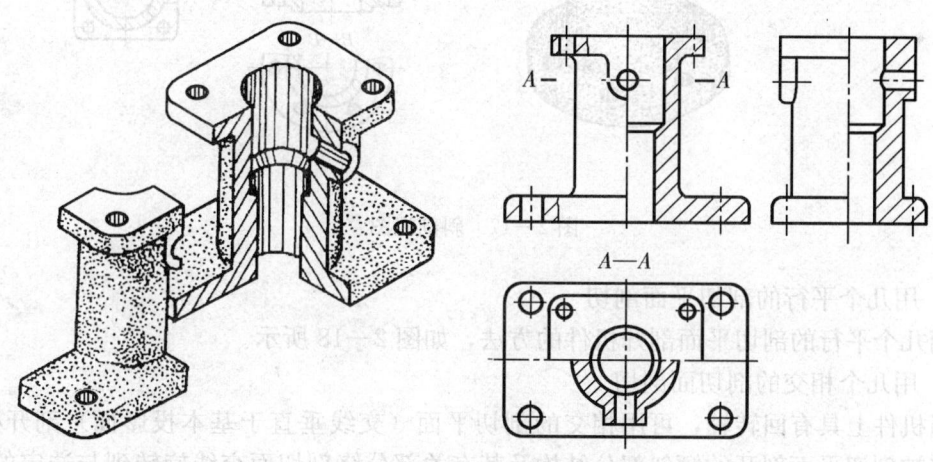

图 2—15　半剖视图

3. 局部剖视图

用剖切面局部剖开机件所得的剖视图称为局部剖视图，如图 2—16 所示。

4. 斜剖视图

机械设备安装工（基础知识）

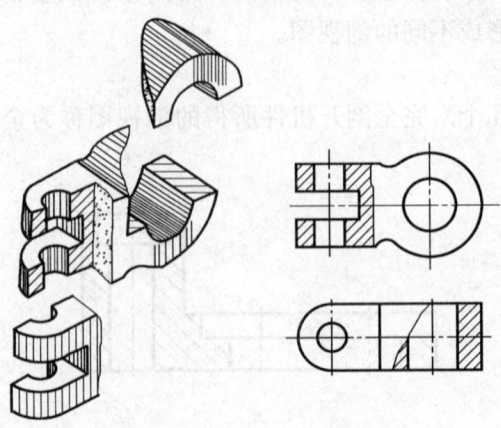

图 2—16　局部剖视图

用不平行于任何基本投影面的剖切平面剖开机件的方法称为斜剖。采用斜剖面的剖视图应尽量配置在与基本视图有投影关系的地方，或将倾斜的图形转平，并同时在图形的上方注"X—X"，如图 2—17 所示。

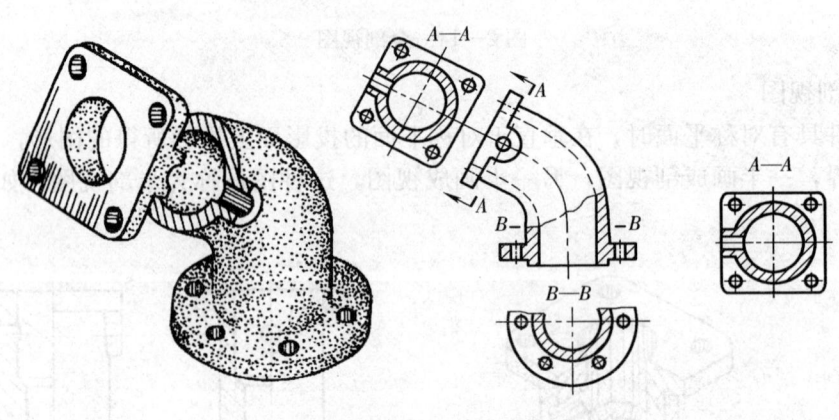

图 2—17　斜剖视图

5. 用几个平行的剖切平面剖切

用几个平行的剖切平面剖开机件的方法，如图 2—18 所示。

6. 用几个相交的剖切面剖切

当机件上具有回转轴，可用相交的剖切平面（交线垂直于基本投影面）剖开机件，然后将被剖切平面剖开的倾斜部分结构及其有关部分绕剖切面交线旋转到与选定的基本投影面平行后再进行投影，如图 2—19 所示。

断面图是用假想剖切面切断机件，只画出机件与剖切面接触面的投影。断面图分重合断面图和移出断面图，如图 2—20 所示。

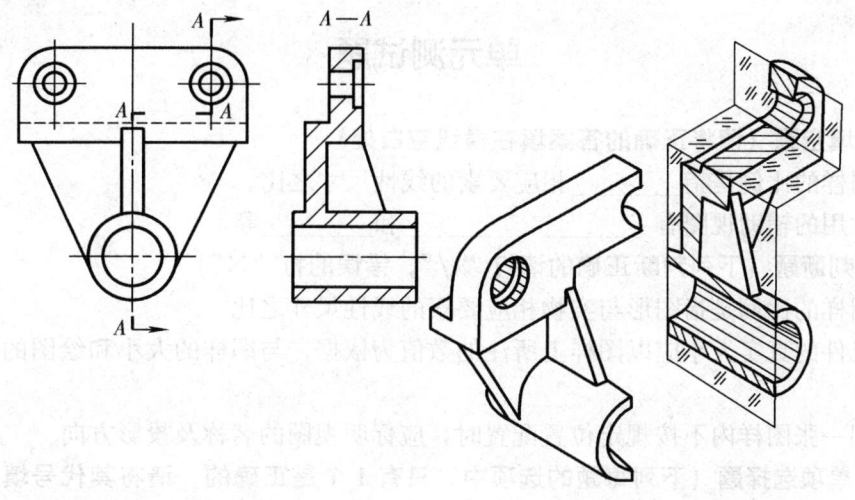

图 2—18 用几个平行平面剖切的剖视图

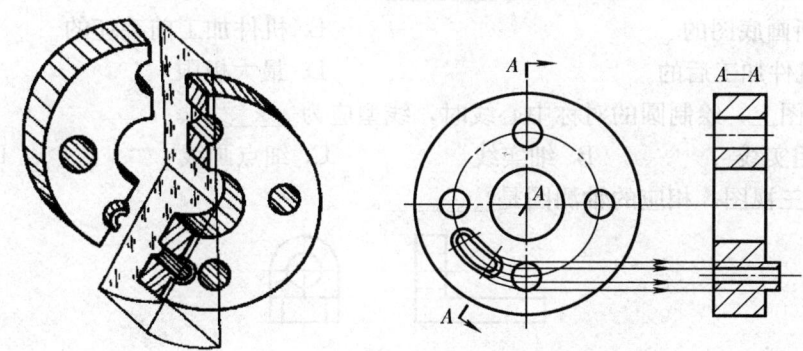

图 2—19 用几个相交平面剖切的剖视图

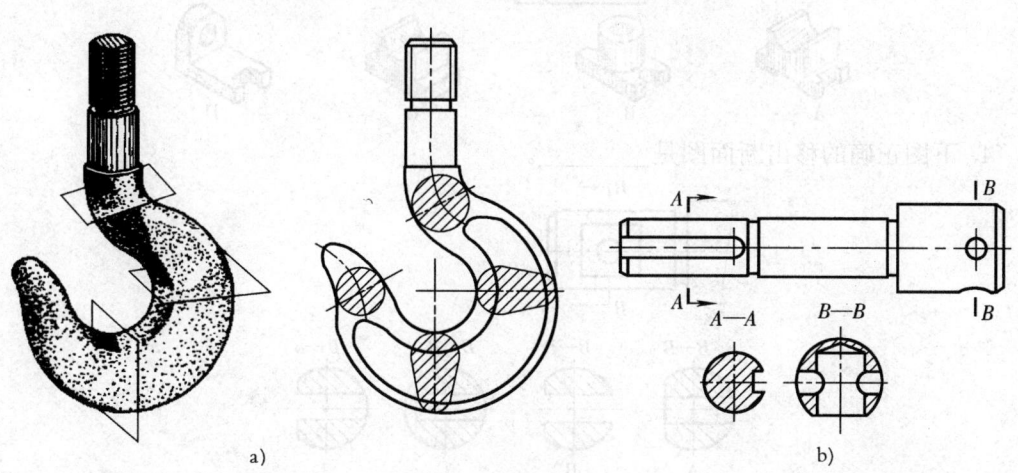

图 2—20 重合及移出断面图
a) 重合断面图　b) 移出断面图

单元测试题

一、填空题（请将正确的答案填在横线空白处）

1. 图样的比例是指_____相应要素的线性尺寸之比。
2. 常用的辅助视图有_____、_____和_____等。

二、判断题（下列判断正确的请打"√"，错误的打"×"）

1. 图样的比例是指图形与实物相应要素的线性尺寸之比。（ ）
2. 机件的真实大小应以图样上所注的数值为依据，与图样的大小和绘图的准确度无关。（ ）
3. 同一张图样内不按规定位置配置时，应标明视图的名称及投影方向。（ ）

三、单项选择题（下列每题的选项中，只有 1 个是正确的，请将其代号填在横线空白处）

1. 零件图样上所标注的尺寸是指_____尺寸。
   A. 所画底图的　　　　　　　　B. 机件加工前毛坯的
   C. 机件加工后的　　　　　　　D. 最大极限
2. 工程图上，绘制圆的对称中心线时，线型应为_____。
   A. 粗实线　　　B. 细实线　　　C. 细点画线　　　D. 虚线
3. 分析三视图，相应的轴测图是_____。

   A　　　　B　　　　C　　　　D

4. 下图正确的移出断面图是_____。

   A　　　　B　　　　C　　　　D

四、简答题

尺寸注法的基本规则有哪些？

单元测试题答案

一、填空题
1. 图形与实物　　2. 局部视图　斜视图　旋转视图

二、判断题
1. √　2. √　3. √

三、单项选择题
1. C　2. C　3. D　4. A

四、简答题
答案略。

第3单元

机械基础

- 第一节　机械原理/38
- 第二节　机械零件/62
- 第三节　润滑/92

第一节 机械原理

一、常用机构

1. 平面连杆机构

将若干刚性构件用低副连接起来并作平面运动的机构称为平面连杆机构。简单的平面连杆机构是由四个构件（多为杆件）用低副连接而成，简称四杆机构，它的应用最为广泛，是多杆机构的基础。

（1）铰链四杆机构的基本形式。铰链四杆机构如图3—1所示，其机构中的运动副都是转动副。机构中固定不动的构件4称为机架，与机架相连的构件1、3称为连架杆，其中能绕其转动副中心作整周转动的称为曲柄，只能作往复摆动的称为摇杆，连接两连架杆的杆2称为连杆。

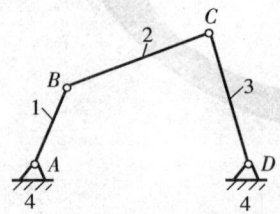

图3—1 铰链四杆机构
1、3—连架杆 2—连杆 4—机架

铰链四杆机构按曲柄、摇杆的存在情况，分为曲柄摇杆机构、双曲柄机构和双摇杆机构三种基本形式。

（2）铰链四杆机构的演化。平面四杆机构可通过改变构件长度、将转动副变换为移动副、扩大转动副和选择不同的构件为机架等方法演化为一些其他形式的机构，主要有曲柄滑块机构、偏心轮机构、导杆机构等。

2. 传动机构

各类机械的工作过程包含有各种零件及机构间的相互运动，因此需要有转换运动形式和传递动力的机构，称传动机构。传动机构是机械的重要组成部分，在机械中有如下作用：减速、增速和调速；改变运动形式，如将等速旋转运动改变为直线运动、螺旋运动、间歇运动等；增大转矩，通过减速传动装置可使转矩增大；动力和运动的传递和分配。

传动装置根据传动介质分为机械传动、液压传动、气压传动和电力传动。机械传动又可分为带传动、链传动、齿轮传动、蜗杆传动和螺旋传动等。

（1）带传动。带传动如图3—2所示，由主动轮、从动轮和传动带等组成。

1）带传动的类型。根据传递力的方式不同，带传动分摩擦型和啮合型两类，摩擦型带传动如图3—2a所示，它是传动带紧套在两个带轮上，使带与带轮的接触面之间产生正压力，当主动轮旋转时，依靠摩擦力使传动带运动而驱动从动轮转动。啮合型带传动如图3—2b所示，它是依靠带齿与带轮齿的啮合来传递运动，其运动的传递更准确和

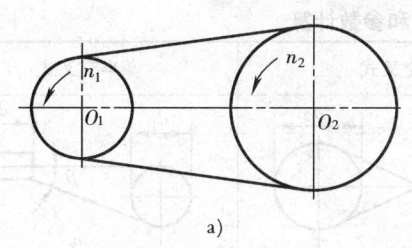 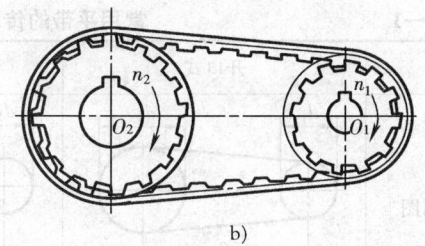

图 3—2 带传动
a）摩擦型 b）啮合型

可靠。摩擦型带传动按带截面形状有以下几种：

①平带传动。平带如图 3—3a 所示，其横截面为扁平矩形。平带传动结构简单，带轮制造方便，平带质轻且挠曲性好，多用于高速和中心距较大的传动中。

②V带传动。V带如图 3—3b 所示，其横截面为等腰梯形，两侧面为工作面，V带传动所产生的摩擦力为平带的 3 倍多，且允许的传动比较大，结构紧凑，应用较广。

③多楔带传动。多楔带如图 3—3c 所示，它是在平带的基础上接有若干纵向三角形楔面的环形带，工作面为三角形楔面的侧面。这种带柔性好，摩擦力大，传动平稳，效率高，同时可防止多根 V 带长短不一而使各带受力不均匀的现象。

④圆带传动。圆带如图 3—3d 所示，其横截面为圆形，圆带仅用于传递载荷较小的场合，如缝纫机、吸尘器等。

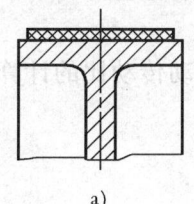 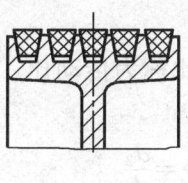 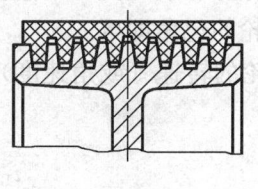 

图 3—3 摩擦型传动带的分类
a）平带 b）V带 c）多楔带 b）圆带

啮合型带传动的带和带轮间无滑动，能保证准确的传动比，但价格较高，常用于要求传动比准确的中小型机械中。

2）带传动的特点。带传动有如下特点：

①传动平稳，能缓冲和吸振，噪声小。

②过载时带与带轮间产生打滑，可防止其他零件损坏。

③结构简单，制造和安装精度要求不高，不需要润滑，维护方便。

④适用于中心距较大的传动。

带传动一般所传递的功率 $P \leqslant 100$ kW，带速 $v=5 \sim 25$ m/s，高速带的带速可达 60 m/s，传动比 $i \leqslant 7$。带传动的缺点是：传动比不恒定，传动效率低（0.92～0.94）；带的使用寿命较短；结构尺寸大，作用于轴的径向力大；在高温、易燃及有油和水的场合不能使用。

3）带传动的形式及传动比计算。常用平带传动形式和参数计算见表 3—1。

表 3—1　　　　　常用平带的传动形式和参数计算

	开口式	交叉式	半交叉式
传动简图	开口式	交叉式	半交叉式
小带轮包角	$\alpha = 180° - \dfrac{d_2 - d_1}{a} \times 60°$	$\alpha \approx 180° + \dfrac{d_2 + d_1}{a} \times 60°$	$\alpha \approx 180° + \dfrac{d_1}{a} \times 60°$
带的几何长度	$L = 2a + \dfrac{\pi}{2}(d_2 + d_1) + \dfrac{(d_2 - d_1)^2}{4a}$	$L = 2a + \dfrac{\pi}{2}(d_2 + d_1) + \dfrac{(d_2 + d_1)^2}{4a}$	$L = 2a + \dfrac{\pi}{2}(d_2 + d_1) + \dfrac{d_2^2 + d_1^2}{4a}$
应用场合	用于两轴轴线平行且旋转方向相同的场合	用于两轴轴线平行且旋转方向相反的场合	用于两轴轴线不平行空间相错的场合，一般两带轮中间平面相互垂直，β 角小于 25°，不能逆向转动

带轮的包角 α 是带与带轮接触面的弧长所对应的圆心角，包角越大，接触的弧就越长，接触面间的摩擦力也就越大。一般要求包角 $\alpha \geq 120°$，因大带轮包角比小带轮包角大，故仅计算小带轮的包角即可。

主动轮和从动轮的转速（或角速度）之比称为传动比。带传动传动比的计算公式如下：

$$i_{12} = \frac{n_1}{n_2} = \frac{d_2}{d_1}$$

式中　n_1——主动轮的转速，r/min；
　　　n_2——从动轮的转速，r/min；
　　　d_1——主动轮的直径，mm；
　　　d_2——从动轮的直径，mm。

4）V 带的型号及选用。V 带的结构如图 3—4 所示，有帘布芯结构和绳芯结构两

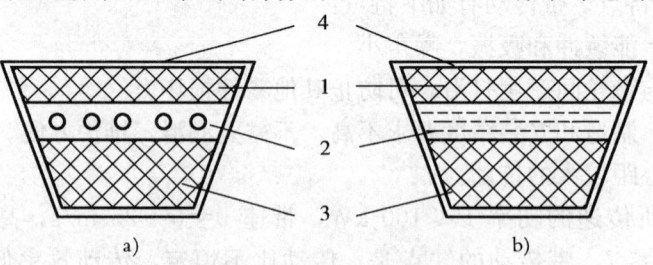

图 3—4　普通 V 带的结构
a) 帘布芯结构　b) 绳芯结构
1—顶胶　2—抗拉体　3—底胶　4—包布

种。一般采用帘布结构，在直径较小或转速较高时采用线绳结构。V 带的型号根据其横截面尺寸不同，有 Y、Z、A、B、C、D、E 七种，其型号及截面尺寸见表 3—2。国家标准规定，V 带的节线长度（即横截面形心连线的长度）为基准长度，其标准系列值见表 3—3。在进行 V 带传动计算和选用时，可先按表 3—1 中带的几何长度计算公式计算出基准长度的近似值，然后按表 3—3 圆整，最后便可确定出标准值 L_d。

表 3—2　　　　　　　　　　　V 带型号及截面尺寸

结构图	型号	节宽 b_p (mm)	顶宽 b (mm)	高度 h (mm)	楔角 θ	单根 V 带最大额定功率（kW）
	Y	5.3	6	4		0.6
	Z	8.5	10	6、8		2.3、10
	A	11.0	13	8、10		3.3、15
	B	14.0	17	11、14	40°	6.4、25
	C	19.0	22	14、18		14、40
	D	27.0	32	19		32
	E	32.0	38	25		50

表 3—3　　　　　　　　　V 带的基准长度 L_d 的标准系列值

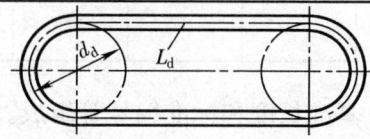

基准长度 L_d (mm)	带长修正系数 K_L						
	Y	Z	A	B	C	D	E
200	0.81						
244	0.82						
250	0.84						
280	0.87						
315	0.89						
355	0.92						
400	0.96	0.87					
450	1.00	0.89					
500	1.02	0.91					
560		0.94					
630		0.96	0.81				
710		0.99	0.83				
800		1.00	0.85				
900		1.03	0.87	0.82			
1 000		1.06	0.89	0.84			
1 120		1.08	0.91	0.86			
1 250		1.11	0.93	0.88			
1 400		1.14	0.96	0.90			
1 600		1.16	0.99	0.92	0.83		
1 800		1.18	1.01	0.95	0.86		
2 000			1.03	0.98	0.88		
2 240			1.06	1.00	0.91		

续表

基准长度 L_d (mm)	带长修正系数 K_L						
	Y	Z	A	B	C	D	E
2 500			1.09	1.03	0.93		
2 800			1.11	1.05	0.95	0.83	
3 150			1.13	1.07	0.97	0.86	
3 550			1.17	1.09	0.99	0.89	
4 000			1.19	1.13	1.02	0.91	
4 500				1.15	1.04	0.93	0.90
5 000				1.18	1.07	0.96	0.92
5 600					1.09	0.98	0.95
6 300					1.12	1.00	0.97
7 100					1.15	1.03	1.00
8 000					1.18	1.06	1.02
9 000					1.21	1.08	1.05
10 000					1.23	1.11	1.07
11 200						1.14	1.10
12 500						1.17	1.12
14 000						1.20	1.15
16 000						1.22	1.18

普通 V 带的标记由带型、基准长度和标准编号等组成。如 B2000 GB 11544—1989，表示为 B 型普通 V 带，基准长度 2 000 mm，国家标准号 11544，颁布时间为 1989 年。在每根普通 V 带的顶面通常印有水洗不掉的标志，包括制造厂名或商标、标记、配组代号和制造年月等。

5) V 带轮的材料、结构。V 带的带轮常用的材料有灰铸铁、铸钢、铝合金和工程塑料等，其中以灰铸铁应用最广，带速较高或特别重要的场合宜采用铸钢，铝合金和工程塑料带轮多用于小功率的带传动。

普通 V 带带轮的结构如图 3—5 所示，有实心式、腹板式、孔板式和轮辐式等类型，它们一般均由轮缘、轮毂和轮辐组成。V 带轮轮缘制有与带的根数、型号相对应的轮槽，轮毂是带轮与轴相配的包围轴的部分。轮缘与轮毂间的部分称为轮辐。直径较小的带轮（$D \leqslant 2.5d$），其轮缘与轮毂直接相连，没有轮辐部分，即采用实心式；中等直径的带轮（$D \leqslant 300$ mm）采用腹板式；大带轮（$D > 300$ mm）采用轮辐式。

6) 带传动的张紧装置。带在工作一定时间后，会产生磨损和塑性变形，使传动带松弛，导致拉力降低，为此须定期检查传动带的张紧程度，及时予以调整。常见的调整方法有：

①调节中心距。当中心距可调时，加大中心距，使传动带张紧。这种装置有移动式和摆动式之分，图 3—6a 所示为移动式张紧装置，通过调整螺钉进行调节张紧；图 3—6b 所示为摆动式张紧装置，用螺钉来调整摆架位置，顺时针旋转摆架，将带张紧；图 3—7 所示为自动张紧装置，它是利用电动机和摆架的自重使摆架旋转，从而自动将带张紧。

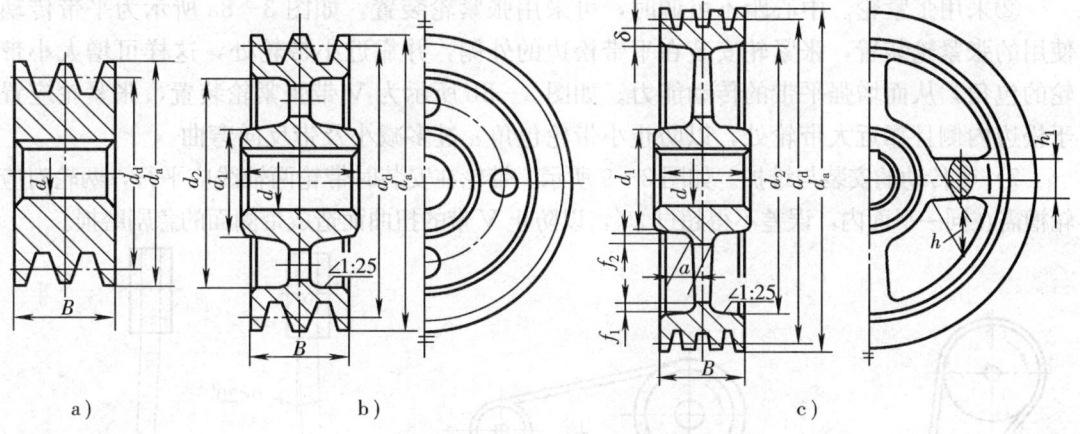

图 3—5 普通 V 带带轮结构
a) 实心式 b) 腹板式 c) 轮辐式
$d_1=1.8d\sim 2d$,$L=1.5d\sim 2d$

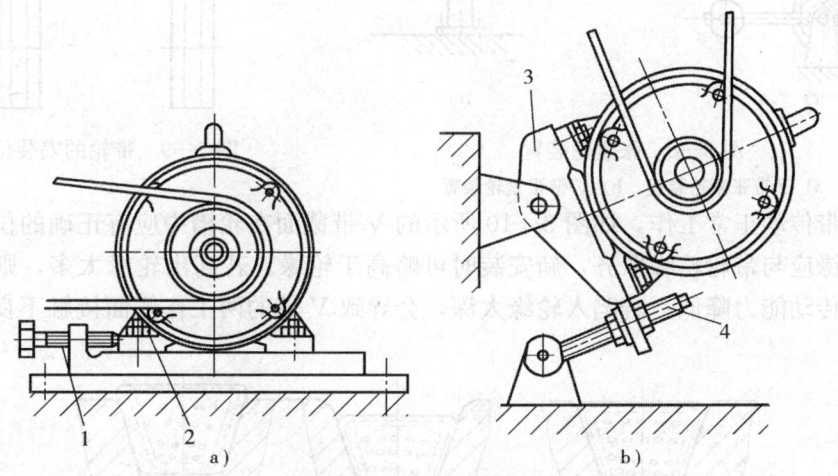

图 3—6 带的张紧装置
a) 移动式 b) 摆动式
1、4—调整螺钉 2—螺母 3—摆架

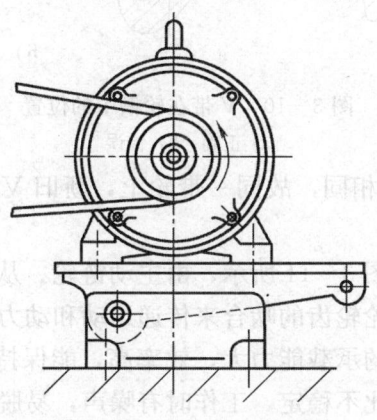

图 3—7 自动张紧装置

②采用张紧轮。中心距不可调时，可采用张紧轮装置，如图 3—8a 所示为平带传动使用的张紧轮装置，张紧轮安装在平带松边的外侧，并靠近小带轮处，这样可增大小带轮的包角，从而增强平带的传动能力。如图 3—8b 所示为 V 带张紧轮装置，张紧轮应置于松边内侧且靠近大带轮处，以防止小带轮包角 α 过多减小及带反向弯曲。

7) 带传动的安装与维护。如图 3—9 所示，带轮在安装时带轮两轴线应平行，两轮对应轮槽需在同一平面内，误差不得超过 20′，以防止 V 带的扭曲而造成带侧面的急剧磨损。

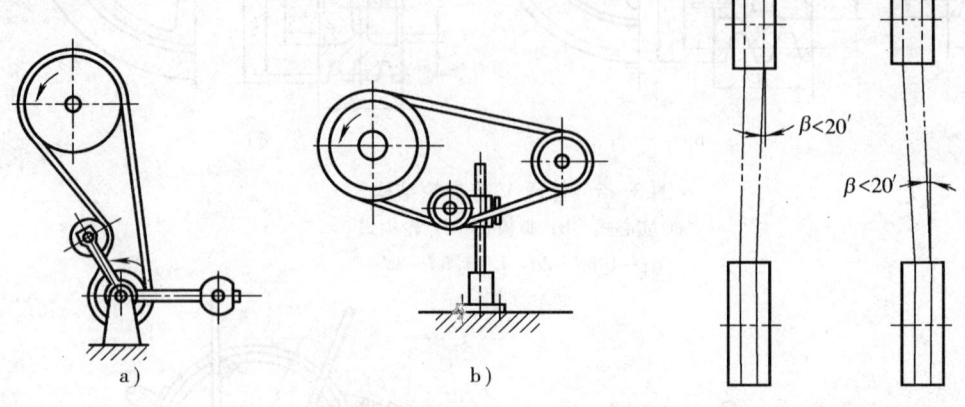

图 3—8 张紧轮装置
a) 平带张紧轮装置　b) V 带张紧轮装置

图 3—9 带轮的安装位置

为使带传动正常工作，如图 3—10 所示的 V 带截面在轮槽中应有正确的位置，即 V 带的外边缘应与带轮轮缘取齐，新安装时可略高于轮缘。若高出轮缘太多，则接触面积减少，其传动能力降低；若陷入轮缘太深，会导致 V 带的两工作侧面接触不良，也对传动不利。

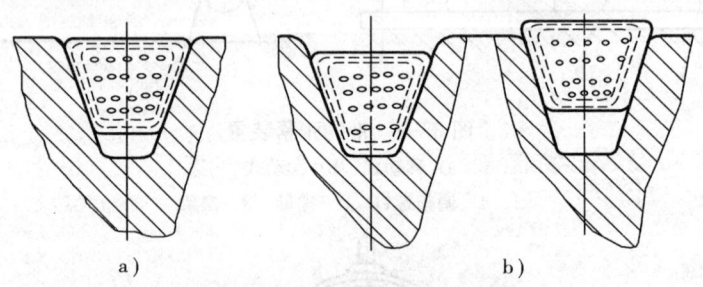

图 3—10 V 带在轮槽中的位置
a) 正确　b) 错误

因新旧 V 带长短不完全相同，故同一带轮上，新旧 V 带不要同时使用，以防止拉力不均而影响传动。

(2) 链传动。链传动如图 3—11 所示，由主动链轮、从动链轮和绕在链轮上的链条组成。工作时通过链条与链轮轮齿的啮合来传递运动和动力。

与带传动相比，链传动的承载能力大，效率高，能保持准确的平均传动比；但其安装精度要求高，瞬时的传动比不稳定，工作时有噪声，易脱链。

1) 链传动的类型。链传动的类型很多，按用途不同有传动链、起重链和牵引链等，

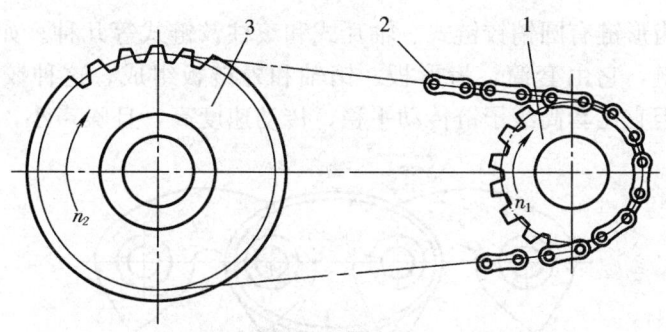

图 3—11 链传动
1—主动链轮 2—链条 3—从动链轮

传动链用于传递动力和运动，起重链用于起重机械提升重物，牵引链用于运输机械驱动输送带等。

2）传动链的种类。其种类较多，最常用的是滚子链和齿形链。

①滚子链。滚子链又称套筒滚子链，它由内链板、外链板、销轴、套筒和滚子组成。其结构如图 3—12 所示。内链板与套筒、外链板与轴为过盈配合，套筒与销轴、滚子与套筒则为间隙配合。滚子链接头链节形式如图 3—13 所示。

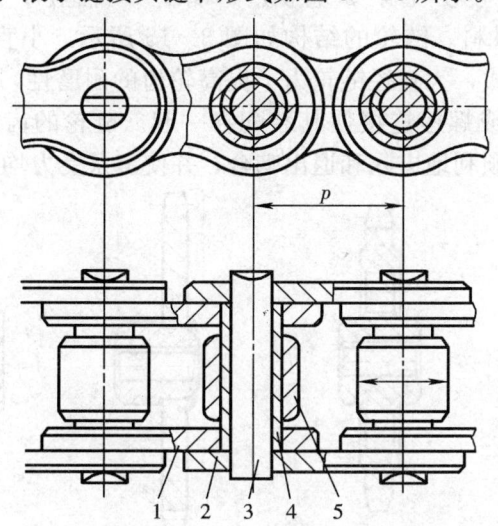

图 3—12 滚子链的结构
1—内链板 2—外链板 3—销轴 4—套筒 5—滚子

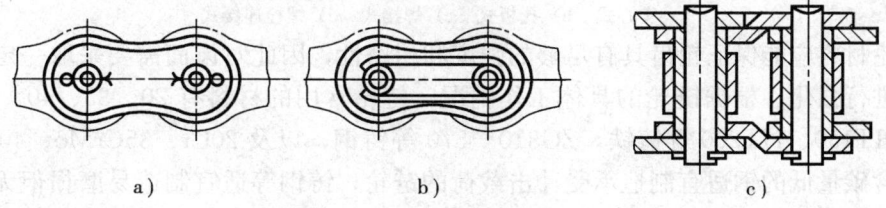

图 3—13 滚子链接头链节
a) 开口销连接链节 b) 弹簧夹连接链节 c) 过渡链节

②齿形链。齿形链有圆销铰链式、轴瓦式和滚柱铰链式等几种。如图3—14所示为圆销铰链式齿形链,它由套筒、齿形板、销轴和外链板组成。这种铰链比压大,易磨损,成本较高。但它比套筒滚子链传动平稳,传动速度高,且噪声小,齿形链又称无声链。

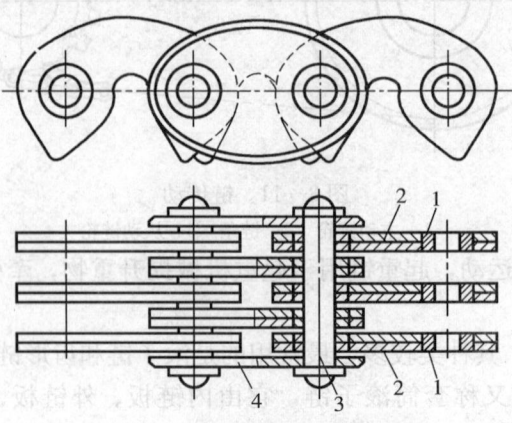

图3—14 圆销铰链式齿形链
1—套筒 2—齿形板 3—销轴 4—外链板

3) 链轮的结构及材料。链轮的结构如图3—15所示,小直径链轮可制成实心式,中等直径链轮采用孔板式,大直径链轮为了提高轮齿的耐磨性,常将齿圈和齿心用不同材料制造,然后用焊接或螺栓连接使其装配在一起。链轮的齿形应便于加工,不易脱链,能保证链条平稳、顺利地进入和退出啮合,并使链条受力均匀。

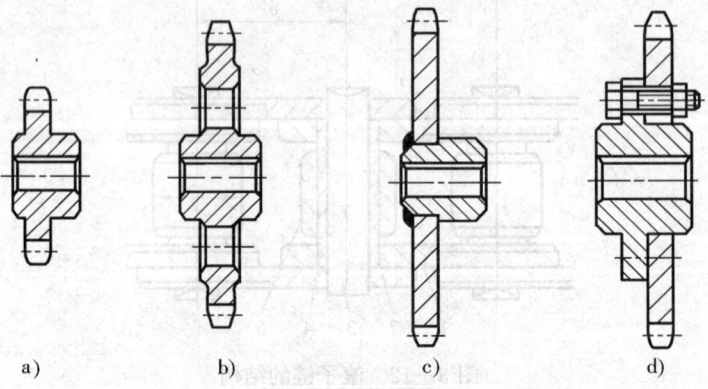

图3—15 链轮结构
a) 实心式 b) 孔板式 c) 焊接式 d) 螺栓连接式

链轮材料应能保证轮齿具有足够的强度和耐磨性,因此对齿面需要采取一定的热处理工艺进行强化。根据链轮的具体工作情况,链轮常用的材料有20、35、40、45等碳素钢、HT150、HT200等铸铁,ZG310—570等铸钢,以及20Cr、35CrMo、40Cr等合金钢。含碳量低的钢适宜制造承受冲击载荷的链轮,铸钢等适宜制造易磨损但无剧烈冲击振动的链轮,要求强度高且耐磨的链轮须由合金钢制作。

4) 链传动的应用。当两轴平行,中心距较远,传递功率较大且平均传动比要求较准确时,可考虑采用链传动。在低速、重载和高温条件下及灰尘较多的场合下,尤其适宜应用链传动。目前在轻工机械、农业机械、石油化工机械、运输起重机、摩托车和自行车等机械传动上均有链传动，链传动其传动比应控制为 $i\leqslant 6$，低速时可使传动比 $i=10$，一般传动比控制在 $i=2\sim 3.5$ 较适宜。

（3）齿轮传动。齿轮传动是机械中应用范围较广的一种传动方式，它覆盖高速传动到低速传动，传递功率可从小于 1 W 至数万千瓦，直径可从不到 1 mm 到 10 m 以上；齿轮传动效率高，传动平稳，瞬时传动比恒定，结构紧凑，工作可靠，使用寿命长。但齿轮的制造工艺复杂，安装精度要求高，不宜用于两轴间距离较远的传动。

齿轮的种类很多，有各种不同的分类方法，如图 3—16 所示。根据齿轮传动轴的相对位置可将齿轮传动分为平面齿轮传动（两轴平行）与空间齿轮传动（两轴不平行）。此外，根据齿轮的转速不同，可分为低速（<3 m/s）、中速（3～40 m/s）和高速（>40 m/s）齿轮传动三种；按齿轮传动的工作条件不同，可分为闭式齿轮传动（封闭在箱体内，并能保证良好润滑的齿轮传动）和开式齿轮传动（传动外露在空间，不能保证良好润滑的齿轮传动）两种；按齿宽方向齿与轴的歪斜形式不同，可分为直齿、斜齿和螺旋齿齿轮传动等；按齿轮的啮合方式不同，可分为外啮合齿轮传动、内啮合齿轮传动和齿条传动；按轮齿的齿廓线不同，可分为渐开线齿轮、摆线齿轮和圆弧齿轮传动等。

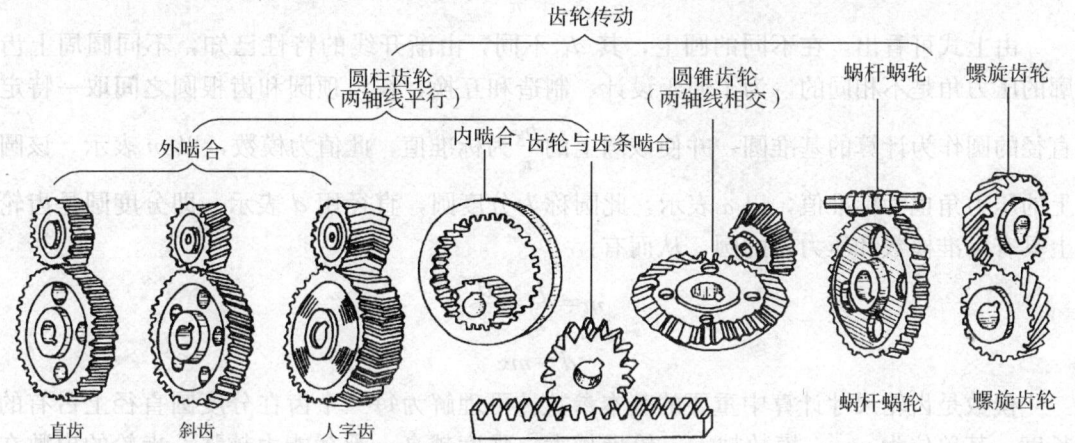

图 3—16 齿轮传动的分类

1）直齿圆柱齿轮的主要参数和几何尺寸及计算。如图 3—17 所示为标准直齿圆柱齿轮的一部分，下面介绍齿轮各部分的名称、符号及几何尺寸间关系。

①齿数 z。在齿轮整个圆周上，均匀分布的轮齿的总数，一般直齿圆柱齿轮的最少齿数不少于 17 齿。

②齿顶圆、齿根圆。轮齿顶部所在的圆称为齿顶圆，直径用 d_a 表示；相邻两齿间的空间称为齿槽。齿槽底部所在的圆称为齿根圆，直径用 d_f 表示。

③齿槽宽、齿厚与齿距。在任意直径 d_k 的圆周上，齿槽两侧之间的弧长称为该圆周上的齿槽宽，用 e_k 表示。同一轮齿两侧齿廓间的弧长称为该圆上的齿厚，用 s_k 表示。相邻两齿同侧齿廓间的弧长称为该圆上的齿距，用 p_k 表示。显然同一圆周上的齿距等于齿厚与齿槽宽之和。即

$$p_k = s_k + e_k$$

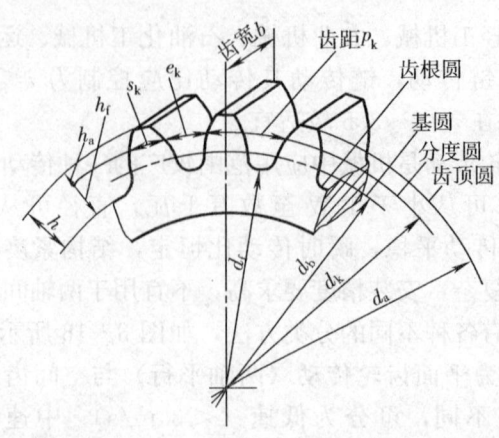

图 3—17 齿轮各部分名称和代号

④模数、压力角和分度圆。齿数为 z 的齿轮,其齿距与周长的关系为:

$$\pi d_k = p_k z$$

即

$$d_k = \frac{p_k}{\pi} z$$

由上式可看出,在不同的圆上,其 d_k 不同,由渐开线的特性已知,不同圆周上齿廓的压力角是不相同的,为了便于设计、制造和互换,在齿顶圆和齿根圆之间取一特定直径的圆作为计算的基准圆,并使该圆上的 $\frac{p_k}{\pi}$ 为标准值,此值为模数,以 m 表示。该圆上的压力角也为标准值,以 α 表示,此圆称为分度圆,直径用 d 表示。即分度圆是齿轮上具有标准模数和压力角的圆,从而有:

$$m = \frac{p}{\pi} = \frac{d}{z}$$

$$d = mz$$

模数是齿轮尺寸计算中重要的基本参数,可理解为每一个齿在分度圆直径上占有的长度,其单位为 mm,模数越大,轮齿越大,强度越高,承载能力越强。齿轮的模数在我国已经标准化,渐开线圆柱齿轮模数见表 3—4。选用模数时,应优先采用第一系列,其次是第二系列,括号内的数值尽可能不用。

表 3—4　　　　　　　　齿轮模数(部分)

第一系列	0.8　1　1.25　1.5　2　2.5　3　4　5　6　8　10　12　16　20　25　32　40　50
第二系列	0.9　1.75　2.25　2.75　(3.25)　3.5　(3.75)　4.5　5.5　(6.5)　7　9　(11)　14　18　22　28　36　45

国家规定的标准压力角为 20°或 15°,一般以 20°为主。

分度圆是齿轮上具有标准模数和标准压力角的圆。分度圆上的压力角、齿距、齿厚和齿槽宽等通常直接称为压力角、齿距、齿厚和齿槽宽,其参数符号分别以 α、p、s、e 表示。

⑤齿顶高、齿根高、齿高。齿顶高是齿顶圆和分度圆之间的径向距离,用 h_a 表示;

齿根高是齿根圆和分度圆之间的径向距离，用 h_f 表示；齿高是齿顶圆和齿根圆之间的径向距离，用 h 表示。故
$$h=h_a+h_f$$
标准直齿圆柱齿轮几何尺寸计算公式见表 3—5。

表 3—5　　　　　　　　标准直齿圆柱齿轮几何尺寸计算公式

名称	代号	公式
齿数	z	设计选定
模数	m	设计确定
压力角	α	取标准值
分度圆直径	d	$d=mz$
基圆直径	d_b	$d_b=d\cos\alpha$
齿顶圆直径	d_a	$d_a=d+2h_a=(z+2h_a^*)m$
齿根圆直径	d_f	$d_f=d-2h_f=(z-2h_a^*-2c^*)m$
齿顶高	h_a	$h_a=h_a^*m$
齿根高	h_f	$h_f=(h_a^*+c^*)m$
齿高	h	$h=h_a+h_f$
齿距	p	$p=\pi m$
齿厚	s	$s=\dfrac{\pi m}{2}$
齿槽宽	e	$e=\dfrac{\pi m}{2}$
中心距	a	$a=\dfrac{1}{2}(d_1+d_2)=\dfrac{1}{2}(z_1+z_2)m$

注：h_a^* 称为齿顶高系数，c^* 称为顶隙系数。国家标准规定，正常齿制 h_a^* 和 c^* 分别为 1 和 0.25，短齿制 h_a^* 和 c^* 分别为 0.8 和 0.3。一般不特别说明的标准直齿圆柱齿轮均为正常齿制。

2）标准直齿圆柱齿轮的啮合传动

①渐开线齿轮正确啮合的条件。一对渐开线齿轮的正确啮合如图 3—18 所示，根据渐开线齿廓啮合原理，其接触点均应在啮合线 N_1N_2 上。即前一对轮齿在 K 点啮合时，若后一对轮齿也在 K' 点处于啮合状态，则 K 与 K' 均应在 N_1N_2 上，要达到这一要求，两齿轮的模数和压力角必须分别相等。即
$$m_1=m_2=m$$
$$\alpha_1=\alpha_2=\alpha$$
一对齿轮的传动比为
$$i_{12}=\frac{n_1}{n_2}=\frac{z_2}{z_1}$$
式中　n_1——主动轮转速，r/min；
　　　n_2——从动轮转速，r/min；
　　　z_1——主动轮齿数；
　　　z_2——从动轮齿数。

②标准中心距。安装一对外啮合的渐开线标准齿轮时，在理论上应达到齿侧间无间

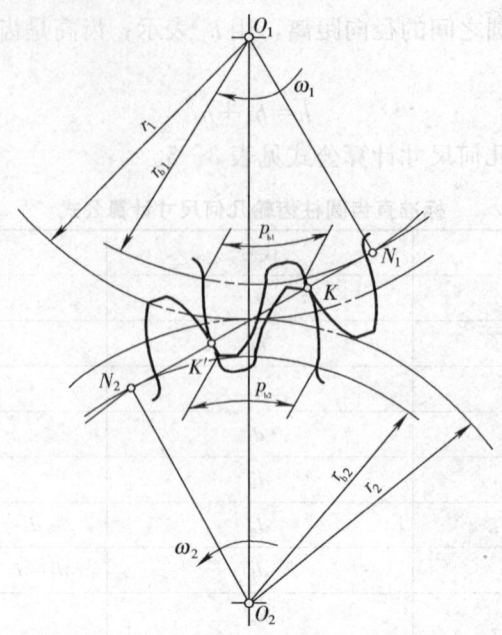

图 3—18 渐开线齿轮的正确啮合

隙,以防止传动时产生冲击、噪声和影响传动的精度,因标准齿轮的分度圆齿厚与齿槽宽相等,且一对相啮合的齿轮其模数相等,即

$$s_1 = e_1 = s_2 = e_2 = \frac{\pi m}{2}$$

故两轮啮合时,分度圆相切,侧隙为零,得标准中心距

$$a = \frac{d_1 + d_2}{2} = \frac{m}{2}(z_1 + z_2)$$

一对齿轮传动时因轮齿的热变形、装配误差等,在安装时其齿廓间应根据传动要求留有微小的齿侧间隙以储存润滑油等。

③传动的连续性。齿轮传动是靠轮齿的依次啮合而传递运动,为此要求当前一对轮齿(如图 3—18 所示在 K 点接触的一对轮齿)尚未脱离啮合时,后一对轮齿(如图 3—18 所示在 K' 点接触的一对轮齿)已进入啮合状态,这样有两对轮齿同时工作,传动的连续性好。若前一对轮齿脱离啮合时,后一对轮齿刚开始啮合,即始终仅有一对轮齿工作,则传动的连续性不好。绝不允许出现一对轮齿已脱离啮合,而后一对轮齿尚未进入啮合的传动的不连续状态。参与啮合轮齿的多少称为轮齿的重合度,重合度越大,传动越平稳,每个齿受到的载荷也越小,重合度为 1 表示传动过程中始终只有一对轮齿在啮合;重合度为 2 表示始终有两对轮齿在啮合;重合度在 1~2 之间时,表示有时有一对齿啮合,有时有两对齿啮合。一般机械中,重合度为 1.1~1.4。

3)齿轮齿条传动。齿条可以看做是基圆直径趋于无限大的齿轮,此时分度圆变成为直线,即成为齿条的分度线,齿条的齿廓也变成为直线,齿顶圆、齿根圆均相应变成为齿顶线和齿根线,如图 3—19 所示。

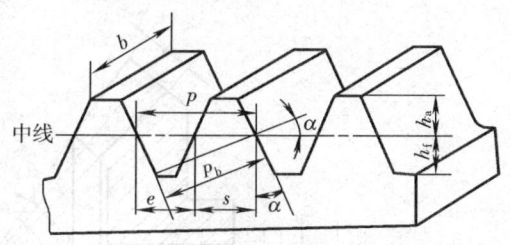

图 3—19 齿条

齿条与齿轮相比其主要特点是：由于齿轮的齿廓是直线，故齿廓上各点的法线 N_1N_2 均相互平行，齿条上各点的速度相同、方向一致。齿廓上各点的齿形角均等于齿廓的倾斜角，即压力角。由于齿条上各齿的同侧齿廓相互平行，所以不论在分度线上、齿顶线上或齿根线上，其齿距均相等，即 $p=\pi m$。

齿轮齿条传动的正确啮合条件与标准圆柱齿轮啮合相同，即要求其模数和压力角须分别相等。齿条的基本尺寸计算也与直齿圆柱齿轮相同。齿轮齿条传动主要是实现齿轮的旋转运动和齿条的直线往复运动的相互转换。齿条直线移动速度与齿轮转速的关系可按下式进行计算：

$$v=n\pi mz$$

式中　v——齿条移动速度，mm/min；
　　　n——齿轮转速，r/min；
　　　m——齿轮模数，mm；
　　　z——齿轮齿数。

4) 锥齿轮传动。与圆柱齿轮相似，锥齿轮传动中有分度圆锥、齿顶圆锥和齿根圆锥等（见图 3—20）。与直齿圆柱齿轮不同的是其轮齿由大端逐渐减小，为了计算和测量方便，锥齿轮通常取大端的参数为标准值，以大端的压力角 α 作为标准压力角。锥齿轮也有直齿、螺旋齿等多种形式，由于直齿锥齿轮在设计、制造和安装等方面都比较简单，所以应用较广。锥齿轮用于轴线相交的传动，两轴交角由传动要求确定，常用的轴交角一般相互垂直，如图 3—21 所示。

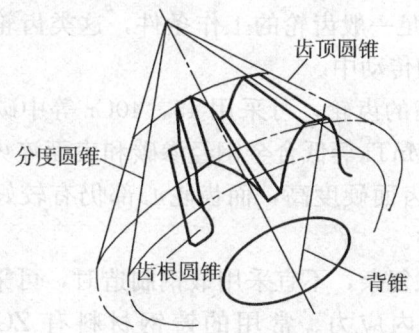

图 3—20 直齿锥齿轮

一对锥齿轮传动，相当于一对作纯滚动的锥摩擦轮传动，该圆锥面称为节圆锥面。一对标准直齿锥齿轮传动，两轮的分度圆锥面与节圆锥面重合，δ_1 和 δ_2 分别是锥齿轮的分度圆锥角，采用两轴互相垂直的锥齿轮传动时

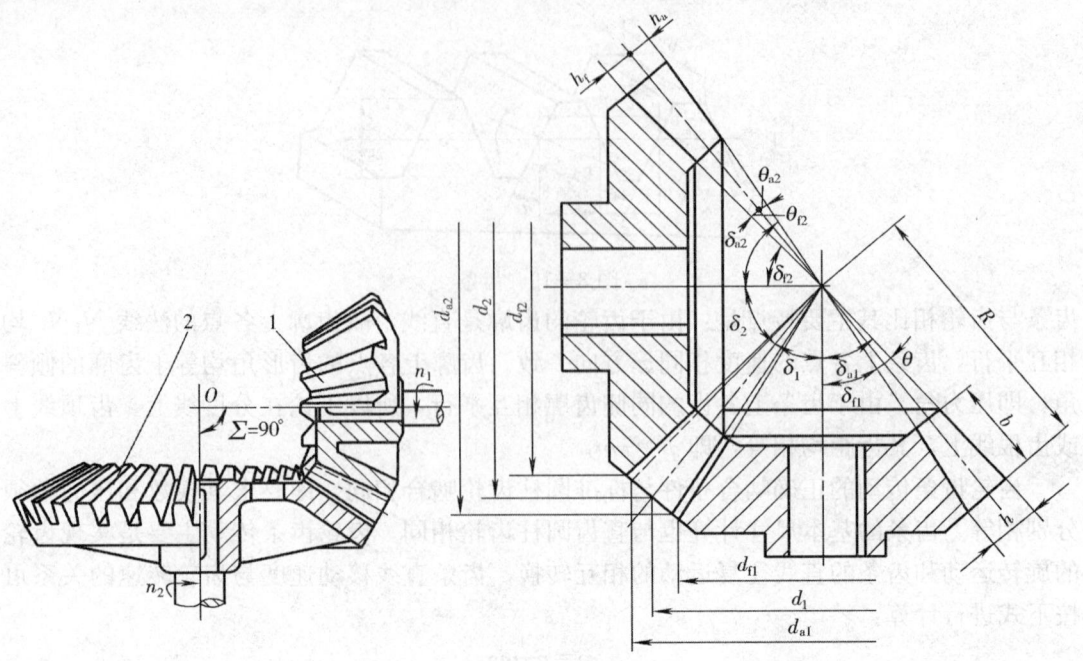

图 3—21 锥齿轮传动

$$\Sigma = \delta_1 + \delta_2 = 90°$$

与直齿圆柱齿轮相似，直齿锥齿轮正确啮合条件为：

$$m_1 = m_2 = m$$
$$\alpha_1 = \alpha_2 = \alpha$$

5) 齿轮的材料。根据齿轮的工作状况，对齿轮材料的性能要求为：齿面具有较高的硬度和耐磨性；心部具有一定的冲击韧性；具有良好的切削加工性能和热处理工艺性能。常用的材料有钢和铸铁，有时也可采用有色金属或非金属材料。

锻钢或轧制材料的强度高、韧性好，可通过热处理改善其力学性能，是制造齿轮的重要材料，如 45、40Cr、35SiMn 等中碳钢和中碳合金钢，采用正火或调质处理，其硬度为 200～250HBW，可满足一般齿轮的工作条件，这类齿轮制造成本低，多用于中低速、强度和精度要求不高的传动中。

对于齿面硬度要求较高的齿轮，可采用 45、40Cr 等中碳钢或中碳合金钢进行表面淬火，或采用 20Cr、20CrMnTi 等低合金钢经渗碳和表面淬火，热处理后其齿面硬度可达 40～65HRC，这类齿轮齿面硬度高，而齿轮心部仍有较好的韧性，可用于高速、重载、承受较大冲击的传动中。

当齿轮尺寸较大或形状复杂，不宜采用锻钢制造时，可采用铸钢或铸铁制造，并进行正火处理，以消除铸造内应力。常用的铸钢材料有 ZG310－570、ZG340－640、ZG35SiMn 等。对于工作平稳、低速轻载的开式齿轮传动，也可采用铸铁制造。铸铁中的石墨具有良好的自润滑性，但抗弯和抗冲击能力差，常用的材料有 HT300、QT600－3。球墨铸铁有较好的力学性能，有时可代替铸钢。

对于高速、轻载的齿轮，也可采用塑料、尼龙、胶木等非金属材料制作。非金属材料的噪声低，运转平稳，其应用日益广泛。

6) 齿轮的失效形式。齿轮的失效主要是轮齿的失效，它与齿轮的传动类型、工作状况、材料性质、加工精度等有关。常见的齿轮失效形式如图 3—22 所示。

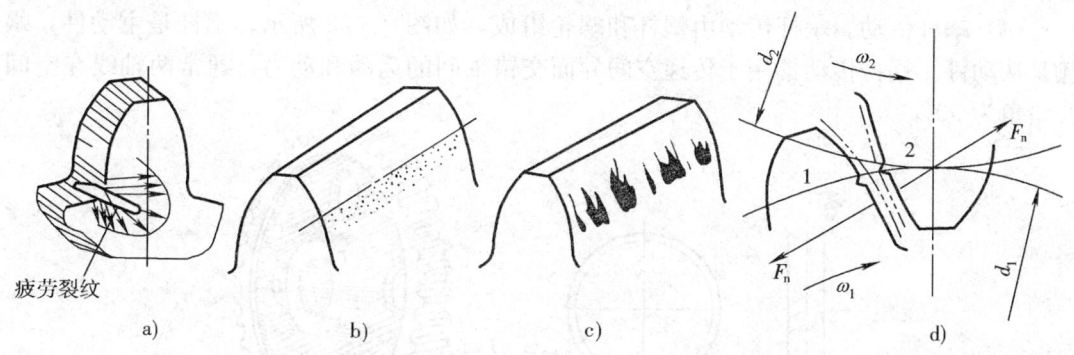

图 3—22　齿轮的失效形式
a) 轮齿折断　b) 齿面点蚀　c) 齿面胶合　d) 塑性变形

①轮齿折断。齿轮工作时其根部产生的弯曲应力最大，且伴有应力集中。齿轮在短时过载或冲击载荷作用下的突然断裂，多发生在铸铁等脆性材料制作的齿轮上。齿轮工作时，齿轮根部受到交变的弯曲应力，从而导致齿根处产生疲劳裂纹而发生的轮齿折断，也称疲劳折断，如图 3—22a 所示。选用合适的材料和适当的热处理方法，增大齿根圆半径，降低表面粗糙度值等均可提高轮齿的抗折断能力。

②齿面点蚀。闭式齿轮传动中，齿面产生交变接触应力，当某一局部接触应力超过材料的接触疲劳极限时，齿面就会出现微小的疲劳裂纹并导致金属脱落而形成点蚀坑，如图 3—22b 所示。提高齿面硬度，降低齿面表面粗糙度值，可提高齿面抗疲劳点蚀的能力。齿面点蚀是闭式齿轮传动失效的主要形式，在开式齿轮传动中，齿面磨损较快，齿面微裂纹还未来得及扩展即被磨掉，一般看不到齿面点蚀现象。

③齿面胶合。高速或重载齿轮传动中，因齿面间压力大、摩擦发热多，造成齿面间油膜破坏，而使啮合点处的瞬时温度过高，润滑失效，从而导致两齿面接触点发生"粘接"现象，由于两齿面的相对滑动，在软齿面节线附近形成与滑动方向一致的撕裂沟痕，如图 3—22c 所示，齿面出现胶合现象后，将产生严重损坏而失效。提高齿面硬度，降低表面粗糙度值，对低速传动采用黏度大的润滑油，对高速传动采用含抗胶合添加剂的硫化润滑油等可防止齿面胶合。

④塑性变形。在重载及启动频繁的传动中，齿面之间不易形成润滑膜而直接接触，较软的齿面表层金属可能沿相对滑动方向产生局部塑性流动。由于主动轮上所受的摩擦力是背离节线分别朝向齿顶和齿根作用，而从动轮上所受的摩擦力则分别由齿顶齿根朝向节线作用，使主动轮齿面沿节线处形成凹沟，从动轮齿面沿节线处形成凸棱，如图 3—22d 所示。为防止齿面塑性变形，可通过提高齿面硬度或采用较高黏度的润滑油等方法来解决。

齿轮传动的失效经常是由于齿面磨损引起的，齿轮在传动过程中，相互接触的两齿面会产生一定的滑动而引起跑合磨损，如果磨损的速度符合预定的设计期限，则为正常磨损，正常磨损的齿面光滑而无明显痕迹。当齿面磨损严重时，将损坏齿面而影响传动。在开式齿轮传动中,由于灰尘、砂粒、金属屑等颗粒进入啮合区,而引起磨粒性磨损,从而导致齿廓形状破坏。采用闭式传动,提高齿面硬度,减小接触应力,改善润滑条件,保持润滑油的清洁等可减轻齿面磨损。

(4) 蜗杆传动。蜗杆传动由蜗杆和蜗轮组成,如图 3—23 所示。蜗杆是主动件,蜗轮是从动件。蜗杆传动常用于传递空间异面交错轴间的运动和动力,通常两轴线在空间交错角为 90°。

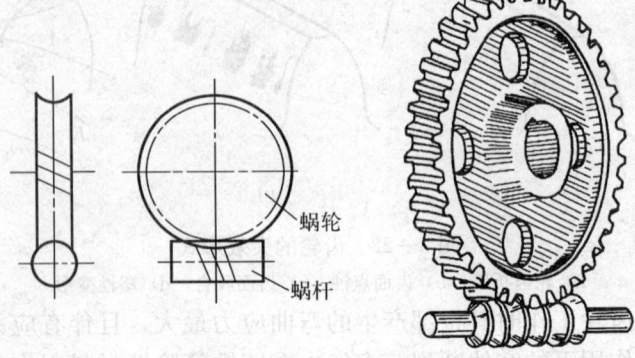

图 3—23 蜗杆传动

1) 蜗杆传动的类型、特点及应用。

①蜗杆传动的类型。根据外形不同,蜗杆有圆柱蜗杆和环面蜗杆等,如图 3—24 所示。圆柱蜗杆制造简单,应用广泛;环面蜗杆传动的润滑状态好,效率高,但制造复杂,主要用于大功率的传动。圆柱蜗杆按照齿廓形状不同,可分为阿基米德(ZA)蜗杆、渐开线(ZI)蜗杆等。其中阿基米德圆柱蜗杆可用加工梯形螺纹的方法在车床上车削而成,所以应用较广。此外,按蜗杆螺旋线的旋向分,蜗杆可分为右旋蜗杆和左旋蜗杆,一般常用右旋蜗杆;按蜗杆头(线)数不同,蜗杆又可分成单头蜗杆($z=1$)和多头蜗杆($z \geq 2$)。

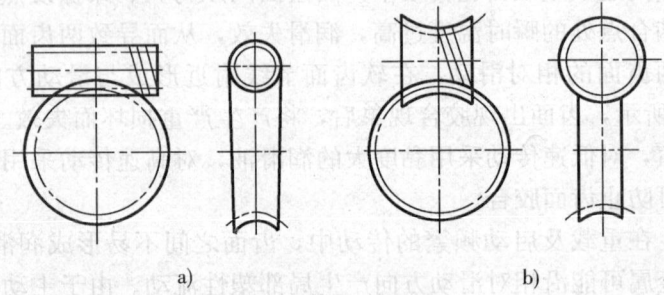

a)   b)

图 3—24 蜗杆类型
a) 圆柱蜗杆   b) 环面蜗杆

②蜗杆传动的特点和应用。传动比大,结构紧凑。在分度机构中,传动比 i 可达 1 000;在动力传动中,传动比 $i=8\sim100$。

传动平稳,噪声小。因为蜗杆轮齿是连续的螺旋齿,传动时与蜗轮逐渐进入和退出啮合,且同时啮合的齿数对较多。

在一定条件下,可以实现自锁。此时无论在蜗轮上作用多大的力都不能推动蜗杆转动,故常将蜗杆传动应用在要求不能逆转的装置上。

传动效率低。蜗杆传动时有较大的轴向力,齿面摩擦剧烈,功率损失大,效率一般为 70%～80%。当传动有自锁时,效率低于 50%。

传递功率较小,一般不超过 50 kW。蜗杆传动一般用于传递功率不大且间歇工作的场合。

2) 普通圆柱蜗杆传动的主要参数。对于两轴线在空间交错成 90°的普通圆柱蜗杆传动,蜗杆轴线和连心线(蜗杆轴线与蜗轮轴线的公垂线)构成的平面称为中间平面,如图 3—25 所示。蜗杆传动在中间平面上相当于齿轮与齿条的啮合传动。因此蜗杆传动的主要参数和几何尺寸计算均以中间平面上的参数和尺寸为基准。

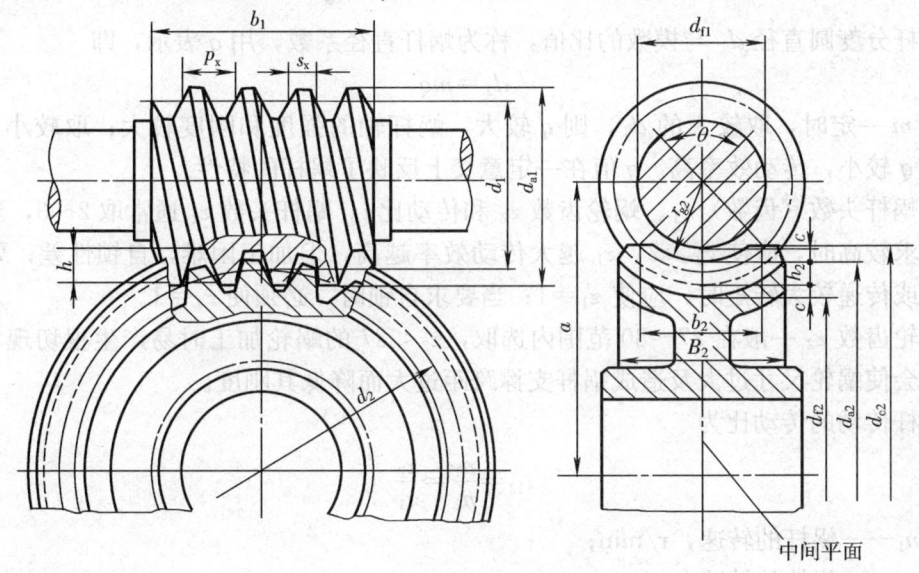

图 3—25 蜗杆传动的几何尺寸

①模数 m 与压力角 α。在中间平面内,蜗杆的轴向模数 m_a 和压力角 α_a 应与蜗轮的模数 m_t 和压力角 α_t 相等,可分别用 m 和 α 表示,并一般为标准值,如 $\alpha=20°$。

②蜗杆分度圆直径 d_1 与蜗杆直径系数 q。由于蜗轮是用与蜗杆相似的滚刀来加工的,为使刀具标准化,将蜗杆分度圆直径 d_1 规定为标准值,其值与模数匹配,部分常用蜗杆基本参数见表 3—6。

表 3—6 部分常用蜗杆基本参数

模数 m (mm)	分度圆直径 d_1 (mm)	蜗杆头数 z_1	直径系数 q	模数 m (mm)	分度圆直径 d_1 (mm)	蜗杆头数 z_1	直径系数 q
2	22.4	1、2、4、6	11.200	6.3	63	1、2、4、6	10.000
	35.5*	1	17.750		112*	1	17.778
2.5	28	1、2、4、6	11.200	8	80	1、2、4、6	10.000
	45*	1	18.000		140*	1	17.500

续表

模数 m (mm)	分度圆直径 d_1 (mm)	蜗杆头数 z_1	直径系数 q	模数 m (mm)	分度圆直径 d_1 (mm)	蜗杆头数 z_1	直径系数 q
3.15	35.5	1、2、4、6	11.270	10	90	1、2、4、6	9.000
	56*	1	17.778		160*	1	16.000
4	40	1、2、4、6	10.000	12.5	112	1、2、4	8.960
	71*	1	17.750		200*	1	16.000
5	50	1、2、4、6	10.000	16	140	1、2、4	8.750
	90*	1	18.000		250*	1	15.625

注：带 * 号的蜗杆可以自锁。

蜗杆分度圆直径 d_1 与模数的比值，称为蜗杆直径系数，用 q 表示，即

$$d_1 = mq$$

当 m 一定时，取较大的 d_1，则 q 较大，蜗杆轴的强度和刚度较大；取较小的 d_1，相应的 q 较小，传动效率高。q 值在一定意义上反映了蜗杆的特性。

③蜗杆头数（齿数）z_1、蜗轮齿数 z_2 和传动比 i。蜗杆头数 z_1 通常取 2~3，当传动效率要求较高时，应使 $z_1 \geqslant 2$，z_1 越大传动效率越高，但加工困难，自锁性差；要求传动比大或传递较大转矩时，应使 $z_1 = 1$；当要求自锁时，必须使 $z_1 = 1$。

蜗轮齿数 z_2 一般在 27~80 范围内选取，$z_2 < 27$ 的蜗轮加工时易产生根切现象；z_2 过多，会使蜗轮尺寸过大及造成蜗杆支撑跨距过大而降低其刚度。

蜗杆传动的传动比为

$$i_{12} = \frac{n_1}{n_2} = \frac{z_2}{z_1}$$

式中　n_1——蜗杆的转速，r/min；
　　　n_2——蜗轮的转速，r/min；
　　　z_1——蜗杆的头数；
　　　z_2——蜗轮的齿数。

④中心距 a。

$$a = \frac{1}{2}(d_1 + d_2) = \frac{m}{2}(q + z_2)$$

式中　d_2——蜗轮分度圆直径，$d_2 = mz_2$。

国家标准规定中心距的标准系列值为 40、50、63、80、100、125、160、200、250、315 等（单位为 mm）。

3）蜗杆传动的材料和失效形式

①蜗杆、蜗轮常用材料。蜗杆传动有较大的滑动速度，所以对其材料不仅要求有足够的强度，还要有良好的减摩性、耐磨性和抗胶合的能力。目前蜗杆常采用优质碳素结构钢或合金结构钢制造，如采用调质钢 45、40Cr 高频淬火。对高速重载且载荷变化较大的蜗杆，可用合金渗碳钢 20Cr、20CrMnTi 等渗碳、淬火加低温回火处理。蜗轮通常采用锡青铜制造，如 ZCuSn10Pb1 的抗胶合能力和耐磨性好，允许的滑动速度可达 25 m/s，对于滑动速度小于 12 m/s 的蜗轮可采用 ZCuSn5Pb5Zn5。在低速轻载的条件

下，如滑动速度小于 2 m/s，蜗轮可采用灰铸铁制造，如 HT150、HT200。

②蜗杆传动的失效形式。蜗杆传动的失效形式与齿轮传动相似，有轮齿折断、点蚀、磨损和胶合等，由于齿面间相对滑动摩擦严重，所以磨损和胶合失效更为普遍。一般在开式蜗杆传动中，因蜗杆、蜗轮完全裸露在外，外界杂质易侵入，润滑不良，易产生齿面磨损；在闭式蜗杆传动中，因啮合处的相对速度高，散热不好，易产生齿面胶合。为防止磨损和胶合，应选用减摩材料和注意改善蜗杆、蜗轮的润滑条件。

3. 其他机构

（1）凸轮机构。凸轮的零件图如图 3—26 所示，在图上标明有凸轮的尺寸公差、形位公差、表面粗糙度、材料及热处理等内容。

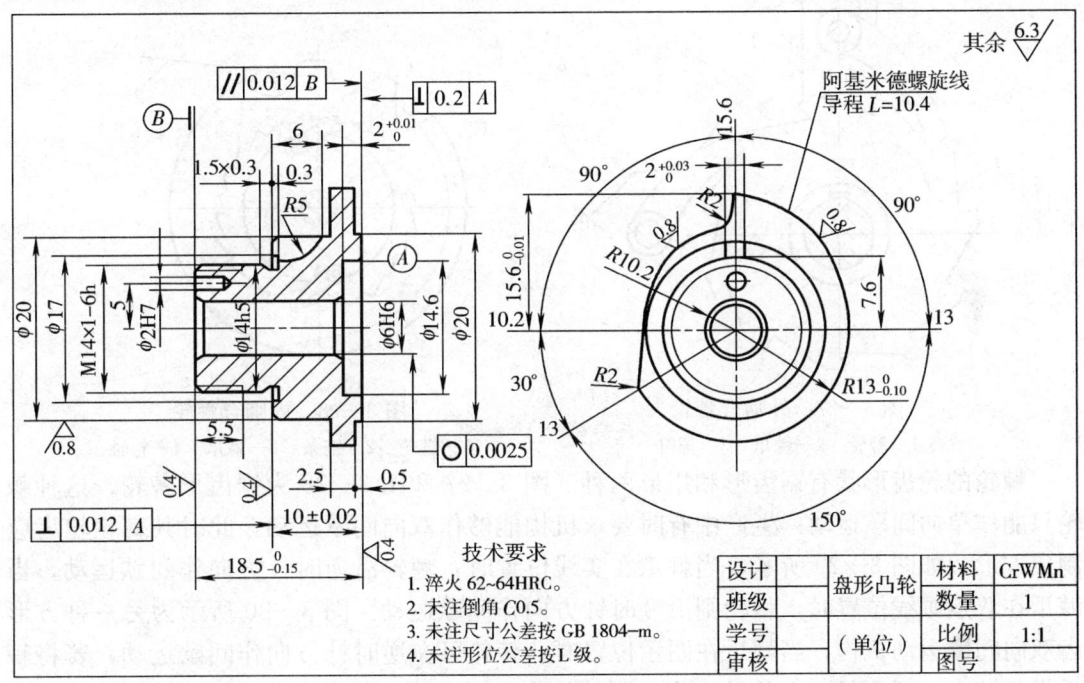

图 3—26　凸轮零件图

凸轮的加工精度主要为凸轮工作轮廓的径向公差、表面粗糙度和基准孔偏差等，在加工时应特别注意。

凸轮与其他零件间有一定的位置要求，装配时应根据设计要求，在凸轮上画出标记线，以便于调整。

（2）间歇运动机构。生产实际中有时要求某些构件做周期性的间歇运动，实现这种间歇运动的机构称为间歇运动机构，常用的间歇运动机构有棘轮机构和槽轮机构，以把主动件的连续运动变为从动件的间歇运动。

1）棘轮机构。棘轮机构如图 3—27 所示，它主要由棘轮、驱动棘爪、止回棘爪、摇杆等组成。棘轮用键连接在机构的传动轴上，而摇杆则空套在主传动轴上，驱动棘爪与摇杆用转动副连接。当摇杆逆时针方向摆动时，借助弹簧或自重驱动棘爪插入棘轮齿槽内，使棘轮转过一定角度，当摇杆顺时针方向摆动时，止回棘爪阻止棘轮顺时针转动，驱动棘爪在棘轮齿背上滑过，而棘轮静止不动，从而达到摇杆作连续的往复摆动而棘轮作单向间歇转动的目的。

棘轮有外啮合和内啮合两种基本形式,外啮合棘轮如图3—27所示,内啮合棘轮如图3—28所示。图3—28所示的内啮合棘轮为自行车后轴链轮棘轮机构,常称"飞轮",当脚蹬踏板时,链条带动链轮顺时针方向转动,棘爪推动后轮轴转动使自行车前进。当脚不蹬踏板时,链轮停止转动,而后车轮在惯性的作用下要继续转动,此时其棘爪沿棘轮齿背滑过,使从动轮与主动轮脱开,并不影响后车轮的转动,这种从动件超越主动件而运动的机构称为超越机构。内啮合棘轮机构是一种典型的超越机构,超越机构在机械设备中有着广泛的应用。

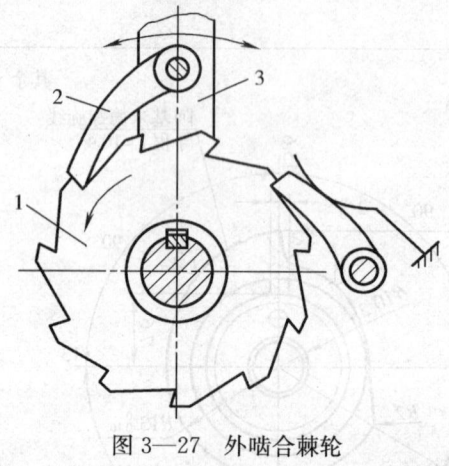

图3—27 外啮合棘轮
1—棘轮 2—棘爪 3—摇杆

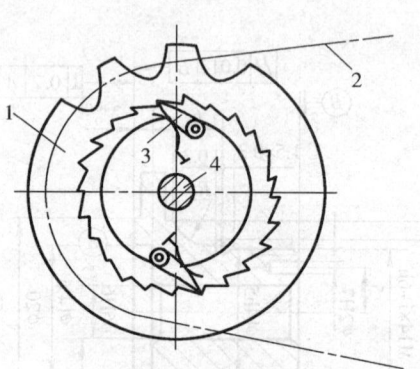

图3—28 内啮合棘轮
1—链轮 2—链条 3—棘爪 4—轮轴

棘轮的轮齿形状有锯齿形和矩形两种。图3—27和图3—28为锯齿形棘轮,这种棘轮只能作单向间歇运动;生产中有时要求机构能够作双向间歇运动,此时其棘轮轮齿应制成方形,如图3—29所示,当棘爪在实线位置时,棘轮沿逆时针方向作间歇运动,当棘爪在双点画线位置时,棘轮则沿顺时针方向作间歇运动。图3—30所示为另一种方形齿双向间歇运动机构,当棘爪在图示位置时,棘轮可在逆时针方向作间歇运动,若将棘爪提起转180°后再插入棘轮轮齿内,则棘轮将沿顺时针方向作间歇运动。牛头刨床工作台的横向进给应用了这种机构。

在单向间歇运动的棘轮机构中,若将主动件上安装两个棘爪,如图3—31所示,在主动件运动不变的情况下,可提高棘轮的运动次数和缩短其停歇时间,使棘轮动作加快,所以将其称为快动棘轮机构。

图3—32所示为摩擦式棘轮机构,它能无级地调节棘轮转角的大小及降低冲击和噪声,它的传动原理与齿式棘轮机构相似,不过它不是靠棘爪与棘齿的啮合,而是利用棘爪与棘轮间的摩擦力来推动机构运动。

棘轮机构具有结构简单、制造方便、工作可靠及棘轮转角可调等优点,但其在棘爪和棘齿开始接触的瞬间,有刚性冲击,传动的平稳性较差,棘轮机构在工作时产生的噪声及磨损较大,因此棘轮机构常用于低速轻载、转角不大和小功率的场合。

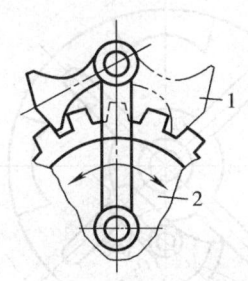
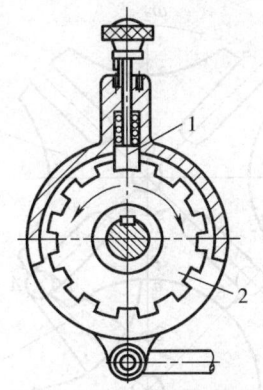

图 3—29 方形齿双向间歇
运动棘轮机构
1—棘爪 2—棘轮

图 3—30 牛头刨床工作台进给
时采用的棘轮机构
1—棘爪 2—棘轮

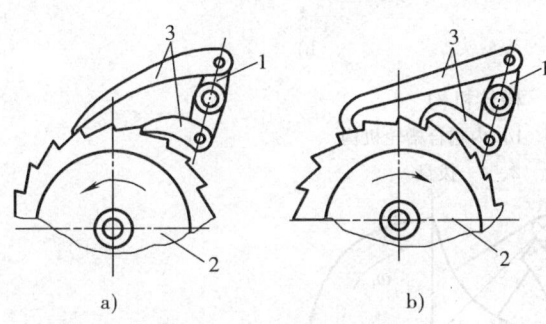
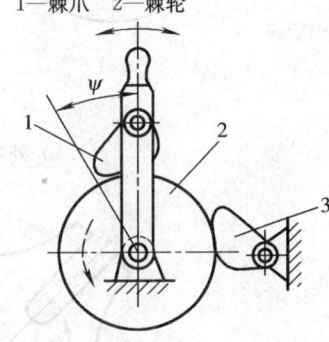

图 3—31 单向快动棘轮机构
a) 直边形棘爪 b) 钩头形棘爪
1—摇杆 2—棘轮 3—棘爪

图 3—32 摩擦式棘轮机构
1—棘爪 2—棘轮 3—止回棘轮

2) 槽轮机构。槽轮机构由带圆销的拨盘、具有径向槽的槽轮和机架组成。它有外啮合和内啮合两种类型，如图 3—33 所示。

如图 3—33a 所示为外啮合槽轮机构，当拨盘上的圆销 A 进入槽轮的径向槽后，圆销 A 带动槽轮转动，转向与拨盘转动方向相反，当拨盘上的圆销 A 从槽轮径向槽内脱出时，槽轮的内凹锁止弧 efg 被拨盘上的外凸弧 abc 卡住，静止不动，直到圆销再次进入槽轮的另一径向槽后，重复上述运动循环。

外啮合槽轮机构工作时，槽轮的回转方向与主动拨盘的回转方向相反。如果需要槽轮与拨盘方向一致，应采用内啮合槽轮机构，如图 3—33b 所示。

槽轮机构工作时，在主动拨盘转动一周中，槽轮的运动次数与主动拨盘的圆销个数相同，槽轮每次的转动角度则为 $\dfrac{360°}{n}$（n 为槽轮的径向槽个数）。

如图 3—34 所示为双销外啮合槽轮机构，槽轮上开有四条径向槽，所以拨盘转动一周时，槽轮运动两次，且每次转动角度为 90°。

槽轮机构广泛应用于各种自动机床中，如图 3—35 所示为某车床的自动换刀装置，槽轮上有六条径向槽，在与槽轮固联的刀架上装有六种刀具，拨盘上有一个圆销，当拨盘转动一周，槽轮转动 60°，刀架也随之转过 60°，从而将下一工序的刀具转换到工作位置上。

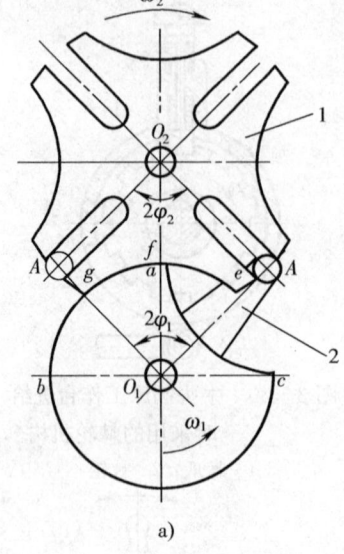
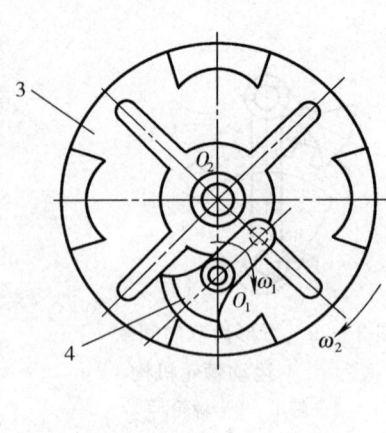

图 3—33 槽轮机构
a) 外啮合槽轮机构 b) 内啮合槽轮机构
1、3—槽轮 2、4—拨盘

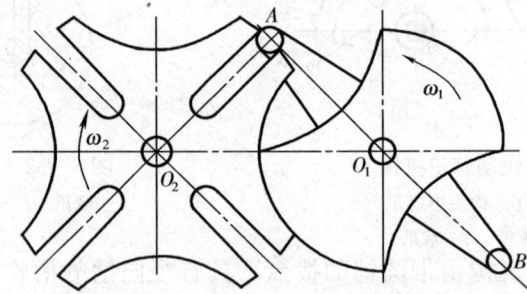

图 3—34 双销式外啮合槽轮机构

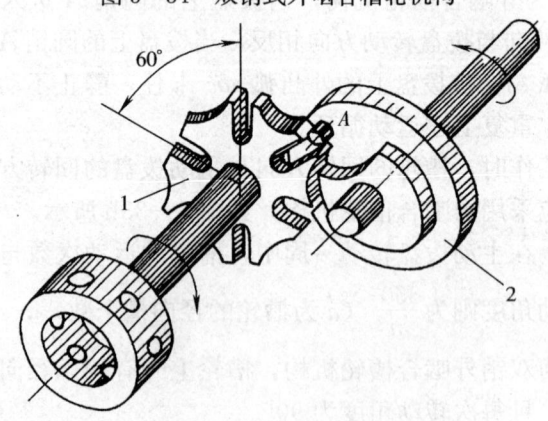

图 3—35 自动换刀装置
1—槽轮 2—拨盘

如图 3—36 所示为电影机的卷片槽轮机构，拨盘连续转动，槽轮作间歇运动，拨盘每转动一周，槽轮转动 90°，从而使影片移动一个画面并保留一定时间，满足人眼的视觉暂留现象。

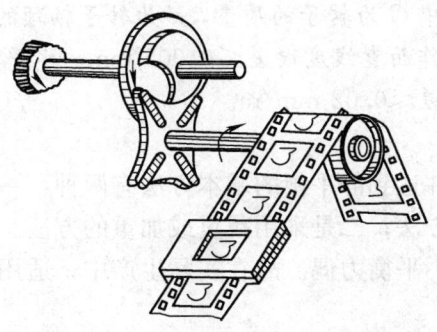

图 3—36　电影机卷片槽轮机构

二、刚性转子的静平衡

1. 静平衡设备

常用的静平衡设备是导轨式平衡架，它是由两条导轨固定在一个支架上组成的，如图 3—37 所示。

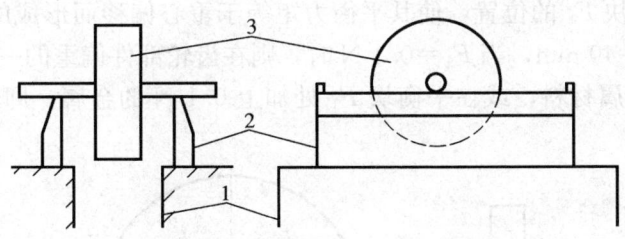

图 3—37　导轨式平衡架
1—支架　2—导轨　3—转子

导轨的截面形状有平刀形、棱形、梯形、圆形，如图 3—38 所示。平刀形和梯形导轨简单，便于加工，但由于导轨工作面宽度不能变动，只适用某一范围的转子；棱形导轨具有四个不同宽度的工作面，可平衡不同质量的转子，但在垂直方向刚度小，适用于 200 kg 以下的转子；圆形导轨加工简单，适用于 40~50 kg 的转子。

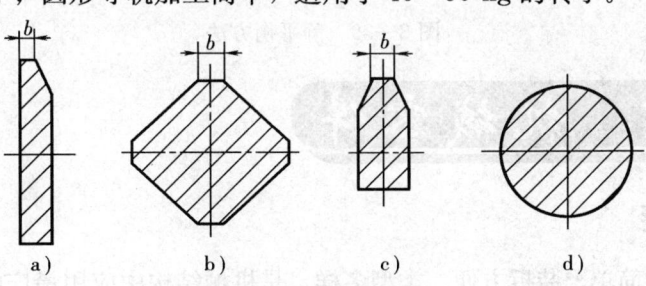

图 3—38　导轨截面形状
a) 平刀形　b) 棱形　c) 梯形　d) 圆形

特别提示： 1. 导轨的工作长度必须超过轴颈周长的两倍。

2. 导轨工作面宽度 b 应尽可能窄一些，可由经验公式 $b = \dfrac{G}{2d}$（mm）确定，式中 G 为转子的质量，d 为转子轴颈的直径。

3. 导轨工作面直线度误差 $\leqslant 0.005$ mm，水平度误差 $\leqslant 0.02$ mm/m，平行度误差 $\leqslant 0.02$ mm/m。

2. 静平衡方法

使不平衡的旋转体构件达到静平衡的基本方法有两种：一是采用调整预先设置在旋转体上的平衡块的位置的方法；二是采用减重或加重的方法。静平衡只能消除旋转体重心的不平衡，而不能消除不平衡力偶。故在实际生产中，适用于长径比较小、转速不高的零件。

以齿轮部件进行静平衡为例，如图3—39所示，其静平衡步骤为：

(1) 将齿轮部件放在水平的静平衡装置上，如图3—39a所示。

(2) 将齿轮部件缓慢地转动，待其静止后，在其正下方做一个标记"S"。

(3) 重复缓慢地转动齿轮部件若干次，如"S"标记始终处于正下方，就说明该齿轮部件有偏重，其方向指向标记"S"部位。

(4) 装上平衡杆，如图3—39b所示。

(5) 调整平衡块 F_1 的位置，使其平衡力矩等于重心偏移而形成的力矩，即 $F_1 L_1 = F_0 L_0$。若 $L_1 = L_0 = 40$ mm，当 $F_1 = 0.1$ N 时，则在齿轮部件偏重的一侧距离中心40 mm处钻去0.1 N的金属材料，或在平衡块 F_1 处加上0.1 N的金属，即可消除齿轮部件的静不平衡。

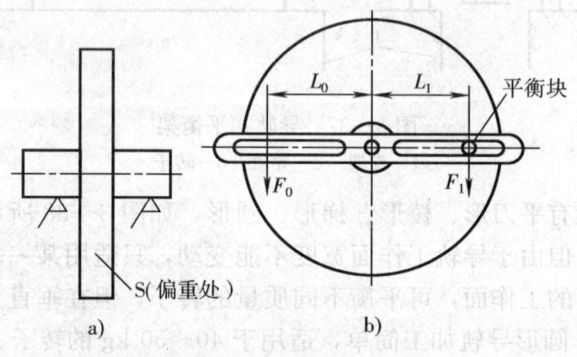

图3—39 静平衡方法

第二节 机械零件

一、螺纹连接

螺纹连接结构简单、装拆方便、类型多样，是机械结构中应用最广的连接方式。螺纹的牙型有三角形、矩形、梯形、锯齿形及管螺纹等，如图3—40所示。用于连接的主要是三角形螺纹，管螺纹用于管子间的连接。矩形、梯形、锯齿形螺纹等主要用于传动。

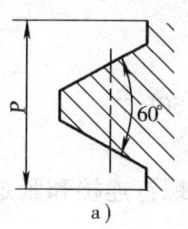 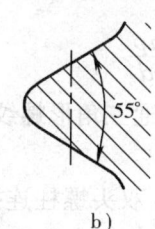 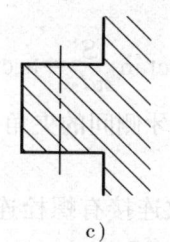 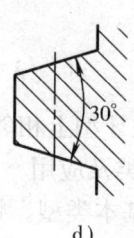 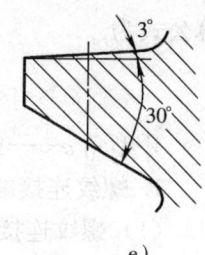

a)　　　　　　b)　　　　　　c)　　　　　　d)　　　　　　e)

图 3—40　螺纹的牙型

a) 三角形螺纹　b) 管螺纹　c) 矩形螺纹　d) 梯形螺纹　e) 锯齿形螺纹

现以三角形螺纹为例说明螺纹的主要参数，如图 3—41 所示。

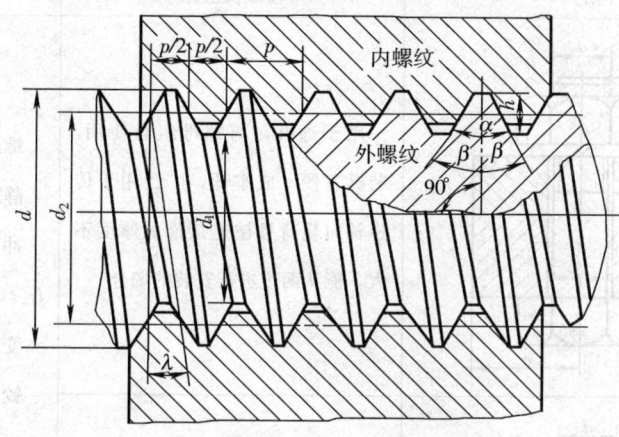

图 3—41　螺纹的主要参数

大径 d——螺纹的最大直径，国家标准规定它为螺纹的公称直径。

小径 d_1——螺纹的最小直径。

中径 d_2——螺纹轴向截面内，牙型上沟槽与凸起宽度相等处的假想圆柱面的直径，是确定螺纹几何参数和配合性质的直径。

螺距 P——相邻两牙型在中径线上对应两点轴向距离。

导程 S——同一条螺旋线上的相邻两牙在中径上对应两点间的轴向距离，如图 3—42 所示。

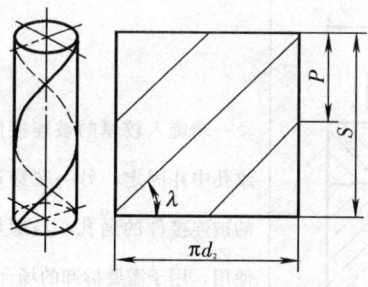

图 3—42　螺纹升角与导程、螺距之间的关系

线数 n——螺纹的螺旋线数目。

螺纹升角 λ——中径圆柱面上螺旋线展开后与底面的夹角，如图 3—42 所示，其计

算公式为

$$\lambda = \arctan\frac{S}{\pi d_2} = \arctan\frac{np}{\pi d_2}$$

牙型角 α——螺纹牙型上相邻两牙侧间的夹角。普通三角形螺纹 $\alpha=60°$。

1. 螺纹连接的种类及应用

（1）螺纹连接的基本类型。螺纹连接有螺栓连接、双头螺柱连接、螺钉连接和紧定螺钉连接，它们的特点和应用见表3—7。

表3—7　　　　　　　　螺纹连接的基本类型、特点和应用

类型	构造	特点及应用	主要尺寸关系
螺栓连接	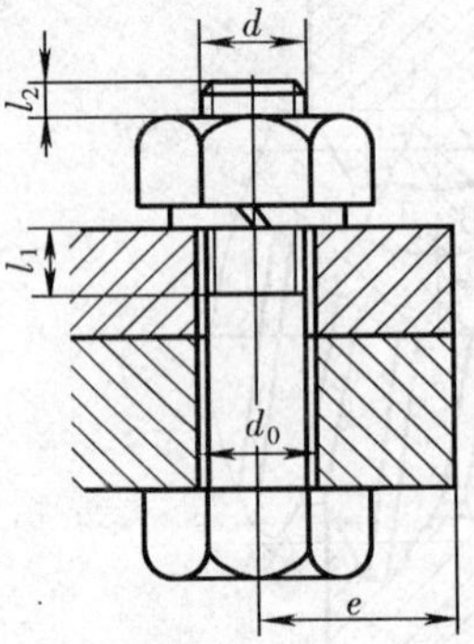	用于通孔，与螺母组合使用，装拆方便，成本低，广泛用于传递轴向载荷且被连接件的厚度不大，能从两边进行安装的场合	螺纹预留长度 l_1： 静载荷 $l_1 \geq (0.3\sim0.5)d$ 冲击载荷或弯曲载荷 $l_1 \geq d$ 变载荷 $l_1 \geq 0.75d$ 铰制孔用螺栓 l_1 尽可能小 螺纹伸出长度 $l_2 \approx (0.2\sim0.3)d$ 螺栓轴线到边缘的距离 $e = d+(3\sim6)$ mm
	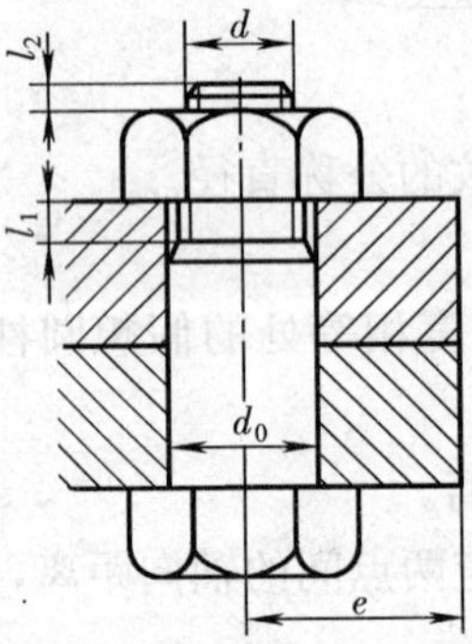	螺栓穿过被连接件的铰制孔，与螺母组合使用，用于传递横向载荷或需要精确固定被连接件的相互位置的场合	
双头螺柱连接	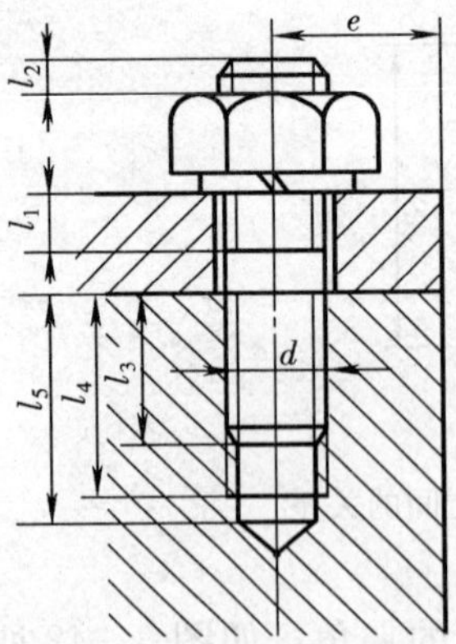	一端旋入较厚的被连接件的螺纹孔中并固定，另一端穿过较薄的被连接件的通孔，与螺母组合使用，用于需要拆卸的场合	座端拧入深度 l_3，当螺纹孔零件为： 钢或青铜 $l_3 \approx d$ 铸铁 $l_3 = (1.25\sim1.5)d$

续表

类型	构造	特点及应用	主要尺寸关系
螺钉连接	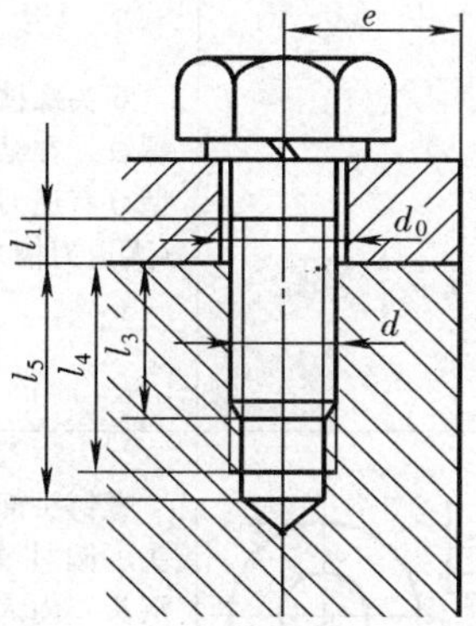	螺钉穿过较薄被连接件的通孔，直接旋入较厚被连接件的螺纹孔中，用于被连接件之一较厚、受力不大、且不经常拆卸的场合，这种连接不用螺母，结构紧凑	铝合金 $l_3 = (1.5 \sim 2.5)d$ 螺纹孔深度 $l_4 = l_3 + (2 \sim 2.5)p$ 钻孔深度 $l_5 = l_4 + (0.5 \sim 1)d$ l_1、l_2、e 值同螺栓连接
紧定螺钉连接	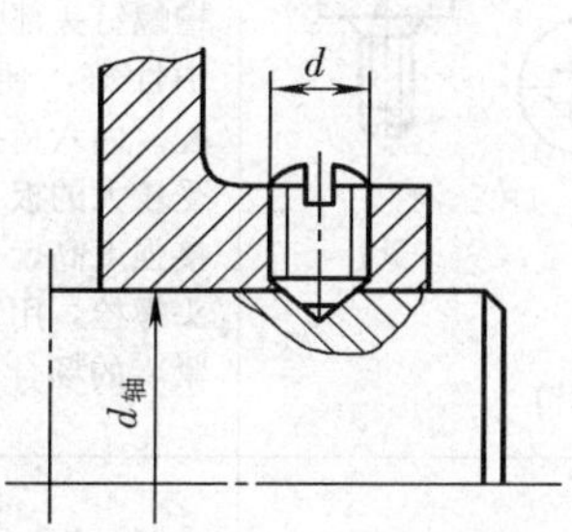	紧定螺钉旋入被连接件之一的螺纹孔中，并用尾部顶住另一个被连接件的表面或相应的凹坑中，用于固定两个零件的相对位置，可传递不大的力和转矩	

(2) 螺纹连接件。螺纹连接件属于标准件，常用的有螺栓、双头螺柱、螺钉、螺母及垫圈等，螺纹连接件的类型见表3—8。

表3—8　　　　　　　　　　螺纹连接件

类型	图例	结构及应用
螺栓	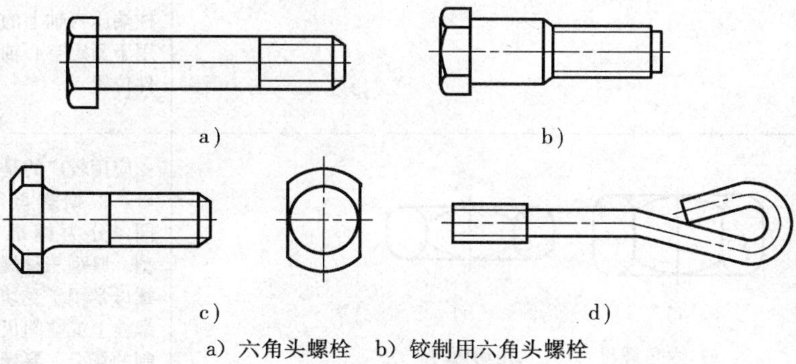 a) 六角头螺栓　b) 铰制用六角头螺栓 c) T形头螺栓　d) 地脚螺栓	螺栓头部形状较多，其中以六角头螺栓应用较广，六角头螺栓又分为标准头、小头两种。小六角头螺栓尺寸小、重量轻，不宜用于拆装频繁、被连接件抗压强度较低或易锈蚀的场合

续表

类型	图例	结构及应用
双头螺柱	a) A型　b) B型	双头螺柱两端都制有螺纹，在结构上分为A型（有退刀槽）和B型（无退刀槽）两种
螺钉	a) 六角头　b) 圆柱头　c) 半圆头 d) 沉头　e) 内六角孔　f) 十字槽　g) 吊环螺钉	螺钉头部形状有六角头、圆柱头、半圆头、沉头、内六角孔、十字槽和吊环螺钉等，十字槽螺钉头部强度高、对中性好，便于自动装配。内六角孔螺钉能承受较大的扳手力矩，连接强度高，可代替六角头螺栓，用于要求结构紧凑的场合
紧定螺钉	a) 一字槽　b) 平端　c) 圆柱端　d) 锥端	紧定螺钉的末端形状有锥端、平端和圆柱端等几种。锥端适用于被紧定零件的表面硬度较低或不经常拆卸的场合；平端接触面积大，不伤零件表面，常用于顶紧硬度较大的平面或经常拆卸的场合；圆柱端压入轴上的平面适用于经常拆卸的场合；圆柱端压入轴上的凹坑适用于紧定空心轴上的零件位置
螺母	a) 六角螺母　b) 六角薄螺母	应用较广的是六角螺母，根据螺母厚度不同，分为标准型、扁型、厚型三种规格，扁螺母常用于受切向力的螺栓上或空间尺寸受限制的场合，厚螺母可用于经常拆装易磨损的场合

续表

类型	图例	结构及应用
垫圈	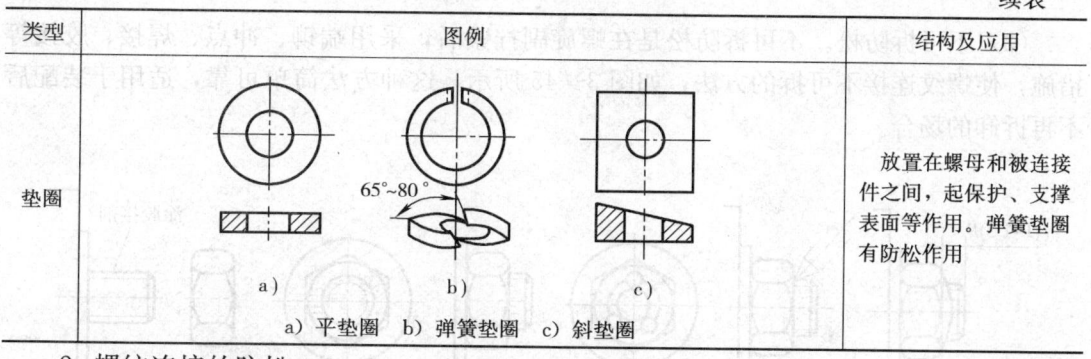 a) 平垫圈　b) 弹簧垫圈　c) 斜垫圈	放置在螺母和被连接件之间，起保护、支撑表面等作用。弹簧垫圈有防松作用

2. 螺纹连接的防松

为了增强连接的可靠性、紧密性和坚固性，螺纹连接在承受载荷前需要拧紧，使螺纹连接受到一定的预紧力作用。由于连接用三角形螺纹的升角 λ 为 $1.5°\sim3.5°$，满足自锁条件，所以螺纹连接在拧紧后，一般在静载荷和温度不变的情况下，不会自行松动。但如在冲击、振动、变载或变温时，螺纹副间的摩擦力可能会减小，从而导致螺纹连接松动，必须采取防松措施。常用的防松方法有摩擦防松、机械防松和不可拆防松等几种。

（1）摩擦防松。摩擦防松是利用螺旋副中阻止螺旋副相对转动的摩擦力来达到防松的效果，有双螺母防松、弹簧垫圈防松等，如图3—43所示。

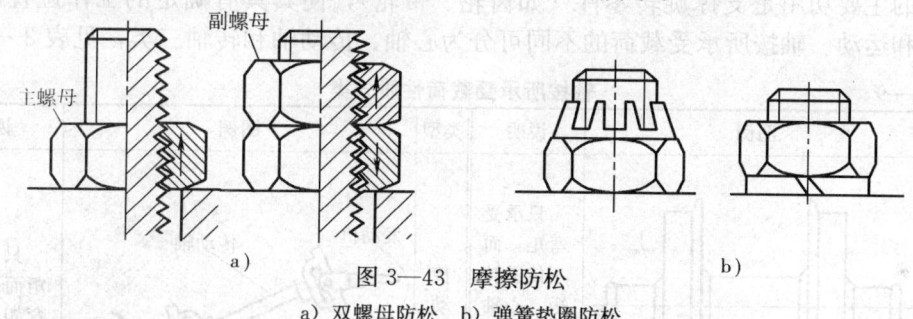

图3—43 摩擦防松

a) 双螺母防松　b) 弹簧垫圈防松

（2）机械防松。这类防松方法是利用机械方法使螺母与螺栓、螺母与连接件互相锁牢，以达到防松的目的，具体形式如图3—44所示。

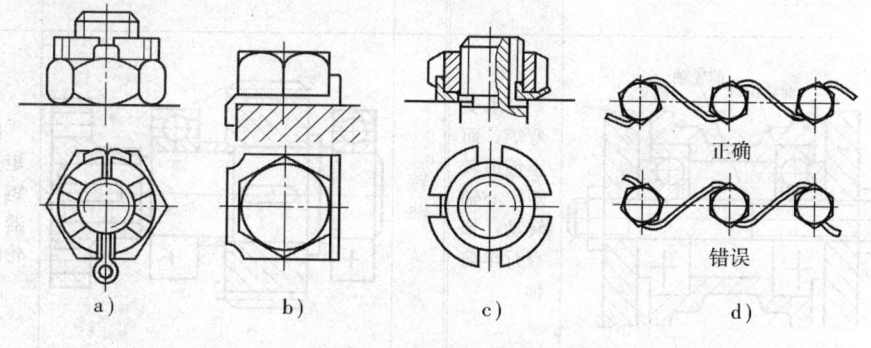

图3—44 机械防松

a) 开口销与带槽螺母防松　b) 六角螺母止动垫圈防松
c) 圆螺母止动垫圈防松　d) 串联钢丝防松

（3）不可拆防松。不可拆防松是在螺旋副拧紧后，采用端铆、冲点、焊接、胶接等措施，使螺纹连接不可拆的方法，如图3—45所示，这种方法简单可靠，适用于装配后不再拆卸的场合。

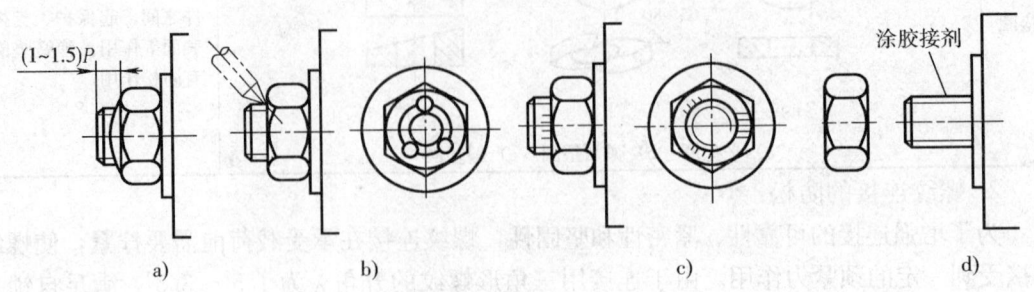

图3—45 不可拆防松
a）端铆 b）冲点 c）焊接 d）胶接

二、轴

轴的主要功用是支撑旋转零件（如齿轮、带轮），使其具有确定的工作位置，以传递动力和运动。轴按所承受载荷的不同可分为心轴、传动轴和转轴三类，见表3—9。

表3—9 轴按所承受载荷性质分类

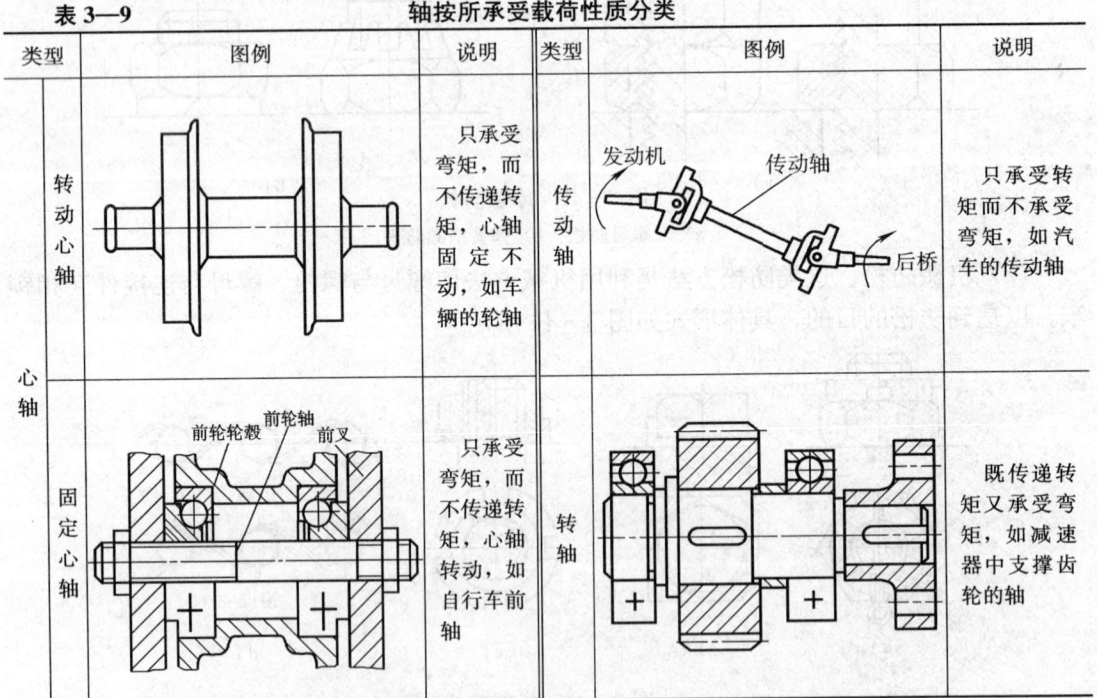

轴按其轴线形状可分为直轴、转轴和挠性轴，见表3—10。

表 3—10 轴按轴线形状分类

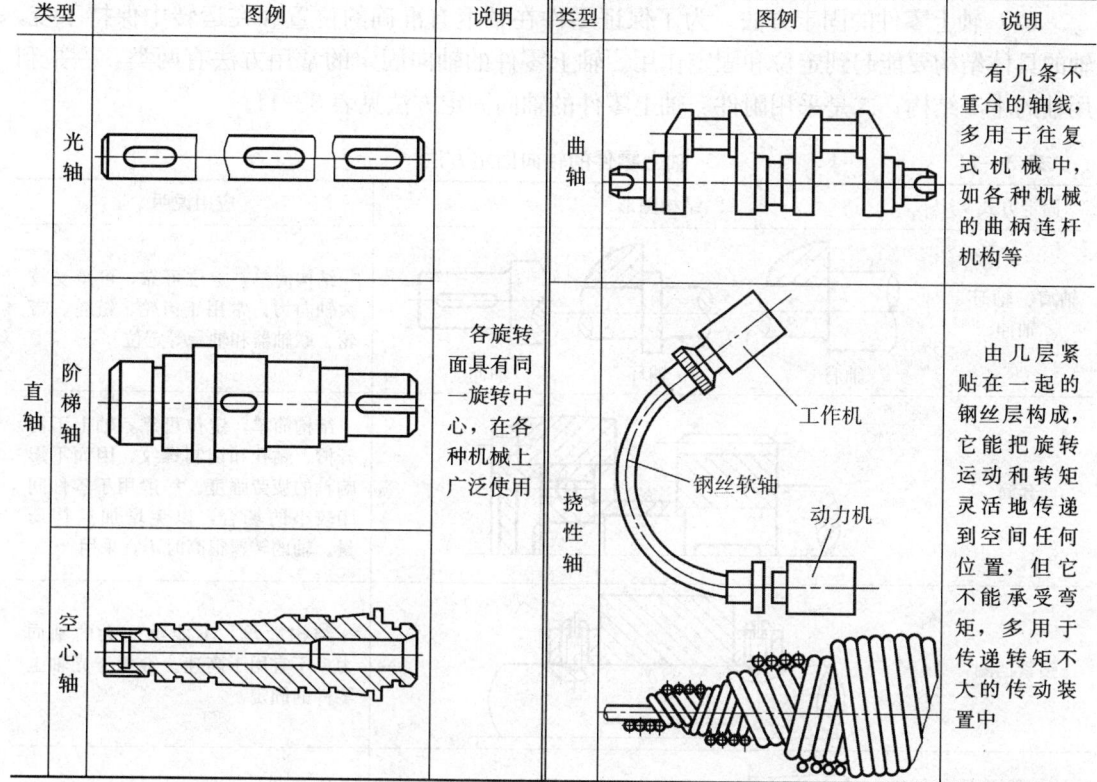

1. 轴的结构及其零件的固定方法

（1）轴的结构。轴的应用广泛，种类较多，尺寸结构各不相同，如图 3—46 所示为阶梯轴的典型结构。

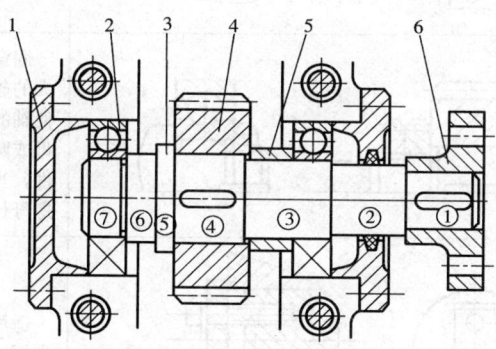

图 3—46 阶梯轴的典型结构
1—轴承盖 2—轴承 3—轴 4—齿轮 5—套筒 6—半联轴器

1）轴头。轴上安装轮毂部分的轴段，图 3—46 的①和④段，即轴与传动零件的配合处，用以支持传动零件，确定传动零件的旋转中心。

2）轴颈。安装轴承的轴段，图 3—46 的③和⑦段。它通过轴承将轴和轴上零件支撑于机架上。

3) 轴身。连接轴头和轴颈部分的轴段,图3—46的②和⑥段。

(2) 轴上零件的固定方法。为了保证零件在轴上有准确的位置和在运转中保持不变,轴的具体结构要能起到定位和固定作用。轴上零件的轴向固定的常用方法有两类:一是利用轴的本身结构;二是采用附件。轴上零件的轴向固定方法见表3—11。

表3—11 轴上零件的轴向固定方法

固定方式	结构图形	应用说明
轴肩、轴环、轴伸	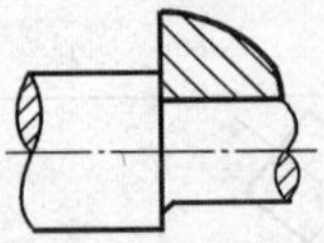 轴肩 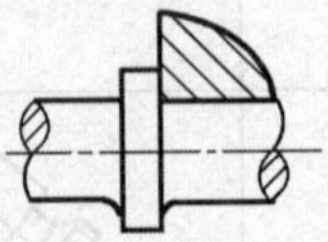　轴环 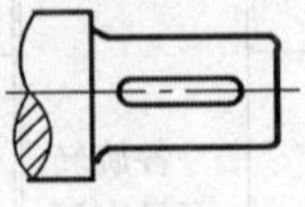　轴伸	结构简单,定位可靠,可承受较大轴向力,常用于齿轮、链轮、带轮、联轴器和轴承等定位
套筒	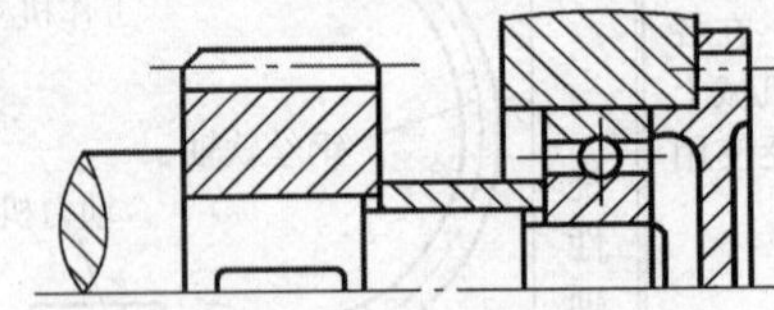	结构简单,定位可靠,轴上不需开槽、钻孔和切制螺纹,因而不影响轴的疲劳强度。一般用于零件间距较小的场合,以免增加结构质量。轴的转速很高时不宜采用
锁紧挡圈	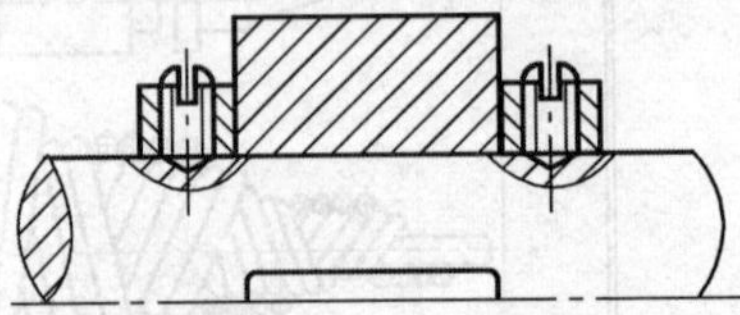	结构简单,不能承受大的轴向力,不宜用于高速。常用于光轴上零件的固定
圆锥面	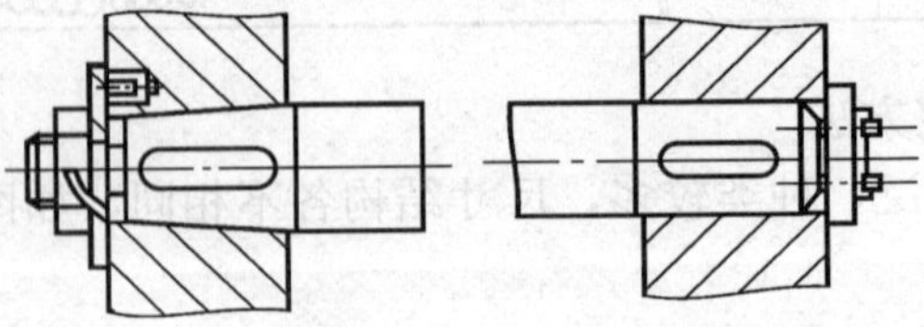	能消除轴和轮毂间的径向间隙,装拆较方便,可兼作周向固定,能承受冲击载荷。多用于轴端零件固定,常与轴端压板或螺母联合使用,使零件获得双向轴向固定
圆螺面	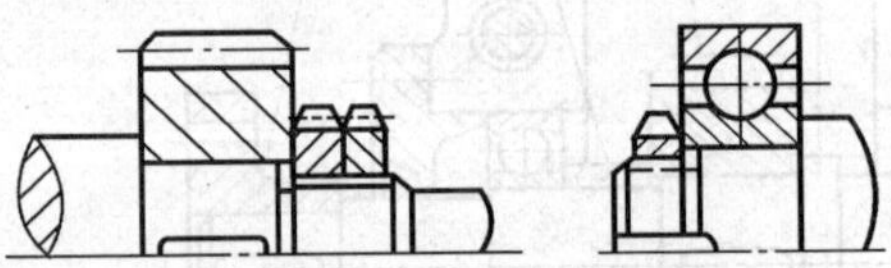	固定可靠,装拆方便,可承受较大的轴向力。由于轴上切制螺纹,使轴的疲劳强度降低。常用双圆螺母或圆螺母与止动垫圈固定轴端零件,当零件间距较大时,也可用圆螺母代替套筒以减小结构质量
轴端挡圈	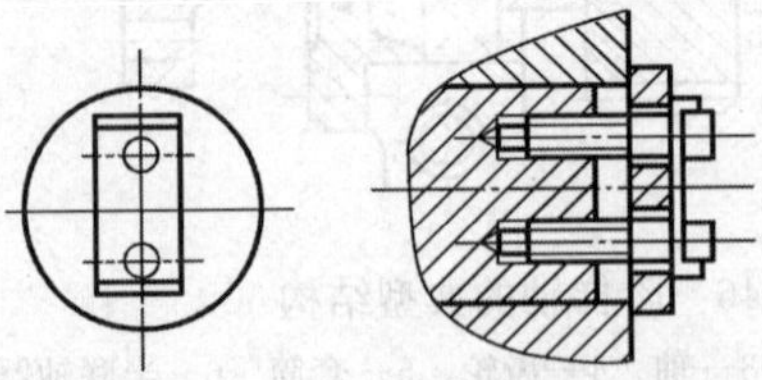	适用于固定轴端零件,可承受剧烈振动和冲击载荷
轴端挡板	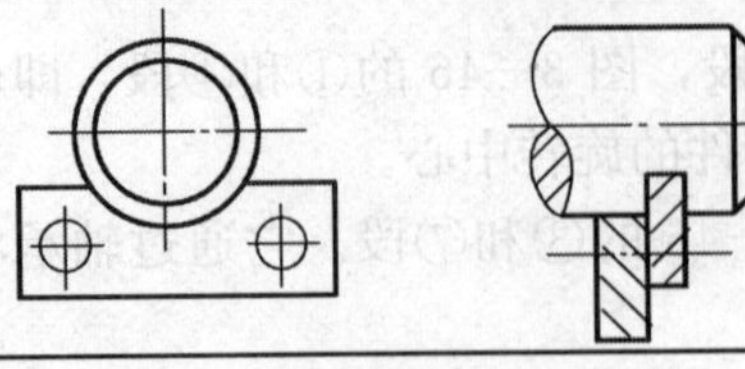	适用于轴和轴端固定

续表

固定方式	结构图形	应用说明
弹性挡圈		结构简单紧凑,只能承受很小的轴向力,常用于固定滚动轴承
紧定螺钉		适用于轴向力很小,转速很低或只是防止零件偶然沿轴向滑动的场合。为防止螺钉松动,可加锁圈 紧定螺钉同时起周向固定作用

轴上零件的周向固定方法(见表3—12)有键销连接、紧定螺钉、过盈配合和紧定套固定等。

表3—12　　　　　　　　轴上零件的周向固定方法

固定方式	结构图形	应用说明
键连接	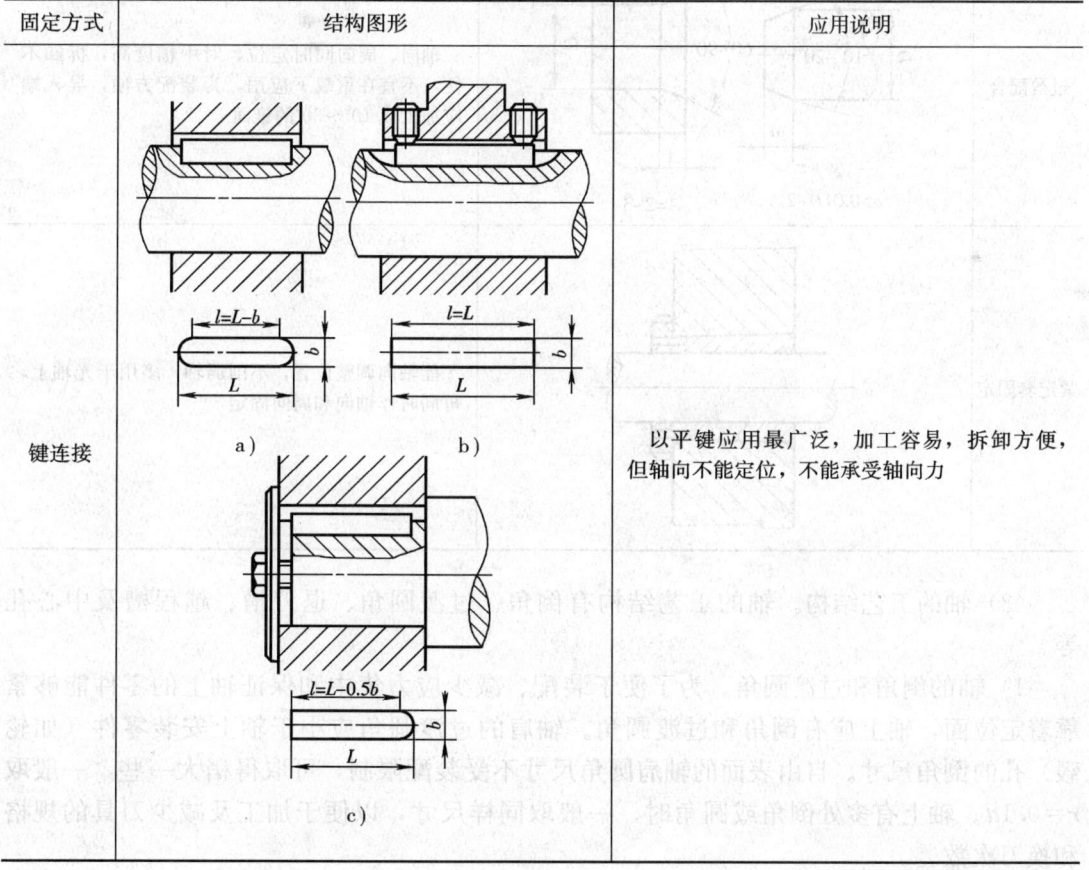	以平键应用最广泛,加工容易,拆卸方便,但轴向不能定位,不能承受轴向力

续表

固定方式	结构图形	应用说明
销连接		轴向、周向均可定位,过载时销被剪断,保护其他零件,不能承受较大载荷
紧定螺钉		轴向、周向均可定位,结构简单,但不能承受较大载荷
过盈配合		轴向、周向同时定位,对中精度高,拆卸不便,不宜在重载下应用,为装配方便,导入端应加工成10°~30°的锥面
紧定套固定		能轴向调整位置,不削弱轴,多用于光轴上,可同时作轴向和周向固定

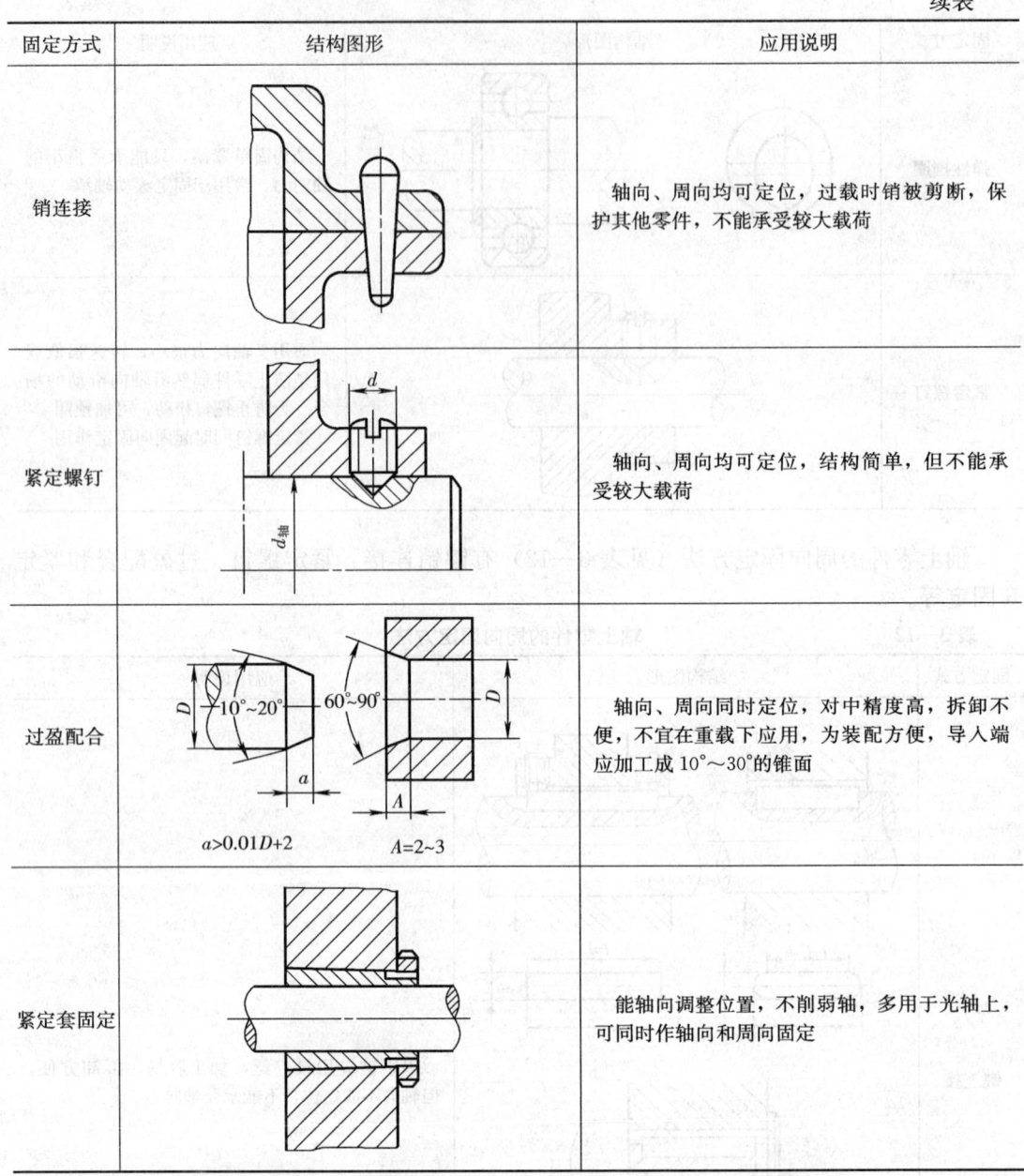

（3）轴的工艺结构。轴的工艺结构有倒角、过渡圆角、退刀槽、越程槽及中心孔等。

1）轴的倒角和过渡圆角。为了便于装配、减少应力集中和保证轴上的零件能够紧靠着定位面,轴上应有倒角和过渡圆角。轴肩的过渡圆角应小于轴上安装零件（如轮毂）孔的倒角尺寸。自由表面的轴肩圆角尺寸不受装配限制,可取得稍大一些,一般取 $r=0.1d$。轴上有多处倒角或圆角时,一般取同样尺寸,以便于加工及减少刀具的规格和换刀次数。

2) 退刀槽和越程槽。轴上有需要加工的螺纹时,应该有为加工螺纹退刀而用的退刀槽。阶梯轴需要磨削加工时,应该为磨削砂轮留出越程槽。为便于加工,对于有多个退刀槽或越程槽的轴,其槽的宽度也应尽可能取相同尺寸。

3) 中心孔。为便于细长轴等加工时的装夹和测量,有时在轴的两个端面上加工有锥孔。

2. 轴的材料

轴在工作时一般要承受弯曲应力和扭转应力等,因此轴的材料应具有足够的强度和韧性,高的硬度和耐磨性,以及良好的加工性能。

轴的材料一般选用优质碳素结构钢或合金钢,碳素钢对应力集中敏感性低,且价格便宜,工艺性能好,应用较广泛。合金钢具有较高的综合力学性能,多用于曲轴、凸轮轴等形状复杂的轴,这些轴有时也可用铸钢或球墨铸铁制作。轴的常用材料、热处理方法、力学性能及应用特点见表3—13。

表3—13 轴的常用材料、热处理方法、力学性能及应用特点

材料	牌号	热处理	毛坯直径(mm)	硬度(HBW)	力学性能（MPa）				应用
					抗拉强度 σ_b	屈服强度 σ_s	弯曲疲劳强度 σ_{-1}	剪切疲劳极限 τ_{-1}	
普通碳素结构钢	Q235				440	240	180	105	用于不重要或载荷不大的轴
	Q275				580	280	230	135	
优质碳素结构钢	45	正火	25	≤241	610	360	260	150	应用最广泛
		正火	≤100	170～217	600	300	240	140	
		回火	100～300	162～217	580	290	235	135	
		调质	≤200	217～255	650	360	270	155	
合金结构钢	40Cr	调质	25		1 000	800	485	280	用于载荷较大而冲击不很大的重要轴
			≤100	241～286	750	550	350	200	
			100～300	229～269	700	500	320	185	
	35SiMn (42SiMn)	调质	25		900	750	445	255	性能接近40Cr,用于中小轴
			≤100	229～286	800	520	355	205	
			100～300	217～269	750	450	320	185	
	40MnB	调质	25		1 000	800	485	280	性能接近40Cr,用于重要的轴
			≤2 100	241～286	750	500	335	195	
	20Cr	渗碳淬火回火	15	表面56～62HRC	850	550	375	215	用于要求强度和韧性均较高的轴
			≤600		650	400	280	160	
	20CrMnTi		15	表面56～62HRC	1 100	850	525	300	
球墨铸铁	QT400—18			156～197	400	250	145	125	
	QT600—3			197～269	600	370	215	185	

三、键与销

1. 键连接的类型、特点与应用

键主要用来实现轴和轴上零件之间的周向固定，以传递转矩。有些类型的键还能实现轴上零件的轴向固定和使轴上零件沿轴向移动时起导向作用。

键连接分松键连接和紧键连接两类。

(1) 松键连接。松键连接有平键、导向平键、半圆键和花键等，常见松键连接见表3—14。它们以键的两个侧面为工作面，其键与键槽的侧面需要紧密配合，键的顶面与轴上键连接零件间留有一定的间隙。松键连接时轴与轴上零件连接的对中性好，尤其在高速精密传动中应用较多。松键连接不能承受轴向力，轴上零件需要轴向固定时，应采用其他固定方法。

表3—14　　　　　　　　　　常用松键连接

类型	图例	说明
平键	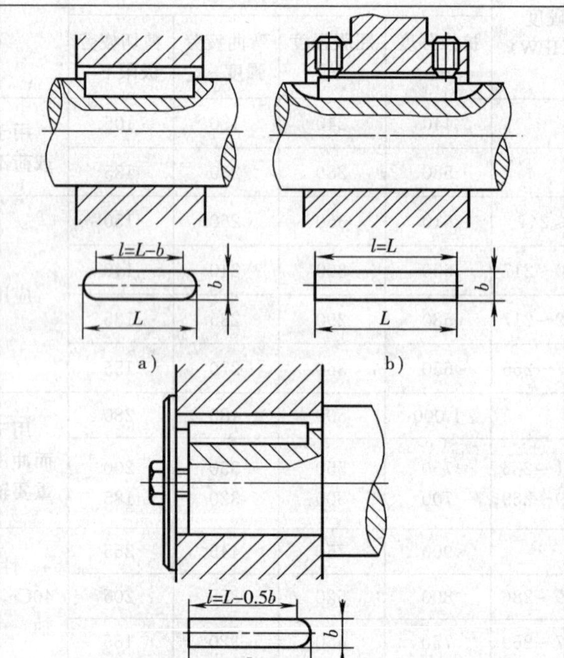	用于静连接。按端部不同分为圆头（A型）、平头（B型）及单圆头（C型），A型应用最广，C型多用于轴端
导向平键	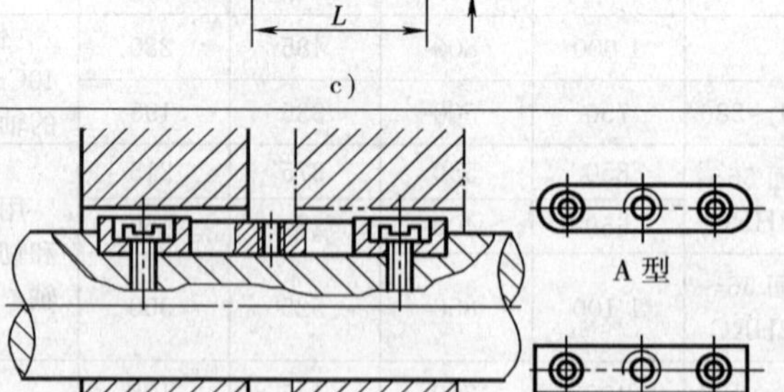 	用于动连接。因轴上零件需作相对轴向运动，键的长度较长，故要用螺钉将键固定在轴上。工作时轴上零件可沿着导向平键在轴向移动。为拆卸方便，在键的中部设有起键用的螺孔

续表

类型	图例	说明
半圆键	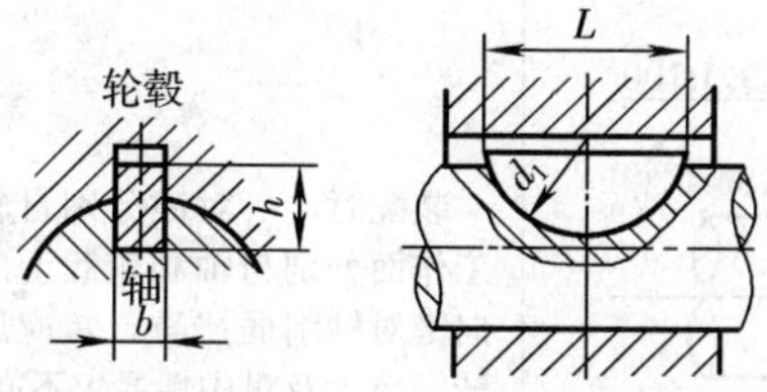	键为半圆形，可以在轴槽中绕槽底圆弧摆动，自动适应轮毂的装配。半圆键键槽较深，对轴的削弱作用较大，一般用于轻载或辅助性连接中，尤其适用于锥形轴与轮毂的连接
花键	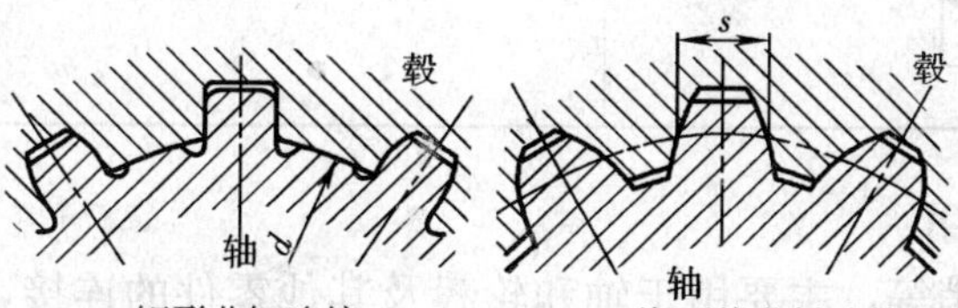 矩形花键连接　渐开线花键连接	由带键齿的花键轴和带键齿的轮毂组成。大多用在载荷较大和定心精度要求较高的场合。由于连接的键齿较多，接触面大，故能传递较大的载荷。轴上零件与轴的对中性和沿轴向移动的导向性均较好。齿槽浅，对轴的削弱较小。加工复杂，成本较高

（2）紧键连接。紧键连接有楔键和切向键等，见表3—15。楔键连接能对轴上零件作轴向固定，可以承受不大的单方向的轴向力，键的上下表面是工作面，键的上表面和与之相配合的轮毂键槽底部表面均具有1：100的斜度，键与键槽的两个侧面不接触，为非工作面。切向键连接是一对具有1：100单面斜度的键，沿斜面拼合而成，传递转矩较大，其上下两工作面相互平行。紧键连接的对中性差。

表3—15　　　　　　　常用紧键连接

类型	图例	说明
楔键	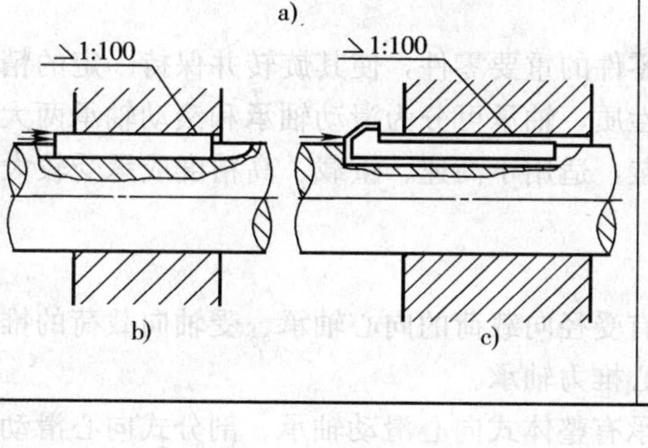	楔键有普通楔键与钩头楔键两种，带钩头的楔键拆卸较方便。装配时将键打入轴与轴上零件之间的键槽内，使其连接成一整体而传递转矩。常应用于低速及对中性要求不高的场合

续表

类型	图例	说明
切向键	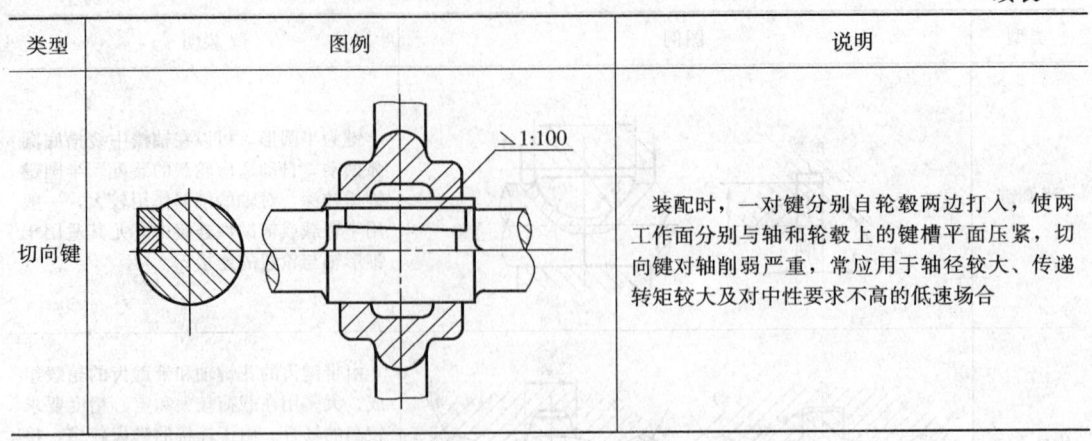	装配时，一对键分别自轮毂两边打入，使两工作面分别与轴和轮毂上的键槽平面压紧，切向键对轴削弱严重，常应用于轴径较大、传递转矩较大及对中性要求不高的低速场合

2. 销连接的类型、特点与应用

销有圆柱销、圆锥销和开口销等，主要用于轴和轮毂及其他零件的连接，其主要用途是固定零件的相互位置，销连接传递的载荷不大，故有时可作为安全装置的过载切断元件。销的种类、特点和应用见表3—16。

表3—16　　　　　　　　　销的种类、特点及应用

种类		说明
圆柱销	普通圆柱销	圆柱销利用微小过盈固定在铰制孔中，可以承受不大的载荷。为保证定位精度和连接的紧固性，不宜经常拆卸，主要用于定位，也用作连接销和安全销；内螺纹圆柱销多用于不通孔
	内螺纹圆柱销	
圆锥销	普通圆锥销	圆锥销具有1：50的锥度，小端直径为标准值，自锁性好，定位精度高，安装方便，多次装拆对定位精度的影响较小，主要用于定位，也可用作连接销，销孔需铰制，螺纹供拆卸用
	内螺纹圆锥销	
	螺尾圆锥销	
	开口销	结构简单、工作可靠、装拆方便，主要用于连接的防松，不能用于定位，常与槽形螺母合用，锁定螺纹连接件

四、滑动轴承

轴承是机械中用来支撑轴和轴上零件的重要零件，使其旋转并保持一定的精度，减少轴与支撑间的摩擦和磨损。按摩擦性质，轴承可分为滑动轴承和滚动轴承两大类。滑动轴承结构简单，易于制造，便于安装，适用于高速、重载、高精度或承受较大冲击力的机械。

1. 滑动轴承的类型、结构与特点

滑动轴承按所承受的载荷不同，有受径向载荷的向心轴承、受轴向载荷的推力轴承和同时承受径向载荷和轴向载荷的向心推力轴承。

（1）向心滑动轴承。向心滑动轴承有整体式向心滑动轴承、剖分式向心滑动轴承和

调心式滑动轴承等几类。

1) 整体式向心滑动轴承。滑动轴承一般由轴承座、轴套（轴瓦）或轴承衬和润滑装置组成。图3—47所示为整体式向心滑动轴承，其结构有轴承座和压入轴承座孔内的轴套，轴套上开有油孔和油沟，轴承座多用铸铁制成，并用螺栓与机座连接，顶部设有装油杯的螺纹孔。

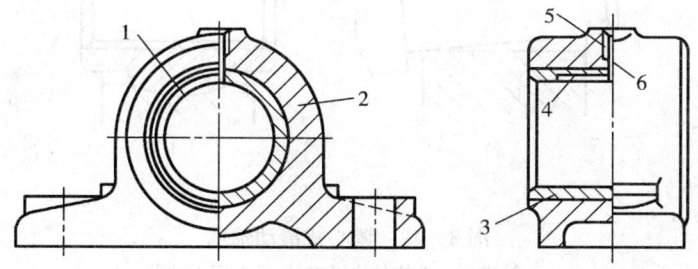

图3—47 整体式向心滑动轴承
1、3—轴套 2—轴承座 4—油沟 5—油杯螺纹孔 6—油孔

整体滑动轴承结构简单、制作容易，常用于低速轻载、间歇工作、不需要经常拆装的场合；缺点是装拆时只能沿轴向移动，装拆不方便，轴套与轴颈磨损后，无法调整间隙。

2) 剖分式向心滑动轴承。剖分式向心滑动轴承由轴承座、轴承盖、剖分轴瓦及双头螺柱等组成，如图3—48所示，轴承盖上有注油孔，可保证轴承的润滑。轴承盖和轴承座的接合面做成阶梯形定位止口，便于装配时对中和防止其横向移动。轴瓦为对开式，剖分面上的间隙可装若干调整垫片，当其磨损后，可通过修刮轴瓦内孔和减少部分接合面处的调整垫片来调整轴颈与轴瓦的间隙，装拆和维修方便，应用广泛。

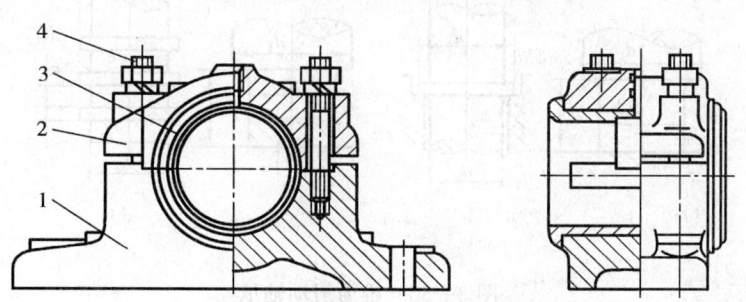

图3—48 剖分式向心滑动轴承
1—轴承座 2—轴承盖 3—剖分轴瓦 4—双头螺柱

3) 调心式滑动轴承。如图3—49a所示，当轴承宽度B较大时（$B/d<1.5$），会由于轴的变形、装配和工艺原因等引起轴颈偏斜，而使轴颈局部与轴瓦两端边缘接触，导致轴瓦两端边缘急剧磨损。因此，如图3—49b所示，当轴的变形较大或有调心要求时，应使用调心轴承，这种轴承的轴瓦支撑面和轴承座的接触部分加工成球面，可自动适应轴颈在弯曲时所产生的偏斜，避免出现边缘接触，调心式轴承须成对使用。

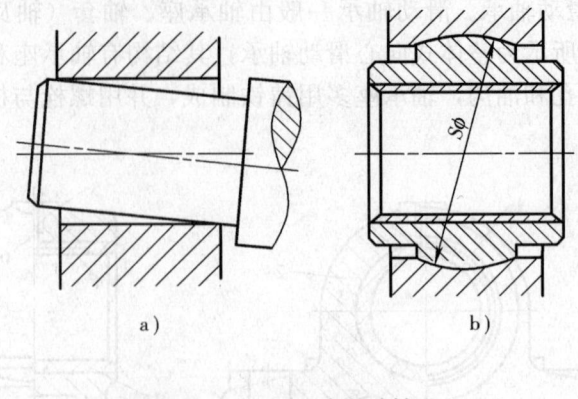

图 3—49 调心式滑动轴承
a) 轴变形后造成的边缘接触 b) 调心轴承

(2) 推力滑动轴承。推力滑动轴承如图 3—50 所示,用于承受轴向载荷。按推力轴颈支撑面的类型不同,有实心、空心、单环和多环等类型,推力轴承的工作表面为轴的端面或轴上的环形平面,因支撑面距中心越远,其相对滑动速度越大,摩擦越剧烈,磨损也越快,磨损后使靠近中心处的压强增高,因此实心端面上的压力分布很不均匀。如图 3—50c 所示的空心端面推力轴承,由于靠近轴心处不承载,因此避免了实心式的缺点。为使压力分布趋于均匀,工程上多采用环形支撑面。如图 3—50b 所示为单环式,其结构简单,但只能承受单方向轴向力。当载荷较大,要求承受双向轴向力时,可采用如图 3—50d 所示的多环式推力轴承。

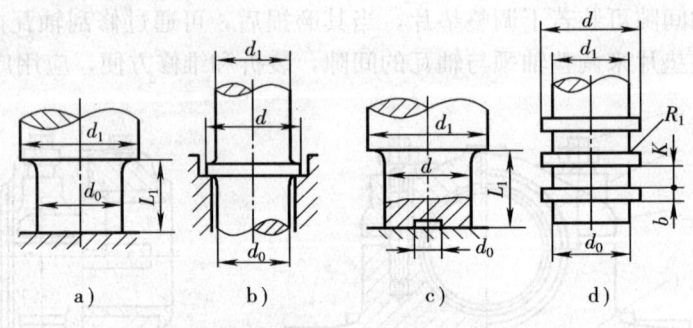

图 3—50 推力滑动轴承
a) 实心 b) 单环 c) 空心 d) 多环

2. 轴承材料与轴瓦的结构

(1) 滑动轴承的材料。轴承座和轴承盖一般不与轴颈直接接触,常用灰铸铁制造,轴瓦和轴承衬与轴颈直接接触,所用材料应具有较小的摩擦因数、高的耐磨性和抗胶合性,有足够的强度和良好的塑性。常用的轴瓦材料主要是铸造轴承合金,有些牌号的黄铜、铝合金、粉末冶金和非金属材料等也可用作一些中低速工作的轴承。铸造轴承合金的牌号、硬度及用途见表 3—17。

表 3—17　　常用铸造轴承合金的牌号、硬度及应用范围

类型	牌号	硬度（HBW）	应用范围
锡基轴承合金	ZSnSb8Cu4	≥24	用于一般高速重载轴承及轴衬
	ZSnSb12Pb10Cu4	≥29	适用于中等速度和受压的主轴衬，但不适用于高温环境
	ZSnSb11Cu6	≥27	适用于高速蒸汽机和涡轮压缩机、涡轮泵及高速内燃机等
铅基轴承合金	ZPbSb16Sn16Cu2	≥30	适用于工作温度<120℃，无显著冲击载荷、重载、高速轴承，如汽车、拖拉机曲柄轴承、750 kW 以内的电动机轴承等
	ZPbSb15Sn10	≥24	适用于中等载荷、中速、冲击载荷的机械轴承，如汽车、拖拉机的曲轴轴承、连杆轴承等，也适用于高温轴承

（2）轴瓦结构。轴瓦有整体式和剖分式两种，整体式轴瓦如图 3—51a 所示，其结构有光滑轴套和带纵向油沟的两种，整体式轴瓦又称轴套。剖分式轴瓦结构如图 3—51b 所示，两端有凸缘以限制轴瓦的轴向窜动。

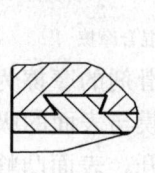  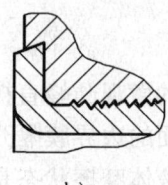

a)　　　　　　　　　　b)

图 3—51　轴瓦结构
a) 整体式轴瓦（轴套）　b) 剖分式轴瓦

为改善轴瓦表面的摩擦性质及节约贵重金属，常在轴瓦内表面浇铸一层或两层减摩材料，通常称为轴承衬。为保证轴承衬与轴瓦贴附牢固，一般在轴瓦内表面预制一些沟槽，其形式如图 3—52 所示。

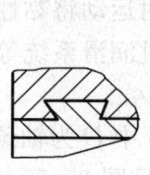 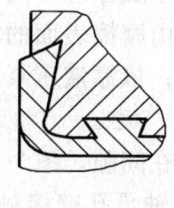 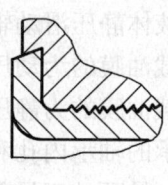

a)　　　　　　　　　　b)

图 3—52　轴承衬预制沟槽的形式
a) 适用于铸铁和钢制轴瓦　b) 适用于青铜轴瓦

为了给轴承输送润滑油，轴承上开有油孔与油沟，以使润滑油能均匀分布在整个轴颈上。油沟的形式有纵向、环向和斜向等，如图 3—53 所示。油孔和油沟应开在非承载区，以免降低油膜承载能力，油沟离轴承的两端面应有一定距离。

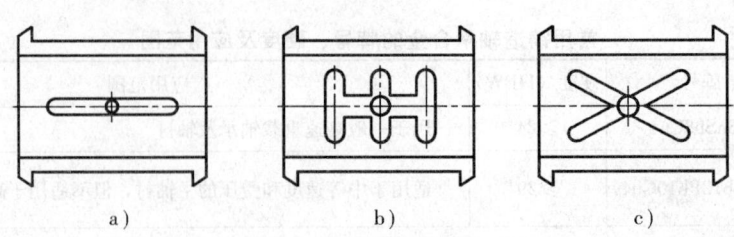

图3—53 油沟的形式
a) 纵向油沟 b) 环向油沟 c) 斜向油沟

3. 滑动轴承的摩擦状态与失效形式

（1）滑动轴承的摩擦状态。良好的润滑是减少摩擦、磨损的有效措施，两相对运动表面间因润滑膜存在形式的不同，而有不同的润滑状态，也称为摩擦状态。对于滑动轴承，其摩擦状态有干摩擦、边界摩擦、液体摩擦和混合摩擦等类型，如图3—54所示。

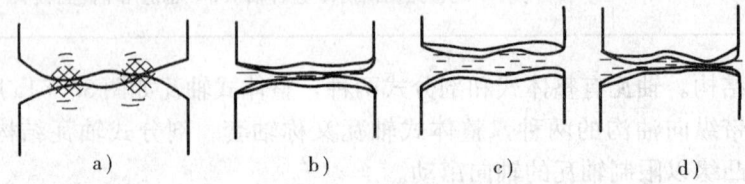

图3—54 摩擦状态
a) 干摩擦 b) 边界摩擦 c) 液体摩擦 d) 混合摩擦

两摩擦表面的微观凸峰直接接触，中间不存在任何润滑剂的摩擦为干摩擦；两摩擦表面被吸附于表面的边界膜隔开，其摩擦性能取决于边界膜与表面的吸附状况的摩擦状态为边界摩擦；液体摩擦状态是两摩擦表面被一液体层隔开，表面凸峰不直接接触，摩擦性质取决于液体内部分子间的黏性阻力。处于干摩擦、边界摩擦、液体摩擦间的摩擦状态称混合摩擦。上述几种摩擦状态中，干摩擦的摩擦因数最大，边界摩擦和混合摩擦均可有效地降低摩擦因数，液体摩擦的摩擦因数最低。滑动轴承应避免干摩擦状态，最低限度应维持边界摩擦或混合摩擦状态，承载力高、抗振性好，噪声低、高速运转的滑动轴承应实现液体摩擦状态。

（2）液体动压、静压轴承。根据油膜形成原理不同，液体摩擦滑动轴承可分为液体动压滑动轴承和液体静压滑动轴承两类，由摩擦表面的相对运动将黏性流体带入楔形间隙，形成动压承载油膜的为动压滑动轴承；依靠液压泵通过润滑系统等提供一定压力的黏性流体形成承载油膜的为静压轴承。

向心滑动轴承的轴承内孔和轴颈间存在间隙，图3—55中 O 为轴颈中心，O' 为轴承孔中心。静止时，轴颈处于最低位置并与轴承孔壁接触（见图3—55a）。当轴颈开始沿顺时针方向转动时，在摩擦力作用下，轴颈沿轴承孔壁向右上方爬升（见图3—55b）。随着转速的提高，带入楔形间隙内的油量增多，形成较大的油膜承载力，将轴颈推向左上方，并使轴颈浮起（见图3—55c）。当油膜的承载力和外载荷相平衡时，轴在某一位置旋转。当轴的转速特别高时，轴心逐渐向轴承中心移动（见图3—55d）。像这样在轴颈与轴承相对运动过程中产生动压油膜形成全液体摩擦状态的滑动轴承，即为液体动压滑动轴承。

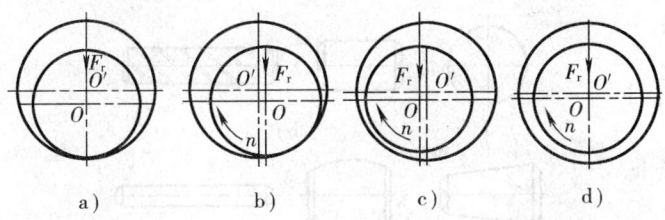

图 3—55 液体动压滑动轴承的工作过程
a) 静止时　b) 起动时　c) 形成油膜　d) 转速较高

(3) 滑动轴承的失效形式。滑动轴承的失效形式主要有磨损和胶合。

1) 磨损。轴与轴承相对运动时，由轴上较硬物体或硬质颗粒切削或刮擦作用引起轴承表面材料的脱落、损伤，从而破坏摩擦表面的现象称为磨损。导致轴承磨损一般有三种情况：较硬物体在滑动轴承表面发生微量切削引起接触面划伤；硬物质作用在轴承表面层产生交变接触应力，导致表面破坏；硬颗粒在力的作用下压入轴承表面产生压痕。

2) 胶合。滑动轴承工作时，特别是在重载条件下工作时，由于温度和压力都很大，轴颈和轴瓦之间的润滑油膜可能被挤出，从而使金属表面直接接触，因摩擦面发热而使温度迅速升高，严重时表面金属局部软化或熔化，导致接触区发生牢固的黏着或焊合，而形成胶合。由于摩擦表面瞬时温度很高，黏着区较大，黏着点强度高，黏着点不能被从基体上剪切掉，使轴与轴瓦发生咬死而不能转动，咬死是胶合失效最严重的表现形式。

五、滚动轴承

1. 滚动轴承的结构、类型与特点

如图 3—56 所示，滚动轴承由内圈、外圈、滚动体和保持架组成。内外圈均有滚道，滚动体可在滚道内滚动，滚动体形状有球形、圆柱形、圆锥形、鼓形、滚针形等，如图 3—57 所示。保持架的作用是使滚动体均匀分开，减少滚动体间的摩擦和磨损。滚动轴承的内、外圈和滚动体均要求有耐磨性和较高的接触疲劳强度，须用 GCr9、GCr15、GCr15SiMn 等滚动轴承钢制造，保持架可用低碳钢等制成。

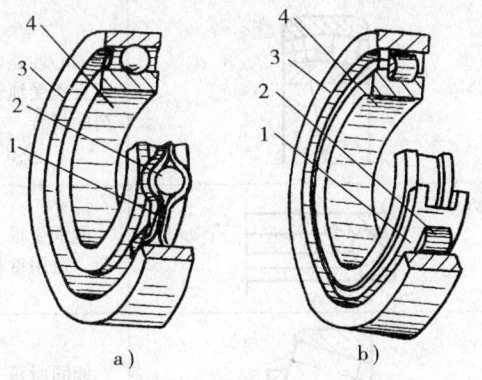

图 3—56 滚动轴承的基本构造
a) 球轴承　b) 滚子轴承
1—保持架　2—滚动体　3—外圈　4—内圈

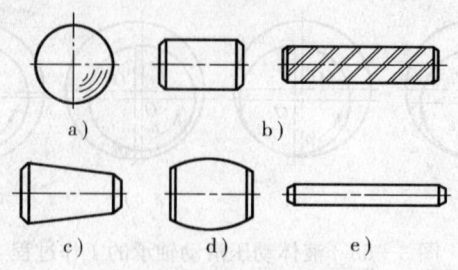

图 3—57 滚动体形状
a) 球形 b) 圆柱形 c) 圆锥形 d) 鼓形 e) 滚针形

滚动轴承按其所能承受的载荷方向，可分为以承受径向载荷为主的向心轴承和以承受轴向载荷为主的推力轴承两类。滚动轴承按滚动体形状的不同可分为球轴承和滚子轴承。在相同直径时，滚子轴承比球轴承的承载能力大。

按滚动轴承的结构和性能特点，国家标准将滚动轴承的基本类型分为 10 类，见表 3—18。

表 3—18　　　　　　滚动轴承的类型、结构和性能特点

轴承类型	类型代号	结构简图	结构性能及应用
双列角接触球轴承	0		相当于一对角接触球轴承背对背安装。能同时承受径向载荷和双向轴向载荷
调心球轴承	1		主要承受径向载荷，也可以承受不大的轴向载荷。内外圈角度误差为 2°～3°，能自动调心。适用于刚度较小及难以对中的场合
调心滚子轴承	2		调心性能好，能承受很大的径向载荷，但不宜承受纯轴向载荷。适用于重载及冲击载荷的场合
推力调心滚子轴承	2		能承受很大的轴向载荷和不大的径向载荷。适用重载和要求调心性能好的场合
圆锥滚子轴承	3		能同时承受轴向和径向载荷，承载能力大，内外圈可分离，间隙易调整，安装方便，一般成对使用

续表

轴承类型	类型代号	结构简图	结构性能及应用
双列深沟球轴承	4	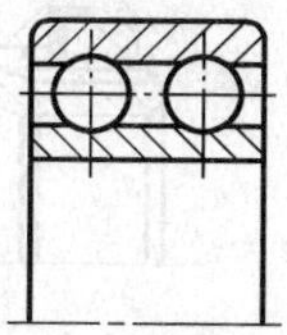	与深沟球轴承的特性类似,但能承受更大的双向载荷且刚度更大
推力球轴承	5	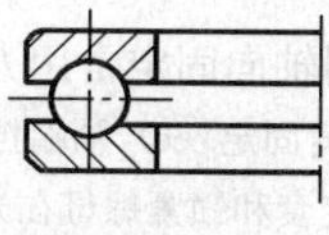	只能承受轴向载荷,双向推力轴承用于承受双向轴向载荷,不宜在高速下工作
双向推力球轴承	5	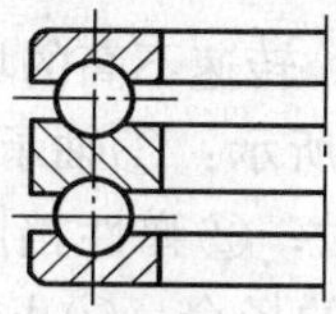	
深沟球轴承	6	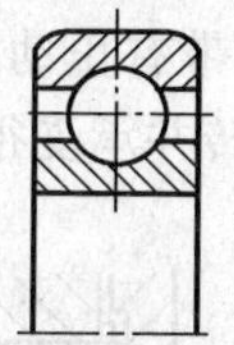	主要承受径向载荷,也可承受一定的轴向载荷。价格低廉,应用广泛
角接触球轴承	7	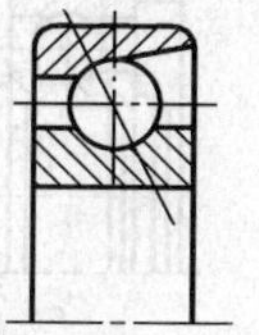	能同时承受径向和单向轴向载荷,接触角越大,轴向承载能力也越大,一般成对使用
推力圆柱滚子轴承	8	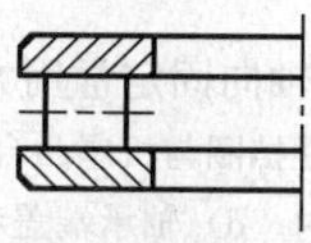	只能承受单向轴向载荷,承载能力比推力球轴承大得多,不允许有角偏差
圆柱滚子轴承	N	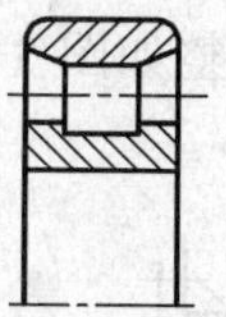	能承受较大的径向载荷,不能承受轴向载荷,内外圈可分离,允许少量轴向位移和角偏差。适用于重载和冲击载荷,以及要求刚度大的场合

2. 滚动轴承的固定、调整及应用实例

(1) 轴承的固定。轴承内圈轴向固定的常用方法如图3—58所示:①轴肩固定(见图3—58a),主要用于承受单向载荷场合或全固定式支撑结构;②弹性挡圈和轴肩固定(见图3—58b),该法结构简单,轴向尺寸小,因挡圈只能承受较小的轴向载荷,一般用于游动支撑处;③轴端挡圈和轴肩固定(见图3—58c),用于直径较大,轴端切削螺纹有困难的场合;④锁紧螺母与轴肩固定(见图3—58d),固定及装拆方便,适用于轴向载荷不大的场合;⑤开口圆锥紧定套和锁紧螺母在光轴上固定锥孔轴承内圈(见图3—

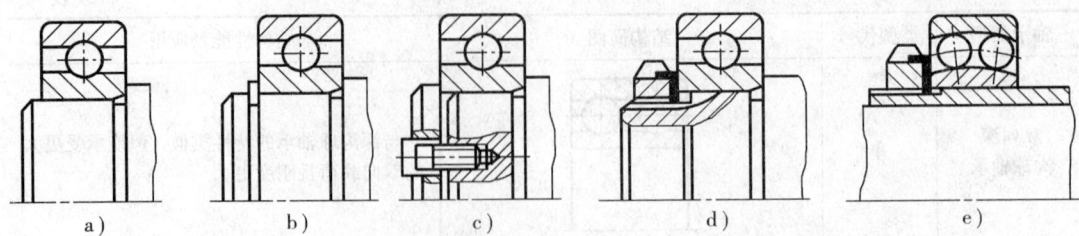

图3—58 轴承内圈轴向固定常用方法
a) 轴肩固定 b) 弹性挡圈和轴肩固定 c) 轴端挡圈和轴肩固定
d) 锁紧螺母与轴肩固定 e) 开口圆锥紧定套和锁紧螺母在光轴上固定锥孔轴承内圈

58e），此法装拆方便，适用于轴向载荷不大，转速不高的场合。

轴承外圈轴向固定常用方法如图3—59所示：①轴承盖固定（见图3—59a），用于两端固定式支撑结构或承受单向轴向载荷时；②弹性挡圈与机座凸台固定（见图3—59b），该法轴向尺寸小，用于轴向载荷不大的场合；③止动环嵌入轴承外圈的止动槽内（见图3—59c），用于机座不便制作凸台且外圈带有止动槽的深沟球轴承；④轴承端盖和机座凸台固定（见图3—59d），适用于高速旋转并承受很大的轴向载荷的场合。

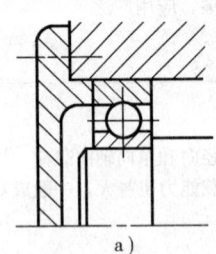 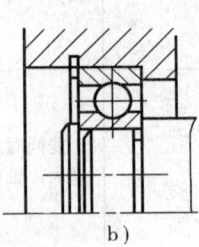 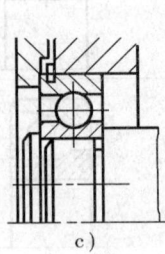 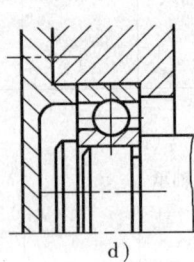

a)   b)   c)   d)

图3—59 轴承外圈轴向固定常用方法
a) 轴承盖固定 b) 弹性挡圈与机座凸台固定
c) 止动环嵌入轴承外圈的止动槽内 d) 轴承端盖和机座凸台固定

（2）轴承部件的调整。轴承轴向间隙的调整如图3—60所示，有调整垫片、调节压盖和调整环等几种方式。

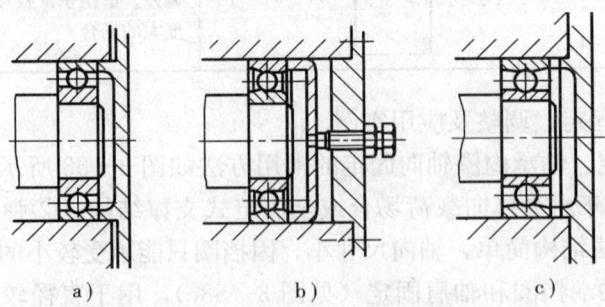

图3—60 轴向间隙的调整
a) 调整垫片 b) 调节压盖 c) 调整环

六、联轴器、离合器、制动器

联轴器、离合器和制动器是机械传动中的常用部件，联轴器和离合器用于连接两轴使其一起旋转并传递转矩，有时也可用作安全装置，以防止机械过载。联轴器与离合器的区别在于：联轴器只有在机械停止后才能将连接的两根轴分离，离合器则可以在机械的运转过程中根据需要使两轴随时接合和分离。制动器可用来迅速制止断开运动后因惯性引起的运动。

1. 联轴器

联轴器所连接的两轴，由于制造、安装误差、工作中的磨损及受载变形等原因，常产生轴向、径向、偏角、综合等位移，如图 3—61 所示。另外，有些联轴器常在振动、冲击的环境下工作，因此要求联轴器应具有补偿轴线偏移和具有缓冲、吸振的能力。

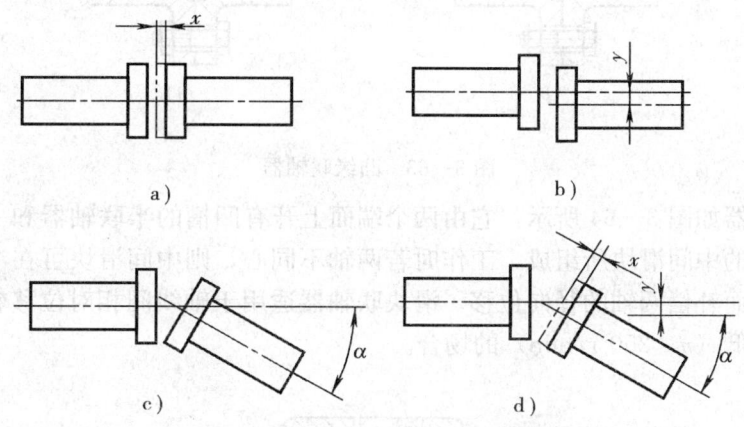

图 3—61　轴线的相对位移
a) 轴向位移　b) 径向位移　c) 偏角位移　d) 综合位移

联轴器按照有无弹性元件，能否缓冲、吸振，分为弹性联轴器和刚性联轴器两大类，其中刚性联轴器又按照能否补偿轴线偏移分为固定联轴器和可移式联轴器两类。

(1) 固定式刚性联轴器。固定式刚性联轴器主要有套筒联轴器和凸缘联轴器，套筒联轴器如图 3—62 所示，它由一公用套筒及键或销等连接方式将两轴连接。这种联轴器的结构简单、径向尺寸小、制作方便。但其装配拆卸时轴需作轴向移动，仅适用于两轴直径较小、同轴度较高、轻载荷、低转速、无振动、无冲击、工作平稳的场合。凸缘联轴器如图 3—63 所示，两个通过键与轴连接的带凸缘的半联轴器用螺栓组连成一体，图 3—63a 采用两半联轴器凸缘肩和凹槽对中依靠两半联轴器接触面间的摩擦力传递转矩，两半联轴器用普通螺栓连接；图 3—63b 采用铰制孔螺栓对中，直接利用螺栓与螺栓孔壁之间的挤压传递转矩。凸缘联轴器使用方便，能传递较大转矩。安装时对中性要求高，主要用于刚度较大、转速较低、载荷较平稳的场合。

(2) 可移式刚性联轴器。可移式刚性联轴器有滑块联轴器、齿式联轴器和万向联轴器等。

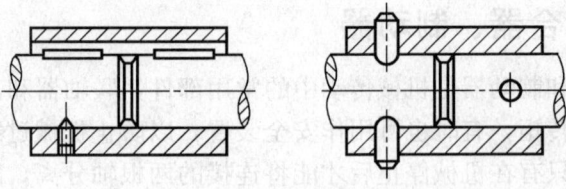

图 3—62 套筒联轴器

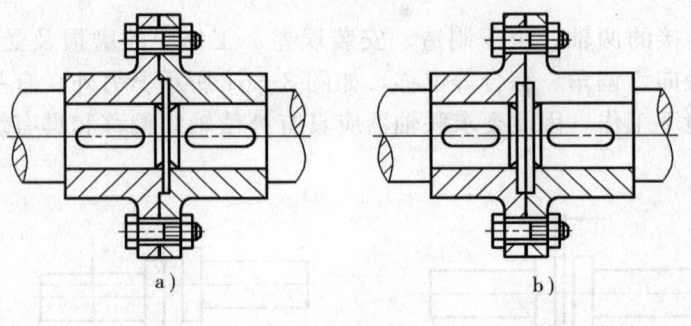

图 3—63 凸缘联轴器

滑块联轴器如图 3—64 所示,它由两个端面上开有凹槽的半联轴器和一个两面带有互相垂直部分的中间滑块所组成,工作时若两轴不同心,则中间滑块可在半联轴器的凹槽内滑动,从而补偿两轴的径向位移。滑块联轴器适用于轴线间相对位移较大,无剧烈冲击且转速较低($n \leqslant 250$ r/min)的场合。

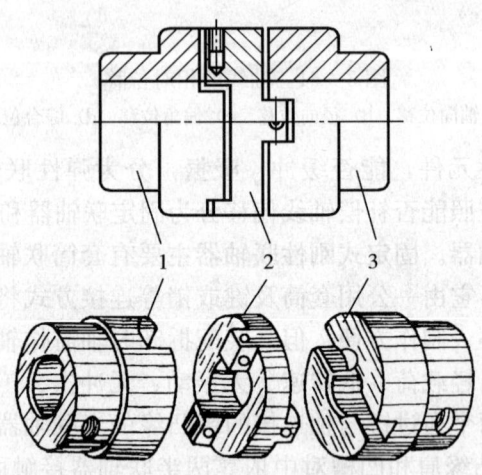

图 3—64 滑块联轴器
1、3—半联轴器 2—中间滑块

齿式联轴器如图 3—65 所示,它由两个带有内齿的外壳和两个带有外齿的半联轴器组成,两凸缘外壳用螺栓连成一体,工作时通过内外齿的相互啮合传递转矩,由于齿轮间留有间隙，故能补偿两轴的综合位移。齿式联轴器结构紧凑，有较大的综合补偿能力，由于是多齿同时啮合，故承载能力大，工作可靠，但其制造成本高，一般宜用于启动频繁，经常正、反转，传递运动要求准确的场合。

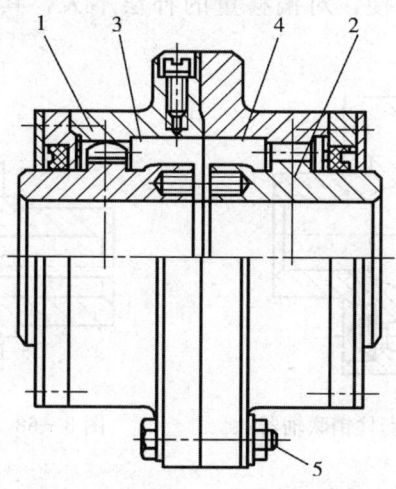

图 3—65 齿式联轴器
1、2—半联轴器 3、4—外壳 5—螺栓

万向联轴器如图 3—66 所示，它由两个轴分别与中间的十字轴以铰链相连，万向联轴器两轴间的夹角可达 45°。单个万向联轴器工作时，为保证从动轴与主动轴均以同一角速度旋转，应采用双向联轴器，如图 3—66b 所示，万向联轴器适用于两轴间有较大角位移的场合。

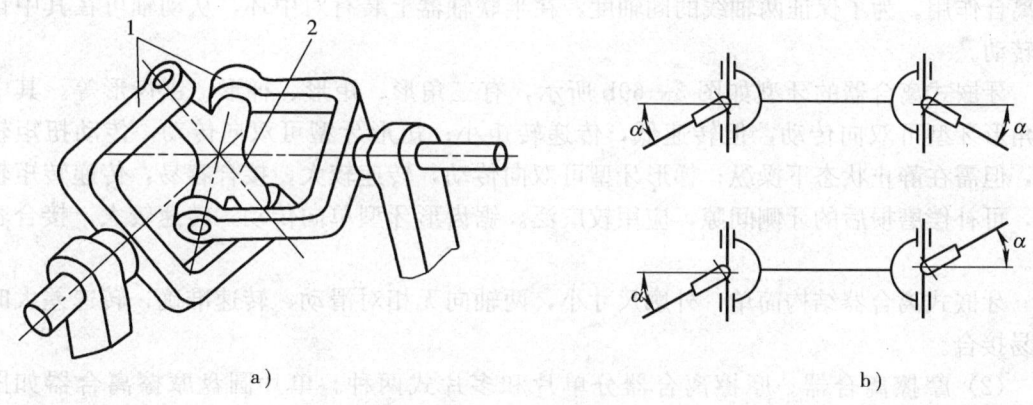

图 3—66 万向联轴器
1—轴叉 2—十字轴

（3）弹性联轴器。弹性联轴器有弹性套柱销联轴器和弹性柱销联轴器。弹性套柱销联轴器如图 3—67 所示，其结构与凸缘联轴器相似，只是用橡胶弹性套柱销取代了螺栓。利用弹性套圈可以补偿两轴的偏移，吸收、减小振动和起缓冲作用。弹性套柱

销联轴器结构简单，安装方便，适用于转速较高、有振动、双向运动、起动频繁、转矩不大的场合。弹性柱销联轴器如图3—68所示，这种联轴器采用尼龙柱销将两半联轴器连接起来，为防止柱销滑出，在两侧装有挡圈。弹性柱销联轴器与弹性套柱销联轴器结构类似，更换柱销方便，对偏移量的补偿不大，其应用与弹性套柱销联轴器类似。

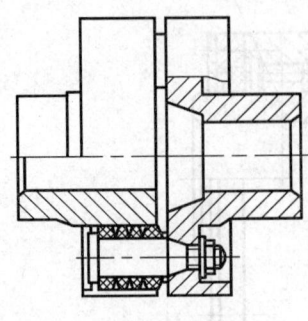 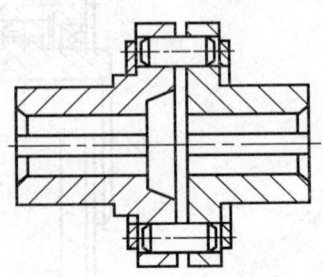

图3—67 弹性套柱销联轴器　　　　图3—68 弹性柱销联轴器

2. 离合器

离合器在工作时需随时分离或接合被连接的两根轴，不可避免地要受到摩擦、发热、冲击、磨损等情况，因而要求离合器接合平稳，分离迅速，操纵省力、方便，同时结构简单、散热好、耐磨损、寿命长，离合器传递扭矩的方式有利用牙的啮合、工作表面间的摩擦力、电磁吸引力等。

（1）牙嵌式离合器。牙嵌式离合器如图3—69a所示，由两个端面带牙的半联轴器组成，两半联轴器分别与主、从动轴用平键或花键连接，工作时利用操纵机构，移动滑环，使两半联轴器沿导向键作轴向移动，使两半联轴器端面上的牙接合或分离，从而起到离合作用。为了保证两轴线的同轴度，在半联轴器上装有对中环，从动轴可在其中自由转动。

牙嵌式离合器的牙型如图3—69b所示，有三角形、矩形、梯形、锯齿形等。其中三角形牙型可双向传动，但转速低，传递转矩小；矩形牙型可双向传动，传动扭矩较大，但需在静止状态下操纵；梯形牙型可双向传动，转速较大，接合容易，传递转矩较大，可补偿磨损后的牙侧间隙，应用较广泛。锯齿形牙型单向传动，转速较大，接合容易。

牙嵌式离合器结构简单，外廓尺寸小，两轴向无相对滑动，转速准确，转速差大时不易接合。

（2）摩擦离合器。摩擦离合器分单片和多片式两种。单片圆盘摩擦离合器如图3—70所示，两摩擦圆盘分别用平键和导向平键与主动轴、从动轴连接，工作时对滑环施加推力，使从动圆盘左移与主动摩擦盘接触，从而产生摩擦力，这种摩擦离合器传递的转矩较小，若在工作时过载，则摩擦片间打滑，可防止其他零件损坏，有一定的安全保护作用。

多片圆盘摩擦离合器如图3—71所示，有两组摩擦片。外摩擦片3与外套筒2，内摩擦片4与内套筒6分别用花键相连，外套筒、内套筒分别用平键与主动轴1和从动轴

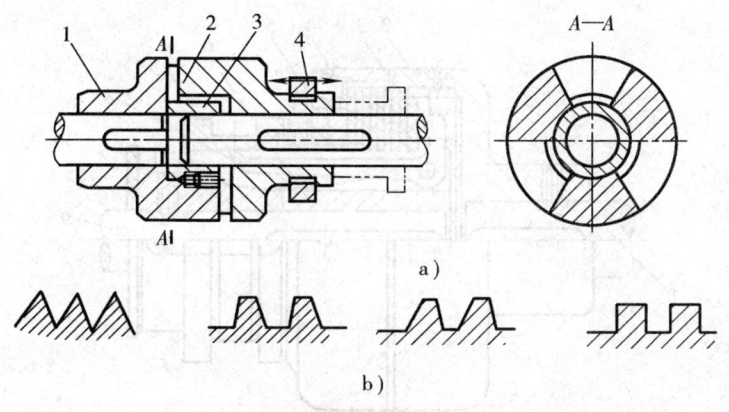

图 3—69 牙嵌式离合器
a) 牙嵌式离合器的结构 b) 牙嵌式离合器的牙型
1、2—半联轴器 3—对中环 4—滑环

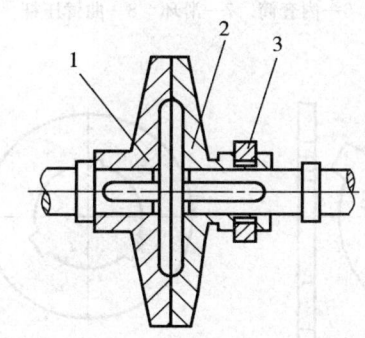

图 3—70 单片圆盘摩擦离合器
1—主动盘 2—从动盘 3—滑环

9相固定。当滑环7由操纵机构控制沿轴向左移时，压下曲臂压杆8使内、外摩擦片相互压紧，离合器接合；当滑环右移时，曲臂压杆右移，内、外摩擦片松开，离合器分离。圆形螺母5可调节内、外两组摩擦片间隙，以控制压紧力大小，多片式摩擦离合器传递转矩的大小，随轴向压力和摩擦力及摩擦片对数的增加而增加，但摩擦片对数过多会影响分离动作的灵活性，一般在10～15对以下。

摩擦离合器摩擦片的形状如图3—72所示，有带外齿的外摩擦片和带凹槽的内摩擦片，碟形内摩擦片受压时可被压平而与外摩擦片贴紧，去压后由于弹力作用可恢复原形，使其与外盘迅速脱开。

与牙嵌式离合器相比，摩擦离合器可在任何转速条件下接合，且接合平稳，无冲击，过载时会自动打滑，可起到安全保护作用，因其工作灵活，调节方便，而得到广泛应用。

3. 制动器

制动器一般利用摩擦力使物体降低速度或停止运动，有外抱块式、内胀式和带状等几种。

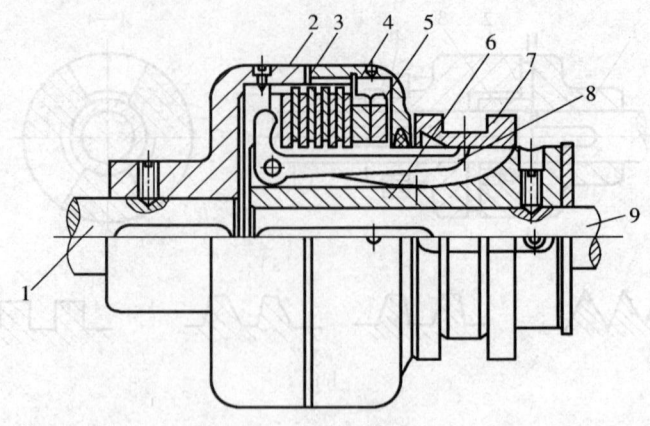

图3—71 多片圆盘摩擦离合器
1—主动轴 2—外套筒 3—外摩擦片 4—内摩擦片
5—圆形螺母 6—内套筒 7—滑环 8—曲臂压杆 9—从动轴

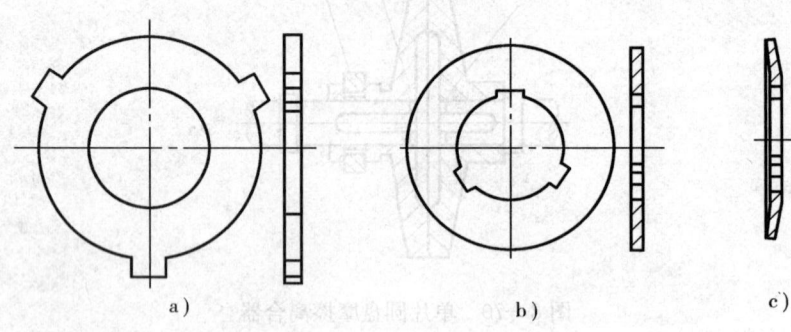

图3—72 摩擦离合器摩擦片的形状
a) 外摩擦片 b) 内摩擦片 c) 碟形内摩擦片

(1) 外抱块式。外抱块式制动器（又称闸瓦制动器）如图3—73所示，它由制动轮、闸瓦块、主弹簧、制动臂、推杆和松闸器等组成，由主弹簧3通过制动臂4及闸瓦块2使制动轮1经常处于制动状态。当松闸器6通电时，电磁力操纵推杆5将制动臂4推向两侧，闸瓦块2与制动器松开。松闸器也可用液压、气压或人力等方式操纵。上述通电时松闸，断电时闭合的制动器称为常闭式制动器，适用于起重设备等。制动器也可设计成常开式，即通电时制动，断电时松闸，常开式制动器适用于车辆等的制动。

(2) 内胀式制动器。内胀式制动器如图3—74所示，它由销轴、制动蹄、摩擦片、泵、弹簧及制动轮等组成，当压力油进入泵4后，推动左右两个活塞克服弹簧5的作用使制动蹄2、7压紧制动轮6，从而达到制动。油路泄压后，弹簧5使制动蹄与制动轮分离而松闸。内胀式制动器体积小，结构紧凑。

(3) 带状制动器。带状制动器如图 3—75 所示，由制动轮、制动带、杠杆等组成，当杠杆上作用外力 F 时，即使制动带压紧制动轮而达到制动，为增加摩擦作用，制动带上一般衬有石棉、橡胶和皮革等材料。带状制动器结构简单，成本低，可实现小转矩的制动。

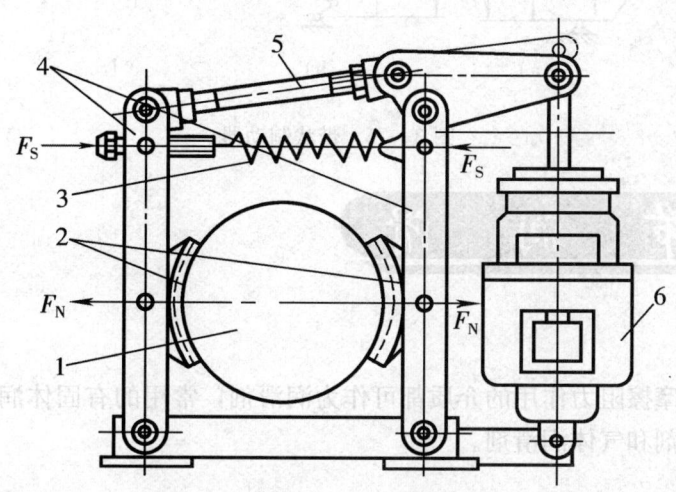

图 3—73　外抱块式制动器
1—制动轮　2—闸瓦块　3—主弹簧　4—制动臂　5—推杆　6—松闸器

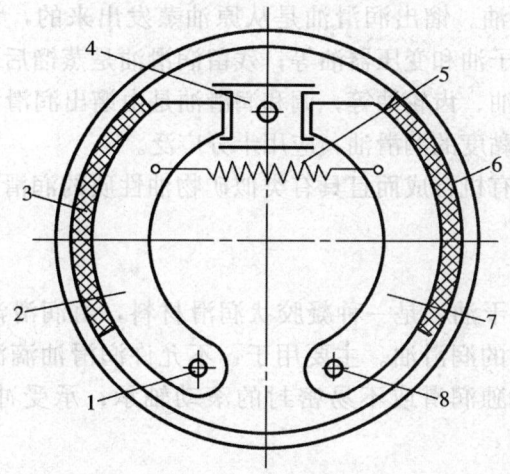

图 3—74　内胀式制动器
1、8—销轴　2、7—制动蹄　3—摩擦片　4—泵　5—弹簧　6—制动轮

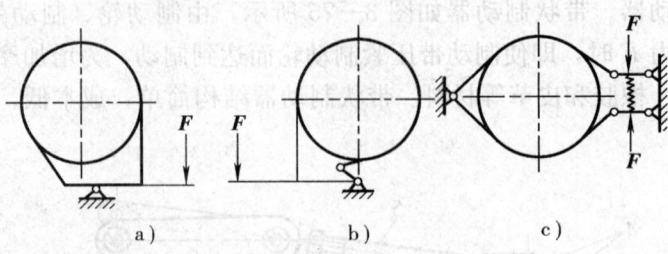

图 3—75 带状制动器

第三节 润 滑

一、润滑剂

凡能起降低摩擦阻力作用的介质都可作为润滑剂，常用的有固体润滑剂、液体润滑剂、半液体润滑剂和气体润滑剂。

1. 润滑油

（1）动植物油脂。从动物身上和植物果实中取得。目前常用于精密仪器设备的润滑，有时也用于改善某些矿物油的性质而作为添加剂用。

（2）矿物润滑油。从矿物原油中提炼出来。按提炼方法不同，可分为馏出润滑油、残留润滑油和调和润滑油。馏出润滑油是从原油蒸发出来的，含沥青，胶质少、黏度小，如高速机械油、锭子油和变压器油等；残留润滑油是蒸馏后的残留物，含沥青，胶质多、黏度大，如气缸油、齿轮油等；调和润滑油是由馏出润滑油和残留润滑油按不同比例调和而制成的各种黏度的润滑油，应用十分广泛。

（3）合成润滑油。有机合成而且具有类似矿物油性质的润滑油，其生产成本高，应用不多。

2. 润滑脂

润滑脂俗称黄油或干油，是一种凝胶状润滑材料，由润滑油、稠化剂在高温下混合而成，是一种稠化了的润滑油。主要用于：不允许润滑油滴漏处；加油、换油不便处；与空气隔离处；单独润滑或不易密封的滚动轴承；承受冲击或间歇运动的轴承等。

3. 固体润滑剂

常用的有石墨和二硫化钼。

二、润滑方式

1. 手工定时加油（脂）润滑

利用各种油枪、油壶、油嘴、油杯，靠手工定时加入，是一种间歇润滑方式。

2. 飞溅润滑

飞溅润滑又叫溅油润滑。其原理是利用高速转动的机件或附加在轴上的甩油盘、甩油片、油杯和油链等，将油池中的油溅到或带到摩擦表面上进行润滑，箱体内壁的集油槽将部分溅散的润滑油集中后流到轴承内润滑轴承。飞溅润滑常用于闭式齿轮传动及曲轴的轴承润滑。

3. 油绳、油垫润滑

油绳、油垫润滑利用油绳、油垫的毛细管虹吸原理供油。

4. 油雾润滑

油雾润滑利用压缩空气把润滑油从喷嘴喷出，将其雾化后送入摩擦表面起润滑作用，主要用于高速滚动轴承及封闭的齿轮、链轮、导轨等部件的润滑。为环保需要应增设通风排气、净化和润滑油回收装置。

5. 机械强制给油润滑

机械强制给油润滑利用柱塞泵将油液压向润滑点，常用于压力机活塞的润滑。

6. 压力循环润滑

压力循环润滑利用油泵使循环系统的油达到一定的工作压力，压力油沿着油路同时润滑多个部件。润滑过的油液又流回油池而循环进行，常用于活塞式压缩机的曲轴、连杆大小头和十字头滑道等的润滑。

7. 集中润滑

集中润滑通过中心油箱或油泵、分送管道和分送阀，将油定量分送到各个润滑点上进行润滑，主要用于有大量润滑点或整个车间乃至全厂的润滑系统。

8. 内在润滑

内在润滑主要是指含油滑动轴承、密封的滚动轴承及自润滑的轴瓦材料等处的润滑，一般不需要任何润滑装置来供给或补充油脂。

单元测试题

一、填空题（请将正确的答案填在横线空白处）

1. 将若干_____构件用_____连接起来并作平面运动的机构称为平面连杆机构。

2. 铰链四杆机构按曲柄、摇杆的存在情况，分为_____、_____和_____三种基本形式。

3. 平面四杆机构可通过改变_____、将_____副变换为_____副、扩大_____副和选择不同的构件为机架等方法演化为一些其他形式的机构。

4. 机械传动可分为_____、_____、_____、_____和_____等。

5. 带传动的张紧方式有_____、_____。

6. 渐开线的形状取决于基圆的大小。基圆越大，所形成的渐开线越_____。

7. 齿轮的失效主要是轮齿的失效，它与齿轮的传动类型、工作状况、材料性质、加工精度等有关。常见的失效形式有_____、_____、_____、_____等。

8. 常用的间歇运动机构有_____机构和_____机构，以把主动件的连续运动变为从动件的间歇运动。

9. 螺纹连接有_____、_____、_____和_____。
10. 螺纹连接常用的防松方法有_____防松、_____防松和_____防松等几种。
11. 轴按所承受载荷的不同可分为_____、_____和_____三类。
12. 轴上零件的周向固定方法有_____、_____和_____等。
13. 滑动轴承的摩擦状态有_____、_____、_____和_____等类型。
14. 滚动轴承轴向间隙的调整有_____、_____和_____等几种方式。

二、判断题（下列判断正确的请打"√"，错误的打"×"）

1. 机车车轮联动机构为反向平行双曲柄机构，车门启闭装置则为正向平行双曲柄机构。（　　）
2. 开口式平带传动常用于两轴轴线平行且旋转方向相同的场合。（　　）
3. 分度圆是齿轮上具有标准模数和标准压力角的圆。（　　）
4. 键主要用来实现轴和轴上零件之间的周向固定，以传递转矩。（　　）
5. 推力滑动轴承既可承受轴向载荷，也可承受径向载荷。（　　）
6. 联轴器只有在机械停止后才能将连接的两根轴分离，离合器则可以在机械的运转过程中根据需要使两轴随时接合和分离。（　　）
7. 飞溅润滑常用在闭式齿轮传动及曲轴的轴承处。（　　）

三、简答题

1. 传动机构在机械中的作用是什么？
2. 带传动的特点有哪些？
3. 试述链传动的组成、特点、类型和应用场合。
4. 渐开线是如何形成的？
5. 已知一对外啮合标准直齿圆柱齿轮的标准中心距 $a=250$ mm，齿数 $z_1=20$，$z_2=80$，试分别求出两齿轮的模数和分度圆直径。
6. 齿轮轮齿的失效形式主要有哪几种？防止措施有哪些？
7. 螺栓连接为什么要防松？常用的防松方法有哪些？
8. 轴上零件的周向和轴向定位、固定方式有哪些？各适用于什么场合？
9. 整体式向心滑动轴承、剖分式向心滑动轴承和调心式滑动轴承各有何特点？并适用于何种场合？
10. 简述滚动轴承常用的调整方法。

单元测试题答案

一、填空题

1. 刚性　低副　　2. 曲柄摇杆机构　双曲柄机构　双摇杆机构　　3. 构件长度

转动　移动　转动　　4. 带传动　链传动　齿轮传动　蜗杆传动　螺旋传动　　5. 调节中心距　采用张紧轮　　6. 平直　　7. 轮齿折断　齿面点蚀　齿面胶合　塑性变形　　8. 棘轮　槽轮　　9. 螺栓连接　双头螺柱连接　螺钉连接　紧定螺钉连接　　10. 摩擦机械　不可拆法　　11. 心轴　传动轴　转轴　　12. 键销连接　过盈配合　紧定套固定　　13. 干摩擦　边界摩擦　液体摩擦　混合摩擦　　14. 调整垫片　调节压盖　调整环

二、判断题

1. ×　2. √　3. √　4. √　5. ×　6. √　7. √

三、简答题

答案略。

第4单元

常用材料

- 第一节　金属材料概述/98
- 第二节　钢的热处理/104
- 第三节　常用金属材料/107
- 第四节　非金属材料及其分类/117

机械设备安装工（基础知识）

第一节 金属材料概述

一、金属材料及其分类

凡是由金属元素或以金属元素为主而形成的，并具有一般金属特性的物质称为金属材料。通常把金属材料分为黑色金属材料和有色金属材料两大类。碳素钢、合金钢、铸铁等属于黑色金属材料，除此以外的其他金属材料属于有色金属材料，如黄铜、硬铝、轴承合金等。

在机械设备安装行业中，常用的金属材料分类如下：

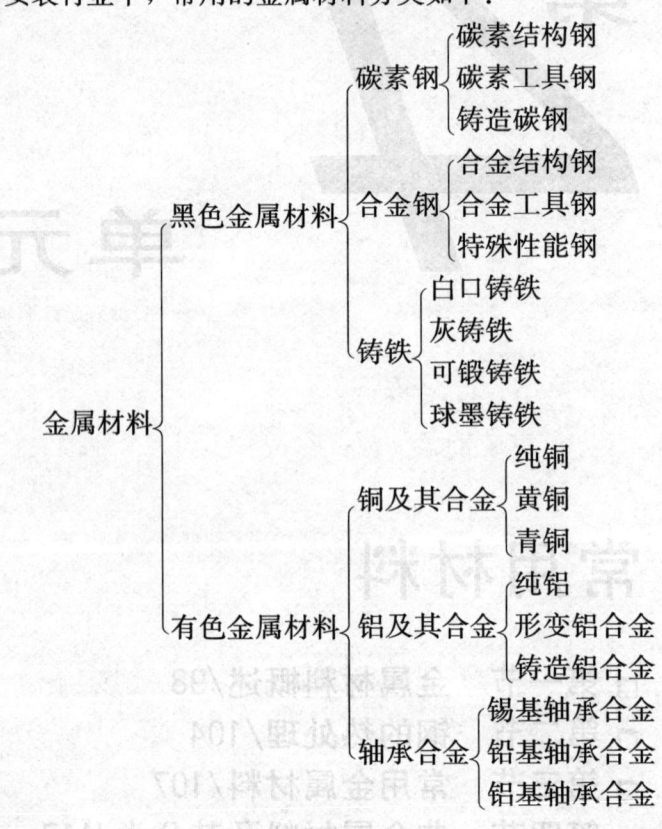

二、金属材料的性能

1. 金属的物理性能

金属的物理性能有密度、熔点、导热性、热膨胀性和磁性等。

（1）密度。金属的密度即单位体积金属的质量。根据密度的大小可将金属分为轻金属与重金属，密度小于 5 g/cm³ 的为轻金属，密度大于 5 g/cm³ 以上的为重金属。

（2）熔点。金属从固体状态向液体状态转变时的熔化温度称为熔点。金属都有固定的熔点。钨、钼、铬等金属熔点较高，属于难熔金属；锡、铅、锌等金属熔点较低，属于易熔金属。

— 98 —

(3) 导电性。金属具有传导电流的特性称为导电性，导电性的大小用电阻系数表示，电阻系数小的金属的导电性能好。长 1 m、截面积 1 mm² 的物体在一定温度下所具有的电阻称为电阻系数 ρ，单位是 $\Omega \cdot mm^2/m$，电阻系数的倒数 γ（$\gamma = \frac{1}{\rho}$）称为电导率。

(4) 导热性。金属具有传导热的能力称为导热性，大多数金属是热的良导体。在金属的加热过程中要考虑导热性的影响，凡是导热性差的金属加热速度应慢一些，以防止产生较大的热应力。

(5) 热膨胀性。金属及合金受热时体积增大的现象，称为热膨胀性。在进行设备安装施工时，必须要考虑金属的热膨胀性，否则会影响设备的安装精度。

(6) 磁性。金属能导磁的性能称为磁性。具有导磁能力的金属均能被磁铁吸引，具有较高磁性的金属称为磁性金属。磁性不是固定不变的，当温度升高时，磁性金属或合金有的会失去磁性。

2. 金属的力学性能

金属的力学性能是指金属材料抵抗不同形式载荷作用的能力。

金属材料在加工及使用过程中所受的外力称为载荷。金属材料所受的载荷，根据其作用性质不同，有静载荷、冲击载荷和交变载荷等。静载荷是指大小不变或变化缓慢的载荷。冲击载荷指加载速度快，作用时间短的载荷。交变载荷指大小、方向或大小和方向同时随时间呈周期性变化的载荷。

由于载荷作用的方式不同，材料可能产生拉伸、压缩、剪切、扭转和弯曲等各种不同的变形，如图 4—1 所示。

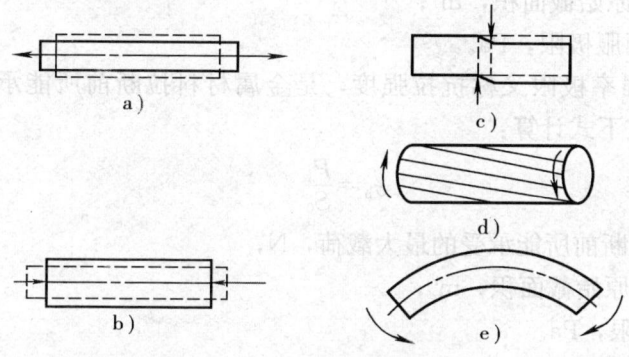

图 4—1 变形形式
a) 拉伸 b) 压缩 c) 剪切 d) 扭转 e) 弯曲

因金属材料所受载荷的作用性质不同和金属材料的变形方式不同，衡量其力学性能的指标也很多，常用的有强度、塑性、硬度、冲击韧度和疲劳强度。

(1) 强度。金属材料在静载荷作用下，抵抗变形或破坏的能力称为强度。金属材料的强度是以一定量的变形及破坏条件下的应力大小来表示的，衡量指标主要有以下几项：

1) 弹性极限。材料在外力作用下产生弹性变形时所能承受的最大应力，称弹性极限，用符号 σ_e 表示，其计算方法如下：

$$\sigma_e = \frac{P_e}{S_0}$$

式中　P_e——材料产生弹性变形时所能承受的最大载荷，N；

　　　S_0——试样的原始截面积，m^2；

　　　σ_e——弹性极限，Pa。

2) 屈服极限。材料产生屈服时的最小应力，称屈服极限，即 S 点的应力，用符号 σ_s 表示，其计算方法如下：

$$\sigma_s = \frac{P_s}{S_0}$$

式中　P_s——材料产生屈服变形时所能承受的最大载荷，N；

　　　S_0——试样的原始截面积，m^2；

　　　σ_s——屈服极限，Pa。

大多数机器零件常因过量塑性变形而失效，如果机械零件工作时所承受的应力低于屈服极限，则不会产生过量塑性变形，所以，材料的屈服极限越高，允许的工作应力也越高。

有些金属材料（如淬火钢）的拉伸曲线，没有明显的屈服现象，这些材料的屈服极限通常规定以试样产生残余塑性变形达到 0.2% 时的应力作为条件屈服极限，或称屈服强度，用符号 $\sigma_{0.2}$ 表示，其计算方法为：

$$\sigma_{0.2} = \frac{P_{0.2}}{S_0}$$

式中　$P_{0.2}$——材料产生残余塑性变形达到 0.2% 时的载荷，N；

　　　S_0——试样的原始截面积，m^2；

　　　$\sigma_{0.2}$——条件屈服极限，Pa。

3) 强度极限。强率极限又称抗拉强度，是金属材料拉断前所能承受的最大应力，用符号 σ_b 表示，可按下式计算：

$$\sigma_b = \frac{P_b}{S_0}$$

式中　P_b——试样拉断前所能承受的最大载荷，N；

　　　S_0——试样的原始截面积，m^2；

　　　σ_b——强度极限，Pa。

强度极限表示材料在拉伸条件下所能承受的最大应力，显然对于工件来说，所承受的拉应力不允许超过 σ_b，否则会产生断裂，所以它也是机械设计的主要依据之一。

(2) 塑性。塑性是指金属材料在外力作用下产生永久变形（塑性变形）而不破坏的能力。金属材料的塑性指标常用延伸率和截面收缩率来表示。

1) 延伸率。延伸率指试样拉断后的伸长量与原始长度之比，符号为 δ，用百分数表示：

$$\delta = \frac{l_1 - l_0}{l_0} \times 100\%$$

式中　l_0——试样原始长度；

l_1——试样拉断后的长度；

δ——延伸率。

由于同一材料用不同长度的试样做试验所测得的延伸率数值不同，因而用长度与直径为一定比例的试样来测定它的延伸率时，短试样用 δ_5 表示，长试样用 δ_{10} 表示，δ_{10} 也常写成 δ。

2) 断面收缩率。断面收缩率是指试样拉断处横截面积的减少量与原始横截面积之比，符号为 ψ，也用百分数表示。

$$\psi=\frac{S_0-S_1}{S_0}\times 100\%$$

式中　S_0——试样原始横截面积；

S_1——试样拉断后的横截面积；

ψ——断面收缩率。

材料的 δ 或 ψ 值越大，其塑性就越好，当对零件采用压力加工或塑性变形时，要求材料具有良好的塑性，以防材料在加工或变形过程中发生开裂而破坏。

(3) 硬度。金属材料抵抗其他更硬物体压入其表面的能力称为硬度，即金属材料抵抗局部塑性变形的能力，它实际上是一个综合力学性能指标。硬度的测定方法很多，应用较多的是布氏硬度和洛氏硬度试验方法。

1) 布氏硬度。布氏硬度试验是用一个直径为 D 的硬质合金球，在规定载荷 P 的作用下，压入被测试金属的表面，如图 4—2 所示，然后卸除载荷，测量硬质合金球在被测试金属表面上的压痕直径 d，由此可得出压痕的表面积 S，从而可求出压痕单位面积上所承受的平均压力，布氏硬度用符号 HBW 表示，计算公式如下：

$$\text{HBW}=0.102\frac{P}{S}$$

式中　HBW——布氏硬度值；

P——试验载荷，N；

S——压痕球形表面积，mm^2。

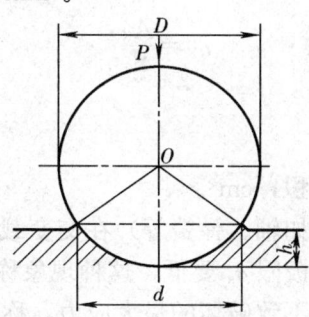

图 4—2　布氏硬度试验

在实际操作时，操作者不用计算，只需测出压痕直径 d，查表即可。

2) 洛氏硬度。洛氏硬度试验是用一个锥顶角为 120°的金刚石圆锥体或一定直径 (1.587 5 mm) 的淬火钢球作为压头，在规定载荷的作用下压入被测试金属的表面，最终根据压头在金属表面所形成的压痕深度 h 值来确定其硬度值，一般压入深度 h 越大，硬度越低；反之，则硬度越高。为了符合数值越大，硬度越高的习惯，故采用一个常数 K 减去 h 来表示硬度大小，并用每 0.002 mm 的压痕深度作为一个硬度单位。由此获得的硬度值称为洛氏硬度值，用 HR 表示。洛氏硬度值按以下公式计算：

$$HR = K - \frac{h}{0.002 \text{ mm}}$$

式中　HR——洛氏硬度值；
　　　K——常数，用金刚石圆锥体压头试验时 $K=100$，用钢球压头试验时，K 为 130；
　　　h——压痕深度，mm。

在具体操作时，不用实际测量压痕深度，因为压痕深度与硬度值的对应关系在洛氏硬度计内部已经换算好，可从硬度计的表盘上直接读出硬度值的数值。

洛氏硬度常用的三种标尺，分别用 HRA、HRB、HRC 来表示，常用洛氏硬度压头、载荷和应用范围见表 4—1。

表 4—1　　　　　　　　常用洛氏硬度压头、载荷和应用范围

硬度符号	压头	总载荷 F/（N）	应用范围
HRC	120°金刚石圆锥体	1 500	20～67HRC 高、中硬度的零件及厚硬化层零件等如一般淬火钢件
HRB	直径为 1.587 5 mm 钢球	1 000	25～100HRB 软钢、退火钢、铜合金等
HRA	120°的金刚石圆锥体	600	大于 70HRA 高硬度薄件上及较薄硬化层零件，如表面淬火钢

洛氏硬度 HRC 与布氏硬度 HBW 在一定范围内有 1∶10 的换算关系，例如 40HRC 相当于 400HBW。

（4）冲击韧度。许多工件在工作过程中常受到冲击载荷的作用，由于外力的瞬时冲击作用所引起的变形和应力比静载荷大得多，因此在设计和使用承受冲击载荷的工件时必须考虑材料的冲击韧度。金属材料抵抗冲击载荷作用而不破坏的能力称为冲击韧度，用符号 α_K 表示，其计算公式为：

$$\alpha_K = \frac{A_K}{S_0}$$

式中　α_K——冲击韧度，J/cm^2；
　　　A_K——冲击吸收功，J；
　　　S_0——试样缺口处的截面积，cm^2。

（5）疲劳强度。机械零件（如轴、弹簧等）在交变载荷作用下工作时，发生破坏的应力值比静载荷拉伸试验的屈服极限 σ_s 要低，这种现象称为金属材料的疲劳。金属材料在无数次交变载荷的作用下，而不致破坏的最大应力，称为疲劳强度或疲劳极限。

实际上并不可能做无限多次交变载荷试验，一般试验规定，黑色金属在经受 $10^6 \sim 10^7$ 次，有色金属在经受 $10^7 \sim 10^8$ 次交变载荷作用时不产生破坏的最大应力称疲劳强度，用符号 σ_{-1} 表示。

金属材料的疲劳强度与很多因素有关，如合金的成分、表面质量、组织结构、夹杂物的多少与分布情况等；对零件表面进行强化处理，如表面喷丸、表面淬火、冷挤压

等，或对工件表面进行精加工，减小表面粗糙度值，都能提高零件的疲劳强度。

3. 金属的工艺性能

金属的工艺性能是指在制造机械零件或工具过程中，金属材料适应各种加工的能力，它包括铸造性、锻造性、焊接性、热处理性及切削加工性等。

（1）铸造性。铸造是把熔化的金属材料浇入到预制的型腔中，待其凝固后，获得一定形状和性能铸件的成形方法。铸造性是表示合金获得优质铸件的能力，铸造性能对铸件的质量、铸造工艺及铸件结构有显著的影响。灰铸铁、铸造铝合金等有良好的铸造性，在生产中得到广泛应用。

（2）锻造性。在加压设备及工（模）具的作用下，使坯料、铸锭等产生局部或全部塑性变形，以获得一定几何尺寸、形状和质量的锻件的加工方法称为锻造。锻造性是衡量金属材料利用锻压加工方式成形的难易程度，是金属工艺性能指标之一，金属的锻造性能好，表明该金属适于采用锻压加工方法成形。锻造性常以金属的塑性和变形抗力来综合评定，塑性越好，变形抗力越小，则金属的锻造性越好。

影响金属锻造性的因素主要有金属的化学成分与组织、变形温度与变形速度、应力状态等。提高金属锻造性的途径主要有：提高锻造速度与坯料组织成分的均匀性；控制合适的变形速度，操作时应避免局部过冷；改善变形时的受力状况，避免出现拉应力，增加压应力。

低碳钢、低碳合金钢具有良好的锻造性能，而铸件不能进行锻造加工。

（3）焊接性。焊接是通过加热或加压或两者并用，并且用或不用填充材料，使焊件达到原子结合的一种加工方法。焊接性是金属材料对焊接加工的适应性，主要指在一定焊接工艺条件下，获得优质焊接接头的难易程度。焊接性能好的金属材料能获得无裂缝、气孔等缺陷的焊件，且焊缝有较好的力学性能。对碳素钢而言，其中碳、硫和磷的质量分数越低，焊接性就越好，低碳钢的焊接性能较好，而铸铁的焊接性能较差。

（4）热处理性。热处理是指金属材料通过在固态下采用适当的方式进行加热、保温和冷却以获得所需要的组织结构与性能的工艺方法。通过热处理可以显著提高钢的力学性能，充分发挥钢材的强度潜力，改善金属材料的力学性能，提高产品质量，延长使用寿命。热处理还可以改善毛坯件的工艺性能，为后续工艺做好组织准备，以利各种冷、热加工。热处理性则是指金属材料通过热处理后改善性能的能力，它与金属的成分、组织结构等有很大关系。

（5）切削加工性。切削加工性是指金属材料是否易被刀具切削的能力。切削加工性能好的材料，刀具磨损小，表面粗糙度值低。影响金属切削加工性的主要因素有材料的硬度，实践表明，材料的硬度在160~230HBW范围内时，切削加工性能最佳，硬度过高或过低都不利于切削加工，另外，切削时切屑是否易断，也影响切削加工性能。

第二节 钢的热处理

钢的热处理是对其在固态下加热、保温、冷却来改变钢的内部组织，从而改变钢的力学性能的一种工艺方法。通过热处理一方面能显著提高钢的力学性能，提高其使用寿命；另一方面可以改善工件的加工性能，提高生产率和加工质量。常用的热处理方法有退火、正火、淬火和回火。

一、退火与正火

1. 退火与正火的目的

（1）降低钢件的硬度，以利于切削加工及冷变形加工。如高碳钢和一些合金钢经轧制或锻造后，常因硬度较高难以切削加工；而低碳钢坯料往往因硬度太低，切削时易"粘刀"而影响加工效率和表面粗糙度。经适当退火或正火处理后，将其硬度控制在170～230HBW之间，可以明显改善其切削加工性能，退火与正火后钢的硬度值范围如图4—3所示。

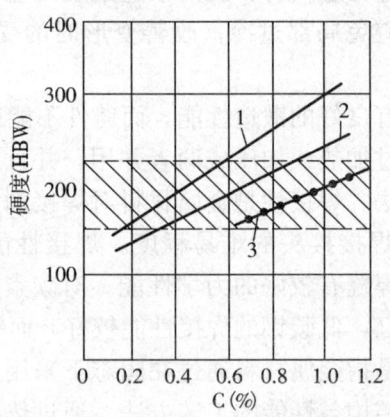

图4—3 退火与正火后钢的硬度值范围
1—正火 2—完全退火 3—球化退火

（2）细化晶粒，均匀钢的组织和成分，改善钢的力学性能，并为淬火、回火做好组织准备。如铸件、锻件、焊接件等常出现晶粒粗大及组织不均匀等缺陷，经退火处理可使晶粒细化和组织均匀。

（3）消除残余内应力，防止工件变形和开裂。

2. 退火

退火是把钢加热到一定温度，保温一定时间，然后缓慢冷却到室温，得到平衡组织的一种热处理工艺。常用的退火方法有完全退火、球化退火和去应力退火等。

（1）完全退火。完全退火主要用于碳的质量分数小于0.77%的中碳结构钢及低、中碳合金结构钢等，退火时根据钢的成分不同选择加热温度，一般为810～880℃，保温一定时间，然后缓慢冷却，使组织均匀，晶粒细化，硬度下降，改善切削加工性。

（2）球化退火。球化退火主要用于碳的质量分数大于0.77%的碳素工具钢、合金工具钢、轴承钢等。这些钢在机加工前必须进行球化退火以改善切削加工性，并为后续热处理（淬火）工艺做好组织准备，球化退火时一般把工件加热到760～780℃，保温后缓慢冷却（常采用随加热炉一起冷却）。

（3）去应力退火。经过冷、热加工后的工件，在室温下内部存在着一部分残余应力，残余应力的大小和分布对工件的尺寸稳定性及力学性能有很大影响，应该消除这些应力。去应力退火一般是把钢件加热到550～650℃，对模具钢和高速钢可以加热到650～750℃，保温后缓慢冷却到室温。

3. 正火

正火与退火类似，只是加热温度略高，保温后冷却速度略快（在空气中冷却）故其组织较细，强度、硬度略高于退火。正火的工艺较退火简单，所以一般能用正火处理达到目的时，尽可能优先选用正火。正火主要应用在以下几个方面：

（1）改善切削加工性能。低碳钢或低碳合金钢退火后硬度太低，不便于切削加工，正火可提高其硬度，利于切削加工。

（2）做最终热处理。普通结构钢零件经正火后能适当提高强度和硬度，在力学性能要求不高的情形下，可用正火代替淬火作为最终热处理。

（3）为其他热处理做好组织准备。合金调质钢在调质处理（淬火＋高温回火）前应进行正火，以获得均匀细密的组织，对于高碳钢采用正火可消除不良组织（去除网状渗碳体），为球化退火做准备。

二、淬火

淬火是将工件加热到临界点以上某一温度（温度范围与退火类似），保温后迅速冷却至室温的热处理工艺。淬火的冷却介质一般是水或油，使工件获得较快的冷却速度。

工件经过淬火，其强度和硬度得到显著提高，但同时又带来较大的脆性，因此，淬火后的工件须再进行回火处理。

常用的淬火方法是单液淬火，即将加热后的工件投入一种冷却介质中冷却至室温，碳钢一般在水中冷却，合金钢一般在油中冷却。双液淬火法是将加热后的工件先放入水中急冷至300℃左右，立即从水中取出转入油中冷却，这样可以使工件既具有较高的强度、硬度，又减小工件的内应力，避免变形和开裂。尺寸较大，形状较复杂的碳素钢工件及某些大的合金钢工件，可以考虑采用双液淬火法。

工件在淬火时，除要正确选择加热温度、冷却介质和淬火方法外，还必须考虑工件的正确淬入方法，淬入方式要遵循下列原则：厚薄不均匀的工件，应先淬厚的部分；细长类工件和薄板类工件应垂直淬入；薄壁环状工件（如弹簧）必须垂直地沿工件轴线方向淬入；具有凹面或不通孔的工件，应将凹面或不通孔部分朝上淬入，否则孔中空气不易逸出，导致冷却介质不能进入孔中冷却，孔壁不能淬硬。不同类型的工件淬入冷却介质的方式如图4—4所示。

三、回火

回火是将淬火后的工件重新加热至一定温度，保温后冷却到室温的热处理工艺。

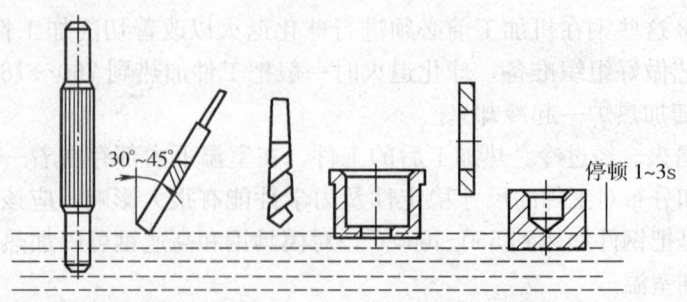

图 4—4 不同类型工件淬火方式示意图

1. 回火的目的

(1) 获得所需要的力学性能。工件淬火后的强度和硬度较高,但塑性和韧性较差,不能满足使用要求,通过选择适当的温度进行回火,可提高工件的韧性,调整和改善钢的性能。

(2) 减小或消除内应力。淬火后工件内部存在很大的内应力,如不及时消除,会引起工件的变形和开裂,回火可使工件内应力得到大幅度的下降。

(3) 稳定工件的组织和尺寸。淬火后钢的组织不稳定,在随后放置和使用中可能发生转化,从而引起工件的形状和尺寸发生变化。回火可使其组织稳定,使工件的形状和尺寸不再发生改变。

2. 回火的种类和应用

根据回火温度的不同,回火分为以下三类:

(1) 低温回火。回火温度 150～250℃,目的是保持淬火高硬度和高耐磨性,并适当提高淬火钢的韧性和消除淬火内应力。低温回火一般用于碳素工具钢及合金工具钢所制成的各类工具、模具、量具和渗碳工件等。

(2) 中温回火。回火温度 350～500℃,目的是获得高的弹性极限和足够的强度与硬度,同时保持一定的韧性。中温回火主要用于各类弹簧和热作模具的处理。

(3) 高温回火。回火温度 500～650℃,目的是使工件获得较高的强度与韧性相配合的综合力学性能,生产中把淬火后再进行高温回火的热处理工艺称为调质处理。调质处理主要用于各种重要的结构零件,特别是在交变载荷作用下工作的连杆、螺栓、轴和齿轮等零件,调质处理还可作为某些精密零件如丝杠、量具、模具等的预先热处理,以减小最终热处理过程中的变形等。

四、表面热处理

表面热处理包括表面加热淬火和表面化学热处理。表面加热淬火是用乙炔—氧气火焰加热或感应加热淬火等快速加热的方法,使工件表面因加热发生变化而内部保持原有状态。表面化学热处理主要有渗碳、渗氮和碳氮共渗等,使工件表面的化学成分发生改变。表面热处理能提高工件表面的硬度,增强耐磨性,而工件内部仍保持良好的韧性。

第三节 常用金属材料

一、钢

钢是以铁、碳为主要成分的合金,按化学成分不同可分为碳素钢和合金钢两大类。碳素钢是碳的质量分数小于2.11%,并含有少量硫、磷、锰、硅等杂质元素的铁碳合金,按碳质量分数的多少分为低碳钢(碳质量分数小于0.25%)、中碳钢(碳质量分数为0.25%~0.60%)和高碳钢(碳质量分数大于0.60%)。合金钢是在碳钢的基础上有目的地加入一些元素(称为合金元素)所形成的多元合金,合金钢按合金元素质量分数的多少可分为低合金钢(合金元素总质量分数小于5%)、中合金钢(合金元素总质量分数为5%~10%)和高合金钢(合金元素总质量分数大于10%)。钢按用途分类如下:

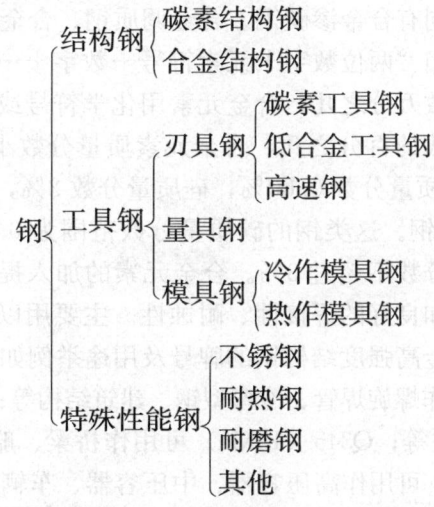

1. 结构钢

结构钢用来制造机械零件及各种工程结构件,包括碳素结构钢和合金结构钢。

(1) 碳素结构钢。碳素结构钢有普通碳素结构钢和优质碳素结构钢之分,普通碳素结构钢与优质碳素结构钢相比,主要是对硫、磷及其他杂质元素含量的要求限制较宽。

1) 普通碳素结构钢。这类钢冶炼容易,工艺性能好,价格便宜,并保证一定的力学性能,一般多用于厂房、桥梁、建筑结构或一些受力不大的螺钉、螺母、铆钉等零件。普通碳素结构钢的牌号由屈服强度"屈"字的汉语拼音字母字首"Q"、屈服强度数值、质量等级符号和脱氧方法符号四个部分组成,如 Q235-A·F 表示屈服强度为 235MPa 的 A 级沸腾钢。

普通碳素钢的牌号、质量等级、化学成分、力学性能及用途等可参照 GB 700—2006《碳素结构钢》。Q195、Q215、Q235钢塑性好,有一定的强度,用于制造受力不大的零件,如螺钉、螺母、垫圈,以及焊接件、冲压件等金属结构件。Q255、Q275钢强度较高,用于制造承受中等载荷的零件,如小轴、销、连杆、农机零件等。

2) 优质碳素结构钢。优质碳素结构钢多用于机器零件,通过一定的热处理可进一步提高其力学性能。优质碳素钢的牌号用两位数字表示，表示钢中含碳质量分数的万分之几，如 08 钢，表示平均碳质量分数为 0.08% 的优质碳素结构钢；45 钢表示平均碳质量分数为 0.45% 的优质碳素结构钢。若钢中锰质量分数较高时，则在钢号后面附以"Mn"，如 65Mn 等。

优质碳素结构钢的碳质量分数不同，其用途各异。05F、08F 钢塑性好，强度低，主要用作冷冲压零件；10、15、20、25 钢，塑性与焊接性良好，常用作冷冲压件及焊接件，经适当热处理（渗碳）后也可制作轴、销等零件；30、35、40、45、50 钢等经热处理后可获得良好的综合力学性能，用于制作轴、齿轮等零件；60、65 钢经适当热处理后主要用作弹簧等弹性零件。

(2) 合金结构钢。合金结构钢有工程结构钢和机器用钢两大类，其中工程结构用钢是在普通碳素结构钢的基础上，加入少量合金元素而形成的钢，称为低合金高强度钢；机器用钢一般都是优质钢或高级优质钢，经热处理后可明显提高材料的力学性能，这类钢根据热处理和用途的不同有合金渗碳钢、合金调质钢、合金弹簧钢和滚动轴承钢等。

合金结构钢的钢号采用"两位数字＋元素符号＋数字＋……"表示，前面的两位数字表示钢的平均碳质量分数万分之几，合金元素用化学符号或汉字表示，元素后面的数字表示该元素平均质量分数的百分之几，合金元素质量分数小于 1.5% 时只标符号不标数字。如 60Si2Mn 表示碳质量分数 0.60%，硅质量分数 2%，锰质量分数小于 1.5%。

1) 低合金高强度结构钢。这类钢的碳质量分数范围为 0.10%～0.25%，合金元素一般为锰、钒等，总质量分数不超过 3%。合金元素的加入提高了钢的屈服强度，并且还具有优良的塑性、韧性和良好的焊接性、耐蚀性。主要用以代替普通碳素结构钢制作容器、桥梁。常用低合金高强度结构钢的牌号及用途举例如下：

Q295（09MnV）可用作螺旋焊管、冷弯型钢、建筑结构等；Q295（09Mn2）可用作油槽、油罐、机车车辆、梁柱等；Q345（16Mn）可用作桥梁、船舶、车辆、压力容器、建筑结构等；Q390（15MnV）可用作高压容器、中压容器、车辆、船舶、桥梁、起重机等；Q420（15MnVN）可用作大型焊接结构、大型桥梁、车辆、船舶、液压罐车等。

2) 合金渗碳钢。合金渗碳钢的碳质量分数范围是 0.10%～0.25%，钢中主要加入铬、镍、锰、硼等元素，总质量分数不大于 5%，这类钢经渗碳淬火和低温回火后，表面具有较高硬度和耐磨性，而内部仍保持较高的塑性和韧性，可在高速重载、较强烈冲击和受磨损的条件下工作，常用合金渗碳钢的牌号及用途举例如下：

20Cr 钢可用作机床齿轮、轴、蜗杆、活塞销及气门挺杆等；20CrMnTi 钢工艺性能优良，可用作汽车、拖拉机的齿轮、凸轮，是 CrNi 钢的代用品；12CrNi3 钢可用作大齿轮、轴等；20MnVB 代替 20CrMnTi 及 CrNi 钢用作相应的机械零件及结构件。

3) 合金调质钢。合金调质钢的碳质量分数为 0.3%～0.5%，加入的合金元素为铬、硅、镍、硼等。这类钢一般经调质处理，故称调质钢，该类钢经调质处理后具有良好的力学性能，即高的强度和高的韧性，适于制作承受较大载荷的机器零件，如齿轮、轴、连杆、蜗杆等。常用合金调质钢的牌号和用途如下：

45Mn2 钢直径为 60 mm 以下时，其性能与 40Cr 钢相当，可用作万向接头轴、蜗杆、齿轮、连杆、摩擦盘等；40Cr 钢可用于重要调质零件，如齿轮、轴、曲轴、连杆螺栓等；40CrNi钢可用作汽车、拖拉机、机床、柴油机的轴、齿轮、连杆螺栓、电动机轴等；35CrMo钢可代替40CrNi钢制作大断面齿轮与轴、汽轮机和发电机转子、480℃以下工作的重要零件等。

4) 合金弹簧钢。合金弹簧钢的碳质量分数为0.45%～0.70%，加入的合金元素主要有硅、锰、铬、钒等，这类钢一般经淬火+中温回火处理，热处理后具有较高的弹性极限和足够的强度，适于制作力学性能要求较高、受力复杂、截面积较大的弹簧等弹性零件，常用合金弹簧钢的牌号及用途如下：

60Si2Mn可用作机车钢板弹簧、拖车弹簧、测力弹簧等；50CrVA可用作汽车钢板弹簧及低于400℃的耐热弹簧。

5) 滚动轴承钢。滚动轴承钢是制作各种滚动轴承的滚珠、滚柱及内外套圈的专用钢，也可制作刃具钢、冷冲压模具和量具等耐磨零件。滚动轴承钢的碳质量分数范围是0.95%～1.05%，主加元素为铬，质量分数为0.6%～1.65%，大型轴承还常适量加入硅和锰。滚动轴承钢的热处理包括预先热处理和最终热处理两步，预先热处理采用球化退火，目的是降低锻造后钢的硬度，以利于切削加工，并为淬火做好准备，最终热处理为淬火+低温回火，以获得高硬度、高耐磨性、高的抗压强度和疲劳强度。

滚动轴承钢牌号的表示是以"滚"字的汉语拼音字首"G"开头，接着是合金元素铬，它后面的数字是铬的质量分数的千分之几。如GCr15表示铬的平均质量分数为1.5%的滚动轴承钢。常用滚动轴承钢的牌号及用途举例如下：

GCr9可用作直径小于20 mm的滚珠、滚柱及滚针等，GCr15可用作壁厚小于20 mm、外径小于250 mm的套圈，直径为25～50 mm的钢球，直径小于22 mm的滚子等；GCr15SiMn可用作壁厚小于12 mm、外径大于250 mm的套圈，直径为50 mm的钢球，直径大于22 mm的滚子等。

6) 铸钢。设备制造中，很多形状复杂，难以用锻造或机械加工成形，并且承受冲击载荷的大型部件，通常为铸钢件，如变速箱箱体、水泵体、起重运输机械外壳等。与铸铁相比，铸钢具有较高的力学性能，塑性、韧性好，焊接性好，但其铸造性差，易产生铸造缺陷。按铸钢中所含成分的不同，铸钢可分为碳素铸钢和合金铸钢。铸钢牌号用"ZG+两组数字"表示。ZG表示铸钢，两组数字分别表示最低的屈服强度和最低的抗拉强度。如ZG200-400表示其屈服强度不低于200 MPa，抗拉强度不低于400 MPa的碳素铸钢。若是合金铸钢则在合金钢钢号前面加"ZG"，如ZG35CrMo等。

ZG200-400可用作各种形状的机件，如机座、变速箱外壳等；ZG230-450可用作机座、机盖、箱体、工作温度在450℃以下的管路附件等；ZG270-500可用作飞轮、机架、蒸汽锤、水压机工作缸、联轴器、横梁等；ZG310-570可用作联轴器、气缸、齿轮、齿轮圈及重负荷机架等；ZG340-640可用作起重运输机中的齿轮、联轴器及其他重要机件。ZG22Mn、ZG35SiMn、ZG1Cr13、ZG4Cr6SiMn等合金铸钢，是在碳素铸钢的基础上加入了合金元素，提高了铸钢的力学性能和获得某些特殊性能，如耐腐蚀、耐高温等，从而扩大了铸钢的使用范围。

2. 工具钢

工具钢是用于制造刃具、量具和模具等各种工具的钢，它应具备高硬度，高耐磨性，足够的强度、韧性、红硬性。

（1）碳素工具钢。碳素工具钢的碳质量分数一般在0.7%以上，均为优质钢或高级优质钢。碳素工具钢的钢号用字母"T"或汉字"碳"后面加上数字表示，数字表示钢中平均碳质量分数的千分之几，如T8钢表示平均碳质量分数为0.8%的碳素工具钢，若是高级优质钢，则在钢号后面再加字母"A"，如T12A表示平均碳质量分数为1.2%的高级优质碳素工具钢。

碳素工具钢的最终热处理为淬火+低温回火，热处理后的硬度相近，含碳量的增加使钢的耐磨性增强，而韧性下降，碳素工具钢的牌号、性能和用途举例如下：

T7、T7A、T8、T8A碳质量分数较低，能制作承受冲击载荷，韧性较好，硬度适当的工具，如錾子、钳子、大锤、螺钉旋具、冲头、木工工具等；T10、T10A碳质量分数中等，可制作不受剧烈冲击，高硬度耐磨的工具，如丝锥、钻头、手工锯条等；T12、T12A碳质量分数较高，可制作不受冲击，要求高硬度、高耐磨的工具，如锉刀、刮刀、丝锥、量具等。

（2）合金工具钢。性能和精度要求都比较高的工具须用合金工具钢来制作。合金工具钢根据用途不同分为低合金刃具钢、高速钢、模具钢和量具钢等。

合金工具钢的牌号的表示方法为"一位数字（或没有数字）+元素符号+数字+……"前面一位数字表示钢中碳质量分数的千分之几，碳质量分数大于1%时不标注数字。元素符号后面的数字表示该元素的平均质量分数百分之几，合金元素质量分数小于1.5%时不标注数字。如9SiCr表示碳质量分数为0.9%，硅、铬的质量分数均小于1.5%；Cr12Mo表示碳质量分数大于1%，铬的质量分数为12%，钼的质量分数小于1.5%。

1）低合金刃具钢。这类钢是在碳素工具钢的基础上，加入质量分数不超过3%～5%的铬、锰、硅以及钨、钒等元素而制成的。其目的是提高钢的强度、硬度和耐磨性，低合金刃具钢的红硬性略高于碳素工具钢，工作温度在250℃以下。这类钢的预先热处理是球化退火，最终热处理是淬火+低温回火。常用的低合金刃具钢有9SiCr、CrWMn、9Mn2V等。9Mn2V适用于制作冷加工模具，各种变形小的量规、样板、丝锥、板牙、铰刀、磨床主轴、车床丝杠等；9SiCr适于制作板牙、丝锥、铰刀、冷冲模、冷轧辊等；CrWMn适于制作淬火后变形小的刀具，如长铰刀、丝锥、拉刀、丝杠、冷冲模具等；CrW5适于制作铣刀、车刀、刨刀等切削刀具。

2）高速钢。高速钢的碳质量分数为0.7%～1.65%（钢中不论碳质量分数为多少均不标出），并有大量的钨、钼、铬、钒等元素，总质量分数大于10%，属于高合金工具钢。高速钢在250～600℃温度范围内工作，具有高的强度、硬度和耐磨性。

高速钢的预先热处理是把反复锻造后的钢进行球化退火，以改善切削加工性能，便于制成所需形状和尺寸的工具。高速钢的最终热处理是淬火和回火，淬火加热温度为1 260～1 280℃，淬火后在550～560℃进行三次回火，此种钢有很高的红硬性，可用作高速切削的刃具如钻头、车刀等，常用牌号有W18Cr4V、W6Mo5Cr4V2等。W18Cr4V属钨系高速工具钢，这种钢的热硬性较高，过热敏感性较小，磨削性好，但碳化物较粗大，热塑性差，适用于制造一般的高速切削刃具，但不适合制作薄刃刀具；

W6Mo5Cr4V2 属钨钼系高速工具钢，这种钢用钼代替一部分钨，它的碳化物比钨系高速钢更均匀细小，使钢在 950～1 100℃仍有良好的热塑性，便于压力加工。这种钢适于制作耐磨性与韧性需要较好配合的刃具，如齿轮铣刀、插齿刀等；对于扭制、轧制等热加工成形的薄刃刀具，如麻花钻等，较为适宜。

3) 模具钢。根据工作条件不同模具可分为冷作模具和热作模具两类。冷作模具要求具有高硬度和高耐磨性，足够的韧性，热处理变形小，常用的冷作模具钢除碳素工具钢 T8、T10A 外，形状复杂及尺寸较大的模具常用 CrWMn、Cr12、C12Mo 等。热作模具要求有高的高温强度，足够的韧性、耐磨性、抗疲劳性和抗氧化性能，常用的热作模具钢牌号有 5CrMnMo、5CrNiMo、3Cr2W8V。

冷作模具钢的最终热处理是淬火＋低温回火；热作模具钢的最终热处理是淬火＋高温回火。

(3) 特殊性能钢。特殊性能钢指具有特殊物理、化学性能的钢，种类很多，这里主要介绍不锈钢。常用的不锈钢主要有铬不锈钢和铬镍不锈钢。

1) 铬不锈钢。常用的铬不锈钢是 Cr13 型不锈钢，铬质量分数为 13% 左右，碳质量分数为 0.1%～0.45%；主要牌号有 1Cr13、2Cr13、3Cr13、4Cr13。1Cr13、2Cr13 碳质量分数较低，强度、硬度不高，但塑性、韧性较好，热处理采用淬火和高温回火，常用作承受冲击载荷的耐蚀零件，如汽轮机叶片、水压机阀门等。3Cr13、4Cr13 碳质量分数中等，热处理采用淬火＋低温回火，其硬度可达 50HRC 左右，主要用于制造医疗器械、量具、弹簧、轴承等。

2) 铬镍不锈钢。这类钢中铬的质量分数为 18% 左右，镍的质量分数为 9% 左右，碳的质量分数在 0.15% 以内，它比铬不锈钢具有更好的耐蚀性，但硬度不高，塑性、韧性较好，常用的牌号有 0Cr18Ni9、1C18Ni9、1Cr18Ni9Ti 等。这类钢抗酸能力强，又称不锈耐酸钢，可制作各种在腐蚀介质中工作的管道、阀门、容器等。

二、铸铁

铸铁是碳质量分数大于 2.11% 的铁碳合金，其硫、磷、锰、硅等杂质元素的含量较钢多。由于碳质量分数较高，大大降低了铸铁的强度、塑性和韧性，同时熔点下降。铸铁有良好的流动性和较小的收缩率，易于铸造；切削性能好，生产方便，价格较低。铸铁的应用十分广泛，是机械制造中必不可少的金属材料。

根据铸铁中碳的存在形式和形态，铸铁可分为白口铸铁、灰铸铁、可锻铸铁、球墨铸铁等。

1. 白口铸铁

白口铸铁中所含的碳全部以化合物 Fe_3C 形式存在，因其断口呈白亮色，故称白口铸铁。白口铸铁的硬度高，脆性大，难加工，很少直接用它来制造机器零件，一般只用作轧辊、球磨机的磨球等，或用作炼钢原料和生产可锻铸铁的毛坯。

2. 灰铸铁

灰铸铁中的碳大部分以片状石墨的形式存在，断口呈暗灰色。灰铸铁与钢相比，有良好的切削加工性、耐磨性、减振性、铸造性，缺口敏感性小。

灰铸铁的牌号由"灰铁"二字的汉语拼音字首"HT"及后面一组数字组成,数字表示其最低的抗拉强度,单位为 MPa,如 HT250 表示抗拉强度不低于 250 MPa 的灰铸铁,常用灰铸铁的牌号、性能和用途举例如下:

HT100 为铁素体灰铸铁,适用于承受低载荷和不重要的零件,如盖、外罩等。

HT150 为珠光体+铁素体灰铸铁,适用于承受中等应力的零件,如支柱、底座、齿轮箱、工作台、刀架、端盖、阀体、管路附件及一般无工作条件要求的零件。

HT200、HT300 为珠光体灰铸铁,适用于承受较大应力和较重要的零件,如气缸体、齿轮、机座、飞轮、床身、缸套、活塞、刹车轮、联轴器、齿轮箱、轴承箱、液压缸等。

HT300、HT350 为孕育铸铁,适用于承受高弯曲应力及抗拉应力的重要零件,如齿轮、凸轮、车床卡盘、剪床和压力机的机身、床身、高压油压缸、滑阀壳体等。

3. 可锻铸铁

可锻铸铁俗称马铁,由白口铸铁毛坯件经高温长时间的石墨化退火,使渗碳体在固态下分解,而获得具有团絮状石墨的铸铁,由于石墨呈团絮状,对金属基体的割裂作用和应力集中现象较小,所以它的强度、塑性和韧性都比灰铸铁高。一般铸铁都不能进行锻造,可锻铸铁也不例外,这个名称只表明它比灰铸铁有更好的塑性和韧性。可锻铸铁常用于截面较薄,形状较复杂,强度和硬度要求较高的零件。

可锻铸铁的牌号由三个字母及两组数字组成,其中前两个字母 KT 是可锻铸铁的意思,第三个字母表示不同的组织类别,"H"黑心可锻铸铁,"Z"珠光体可锻铸铁,后面两组数字分别表示最低的抗拉强度和延伸率,如 KTH350-10 表示抗拉强度不小于 350 MPa,伸长率不小于 10%的黑心可锻铸铁。常用可锻铸铁的牌号及用途举例如下:

KTH300-06 属于黑心可锻铸铁,可用作弯头、三通管件、中低压阀门等。

KTH350-10、KTH370-12 属于黑心可锻铸铁,可用于汽车、拖拉机前后轮壳、减速器壳、转向节壳、制动器及铁道零件等。

KTZ450-06、KTZ550-04、KTZ650-02、KTZ700-02 等属于珠光体可锻铸铁,可用于载荷较高和耐磨损的零件,如曲轴、凸轮轴、连杆、齿轮、活塞环、轴套、万向接头、棘轮等。

4. 球墨铸铁

球墨铸铁中的石墨以球状形式存在,是在浇铸前往铁水中加入一定量的镁、钙及稀土元素等球化剂而制得,由于球状石墨对基体的割裂作用小,所以球墨铸铁的力学性能比灰铸铁和可锻铸铁都高,其抗拉强度、塑性、韧性与相应组织的铸钢差不多,但由于有石墨的存在,它与灰铸铁一样,又有良好的切削加工性、耐磨性、减振性和铸造性等。

由于球墨铸铁具有许多优良性能,并能通过热处理使其性能在较大范围内变化,因此球墨铸铁得到广泛应用,用它可替代碳钢、合金钢、可锻铸铁等,制作一些受力复杂,强度、硬度、韧性、耐磨性要求较高的零件,如柴油机曲轴、减速箱齿轮等。

球墨铸铁的牌号由"球铁"二字的汉语拼音字首"QT"及两组数字组成,两组数字分别表示其最低的抗拉强度(单位为 MPa)和延伸率,常用球墨铸铁的牌号、性能及用途举例如下：

QT400-18、QT400-15、QT450-10 等为铁素体球墨铸铁，可用于承受冲击、振动的零件，如汽车、拖拉机的轮毂、驱动桥壳、差速器壳、拨叉、中低压阀门，上、下水及输气管道，压缩机上的高低压气缸，齿轮箱，飞轮壳等。

QT500-7 为铁素体＋珠光体球墨铸铁，可用于机器座架、传动轴、飞轮、电动机架、内燃机的机油泵齿轮及机车车辆轴瓦等。

QT600-3 为珠光体球墨铸铁，QT700-2、QT800-2 为珠光体球墨铸铁，它们可用于载荷大、受力复杂的零件，如汽车、拖拉机的曲轴、连杆、凸轮轴、气缸套，部分磨床、铣床、车床的主轴，机床蜗杆、蜗轮，轧钢机轧辊、大齿轮，小型水轮机主轴、桥式起重机大小车车轮等。

三、有色金属

1. 铝及铝合金

（1）纯铝。纯铝是银白色金属，它具有密度小，导电性、导热性好，抗大气腐蚀能力好，塑性好等特点，熔点为 660℃，主要缺点是强度较低。

纯铝分高纯度铝和工业纯铝两类，高纯度铝主要用于电子、化工等部门和科研场所，工业纯铝主要用作电缆、电容器壳设备标牌，配制铝基合金等，纯铝代号用"L"表示。高纯度铝的牌号有 L01、L02、L04 等；工业纯铝的牌号有 L1、L2、L7。其数字越小，纯度越高，纯铝的强度一般都比较低。

（2）铝合金。纯铝的强度低，不宜作结构材料，为提高其强度，可在纯铝中加入适量硅、镁、锌等合金元素形成铝合金。按铝合金的成分和性能不同，有形变铝合金和铸造铝合金两类。

1）形变铝合金。其有较好的塑性，适于进行冷、热压力加工，分为防锈铝、硬铝、超硬铝和锻铝等。形变铝合金牌号用 2×××～8××× 系列表示，牌号第一位数字表示组别，按铜、锰、硅、镁和硅、锌、其他元素的合金组别；牌号第二位字母表示原始合金的改型情况，如牌号第二位的字母是 A，则表示为原始合金，如果是 B～Y 的其他字母，则表示为原始合金的改型合金；牌号的最后两位数字用来区分同一组中不同的铝合金，例如 2A01 表示以铜为主要合金元素的铝合金。常用形变铝合金的牌号、性能及用途举例如下：

5A05 是以镁为主要合金元素的铝合金，其耐蚀性好，故称防锈铝。塑性和焊接性能好，常用来制作高耐蚀性薄板容器（如油箱）、防锈蒙皮，以及受力小、质轻耐蚀的制品与结构件（如窗框、灯具等）。

2A01、2A10、2A11 等是以铜为主要合金元素的铝合金，由于加入铜等形成强化相，通过固溶处理＋时效处理可显著提高强度，其比强度与高强度钢相似，故称为硬铝。2A01 有很好的塑性，大量用于制造铆钉。2A10 比 2A01 的铜质量分数稍高，塑性好，又有较高的抗剪强度，常用作飞机上使用的铆钉。

2A50、2B50、2A70 等是以铜为主要合金元素的铝合金，由于强化相的作用，力学性能与硬铝相近，但热塑性及耐蚀性较高，更适宜锻造，故称为锻铝，主要用于飞机或内燃机车上承受较高载荷的锻件或模锻件。

2) 铸造铝合金。与形变铝合金相比，其含有较多的合金元素和杂质，熔点低，有较好的铸造性能等。它们不适于压力加工，只宜采用铸造的方法制造零件。铸造铝合金按所含基本元素的不同，有铝硅系、铝铜系、铝镁系、铝锌系四大类。

铸造铝合金用"ZL"及一个三位数字表示，其中第一位数字表示合金的类别，1为铝硅系，2为铝铜系，3为铝镁系，4为铝锌系；第二、三位数字为合金顺序号，序号不同，成分不同。常用铸造铝合金的牌号、性能及用途举例如下：

ZL101为铝硅合金，可制作形状复杂的砂型、金属型和压力铸造零件，如飞机、仪器的零件，抽水机壳体，工作温度不超过185℃的汽化器等。

ZL105为铝硅合金，可铸造形状复杂，在225℃以下工作的零件，如风冷发动机的汽缸头、机匣、油泵壳体等。

ZL201为铝铜合金，可用于铸造在175～300℃的条件下工作的零件，如支臂、挂架梁等；ZL202可制作形状简单、表面粗糙度要求较低的中等承载零件。

ZL301为铝镁合金，可制作砂型铸造的在大气或海水中工作的零件，承受大振动载荷，工作温度不超过150℃的零件。

ZL401为铝锌合金，可制作压力铸造的零件，工作温度不超过200℃，结构形状复杂的汽车、飞机零件。

2. 铜及铜合金

(1) 工业纯铜。纯铜呈玫瑰红色，表面形成氧化膜后，呈紫红色。纯铜具有优良的导电性能、导热性能及良好的耐蚀性，其强度不高，硬度较低，塑性好，易于进行冷、热压力加工。纯铜一般不制造结构零件，常用冷加工方法制造电线、电缆、铜管及配制铜合金，工业纯铜的代号有T1、T2、T3等几种，"T"为铜的汉语拼音字首，数字为顺序号，数字越大，则铜的纯度越低。

(2) 铜合金。生产中广泛应用的是铜的合金，主要有黄铜和青铜。

1) 黄铜。黄铜是以锌为主加元素的铜合金，又分为普通黄铜和特殊黄铜。

普通黄铜是铜锌合金，它具有较好的力学性能和工艺性能，可以制造各种要求塑性好、耐腐蚀的结构零件。普通黄铜的代号为"H"加数字，数字表示平均铜质量分数的百分数，例如"H68"表示铜质量分数为68%的黄铜。如为铸造产品，则在代号前加"Z"，如ZH62。

特殊黄铜是在普通黄铜中加入其他合金元素所形成的合金，常加入的合金元素有锡、硅、锰等，分别称锡黄铜、硅黄铜、锰黄铜等。加入这些元素的目的在于提高黄铜的强度，其中锡、锰、硅还能提高普通黄铜的耐蚀性和耐磨性。特殊黄铜的代号为"H"加主加元素的化学符号（锌除外）加铜及各合金元素的质量分数（%），如HPb59-1表示铜质量分数为59%，铅质量分数为1%，其余为锌的黄铜。铸造产品再在代号前加"Z"。

常用黄铜的牌号及用途举例如下：

H62、H68、H96为普通黄铜，它们主要用于制作导管，冷凝器，散热片及导电零件，冷冲、冷挤压零件，如弹壳、铆钉、螺母、垫圈等。

HPb59-1 为特殊黄铜，主要用于制作各种结构零件，如销子、螺钉、螺母、衬套、垫圈等。

ZCuZn16Si4 为铸造黄铜，主要用于制造在海水、淡水和蒸汽（小于 256℃）条件下工作的零件，如支座、法兰盘、导电外壳等。

ZCuZn40Pb2 为铸造黄铜，可用于选矿机的大型轴套及滚珠轴承的轴承套。

2）青铜。铜与除锌、镍以外的元素组成的合金称为青铜，铜锡合金称为普通青铜，无锡青铜称为特殊青铜。

①普通青铜。普通青铜随锡质量分数的增加强度、塑性不断提高，锡质量分数达 5%~6% 时塑性开始下降，锡质量分数达 20% 时强度也开始急剧下降。工业用锡青铜一般锡质量分数为 3%~4%，压力加工锡青铜锡质量分数小于 8%，铸造锡青铜锡质量分数大于 10%。

②特殊青铜。特殊青铜主要有铅青铜、硅青铜、铍青铜和铝青铜等，大多数特殊青铜比锡青铜具有更好的力学性能、耐磨性和耐蚀性。

常用青铜的牌号及用途举例如下：

QSn4-3 为压力加工锡青铜，其中锡质量分数约为 4%，锌质量分数为 3%，余量为铜，主要用作弹性元件、管配件、化工机械中的耐磨零件及抗磁零件。

QSn6.5-0.1 为压力加工锡青铜，其中锡质量分数约为 6.5%，磷质量分数为 0.1%~0.25%，余量为铜，主要用作弹簧、接触片、振动片、精密仪器中的耐磨零件等。

ZCuSn10P1 为铸造锡青铜，其中锡质量分数约为 10%，磷质量分数为 0.5%~1.0%，余量为铜，主要用作重要的减摩零件，如轴承、轴套、涡轮、摩擦轮、机床丝杠螺母等。

ZCuSn5Zn5Pb5 为铸造锡青铜，其中锡质量分数约为 5%，锌质量分数约为 5%，铅质量分数约为 5%，余量为铜，主要用作中速、中等载荷的轴承、轴套、涡轮及 1 MPa 压力下的蒸汽管配件和水管配件等。

3. 轴承合金

制作滑动轴承中的轴瓦及其内衬的合金材料称轴承合金。滑动轴承是支撑轴进行工作的重要零件，当轴旋转时，轴与轴瓦间存在着不可避免的摩擦，为减少轴的磨损，轴承材料应有下列基本特性：在工作温度下有足够的抗压强度、疲劳强度；能承受轴颈的较大压力；有足够的塑性和韧性，以保证轴瓦有耐冲击和抗振动的能力；有较低的摩擦因数，以减少轴与轴瓦间的摩擦；有良好的耐蚀性、导热性和较小的膨胀系数，以保证轴瓦间具有稳定的配合间隙；有良好的磨合能力，以使载荷均布。

常用的轴承合金有锡基轴承合金、铅基轴承合金、铝基轴承合金等几种。其中锡基和铅基为低熔点轴承合金，又称巴氏合金。

轴承合金的代号用"Z+基体元素符号+主要合金元素符号+数字"表示。"Z"表示铸造用合金，最后的数字表示主要元素的质量分数。例如 ZSnSb11Cu6 表示锑质量分数为 11%，铜质量分数为 6% 的锡基铸造用轴承合金。

（1）锡基轴承合金。它是以锡为基础，加入锑、铜等元素组成的合金。此种轴承合金具有适中的硬度，低的摩擦因数，较好的塑性和韧性，优良的导热性和耐蚀性等优点，由于锡较稀缺昂贵，故锡基轴承合金常用于制造重要的轴承。

（2）铅基轴承合金。铅基轴承合金通常是以铅、锑为基础，加入锡、铜等元素组成的轴承合金，铅基轴承合金的强度、硬度、韧性均低于锡基轴承合金，且摩擦因数较大，故只适用于中等载荷的轴承，但其价格较低，在可能时，应尽量用其来代替锡基轴承合金。

（3）铝基轴承合金。铝基轴承合金的特点是原料丰富，价格便宜，导热性好，疲劳极限与高温硬度较高，能承受较大的压力与速度，但其线膨胀系数较大，抗咬合性不如锡基、铅基轴承合金。铝基轴承合金有铝锑镁轴承合金和高锡铝基轴承合金两种，以高锡铝基轴承合金应用最广。这种轴承合金以铝为基础，加入质量分数为20%的锡和1%的铜，其显微组织为在铝的硬基体上分布球状锡晶粒的软质点，由于它具有上述一些优良性能，适于制造高速、重载发动机轴承，目前在汽车、内燃机车上有所应用。

各种轴承合金的性能比较见表4—2。

表4—2　　　　　　　　各种轴承合金性能比较

种类	抗咬合性	磨合性	耐蚀性	耐疲劳性	合金硬度（HBW）	最大允许压力（MPa）	轴颈处硬度（HBW）	最高允许温度（℃）
锡基轴承合金	优	优	优	优	20～30	600～1 000	150	150
铅基轴承合金	优	优	中	中	15～30	600～800	150	150
铝基轴承合金	劣	中	优	优	45～50	2 000～2 800	300	100～150

四、金属的腐蚀及防腐方法

1. 金属的腐蚀原理

金属表面受到外部介质作用而逐渐破坏的现象称为腐蚀或锈蚀，通常分为化学腐蚀和电化学腐蚀。金属在大气等非电解质溶液中的腐蚀称为化学腐蚀。金属在酸、碱、盐等电解质溶液中的腐蚀称为电化学腐蚀。大部分金属的腐蚀属于电化学腐蚀，这种腐蚀须同时满足三个条件：有两种不同电位的电极；两种不同电位的电极相互接触；有电解液存在时，即形成所谓的微原电池。在原电池中电极电位低的金属为阳极，它不断地被腐蚀，而电极电位高的阴极则不会被腐蚀。

我们经常见到不同金属构件的接触处，如管道与管件接头处等，其中有一个构件锈蚀十分严重，就是产生了电化学腐蚀的缘故。在同一合金中，由于组成合金的相或组织不同也可能形成原电池，而产生电化学腐蚀，如图4—5所示。电化学腐蚀比单纯的化学腐蚀速度快得多，必须采取措施加以防止。

2. 金属的防腐方法

（1）从根本上提高金属的耐蚀性。针对金属腐蚀的原理，应采取适当措施来提高金属抵抗腐蚀的能力：一是在钢中加入大量的合金元素，使金属表面形成一层致密的氧化膜，使钢与外界隔离而使氧化反应不能进行，常用的合金元素有铬，在钢的表面形成Cr_2O_3等钝化膜；二是在钢中加入铬等合金元素，使钢基体的电极电位提高，从而提高其抵抗电化学腐蚀的能力；三是加入大量铬或镍元素，扩大或缩小奥氏体相区而得到单

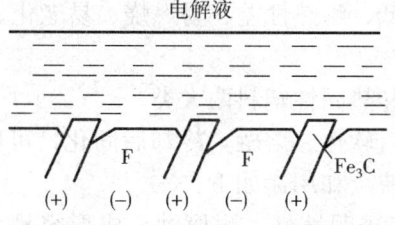

图4—5 金属的电化学腐蚀

相的铁素体或奥氏体组织，从而使电化学腐蚀失去具有不同电极电位的条件，根除电化学腐蚀，显著提高钢的耐蚀性。

（2）覆盖法防腐。将金属与腐蚀介质隔离，以达到防腐的目的，采用的方法有：用电镀、喷镀等方法镀上一层或多层金属；用油漆、搪瓷、合成树脂等非金属材料覆盖在金属表面上；用发蓝、磷化等氧化方法，在金属表面上形成一层坚固而致密的氧化物保护膜。

（3）电化学防腐。由金属被腐蚀的原理可知，金属电化学腐蚀是由于形成微原电池后，电极电位低的阳极金属不断地被腐蚀，而电极电位高的阴极则不会被腐蚀。为此可采用牺牲阳极法防腐，即用电极电位较低的金属与需要被保护的金属接触，使被保护的金属成为阴极而不被腐蚀。牺牲阳极法可用于防止在海水及地下的金属设施的腐蚀。

（4）改善腐蚀环境。如采用密封包装，在包装空间内放置干燥剂或充入干燥气体（如氮气），使包装空间内相对湿度控制在小于35%。

第四节 非金属材料及其分类

一、塑料

工程塑料是应用很广的高分子合成材料，它具有很好的成形加工性能，可用注射、挤压、浇铸、吹塑、喷涂、焊接及机械切削等方法进行加工，成形工艺简便，生产效率高。

1. 塑料的特点

塑料具有以下优点：

（1）密度小、质量轻。塑料的密度一般只是钢铁材料密度的1/8～1/4。

（2）良好的耐蚀性。塑料对酸、碱等化学物品具有良好的耐蚀性，可在腐蚀性介质中工作。

（3）优异的绝缘性能。几乎所有的塑料都有优异的绝缘性，介质损耗极小。

（4）突出的减摩性、耐磨性能。塑料的摩擦因数比较低，并且耐磨，可以制作轴承、齿轮、活塞环、密封圈、给排水管道等。

（5）优良的消音吸振性。采用塑料作为传动、摩擦零件，可以减少噪声，降低振动。

塑料的缺点主要是强度低、耐热性差、易燃烧、易老化。

2. 塑料的分类

塑料可分为热塑性塑料和热固性塑料两大类。

(1) 热塑性塑料。受热后软化、熔融，冷却后固化，可以反复多次，而化学结构基本不变。常用热塑性塑料的特点和用途如下：

1) 有机玻璃。有机玻璃透明性好，耐腐蚀、成形容易，但易擦毛、易燃烧，经常用作透明件和装饰件。

2) 尼龙。尼龙学名聚酰胺（代号PA），具有坚韧、耐疲劳、耐油、耐水、抗霉菌、无毒等特点，但吸水性大，尺寸稳定性差。尼龙主要用作一般机械零件、减摩耐磨的传动件，如齿轮、轴承、仪器仪表零件等。

3) 聚砜。聚砜（代号PSF）具有优良的耐热、耐寒、抗蠕变及尺寸稳定性，耐酸碱及高温蒸汽，在水、湿空气及高温下仍能保持良好的电绝缘性能，可用作较高强度、耐热、抗蠕变的结构件和绝缘件。

(2) 热固性塑料。可在常温或受热后起化学反应，固化成形，再加热时不可逆。常用热固性塑料的特点和用途如下：

1) 酚醛塑料。酚醛塑料俗称电木，有优良的耐热、绝缘、化学稳定及尺寸稳定性，抗蠕变性优于热塑性塑料，缺点是较脆，其电性能和耐热性随填料的不同而有所差异。酚醛塑料用布片、纸木片浸渍后，可层叠压合为层压塑料（胶木），用于制作轴承、齿轮、垫圈及电工绝缘件。

2) 环氧塑料。在热固性塑料中属于强度较高的一种，电绝缘性能优良，化学稳定性好，耐有机溶剂性好，对许多材料的胶结力强，成形收缩率小。环氧塑料主要是浇铸料，用以制作塑料模，电气、电子元件及线圈的灌封与固定，修复机件等。

二、混凝土

普通混凝土由水泥、水、细集料、粗集料和外加剂五种材料组成。在混凝土中，砂、石起骨架作用，称为集料；水泥与水形成水泥浆，水泥浆包裹在集料的表面并填充其空隙。在硬化前，水泥浆与外加剂起润滑作用，赋予拌合物一定的易性，便于施工。水泥浆硬化后，则将集料胶结成一个坚实的整体。混凝土中配上钢筋即成为钢筋混凝土。

1. 水泥

(1) 水泥的分类。水泥用于配制各种水泥砂浆、混凝土，制作钢筋混凝土及预应力混凝土构件等，是最重要的建筑材料之一。水泥分为一般水泥和特种水泥两大类。一般水泥主要有硅酸盐水泥、普通硅酸盐水泥、矿渣硅酸盐水泥、火山灰质硅酸盐水泥和粉煤灰硅酸盐水泥五种。特种水泥有快硬高强水泥、膨胀水泥、白色和彩色硅酸盐水泥等。

1) 硅酸盐水泥。由硅酸盐水泥熟料，质量分数为 0%～5%石灰石或粒化高炉矿渣及适量石膏组成。

2) 普通硅酸盐水泥。由硅酸盐水泥熟料，质量分数为 6%～15%的混合材料及适量石膏组成。

3) 矿渣硅酸盐水泥。由硅酸盐水泥熟料，质量分数为 20%～70%的粒化高炉矿渣和适量石膏组成。

4) 火山灰质硅酸盐水泥。由硅酸盐水泥熟料，质量分数为 20%~50% 的火山灰质混合材料和适量石膏组成。

5) 粉煤灰硅酸盐水泥。由硅酸盐水泥熟料，质量分数为 20%~40% 的粉煤灰和适量石膏组成。

6) 快硬高强水泥。此类水泥有快硬硅酸盐水泥（简称快硬水泥）、特快硬硅酸盐水泥（简称特快硬水泥）及浇筑水泥等。其主要特点是凝结硬化快，早期强度高。

7) 膨胀水泥。主要特点是硬化时体积不但不收缩，而且微有膨胀，因此其抗渗性能好。膨胀水泥有硅酸盐膨胀水泥、石膏矾土膨胀水泥、硅酸盐自应力水泥等。主要用作防水抹面或防水混凝土，也可用来加固结构，浇灌机器底座、地脚螺栓及连接填充铸铁管承插口等。

8) 白色和彩色水泥。主要用于建筑物内外装饰等。

(2) 常用水泥的技术要求

1) 细度。指水泥颗粒的粗细程度，对水泥的凝结时间、强度、需水量和安定性有较大影响，是决定水泥品质的主要指标之一。水泥颗粒越细，与水起化学反应的表面积越大，水化快且较完全，因而凝结硬化快，早期强度高。但由于硬化早期水化热大，硬化收缩大，成本也较高。

2) 凝结时间。水泥的凝结时间在施工中具有重要意义，为了保证有足够的时间在初凝之前完成混凝土成形等各工序的操作，初凝时间不宜过短；为了使混凝土浇筑完成后尽早凝结硬化，以利于下道工序及早进行，终凝时间不宜过长。国家标准规定，常用水泥的初凝时间均不得少于 45 min；硅酸盐水泥的终凝时间不得多于 6.5 h；其他类水泥的终凝时间不得多于 10 h。

3) 体积安定性。体积安定性是指水泥在凝结硬化过程中，体积变化的均匀性。如果水泥硬化后产生不均匀的体积变化，会使水泥混凝土构筑物产生膨胀性裂缝，降低工程质量，甚至引起严重事故，施工中必须使用体积安定性合格的水泥。

4) 强度及强度等级。水泥强度是选用水泥时的主要技术指标，也是划分水泥强度等级的依据。国家标准规定：硅酸盐水泥分为 42.5、42.5R、52.5、52.5R、62.5、62.5R 六个强度等级，其他水泥分为 32.5、32.5R、42.5、42.5R、52.5、52.5R 六个强度等级，其中有代号 R 者为早强型水泥。水泥强度等级的选择，应与混凝土的设计强度等级相适应。一般水泥等级为混凝土强度等级的 1.5~2 倍。

5) 碱含量。碱含量是指水泥中 Na_2O 和 K_2O 的含量。若水泥中碱含量过高，遇到有活性的骨料，易产生碱—骨料反应，造成工程危害。

常用水泥的特性及适用范围见表 4—3。

2. 混凝土拌合水及养护用水

凡是能饮用的自来水和清洁的天然水，都能用来拌制和养护混凝土。但污水、pH 值小于 4 的酸性水、含硫酸质量分数超过 1% 的水不得使用，海水一般也不可用。

3. 细集料

表 4—3　　常用水泥特性及适用范围

水泥种类	硅酸盐水泥	普通硅酸盐水泥	矿渣水泥	火山灰质水泥	粉煤灰水泥
主要特性	1. 快硬早强 2. 水化热高 3. 抗冻性好 4. 耐蚀性较差 5. 耐热性较差	1. 早强 2. 水化热较高 3. 抗冻性较好 4. 耐蚀性较差 5. 耐热性较差	1. 早期强度低，后期强度增长较快 2. 水化热较低 3. 耐热性较好 4. 抵抗硫酸盐类侵蚀，抗水性较好 5. 抗冻性较差 6. 干缩性较大	1. 耐热性较差 2. 抗渗性较好 3. 其他和矿渣水泥相同	1. 干缩性较小 2. 抗碳化能力较差 3. 其他和矿渣水泥相同
适用范围	1. 快硬早强工程 2. 配制高标号混凝土	1. 地上、地下及水中的混凝土 2. 受冻融循环的结构 3. 早期强度要求较高的工程 4. 配制建筑砂浆	1. 大体积工程 2. 配制耐热混凝土 3. 蒸汽养护构件 4. 一般地上、地下及水中混凝土 5. 配制建筑砂浆	1. 有抗渗要求的混凝土 2. 大体积混凝土及蒸汽养护混凝土 3. 一般钢筋混凝土 4. 配制建筑砂浆	1. 地上、地下及大体积混凝土 2. 蒸汽养护构件 3. 一般混凝土工程 4. 配制砌筑砂浆
不适用范围	1. 大体积混凝土工程 2. 受化学侵入及压力水作用的结构	同硅酸盐水泥	1. 早期强度要求较高的混凝土工程 2. 严寒地区和水位升降范围内的混凝土工程	1. 干燥环境的混凝土工程 2. 有耐磨性要求的工程 3. 其他同矿渣水泥	1. 抗碳化要求的工程 2. 其他同矿渣水泥

颗粒直径为 0.16～5 mm 的集料为细集料。一般采用天然砂。按其形成环境可分为河砂、海砂和山砂。配制混凝土对细集料的质量要求（即砂中泥、黏土块、有害物质含量）不超过规定值。

4. 粗集料

普通混凝土常用的粗集料有碎石和卵石。配制混凝土对粗集料的质量要求应注意的方面有：碎石和卵石中泥、黏土块和有害物质含量，颗粒形状及表面特征，最大粒径及颗粒级配，强度及坚固性，活性 SiO_2。

5. 混凝土外加剂

混凝土外加剂是用以改善混凝土性能的化学物质，在拌制混凝土过程中掺入，掺入量一般不大于水泥质量的 5%（特殊情况除外）。按其主要功能可分为四大类：改善混凝土拌合物流变性能的外加剂，包括减水剂、引气剂和泵送剂等；调节混凝土凝结时间、硬化性能的外加剂，包括缓凝剂、早强剂和速凝剂等；改善混凝土耐久性的外加剂，包括引气剂、防水剂和阻锈剂等；改善混凝土其他性能的外加剂，包括加气剂、膨胀剂、防冻剂和着色剂等。按外加剂的成分不同，用于混凝土的外加剂分为有机化合物与无机化合物两大类，无机化合物外加剂多为电解质盐类,有机化合物外加剂多为表面活性剂。

(1) 减水剂。常用减水剂按化学成分分类主要有木质素系、萘系、树脂系等几类;按效果分普通减水剂和高效减水剂两类;按凝结时间可分为标准型、早强型和缓凝型三种;按是否引气可分为引气型和非引气型两种。混凝土中掺入减水剂后,若不减少拌合用水量,能明显提高拌合物的流动性;当减水而不减少水泥时,则能提高混凝土强度;若减水时,同时适当减少水泥,则能节约水泥用量。

(2) 早强剂。能提高混凝土早期强度,并对后期强度无显著影响的外加剂。

(3) 缓凝剂。能延续混凝土凝结时间,并对混凝土后期强度发展无不利影响的外加剂。

(4) 引气剂。在混凝土搅拌过程中,能引入大量分布均匀的微小气泡,以减少混凝土拌合物泌水离析,改善和易性,并能显著提高硬化混凝土抗冻融性和抗渗性。

三、陶瓷

陶瓷材料属于无机非金属材料,传统的陶瓷指瓷器和陶器,也包括玻璃、石膏和搪瓷等。这些材料多是用天然的硅酸盐矿物,如黏土、石灰石、长石、石英等原料生产的,所以陶瓷材料也称硅酸盐材料。目前,人们常把现代的陶瓷材料、高分子材料和金属材料一起称为三大固体工程材料。

陶瓷材料的分类如下:

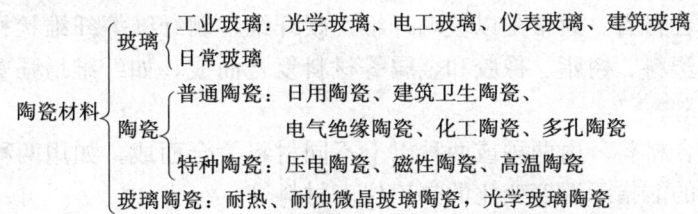

1. 陶瓷的特性

陶瓷是多晶体,由无数细小单晶体聚集组成,晶粒内部和晶界上常有气孔和杂质,某些陶瓷还含有相当数量的玻璃相。陶瓷具有以下特性:硬度高、抗压强度大,有较好的耐高温、耐磨损、抗氧化和耐蚀性能;陶瓷的导热性能因不同的陶瓷品种而异,有导电陶瓷和绝缘体陶瓷;陶瓷在外力作用下很少产生塑性变形,脆性大,冲击韧度值很低;不能敲打、碰撞,抗拉、抗弯、抗剪切能力低,急冷急热性能较差。

2. 陶瓷的分类

目前陶瓷材料在制造零件、工具等方面已有广泛应用,按照习惯,陶瓷一般分为普通陶瓷和特殊陶瓷两大类。

(1) 普通陶瓷。以天然的硅酸盐矿物为原料,经粉碎、成形和烧结而制成,普通陶瓷质地坚硬,有良好的抗氧化性、耐蚀性和绝缘性,生产工艺简单,成本低;但其强度低,通常使用温度为1 200℃左右,普通陶瓷广泛应用于日用、电气、化工和建筑等行业,如装饰瓷、绝缘子、耐蚀容器和管道等。

(2) 特种陶瓷。采用氧化物、氮化物、硅化物、碳化物和硼化物等人工合成材料,经过粉碎、成形和烧结而制成,特种陶瓷有氧化铝陶瓷、氮化硅陶瓷和碳化硅陶瓷等,主要用于机械、冶金、化工和电子等行业。氧化铝陶瓷广泛用于制造高速切削刀具、量块、拉丝模、高温器皿、坩埚、热电偶套管、内燃机火花塞等;氮化硅陶瓷主要用于制作各种泵的耐蚀与耐磨的密封环、高温轴承、热电偶套管、燃汽轮机转子叶片和难切削加工的工具;碳化硅陶瓷可用于工作温度高于 1 500℃的零件,如火箭喷嘴、热电偶套管、高温电炉的零件、各种泵的密封圈等。

四、复合材料

复合材料是指由两种或两种以上物理和化学性质不同的物质,以人工组合的方法得到的多相固体材料,各种组成材料在性能上相互取长补短,使复合材料的综合性能优于原组成材料,从而满足各种不同的需求。

复合材料的组成一般包括基体和增强材料两个部分。基体有非金属基体和金属基体:非金属基体主要有合成树脂、碳、石墨、橡胶、陶瓷等;金属基体主要有铝、镁、铜及其合金。增强材料主要有玻璃纤维、碳纤维、硼纤维、芳纶纤维等有机纤维和碳化硅纤维、石棉纤维、金属丝及硬质细粒等。

1. 复合材料的分类

复合材料根据其组成可分为金属与金属复合材料、金属与非金属复合材料、非金属与非金属复合材料三种。根据结构特点又可分为纤维复合材料、层叠复合材料、细粒复合材料和骨架复合材料。

(1) 纤维复合材料。通常是以玻璃纤维、碳纤维、硼纤维等纤维状材料作为复合材料的增强剂,用塑料、树脂、橡胶和金属等材料复合而成,如纤维增强塑料、纤维增强金属等。

(2) 层叠复合材料。由两种或两种以上不同材料叠合而成,如用两种膨胀系数不同的金属复合而成的能指示温度变化的热工仪表材料等。

(3) 细粒复合材料。将硬质细粒均匀分布于基体中,如弥散强化合金、金属陶瓷等。

(4) 骨架复合材料。在连续多孔的结构材料中填充其他材料,或在特定的熔炼或液体金属凝固条件下,基体内部生成定向的纤维状结构而得,故又称自增强纤维复合材料。

复合材料中以纤维复合材料应用最广、用量最大。其特点是密度小、比强度大。例如碳纤维与环氧树脂复合的材料,其比强度和比模量均较高强度钢和铝合金大数倍,还具有优良的化学稳定性、减摩、耐磨、自润滑、耐热、耐疲劳、耐蠕变、消音、电绝缘等性能。石墨纤维与树脂复合,可得到膨胀系数几乎等于零的材料。

纤维复合材料由于其纤维的方向性而具有各向异性,因此,可根据零件部位的不同强度要求设计纤维的排列方向。如以碳纤维或碳化硅纤维增强的铝基复合材料,在 500℃时仍能保持足够的强度;碳化硅纤维与钛复合,不但使钛的耐热性得到极大提高,且提高了耐磨损的性能,可用作发动机风扇叶片;碳化硅纤维与氮化硅陶瓷复合,使用温度可达 1 500℃。

2. 复合材料的应用

复合材料范围广,品种多,性能优异,有很大的发展前途。如玻璃纤维增强热固性塑料中的片状模塑料发展很快,已出现了许多分支,其制品已由非受力件扩大到受力件,如传动支架等。玻璃纤维增强热塑性塑料的用途也越来越广。

非金属基复合材料由于密度小,用于汽车可减轻质量、提高车速、节约能源。如用碳纤维增强塑料制成的车身和发动机罩,其质量可比金属制件轻一半以上;用碳纤维与玻璃纤维混合制成的复合材料片弹簧,其刚度和承载能力与质量比其大五倍的钢片弹簧相等。

用两种或两种以上的不同纤维作为增强材料,可以降低生产成本,扩大应用范围。航空中的基本结构件、工业用机器人、海洋开发用的结构材料、汽车片弹簧和驱动轴等,将越来越多地采用混合纤维增强复合材料。

定向凝固的铸造复合材料如碳化钽与镍或钴、碳化铌与铌等共晶复合材料,以及无机纤维增强陶瓷复合材料,使用温度均超过现有的耐热合金。碳纤维与铜的复合材料可用作低电压、大电流电动机和超导等特殊电动机的电刷材料,耐磨、减摩和电子材料。

单元测试题

一、判断题(下列判断正确的请打"√",错误的打"×")

1. 单位横截面积上的内力称为应力。( )
2. 将退火后的工件重新加热到某一温度,保温一段时间,然后冷却到室温的热处理方法称为回火。( )
3. 低合金钢是指碳的质量分数小于5%的合金钢。( )
4. 铸铁是碳的质量分数大于2.11%的铁碳合金。( )
5. 可锻铸铁比灰铸铁的塑性好,因此可以进行锻压加工。( )

二、单项选择题(下列每题的选项中,只有1个是正确的,请将其代号填在横线空白处)

1. 金属材料在静载荷作用下,抵抗变形或破坏的能力称为_____。
   A. 塑性　　　　B. 冲击韧性　　　C. 硬度　　　　D. 强度
2. 淬火的目的是提高_____。
   A. 强度和硬度　B. 弹性和塑性　　C. 硬度和韧性　D. 塑性和韧性
3. 高温回火的回火温度为_____℃。
   A. 150~250　　B. 350~450　　　C. 500~650　　D. 700~850
4. 碳素工具钢中碳的质量分数一般在_____以上。
   A. 0.5%　　　　B. 0.6%　　　　C. 0.7%　　　　D. 0.8%
5. 45钢表示平均碳的质量分数为_____的优质碳素结构钢。
   A. 45%　　　　B. 4.5%　　　　C. 0.45%　　　D. 0.045%
6. 把钢加热到一定温度,保温一定时间,在空气中进行冷却的热处理工艺称为_____。
   A. 正火　　　　B. 退火　　　　C. 淬火　　　　D. 回火

7. 制造柴油机曲轴的材料应选用_____。
   A. 白口铸铁　　　B. 灰铸铁　　　C. 可锻铸铁　　　D. 球墨铸铁

8. 水泥的初凝时间应_____。
   A. 不低于 30 min　　　　　　　B. 不低于 45 min
   C. 不低于 60 min　　　　　　　D. 不低于 90 min

9. 硅酸盐水泥的最高强度等级是_____。
   A. 62.5 和 62.5R　　　　　　　B. 72.5
   C. 52.5　　　　　　　　　　　 D. 50

10. 水泥的体积安定性是指水泥浆在凝结硬化过程中_____的性质。
    A. 产生高密实度　　　　　　　B. 体积变化均匀
    C. 不变形　　　　　　　　　　D. 体积收缩

单元测试题答案

一、判断题
1. √　2. ×　3. ×　4. √　5. ×

二、单项选择题
1. D　2. A　3. C　4. C　5. C　6. A　7. D　8. B　9. A　10. B

第5单元

钳工基本操作

- 第一节　划线/126
- 第二节　金属的錾削、锯割和锉削/128
- 第三节　孔加工、螺纹加工及刮削和研磨/142

第一节 划 线

划线是指根据图样要求,在工件表面上划出加工界线的操作。

一、划线的作用、种类和工具

1. 划线的作用

(1) 确定工件上各加工面的加工位置,合理分配加工余量,使切削加工有明确的尺寸界线标志。在板料上按划线下料,可做到正确排料,合理使用材料。

(2) 检验毛坯形状尺寸,剔除不合格毛坯。

(3) 通过找正和借料补救各种铸、锻毛坯件形状歪斜、偏心、各部分壁厚不均匀等缺陷。

2. 划线种类

划线分平面划线和立体划线两种,如图 5—1 所示。

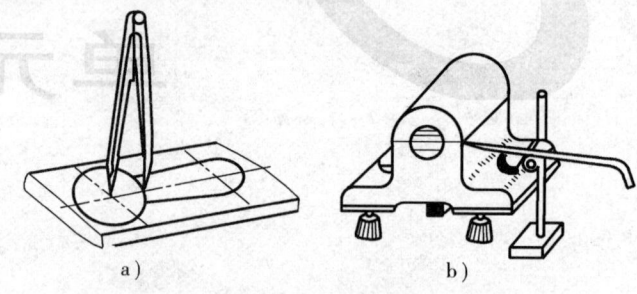

图 5—1 划线的种类
a) 平面划线 b) 立体划线

平面划线是只需要在工件的一个表面上划线,即能明确表示出工件的加工界线的划线方法。立体划线指要同时在工件的几个不同方向的表面上划线,才能明确表示出工件的加工界线的划线方法。立体划线在很多情况下用于对铸、锻毛坯划线。

3. 划线工具

钳工常用的划线工具有钢直尺、划线平板、划针、划线盘、游标高度尺、划规、样冲、角尺和角度规及支持工具等。

二、划线操作

1. 划线前的准备

(1) 做好毛坯或工件的清理工作。对于铸件毛坯,应事先将毛坯上的残余型砂、毛刺、浇注系统及冒口清理、錾平,并且锉平需要划线部位的表面;对于锻造毛坯,应除去氧化皮并且锉平需要划线部位的表面;对于经过切削加工的半成品,若表面有锈蚀,应用钢丝刷将浮锈刷净,修去毛刺,擦净油污。

(2) 仔细分析零件图样。了解工件需要加工的部位和技术要求,确定各个方向的划线尺寸基准。

(3) 根据工件的不同材料，在工件的划线部位涂上合适的涂料。

(4) 擦净划线平板，准备好所有的划线工具。

2. 划线基准

划线基准是指在划线时用来确定工件上的各部分尺寸、几何形状和相对位置的点、线、面基准。

(1) 划线基准的选择原则。合理地选择划线基准是做好划线工作的关键。通常选择工件的平面、对称中心面或线、重要工作面作为划线基准。

(2) 常用的划线基准

1) 以两个相互垂直的平面或直线为划线基准，如图5—2a所示。

2) 以两个相互垂直的中心线为划线基准，如图5—2b所示。

3) 以一个平面和一条中心线为划线基准，如图5—2c所示。

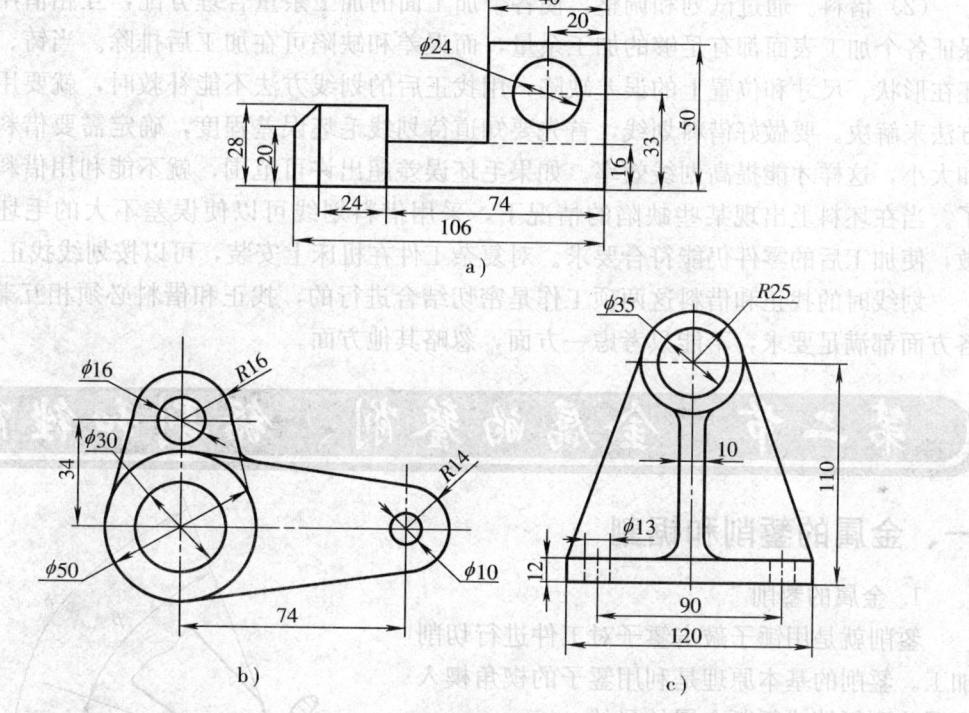

图5—2　划线基准的选择

a) 以两个相互垂直的平面（或直线）为划线基准
b) 以两条相互垂直的中心线为划线基准　c) 以一个平面与一条中心线为划线基准

(3) 基准选择注意事项

1) 划线基准应与设计基准相重合。设计基准指在零件图上用来确定其他点、线、面位置的基准。在选择划线基准时，应先分析图样，找出设计基准，使划线基准与设计基准尽量一致，这样能够直接量取划线尺寸，简化换算过程和减少划线误差。

2) 由于划线时，零件的每一个方向的尺寸都需要一个基准，因此，平面划线时一般选两个划线基准，而立体划线时一般要选择三个划线基准。

3. 划线时的找正和借料

(1) 找正。找正就是利用划线工具（如划线盘、角尺、单脚规等）使工件上有关的毛坯表面处于合适的位置。对于毛坯工件，划线前一般都要先做好找正工作。找正的目的如下：当毛坯上有不加工表面时，通过找正后再划线，可使加工表面与不加工表面之间保持尺寸均匀；当工件上有两个以上的不加工表面时，应选择其中面积较大、较重要的或外观质量要求较高的为主要找正依据，并兼顾其他较次要的不加工表面，使划线后加工表面与不加工表面之间的尺寸，如壁厚、凸台的高低等都尽量均匀和符合要求，而把无法弥补的误差反映到较次要的部位上去；当毛坯上没有不加工表面时，通过对各加工表面自身位置的找正后再划线，可使各加工表面的加工余量合理和均匀地分布，而不致出现过于悬殊的状况。由于毛坯各表面的误差和工件结构形状不同，划线时的找正要按工件的实际情况进行。

(2) 借料。通过试划和调整，使各个加工面的加工余量合理分配，互相借用，从而保证各个加工表面都有足够的加工余量，而误差和缺陷可在加工后排除。当铸、锻件毛坯在形状、尺寸和位置上的误差缺陷，用找正后的划线方法不能补救时，就要用借料的方法来解决。要做好借料划线，首先要知道待划线毛坯误差程度，确定需要借料的方向和大小，这样才能提高划线效率。如果毛坯误差超出许可范围，就不能利用借料来补救了。当在坯料上出现某些缺陷的情况下，采用借料划线可以使误差不大的毛坯得到补救，使加工后的零件仍能符合要求。对复杂工件在机床上安装，可以按划线找正定位。

划线时的找正和借料这两项工作是密切结合进行的，找正和借料必须相互兼顾，使各方面都满足要求，不能只考虑一方面，忽略其他方面。

第二节　金属的錾削、锯割和锉削

一、金属的錾削和锯割

1. 金属的錾削

錾削就是用锤子敲击錾子对工件进行切削加工。錾削的基本原理是利用錾子的楔角楔入金属达到錾掉或錾断金属的目的。

(1) 錾削具备的条件。包括：刀具切削刃的硬度比工件材料的硬度要高；刀具的切削部位成楔角；錾子与工件应保持正确的切削角度，如图5—3所示。

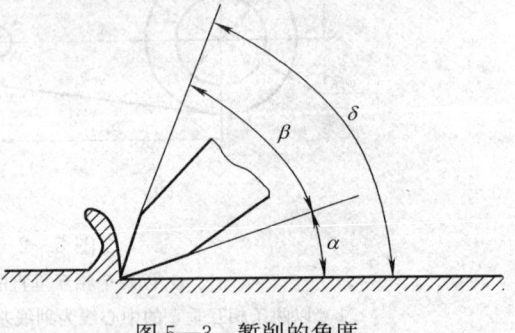

图5—3　錾削的角度
δ—切削角　α—后角　β—錾子楔角

特别提示： 一般情况下 $\alpha=5°\sim 8°$，α 角过大，錾子会扎进工件；α 角过小，錾子会从工件表面滑脱。

(2) 錾削工具

1) 锤子。锤子是钳工常用的重要敲击工具，由锤头、木柄和楔子（斜楔铁）组成。锤子一般分为硬头锤和软头锤两种，硬头锤用碳素工具钢T7制成。软头锤的锤头用铅、铜、硬木、牛皮或橡皮制成，多用于装配和矫正工作。

锤子的规格以锤头的质量来表示，有 0.25 kg、0.5 kg、0.75 kg 和 1 kg 等。

2) 錾子

①錾子的结构。錾子由头部、錾身及切削部分三部分组成。头部做成圆锥形，有一定的锥度，顶端略带球形，以便锤击时作用力容易通过錾子中心线，使锤击时的作用力方向便于朝着刃口的錾切方向，使錾子容易保持平稳。錾身（柄部）多数呈八棱形，便于控制握錾方向，以防止錾削时錾子转动。切削部分由前刀面、后刀面和切削刃组成。前刀面指切削时，切屑从錾子上流出的表面。后刀面指切削时，錾子上与工件已加工表面相对的面。切削刃指前刀面与后刀面的交线，它担负着主要的切削工作。

②錾子的材料。錾子是錾削工件的刀具，用碳素工具钢（T7A 或 T8A）经锻造成形后再进行刃磨和热处理而成。切削部分经热处理后硬度可达 56～62HRC。

常用的錾子有扁錾、尖錾、油槽錾三种，如图 5—4 所示。扁錾（阔錾）主要用来錾削平面、去毛刺和分割板料等。尖錾（狭錾）主要用于錾槽和分割曲线形板料。油槽錾常用来錾切平面或曲面上的润滑油槽。

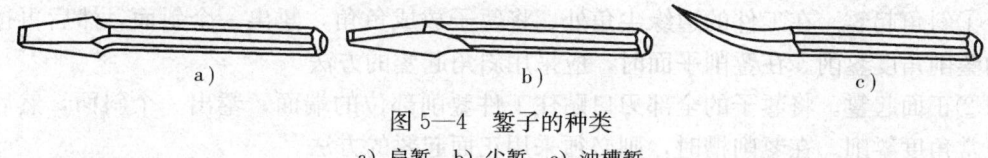

图 5—4 錾子的种类
a) 扁錾 b) 尖錾 c) 油槽錾

(3) 錾削操作

1) 握锤的方法。分紧握法和松握法，如图 5—5 所示。

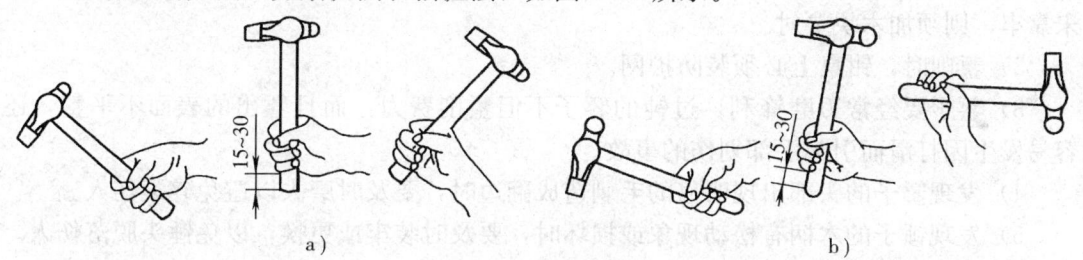

图 5—5 握锤方法
a) 紧握法 b) 松握法

2) 挥锤的方法。有腕挥、肘挥和臂挥三种，如图 5—6 所示。

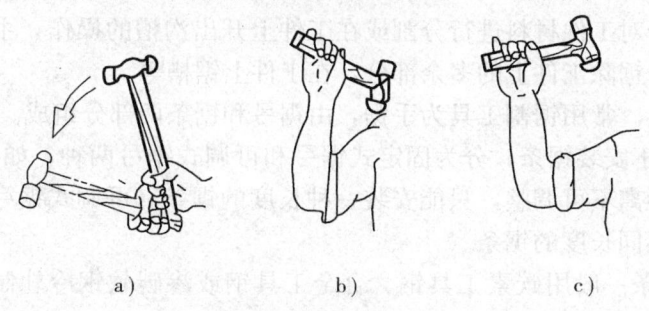

图 5—6 挥锤方法
a) 腕挥 b) 肘挥 c) 臂挥

3) 錾子的握法。分正握法、反握法两种，如图5—7所示。

正握法手心向下，腕部伸直，用中指、无名指握住錾子，小指自然合拢，食指和大拇指作自然伸直地松靠，錾子头部伸出约 20 mm。常用于正面錾削、大面积强力錾削等场合。

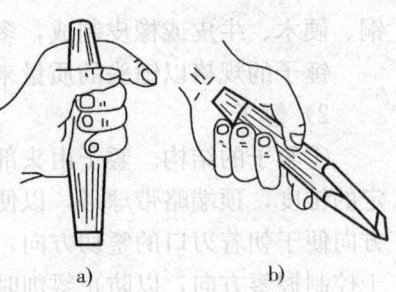

图5—7 握錾方法
a) 正握法 b) 反握法

反握法手心向上，手指自然捏住錾子，手掌悬空。常用于侧面錾切、剔毛刺及使用较短小錾子的场合。

4) 錾削时操作者站立的位置。两腿自然站立，身体重心稍微偏于后脚。身体与台虎钳中心线大致成45°角，且略向前倾；左脚跨前半步（左右两脚后跟之间的距离为250～300 mm），脚掌与台虎钳成30°角，膝盖处稍有弯曲，保持自然；右脚要站稳伸直，不要过于用力，脚掌与台虎钳成75°角；视线要落在工件的切削部位上。

5) 起錾方式。有斜角起錾和正面起錾两种。

①斜角起錾。在工件的边缘尖角处，将錾子放成负角，錾出一个斜面，然后再按正常的錾削角度錾削。在錾削平面时，应采用斜角起錾的方法。

②正面起錾。将錾子的全部刃口贴住工件錾削部位的端面，錾出一个斜面，然后再按正常角度錾削。在錾削槽时，则必须采用正面起錾的方法。

(4) 錾削安全注意事项

1) 工件必须用台虎钳夹紧，一般錾削表面应高于钳口 10 mm 左右，底面若与钳身未靠牢，则须加木块垫衬。

2) 錾削时，钳桌上必须装防护网。

3) 錾子要经常刃磨锋利，过钝的錾子不但錾削费力，而且錾出的表面不平整，还容易发生因打滑而引起手部划伤的事故。

4) 发现錾子的头部出现明显的毛刺造成翻边时，要及时磨去以避免碎裂伤人。

5) 发现锤子的木柄有松动现象或损坏时，要及时装牢或更换，以免锤头脱落伤人。

6) 要防止錾屑飞出伤人，必要时操作者可戴防护眼镜，并设防护网。

7) 錾屑要用刷子清理，不能用手去抹或用嘴去吹。

2. 金属的锯割

锯割是用锯子对工件材料进行分割或在工件上开出沟槽的操作，主要用于锯断各种原材料或半成品，锯除工件上的多余部分，在工件上锯槽等。

(1) 锯割工具。常用锯割工具为手锯，由锯弓和锯条两部分组成。

1) 锯弓。用于安装锯条，分为固定式锯弓和可调式锯弓两种，如图5—8所示。固定式锯弓的安装距离不可调整，只能安装一种长度的锯条。可调式锯弓安装距离可以调整，能安装几种不同长度的锯条。

2) 锯条。锯条一般用碳素工具钢、合金工具钢或渗碳软钢冷轧制成，并经热处理淬硬。

锯齿的粗细是以锯条每 25 mm 长度内的齿数来表示的，根据锯齿的牙距大小，锯条

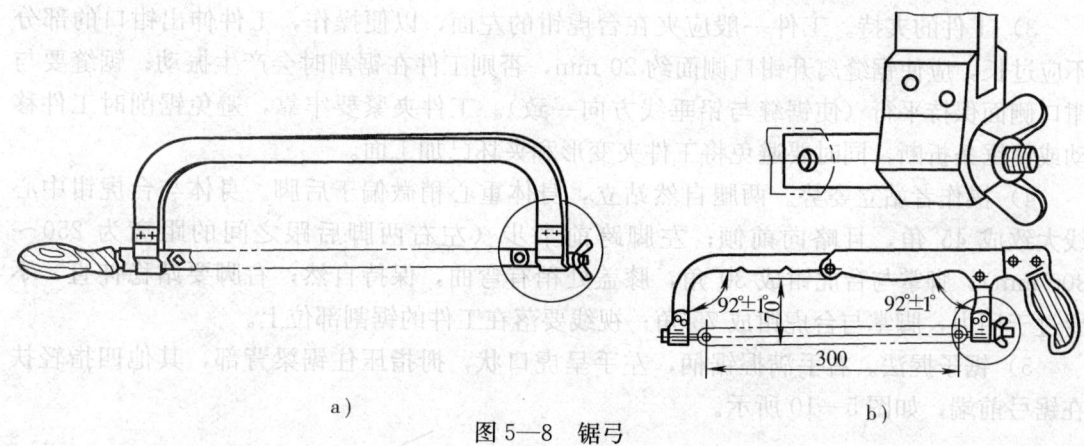

图 5—8 锯弓
a) 固定式　b) 可调式

有细齿（1.1 mm）、中齿（1.2 mm）、粗齿（1.4 mm）之分。使用时应根据所锯材料的软硬、厚薄来选用。锯条的规格以两端安装孔的中心距来表示，有 150 mm、200 mm…400 mm 几种规格，常用的为 300 mm。随着长度增加，宽度由 10 mm 增至 25 mm，厚度由 0.6 mm 增至 1.25 mm。锯条规格一般根据工件大小选择。

（2）锯削加工

1）锯条的选用。软而厚的工件用粗齿锯条，硬而薄的工件应用细齿锯条，具体选用方法见表 5—1。

表 5—1　　　　　　　　　　　锯条选用

锯条的规格	用途
粗齿	锯较低硬度的钢、铝、纯铜
中齿	锯一般材料以及中等硬度的钢、硬度较高的轻金属、厚壁管、较厚的型钢
细齿	锯小而薄的型钢、板料、薄壁管、电缆及硬度较高的金属

2）锯条的安装。应使锯条齿尖的方向朝前（见图 5—9），松紧适当。锯条的松紧也要控制适当，由锯弓上的翼形螺母调节。太紧时锯条受预拉伸力太大，在锯割中用力稍有不当就会崩断；太松则锯割时锯条容易扭曲、折断，锯缝易歪斜。其松紧程度以可用手扳动锯条，感觉硬实为宜。锯条安装后，要保证锯条平面与锯弓中心平面平行，不得倾斜和扭曲，否则，锯割时锯缝极易歪斜。装好的锯条应与锯弓保持在同一中心面内，这样容易使锯缝正直。

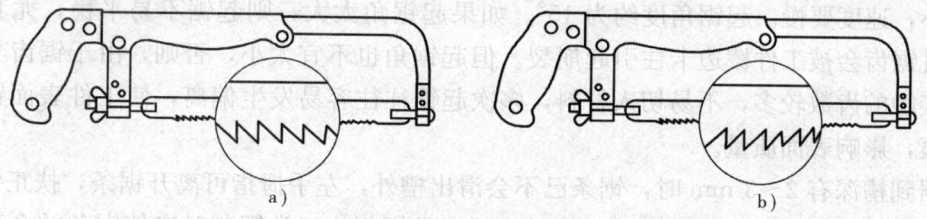

图 5—9 锯条的安装
a) 正确　b) 错误

3）工件的夹持。工件一般应夹在台虎钳的左面，以便操作，工件伸出钳口的部分不应过长，应使锯缝离开钳口侧面约 20 mm，否则工件在锯割时会产生振动；锯缝要与钳口侧面保持平行（使锯缝与铅垂线方向一致）。工件夹紧要牢靠，避免锯削时工件移动或使锯条折断，同时要避免将工件夹变形和夹坏已加工面。

4）操作者站立姿势。两腿自然站立，身体重心稍微偏于后脚。身体与台虎钳中心线大致成 45°角，且略向前倾；左脚跨前半步（左右两脚后跟之间的距离为 250～300 mm），脚掌与台虎钳成 30°角，膝盖处稍有弯曲，保持自然；右脚要站稳伸直，不要过于用力，脚掌与台虎钳成 75°角；视线要落在工件的锯割部位上。

5）锯子握法。右手满握锯柄，左手呈虎口状，拇指压住锯梁背部，其他四指轻扶在锯弓前端，如图 5—10 所示。

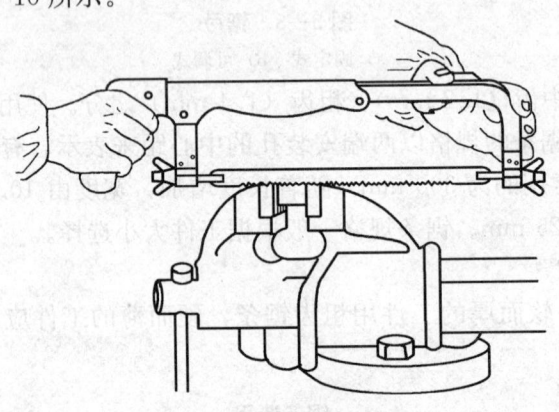

图 5—10　锯子的握法

6）锯割动作。推锯时身体上部稍向前倾，给锯子以适当的压力完成锯削。拉锯时不切削，应将锯稍微提起，以减少锯齿的磨损。推锯时推力和压力均由右手控制，左手几乎不加压力，主要配合右手起扶正锯弓的作用。锯子推出时为切削行程，应施加压力。锯子退回行程时全齿不参加切削，只作自然拉回，不施加压力，以免锯齿磨损。工件将要锯断时压力要小。

7）起锯方法。起锯有远起锯和近起锯两种，如图 5—11 所示。近起锯指锯条在工件的近端开始切入的起锯方法，远起锯指锯条在工件的远端开始切入的起锯方法。一般情况下采用远起锯较好，远起锯时，锯齿是逐步切入材料，锯齿不易卡住，起锯也较方便。

起锯时，左手拇指靠住锯条，使锯条能正确地锯在所需要的位置上，行程要短，压力要小，速度要慢。起锯角度约为 15°。如果起锯角太大，则起锯不易平稳，尤其是近起锯时锯齿会被工件棱边卡住引起崩裂。但起锯角也不宜太小，否则，由于锯齿与工件同时接触的齿数较多，不易切入材料，多次起锯往往容易发生偏离，使工件表面锯出许多锯痕，影响表面质量。

锯到槽深有 2～3 mm 时，锯条已不会滑出槽外，左手拇指可离开锯条，扶正锯弓逐渐使锯痕向后（向前）成为水平，然后往下正常锯割。正常锯割时应使锯条的全部有效齿在每次行程中都参加锯割。

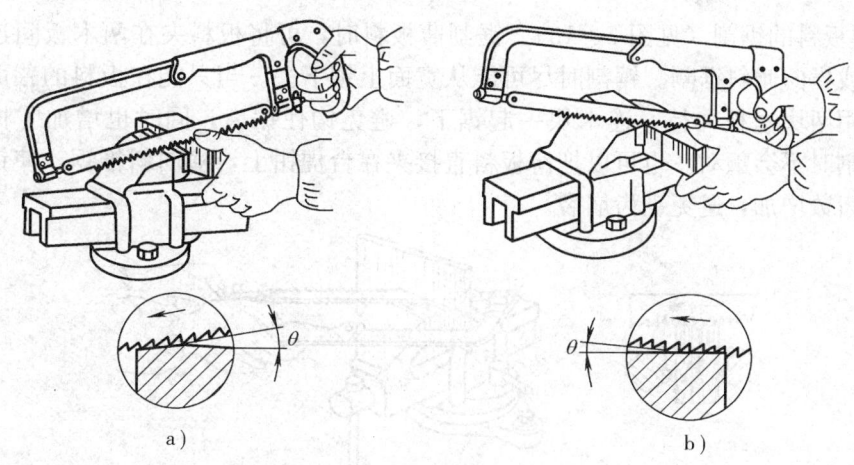

图 5—11 起锯方法
a) 远起锯 b) 近起锯

8) 锯割行程和速度。锯割行程指锯条在工件上走过的有效长度,通常不小于锯条全长的 2/3。锯割行程太短,锯条局部磨损加快,锯条寿命缩短,甚至会因局部磨损,锯缝变窄,造成锯条卡死和折断。锯割速度指锯条每分钟往返运动的次数,一般以 20~40 次/min 为宜。锯割硬材料要慢些,锯割软材料要快些,同时,锯割行程应保持均匀,返回行程的速度应相对快些,以提高锯割效率。

(3) 锯割方法

1) 棒料的锯割。锯割棒料时,可分别从两边或四周锯割。如果锯割的断面要求平整,则应从开始连续锯到结束。若锯出的断面要求不高,可分别从两边或四周锯割,最后留下中心部分用锤子打断。

2) 管子的锯割(见图 5—12)。锯割管料时,可转动管料沿四周锯割。锯割管子前,可划出垂直于轴线的锯割线,由于锯割时对划线的精度要求不高,最简单的方法可用矩形纸条(划线边必须直)按锯割尺寸绕住工件外圆,然后用滑石划出。锯割时必须把管子夹正,对于薄壁管子和精加工过的管子,应夹在有 V 形槽的两木衬垫之间,以防将管子夹扁和夹坏表面。锯割薄壁管子时不可在一个方向从开始连续锯割到结束,否则锯齿易被管壁钩住而崩裂,正确的方法应是先在一个方向锯到管子内壁处,然后把管子向推锯的方向转过一定角度,并连接原锯缝再锯到管子的内壁处,如此逐渐改变方向不断转锯,直到锯断为止。

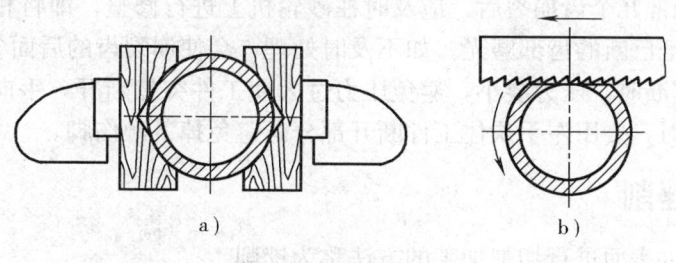

图 5—12 管子的锯割
a) 管子的夹持 b) 转位锯割

3) 薄板料的锯割（见图5—13）。锯割薄板料时，可将板料夹在两木板间连同板料一起锯割或横向倾斜锯割。锯割时尽可能从宽面上锯下去。当只能在板料的狭面上锯下去时，可用两块木板夹持，连木块一起锯下，避免钩住锯齿，同时也增加了板料的刚度，使锯割时不会颤动。也可以把薄板料直接夹在台虎钳上，横向斜推锯，使锯齿与薄板接触的齿数增加，避免锯齿崩裂。

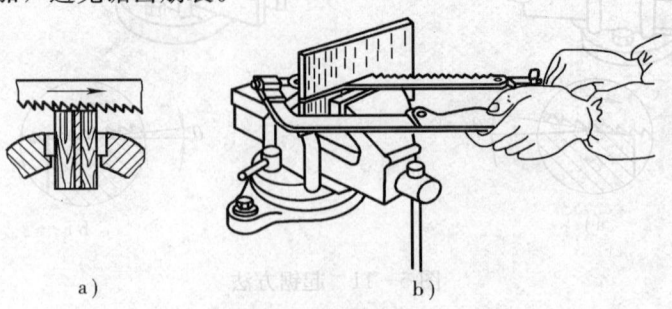

图5—13　薄板料锯割

4) 深缝锯割（见图5—14）。深缝可视情况变换锯条的角度进行锯割。当锯缝的深度超过锯弓的高度时，应将锯条转过90°重新安装，使锯弓转到工件的旁边，平握锯柄进行锯割。当锯弓横下来其高度仍不够时，也可把锯条安装成锯齿朝向锯弓内部进行锯割。

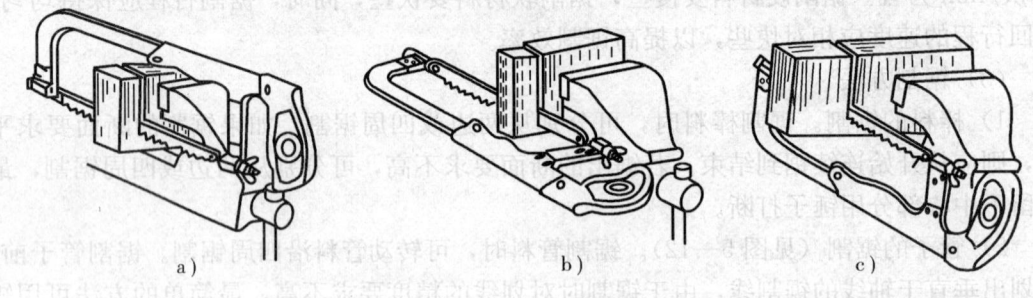

图5—14　深缝锯割

(4) 锯割安全注意事项

1) 在锯割钢件时，可加些机油，以减少锯条与锯割断面的摩擦并能冷却锯条，以提高锯条的使用寿命。

2) 锯条安装要松紧适当，锯割时不要突然摆动过大、用力过猛，防止工作中锯条折断从锯弓上崩出伤人。

3) 当锯条局部几个齿崩裂后，应及时在砂轮机上进行修整，即将相邻的2~3齿磨低成凹圆弧，并把已断的齿部磨光。如不及时处理，会使崩裂齿的后面各齿相继崩裂。

4) 工件将锯断时，压力要小，避免压力过大使工件突然断开，手向前冲造成事故。一般工件将锯断时，要用左手扶住工件断开部分，避免掉下砸伤脚。

二、金属的锉削

用锉刀对工件表面进行切削加工的方法称为锉削。

1. 锉削的工作范围

锉削的工作范围较广，可以加工工件的内外平面、内外曲面、内外角、沟槽和各种复杂形状的表面。在现代工业生产的条件下，仍有某些零件的加工需要用手工锉削来完成。例如装配过程中对个别零件的修整、修理，小量生产条件下某些复杂形状的零件加工，以及样板、模具的加工等。一般锉削是在錾、锯之后对工件进行的精度较高的加工，锉削的尺寸精度可达 0.01 mm，表面粗糙度可达 $R_a 0.8$ μm。

2. 锉刀

锉削的工具为锉刀，用碳素工具钢 T12 或 T13 制成，经热处理后切削部分硬度达 62~72HRC。

（1）锉刀的构造。锉刀由锉身和锉柄两部分组成，如图 5—15 所示。

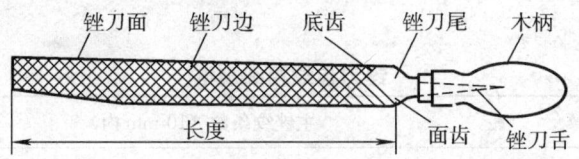

图 5—15 锉刀的组成

1) 锉身包括锉刀面、锉刀边、锉刀尾三部分。

①锉刀面。锉刀的上下两面是锉削的主要工作面。锉刀面的前端做成凸弧形，上下两面都有锉齿，便于进行锉削。

②锉刀边。指锉刀的两个侧面，有齿边和光边之分。齿边可用于锉削，光边只起导向作用。有的锉刀两边都没有齿，有的其中一个边有齿。没有齿的一边叫光边，其作用是在锉削内直角形的一个面时，用光边靠在已加工的面上去锉另一直角面，防止碰伤已加工表面。

③锉刀尾（舌）。锉刀尾用来安装锉刀柄，不需淬火处理。

2) 锉柄。锉柄的作用是便于锉削时握持传递推力。通常为木质，在安装孔的一端应有铁箍。

（2）锉刀的种类。锉刀通常分为普通锉、特种锉和整形锉三类。

1) 普通锉。普通锉主要用于一般工件的加工。按其断面形状不同，又分为平锉（板锉）、方锉、三角锉、半圆锉和圆锉五种，以适用于不同表面的加工，如图 5—16 所示。还可按照每 10 mm 长度上齿纹的数量，分为粗齿（4~12 齿）、细齿（13~24 齿）和油光齿（30~40 齿）三种。

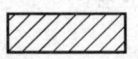 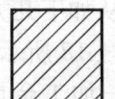 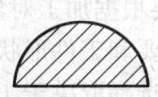 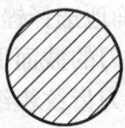

图 5—16 普通锉断面形状

2) 特种锉（异形锉）。特种锉用来加工零件的特殊表面，有刀口锉、菱形锉、扁三角锉、椭圆锉、圆肚锉等，如图 5—17 所示。

3) 整形锉（组锉或什锦锉）。整形锉主要用于细小零件、窄小表面的加工及冲模、

图 5—17 特种锉（异形锉）断面形状

样板的精细加工和修整工件上的细小部分。整形锉的长度和截面尺寸均很小，截面形状有圆形、不等边三角形、矩形、半圆形等。通常以每组 5 把、6 把、8 把、10 把或 12 把为一套。

(3) 锉刀的规格

1) 尺寸规格。一般用锉刀有齿部分的长度表示。普通锉常用的有 100 mm、150 mm、200 mm、250 mm 和 300 mm 等多种。圆锉的尺寸规格以直径表示，方锉的规格以方形尺寸表示，其他锉刀以锉身长度表示。

2) 齿纹的粗细规格。以锉刀每 10 mm 轴向长度内的主锉纹条数表示，见表 5—2。

表 5—2　　　　　　　　　锉刀齿纹粗细规格

| 尺寸规格 (mm) | 主锉纹条数（10 mm 内） | | | | |
| | 锉纹号 | | | | |
	1	2	3	4	5
100	14	20	28	40	56
125	12	18	25	36	50
150	11	16	22	32	45
200	10	14	20	28	40
250	9	12	18	25	36
300	8	11	16	22	32
350	7	10	14	20	—
400	6	9	12	—	—
450	5.5	8	11	—	—

注：1 号锉纹为粗齿锉刀，2 号锉纹为中齿锉刀，3 号锉纹为细齿锉刀，4 号锉纹为双细齿锉刀，5 号锉纹为油光锉。

(4) 锉刀的选择。合理选用锉刀可以提高锉削效率、保证锉削质量、延长锉刀使用寿命。正确地选择锉刀要根据加工对象的具体情况，从如下几方面考虑：

1) 锉刀的截面形状要和工件形状相适应，如图 5—18 所示。

2) 锉刀齿纹粗细的选择取决于工件材料的性质、加工余量大小、加工精度和表面粗糙度值的要求、工件材料的软硬等。粗锉刀（或单齿纹锉刀）由于齿距较大，容屑空间大，不易堵塞，适用于锉削加工余量大、加工精度低和表面粗糙度数值大的工件及锉削铜、铝等软金属材料；细锉刀适用于锉削加工余量小、加工精度高和表面粗糙度数值小的工件及锉削钢、铸铁等；油光锉用于最后的精加工，修光工件表面，以提高尺寸精度，减小表面粗糙度。各种规格锉刀相适应的加工余量、所能达到的加工精度和表面粗糙度见表 5—3。

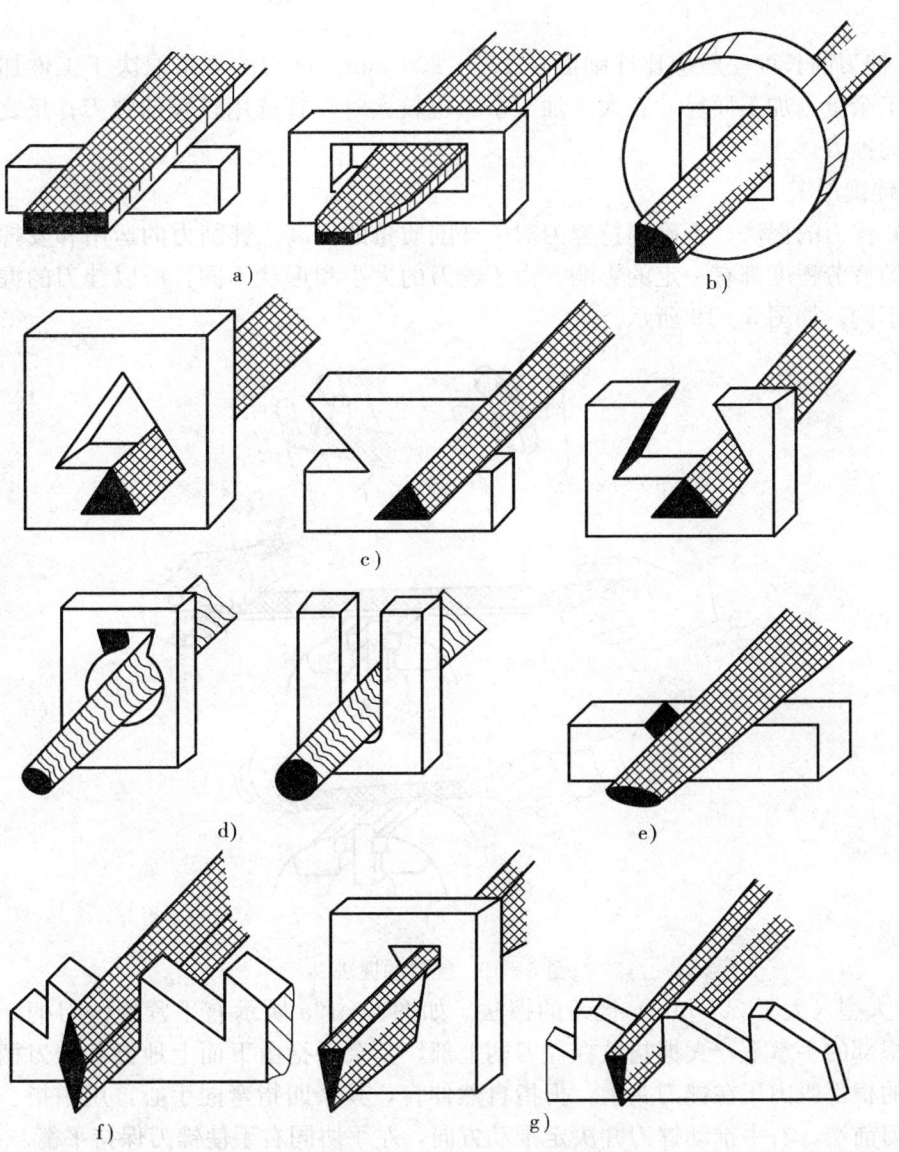

图 5—18 不同加工表面使用的锉刀

a) 板锉 b) 方锉 c) 三角锉 d) 圆锉 e) 半圆锉 f) 菱形锉 g) 刀口锉

表 5—3　　　　　　　　　　　　锉刀的规格选用

锉刀粗细	适用场合		
	加工余量（mm）	加工精度（mm）	表面粗糙度（μm）
1号（粗齿锉刀）	0.5～1	0.2～0.5	R_a100～25
2号（中齿锉刀）	0.2～0.5	0.05～0.2	R_a25～6.3
3号（细齿锉刀）	0.1～0.3	0.02～0.05	R_a12.5～3.2
4号（双细齿锉刀）	0.1～0.2	0.01～0.02	R_a6.3～1.6
5号（油光锉）	0.1以下	0.01	R_a1.6～0.8

3) 锉刀的长度一般应比锉削面长 150~200 mm。锉刀的规格取决于工件加工面尺寸和加工余量。加工面尺寸较大，加工余量也较大时，宜选用较长的锉刀；反之，则选用较短的锉刀。

3. 锉削加工

(1) 锉刀的握法。正确握持锉刀对于锉削质量的提高，锉削力的运用和发挥以及对操作时的疲劳程度都有一定的影响。由于锉刀的大小和形状不同，所以锉刀的握持方法也有所不同，如图 5—19 所示。

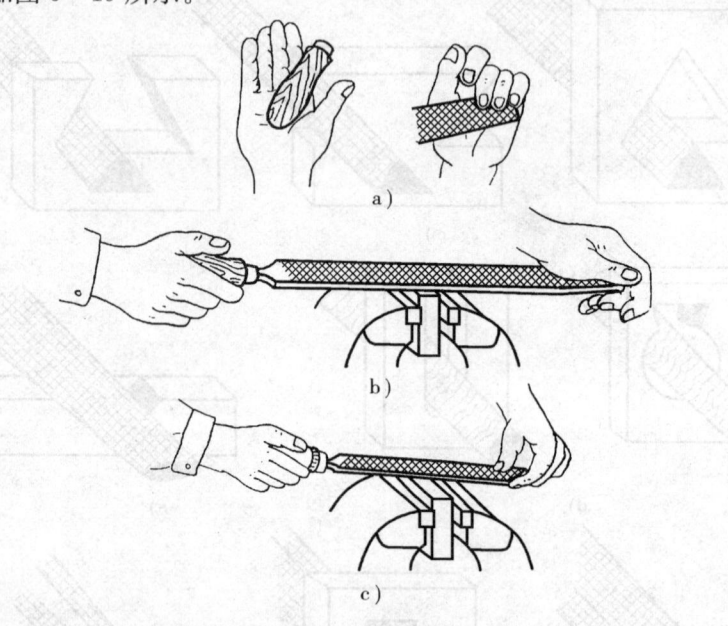

图 5—19　锉刀的握法

1) 大型（大于 250 mm）锉刀的握法。如图 5—19a 所示右手紧握锉刀柄，柄端抵在拇指根部的手掌上，大拇指放在锉刀柄上部，其余手指由下而上地握着锉刀柄；左手将拇指的根部肌肉压在锉刀头上，拇指自然伸直，其余四指弯向手心，用中指、无名指捏住锉刀前端。右手推动锉刀并决定推动方向，左手协同右手使锉刀保持平衡。

2) 中型（200 mm 左右）锉刀的握法。右手握法与大型锉刀的握法相同，左手用大拇指、食指、中指轻轻地扶持即可，如图 5—19b 所示。

3) 小型（150 mm 左右）锉刀的握法。所需锉削力小，可用左手大拇指、食指、中指捏住锉刀端部即可，如图 5—19c 所示。

4) 最小型（150 mm 以下）锉刀的握法。只需右手握住即可。

(2) 站立步位和姿势。如图 5—20 所示，两腿自然站立，身体重心稍微偏于后脚。身体与台虎钳中心线大致成 45°角，且略向前倾；左脚跨前半步（左右两脚后跟之间的距离为 250~300 mm），脚掌与台虎钳成 30°角，膝盖处稍有弯曲，保持自然；右脚要站稳伸直，不要过于用力，脚掌与台虎钳成 75°角；视线要落在工件的锉削部位上。

(3) 锉削动作。如图 5—21 所示，开始锉削时，人的身体向前倾斜 10°左右，左膝稍有弯曲，右肘尽量向后收缩；锉削的前 1/3 行程中，身体前倾至 15°左右，左膝稍有

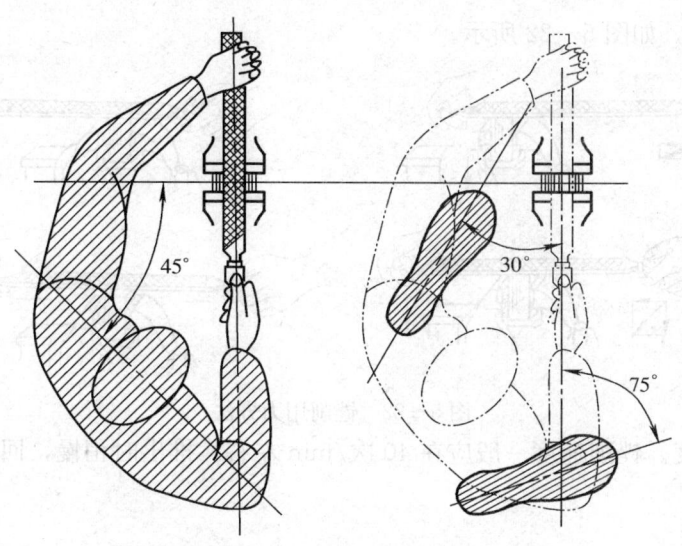

图 5—20 锉削时的站立步位和姿势

弯曲；锉刀推出 2/3 行程时，右肘向前推进锉刀，身体逐渐向前倾斜 18°左右；锉刀推出全程（锉削最后 1/3 行程）时，右肘继续向前推进锉刀至尽头，身体自然地退回到 15°左右；推锉行程终止时，两手按住锉刀，把锉刀略微提起，使身体和手回复到开始的姿势，在不施加压力的情况下抽回锉刀，再如此进行下一次的锉削。锉削时身体的重心要落在左脚上，右腿伸直、左腿弯曲，身体向前倾斜，两脚站稳，锉削时靠左腿的曲伸使身体作往复运动。锉削行程中，身体先与锉刀一起向前，右脚伸直并稍向前倾，重心在左脚，左膝部呈弯曲状态；当锉刀锉至约四分之三行程时，身体停止前进，两臂则继续使锉刀向前锉到头，同时，左腿自然伸直并随着锉削时的反作用力，将身体重心后移，使身体恢复原位，并顺势将锉刀收回；之后进行第二次锉削的向前运动。

图 5—21 锉削动作

（4）锉削力和锉削速度

1）锉削力。锉削时必须使锉刀保持直线运动才能锉出平直的平面。推进锉刀时应做到平稳而不上下摆动，锉削时推力的大小由右手控制，而压力的大小由两手控制。为了保持锉刀平移，两手用在锉刀上的力应始终保持锉刀平衡。为此，锉削时右手的压力要随锉刀推动而逐渐增加，左手的压力要随锉刀推动而逐渐减小。回程时不加压力，以减少锉齿的磨损,如图 5—22 所示。

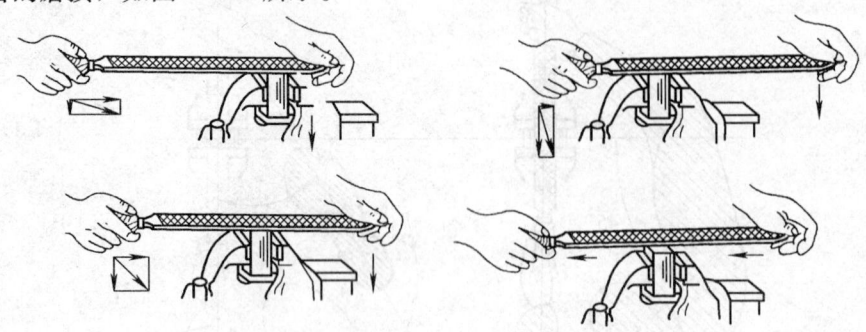

图 5—22 锉削用力方法

2) 锉削速度。锉削速度一般应在 40 次/min 左右。推出时稍慢,回程时稍快,动作要自然协调。

4. 锉削方法

(1) 平面的锉削

1) 顺向锉(直锉法、普通锉法)。顺向锉指锉刀始终沿着同一方向运动的锉削,如图 5—23 所示。它具有锉纹清晰、美观和表面粗糙度较小的特点,常用于最后锉光和小平面的锉削。在锉宽平面时,为使整个加工表面能均匀地锉削,每次退回锉刀时应在横向作适当的移动,以便使整个加工表面能均匀地锉削。

2) 交叉锉。交叉锉指锉刀从两个交叉的方向对工件表面进行锉削的方法。锉刀运动方向与工件夹持方向成 30°～40°角,且锉纹交叉。它具有锉削表面平整,易消除中凸现象,效率高,表面粗糙度值较低等特点,常用于粗锉,如图 5—24 所示。

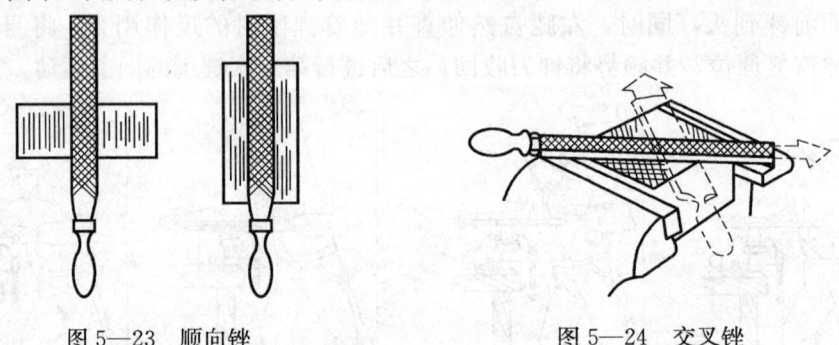

图 5—23 顺向锉　　　　　　　图 5—24 交叉锉

3) 推锉。推锉就是两手对称地横握锉刀,两大拇指均衡地用力推、拉锉刀进行锉削的方法。它具有表面平整,精度高,效率低等特点,常用于狭长平面和修整余量较小的场合,如图 5—25 所示。

(2) 曲面的锉削

1) 外圆弧面的锉削。外圆弧面所用的锉刀都为板锉。锉削时锉刀要同时完成两个运动:前进运动和转动,即锉刀在作前进运动的同时还应绕工件圆弧中心摆动。锉削外圆弧面的方法有两种,如图 5—26 所示。

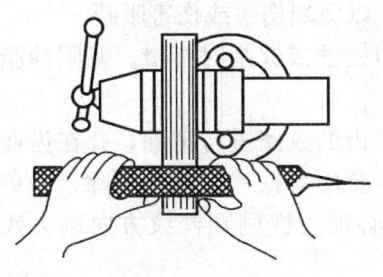
图 5—25 推锉

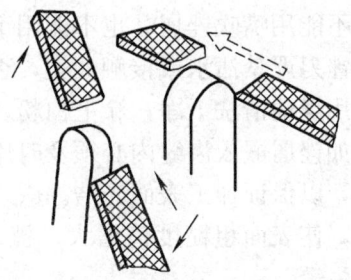
图 5—26 外圆弧面的锉削方法

顺着圆弧面锉削时，锉刀向前，右手把锉刀柄部往下压，左手把锉刀前端（尖端）向上抬。这种方法能使圆弧面锉削光洁圆滑，不会出现棱边现象，但不易发挥锉削力量，锉削位置不易掌握且效率不高，故适用于精锉圆弧面或锉削加工余量较小的圆弧面。在顺着圆弧面锉削时，锉刀上翘下摆的摆动幅度要大，才易于锉圆。

沿圆弧面垂直方向锉削时，锉刀作直线运动，并不断随圆弧面摆动。这种方法容易发挥锉削力量，锉削效率高且便于按划线均匀地挫成弧线，但只能锉成近似圆弧面的多棱形面，故适用于加工余量较大的圆弧面的粗加工。当按圆弧要求锉成多边形后，应再用顺着圆弧面锉削的方法精锉成形。

2）内圆弧面的锉削。内圆弧面的锉刀可选用圆锉或掏锉（圆弧半径较小时）、半圆锉或方锉（圆弧半径较大时）。锉削时锉刀要同时完成三个运动：前进运动，随圆弧面向左或向右移动（约半个到一个锉刀直径），绕锉刀中心线转动（向顺、逆时针方向转动约 90°），如图 5—27 所示。

3）球面的锉削方法。锉削圆柱形工件端部的球面时，在应用外圆弧面锉法锉削的同时，还需要绕球面的中心和周向作竖向和横向摆动，如图 5—28 所示。

图 5—27 内圆弧面的锉削方法

图 5—28 球面的锉削方法

5．锉削安全注意事项

（1）新锉刀只能逐面使用，且不能锉硬金属。新锉刀要先使用一面，用钝后再使用另一面。因为用过的锉面易锈蚀，两面同时用时，总的使用时间会缩短。不得用新锉刀锉硬金属，不可锉毛坯件的硬皮及经过淬硬的工件表面，否则锉刀会因此而变钝，丧失锉削能力。铸锻件表面上的残存砂粒和氧化硬皮，应先用砂轮磨去或用旧锉刀和锉刀的有齿侧边锉去，然后再进行正常锉削加工。

（2）不能将锉刀当做锤子或撬棒使用，否则容易使锉刀折断、损坏锉刀或伤人。使用整形锉时用力不可过猛，以免折断锉刀。

（3）在粗锉时，应充分使用锉刀的有效全长，既提高了锉削效率，又可使锉齿避免局部磨损。

(4) 不能用嘴吹锉屑,也不能用手摸锉削表面,以免划伤手或伤害眼睛。

(5) 锉刀严禁沾水或接触油类,否则容易使锉刀锈蚀或锉削时打滑。黏附油脂的锉刀一定要用煤油清洗干净,涂上白粉。

(6) 如锉屑嵌入齿缝内必须及时用钢丝刷沿着锉齿的纹路进行清除,并在齿面上涂上粉笔灰,以保证加工表面光洁。嵌入锉屑较大时,要用薄铁片或铜片剔除,以免拉伤加工表面,使表面粗糙度值增大。锉刀每次用完都必须用锉刷顺锉纹方向刷去残留锉屑,以免生锈。

(7) 没有装柄的锉刀、锉刀柄已裂开或没有锉刀柄箍的锉刀不准使用,以免伤手。锉削时锉刀柄不能撞击到工件,以免锉刀柄脱落造成事故。

(8) 锉刀放置要合理。锉刀是右手工具,应放在台虎钳的右面,放在钳台上时锉刀柄不可露在钳台外面,以免碰落砸伤脚或损坏锉刀。在使用过程中和放入工具箱时,都不能互相重叠堆放,不可与其他工具或工件堆放在一起,不能与其他金属硬物相碰,以免损坏锉齿。

第三节 孔加工、螺纹加工及刮削和研磨

一、钻孔、锪孔和铰孔

1. 钻孔

钻孔是指用钻头在实体材料上加工出孔的操作。

(1) 钻削的特点。钻头转速高;摩擦严重、散热困难、热量多、切削温度高;切削量大、排屑困难、易产生振动。钻头的刚度和精度都较差,故钻削加工精度低,一般尺寸精度公差等级为 IT11~IT10 级,表面粗糙度为 R_a100~25 μm。

(2) 钻孔常用设备。有台式钻床、立式钻床、摇臂钻床、手电钻等。

(3) 钻头(麻花钻)。麻花钻一般用高速钢 W18Cr4V 或 W9Cr4V2 制成,淬火后的硬度为 62~68HRC,由柄部、颈部和工作部分(切削部分和导向部分)组成,如图 5—29 所示。

柄部是钻头的夹持部分,用于装夹定心和传递转矩动力。钻头直径小于 13 mm 时,

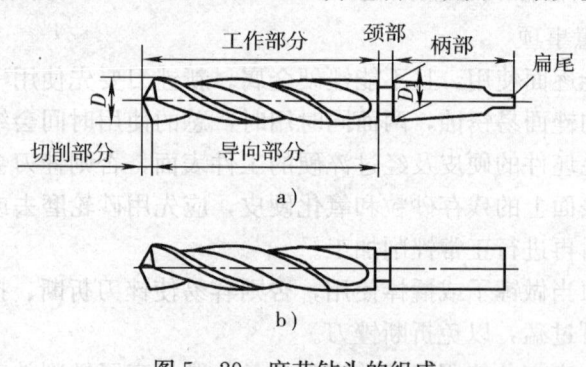

图 5—29 麻花钻头的组成
a) 锥柄式 b) 柱柄式

柄部为圆柱形；钻头直径大于 13 mm 时，柄部一般为莫氏锥度。

颈部是工作部分和柄部之间的连接部分。用作钻头磨削时砂轮退刀用，并用来刻印商标和规格型号等。

工作部分包括切削部分和导向部分。切削部分起主要切削作用，由前刀面、后刀面、横刃、两主切削刃组成。导向部分有两条螺旋形棱边，在切削过程中起导向及减少摩擦的作用。两条对称螺旋槽起排屑和输送切削液作用。在钻头重磨时，导向部分逐渐变为切削部分进行切削工作。

(4) 钻孔的方法

1) 钻孔工件的划线。按孔的位置尺寸要求，划出孔位的十字中心线，并打上中心冲眼（要求冲眼要小，位置要准），按孔的大小划出孔的圆周线。钻直径较大的孔时，还应划出几个大小不等的检查圆，以便钻孔时检查和校正孔的位置。当孔的位置尺寸要求较高，为了避免敲击中心冲眼时所产生的偏差，也可直接划出以孔中心线为对称中心的几个大小不等的方格，作为钻孔时的检查线。然后将中心冲眼敲大，以便准确落钻定心。

2) 工件的装夹。工件钻孔时，要根据工件的不同形体以及钻削力的大小（或钻孔的直径大小）等情况，采用不同的装夹（定位和夹紧）方法，以保证钻孔的质量和安全，如图 5—30 所示。

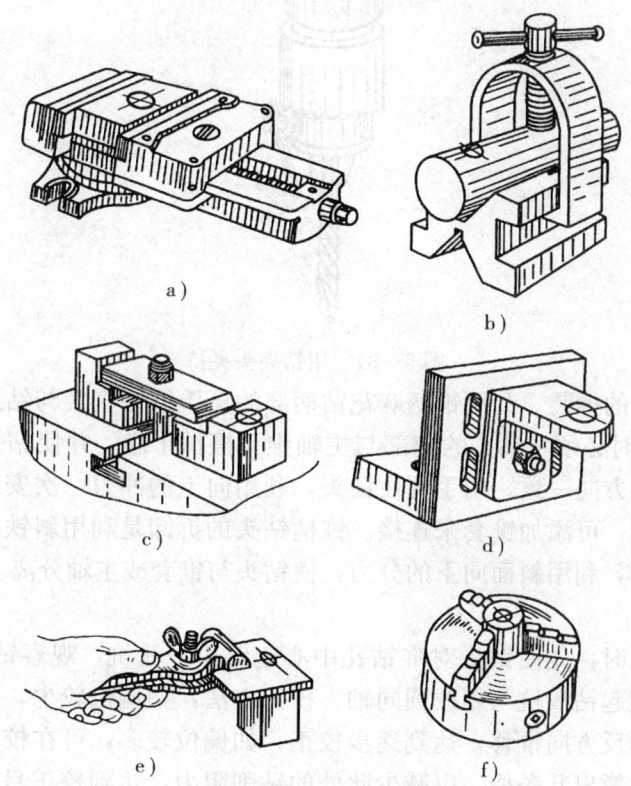

图 5—30　钻孔工件的装夹

a) 用平口钳　b) 用 V 形架　c) 用螺旋压板　d) 用角铁　e) 用手虎钳　f) 用三爪自定心卡盘

平正的工件可用平口钳装夹，装夹时应使工件表面与钻头垂直。钻直径大于 8 mm 孔时，必须将平口钳用螺栓、压板固定。用台虎钳夹持工件钻通孔时，工件底部应垫上垫铁，空出落钻部位，以免钻坏台虎钳。

圆柱形的工件可用 V 形架对工件进行装夹，装夹时应使钻头轴线与 V 形架二斜面的对称平面重合，保证钻出孔的中心线通过工件轴心线。

较大工件且钻孔直径在 12 mm 以上用压板夹持时，压板厚度与锁紧螺栓直径的比例应适中，锁紧螺栓应尽量靠近工件，垫铁高度应略高于工件夹紧表面，夹紧已加工表面时，应添加衬垫。

异形零件、底面不平或加工基准在侧面的工件，可用角铁进行装夹。由于钻孔时的轴向钻削力作用在角铁安装平面之外，故角铁必须用压板固定在钻床工作台上。

在薄板或小型工件上钻孔，可将工件放在定位块上，用手虎钳夹持。

在圆柱形工件端面钻孔，可用三爪自定心卡盘进行装夹。

3) 钻头的拆装

①直柄麻花钻的拆装。将直柄麻花钻的柄部塞入钻夹头的三只卡爪内，然后用钻夹头钥匙旋转外套，带动三只卡爪移动，夹紧钻头，如图 5—31 所示。

图 5—31　用钻夹头夹持

②锥柄麻花钻的拆装。利用锥柄麻花钻柄部的莫氏锥体直接与钻床主轴连接，如图 5—32 所示。安装时必须将钻头的柄部与主轴锥孔擦拭干净，并使钻头锥柄上的矩形舌部与主轴腰形孔的方向一致，用手握住钻头，利用向上的冲力一次安装完成。当钻头锥柄小于主轴锥孔时，可添加锥套来连接。锥柄钻头的拆卸是利用斜铁来完成的。斜铁使用时，斜面应朝下，利用斜面向下的分力，使钻头与锥套或主轴分离。

4) 钻削加工

①起钻。钻孔时，先使钻头对准钻孔中心起钻出一浅坑，观察钻孔位置是否正确，并要不断校正，使起钻浅坑与划线圆同轴。校正方法：如偏位较少，可在起钻的同时用力将工件向偏位的反方向推移，达到逐步校正；如偏位较多，可在校正方向打上几个中心冲眼或用油槽錾錾出几条槽，以减少此处的钻削阻力，达到校正目的。但无论何种方法，都必须在锥坑外圆小于钻头直径之前完成，这是保证达到钻孔位置精度的重要环节。如果起钻锥坑外圆已经达到孔径，而孔位仍偏移再校正就困难了。

钳工基本操作

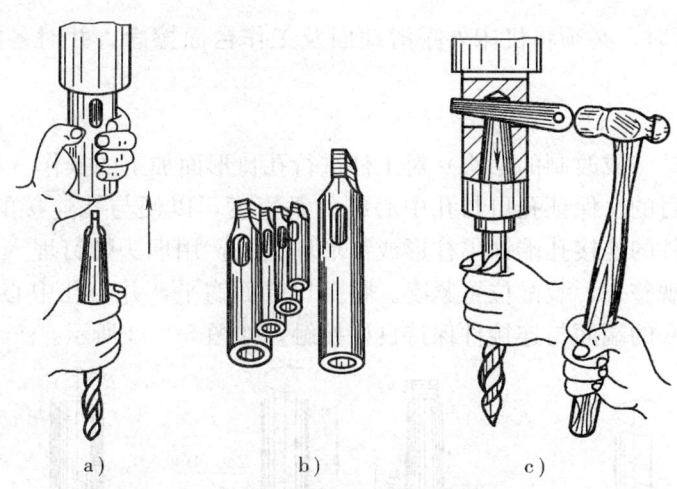

图 5—32　锥柄麻花钻的拆装及锥套用法

②进给操作。当起钻达到钻孔的位置要求后，即可压紧工件完成钻孔。手动进给时，进给用力不应使钻头产生弯曲现象，以免使钻孔轴线歪斜；钻小直径孔或深孔时，进给力要小，并要经常退钻排屑，以免切屑阻塞而扭断钻头，一般在钻孔深达直径的三倍时，一定要退钻排屑，孔将钻穿时，进给力必须减小，以防进给量突然过大，增大切削抗力，造成钻头折断，或使工件随着钻头转动造成事故。

③钻孔时的切削液。为了使钻头散热冷却，减少钻削时钻头与工件、切屑之间的摩擦，以及消除黏附在钻头和工件表面上的积屑瘤，从而降低切削抗力，提高钻头寿命和改善加工孔表面质量，钻孔时要加注足够的切削液。钻钢件时，可用3%~5%的乳化液；钻铸铁时，一般可不加或用5%~8%的乳化液连续加注。

（5）钻孔安全注意事项

1）操作钻床时不可戴手套，袖口必须扎紧，女工必须戴工作帽。

2）用钻夹头装夹钻头时要用钻夹头钥匙，不可用扁铁和锤子敲击，以免损坏夹头和影响钻床主轴精度。工件装夹时，必须做好装夹面的清洁工作。

3）工件必须夹紧，特别在小工件上钻较大直径孔时装夹必须牢固，孔将钻穿时，要尽量减小进给力。工作台面必须保持清洁。

4）开动钻床前，应检查是否有钻夹头钥匙或斜铁插在钻轴上。使用前必须先空转试车，在机床各机构都能正常工作时才可操作。

5）钻孔时不可用手和棉纱头或用嘴吹来清除切屑，必须用毛刷清除，钻出长条切屑时，要用钩子钩断后除去。钻通孔时必须使钻头能通过工作台面上的让刀孔，或在工件下面垫上垫铁，以免钻坏工作台面。钻头用钝后必须及时修磨锋利。

6）操作者的头部不准与旋转着的主轴靠得太近，停车时应让主轴自然停止，不可用手去刹住，也不能用反转制动。

7）严禁在开车状态下装拆工件。检验工件和变换主轴转速，必须在停车状况下进行。

8）清洁钻床或加注切削液时，必须切断电源。

9）钻床不用时，必须将机床外露滑动面及工作台面擦净，并对各滑动面及各注油孔加注润滑油。

2. 锪孔

锪孔是用锪钻（或改制的钻头）对工件进行孔口形面加工的操作。

（1）锪孔的目的。保证孔口与孔中心线的垂直度，以便与孔连接的零件位置正确，连接可靠。在工件的连接孔端锪出柱形或锥形埋头孔，用埋头螺钉埋入孔内把有关零件连接起来，使外观整齐，装配位置紧凑。将孔口端面锪平，并与孔中心线垂直，能使连接螺栓（或螺母）的端面与连接件保持良好接触，如图5—33所示。

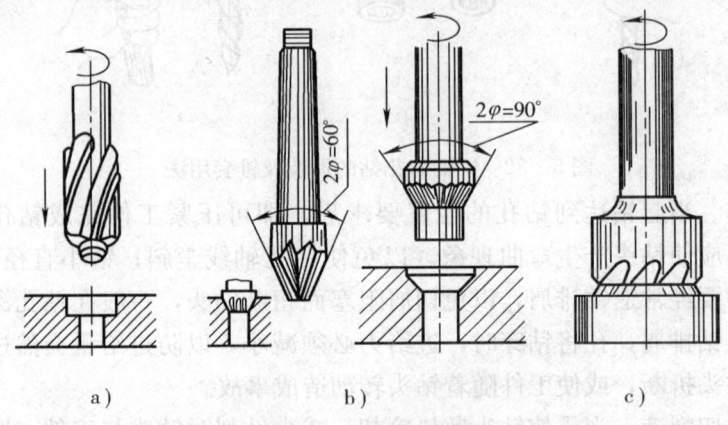

图5—33 锪孔的应用

a) 锪圆柱埋头孔　b) 锪锥形埋头孔　c) 锪孔口和凸台平面

（2）锪钻的种类。有柱形锪钻、锥形锪钻、端面锪钻三种，如图5—34所示。

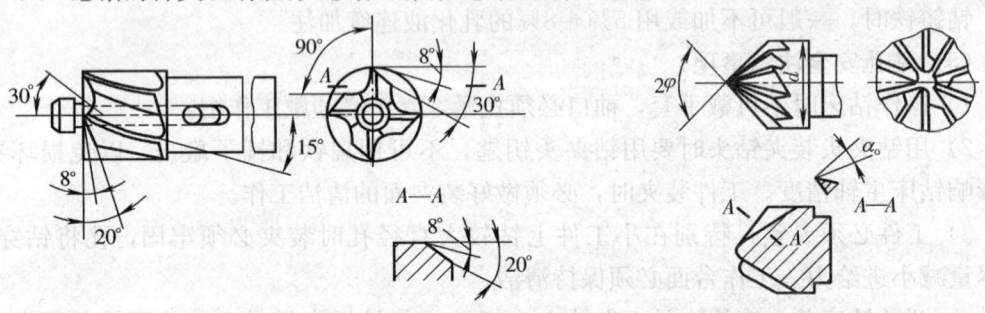

图5—34 锪钻的类型

1）柱形锪钻。用于锪圆柱形埋头孔。柱形锪钻起主要切削作用的是端面刀刃，螺旋槽的斜角就是它的前角。锪钻前端有导柱，导柱直径与工件已有孔为紧密的间隙配合，以保证良好的定心和导向。这种导柱是可拆的，也可以把导柱和锪钻做成一体。

2）锥形锪钻。用于锪锥形孔。锥形锪钻的锥角按工件锥形埋头孔的要求不同，有60°、75°、90°、120°四种，其中90°锥角用得最多。

3）端面锪钻。专门用来锪平孔口端面。端面锪钻可以保证孔的端面与孔中心线的垂直度。当已加工的孔径较小时，为了使刀杆保持一定强度，可使刀杆头部的一段直径与已加工孔为间隙配合，以保证良好的导向作用。

（3）锪孔时的注意事项。锪孔方法和钻孔方法基本相同。锪孔时存在的主要问题是由于刀具振动而使所锪孔口的端面或锥面产生振痕，使用麻花钻改制锪钻，振痕尤为严重。为了避免这种现象，在锪孔时应注意以下几点：

1) 锪孔时的切削速度应比钻孔时低，一般为钻孔切削速度的 1/3～1/2。同时，由于锪孔时的轴向抗力较小，所以手动进给压力不宜过大，并要均匀。精锪时，往往采用钻床停车后主轴惯性来锪孔，以减少振动而获得光滑表面。

2) 锪孔时，由于锪孔的切削面积小，标准锪钻的切削刃数目多，切削较平稳，所以进给量为钻孔的 2～3 倍。

3) 尽量选用较短的钻头来改磨锪钻，并注意修磨前面，减小前角，以防止扎刀和振动。用麻花钻改磨锪钻，刃磨时，要保证两切削刃高低一致、角度对称，保持切削平稳。后角和外缘处前角要适当减小，选用较小后角，防止多角形，以减少振动，防止扎刀。同时，在砂轮上修磨后再用油石修光，使切削均匀平稳，减少加工时的振动。

4) 锪钻的刀杆和刀片，配合要合适，装夹要牢固，导向要可靠，工件要压紧，锪孔时不应发生振动。

5) 要先调整好工件的螺栓通孔与锪钻的同轴度，再将工件夹紧。调整时，可旋转主轴试钻，使工件能自然定位。工件夹紧要稳固，以减少振动。

6) 为控制锪孔深度，对钻床上的深度标尺和定位螺母，做好调整定位工作。

7) 当锪孔表面出现多角形振纹等情况，应立即停止加工，并找出原因，及时修正。

8) 锪钢件时，因切削热量大，要在导柱和切削表面加切削液。

3. 铰孔

铰孔是用铰刀对已经粗加工的孔进行精加工的操作。

(1) 铰削特点。切削速度低，切削力小，切削热少，加工精度高。由于铰刀的刀刃数量多 (6～12 个)、容屑槽浅、刀芯截面大，故刚度和导向性好。同时铰刀本身精度高，而且有校准部分，可以校准和修光孔壁。铰孔时切削余量小（粗铰 0.15～0.35 mm，精铰 0.05～0.15 mm），铰刀对切削变形影响不大。铰削近似刮削，尺寸精度高，其加工精度公差等级一般可达 IT9～IT7（手铰甚至可达 IT6），表面粗糙度为 R_a3.2～0.8 μm 或更小。

(2) 铰刀

1) 铰刀的种类。铰刀的种类很多，按使用方式可分为手用铰刀和机用铰刀；按结构分为固定式（整体式）和可调式铰刀；按所铰孔的形状分为圆柱形铰刀和圆锥形铰刀；按铰刀容屑槽的方向可分为直槽和螺旋槽铰刀；按材质可分为高速钢、工具钢和硬质合金铰刀；按柄部形状可分为直柄铰刀和锥柄铰刀，如图 5—35 所示。

2) 铰刀的结构特点。铰刀由颈部、柄部和工作部分（又分切削部分与校准部分）三部分组成。工作部分的最前端有 45° 倒角，使铰刀容易放入孔中，并起保护切削刃的作用。工作部分的主体是带顶锥角的切削部分，后面是校准部分。

(3) 铰孔方法

1) 铰削操作方法。起铰时，可用右手通过铰孔轴线施加进刀压力，左手转动。正常铰削时，两手用力要均匀、平稳，不得有侧向压力，同时适当加压，使铰刀均匀地进给，以保证铰刀正确引进和使工件获得较小的表面粗糙度值，并避免孔口成喇叭形或将

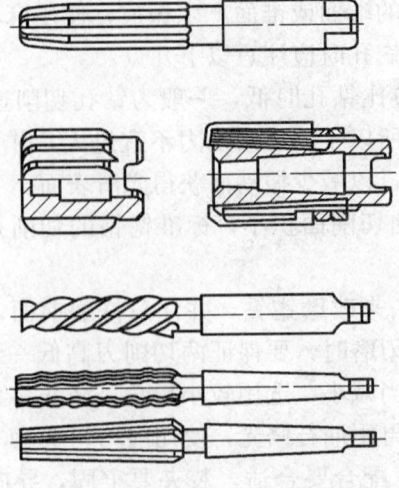

图 5—35 部分铰刀的形状

孔径扩大。铰尺寸较小的圆锥孔,可先按小端直径并留取圆柱孔精铰余量钻出圆柱孔,然后用锥铰刀铰削。对尺寸和深度较大的锥孔,为减小铰削余量,铰孔前可先钻出阶梯孔,然后再用铰刀铰削。铰削过程中要经常用相配的锥销检查铰孔尺寸。

2) 铰削余量和铰削速度的选择。铰削余量是指上道工序(钻孔或扩孔)完成后留下的直径方向的加工余量。铰削余量是否合适,对铰出孔的表面粗糙度和精度影响很大。选择铰削余量时,应考虑到铰孔的精度、表面粗糙度、孔径的大小、材料的软硬和铰刀的类型等诸因素的综合影响。铰刀的选择见表5—4。

表 5—4 铰刀选择

铰刀直径 (mm)	<8	8～20	21～32	33～50	51～70
铰削余量 (mm)	0.1	0.15～0.25	0.25～0.3	0.35～0.5	0.5～0.8

机铰时为了获得较小的表面粗糙度值,必须避免产生积屑瘤,减少切削热及变形,因而应取较小的铰削速度。用高速钢铰刀铰钢件时铰削速度为 4～8 m/min,铰铸件时为 6～8 m/min,铰铜件时为 8～12 m/min。

(4) 铰孔注意事项

1) 在铰孔或退出铰刀时,铰刀均不能反转,以防止刃口磨钝以及切屑嵌入刀具后面与孔壁间,将孔壁划伤。

2) 机铰时,应使工件一次装夹进行钻、铰工作,以保证铰刀中心线与钻孔中心线一致。铰毕后,要将铰刀退出后再停车,以防孔壁拉出痕迹。

3) 铰削的切屑容易黏附在刀刃上,甚至夹在孔壁和铰刀的刃带之间,将已加工表面刮毛,使孔径扩大,导致切削过程中热量积累过多,使工件、铰刀变形加剧,耐用度降低。因此,铰削时必须选用适当的切削液来减少摩擦并降低刀具和工件的温度,以达到冲走切屑、散热和润滑的目的。

4) 铰刀是精加工工具,要保护好刃口,避免碰撞。刀刃上如有毛刺或切屑黏附,可用油石小心地磨去。铰刀排屑功能差,须经常取出清屑,以免铰刀被卡住。

5) 铰定位圆锥销孔时，因锥度小有自锁性，且韧性材料塑性大，因此在铰削时铰刀刃口必须锋利，且进给量不能太大，否则极易使铰刀卡死或折断。

二、螺纹加工

1. 内螺纹加工——攻螺纹

攻螺纹是用丝锥在孔中切削出内螺纹的加工方法。

(1) 内螺纹加工工具。主要包括丝锥和铰杠。

1) 丝锥。丝锥是加工内螺纹的工具。一般用合金工具钢或高速钢制成，并经热处理淬硬。

①丝锥的构造。丝锥主要由柄部和工作部分组成，如图5—36所示。

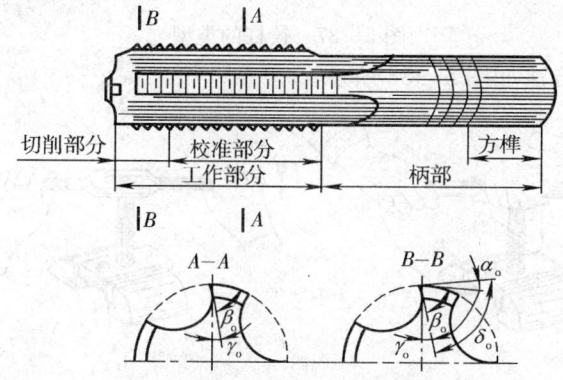

图5—36 丝锥的构造

柄部的方头用来插入铰杠中用以传递转矩。工作部分又包括切削部分与校准部分（导向部分）。

切削部分担任主要的切削任务，其牙型由浅入深，并逐渐变得完整，以保证丝锥容易攻入孔内，并使各牙切削的金属量大致相同。常用丝锥轴向开3～4条容屑槽，以形成切削部分锋利的切削刃和前角，同时能容纳切屑。端部磨出切削锥角，使切削负荷分布在几个刀齿上，逐渐切到齿深，可使切削省力，刀齿受力均匀，不易崩刃或折断，也便于正确切入。

校准部分均具有完整的牙形，主要用来校准和修光已切出的螺纹，并引导丝锥沿轴向前进。为了制造和刃磨方便，丝锥上的容屑槽一般做成直槽。有些专用丝锥为了控制排屑方向，做成螺旋槽。加工不通孔螺纹，为使切屑向上排出，容屑槽做成右旋槽。加工通孔螺纹，为使切屑向下排出，容屑槽做成左旋槽。

②丝锥的分类。丝锥按加工螺纹的种类不同有普通三角螺纹丝锥（其中M6～M24的丝锥两只一套，小于M6和大于M24的丝锥为三只一套）、圆柱管螺纹丝锥（两只一套）、圆锥管螺纹丝锥（不论尺寸大小均为单只）。圆锥管螺纹丝锥的直径从头到尾逐渐增大，而牙型与丝锥轴线垂直，以保证内外螺纹结合时有良好的接触。此外，丝锥按加工方法分有机用丝锥和手用丝锥。圆柱管螺纹丝锥与一般手用丝锥相近，只是其工作部分较短，一般为两支一组。

2) 铰杠。用来夹持丝锥的工具，有普通铰杠和丁字铰杠两类，如图5—37所示。

丁字铰杠适用于在高凸台旁边或箱体内部攻螺纹。各类铰杠又有固定式和活络式两种。固定式铰杠常用于攻 M5 以下螺孔，活络式铰杠可以调节方孔尺寸。活络式丁字铰杠用于攻 M6 以下螺孔。

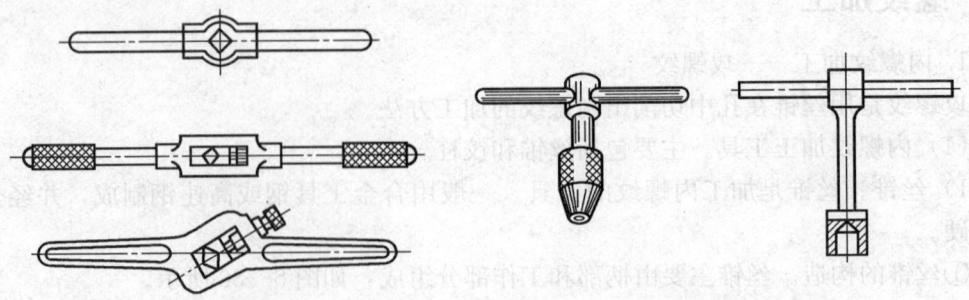

图 5—37 铰杠的类型

（2）攻螺纹操作方法如图 5—38 所示。

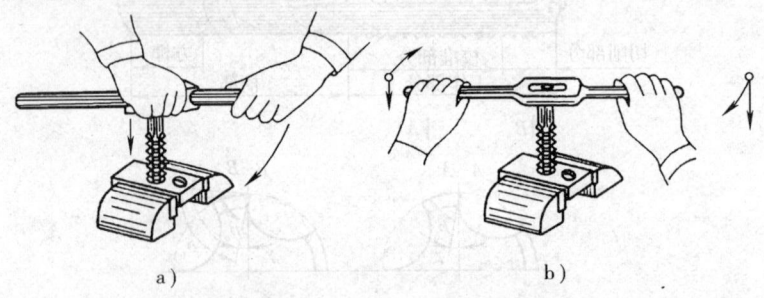

图 5—38 攻螺纹操作方法

攻螺纹时，每转 1～2 圈应经常反转 1/4 圈左右。头攻攻完后，再用二攻、三攻攻削。将工件装夹在台虎钳上（一般情况下，均应使底孔处于铅垂位置）。把装入铰杠上的头攻（头锥）插入孔内，使丝锥与工件表面垂直，尽量保持丝锥与底孔方向一致。用头锥起攻时，右手握住铰杠中间，沿丝锥中心线加适当压力，左手配合将铰杠顺时针转动（左旋丝锥则逆时针转动铰杠），或两手握住铰杠两端均匀施加适当压力，并将铰杠顺向旋进，将丝锥旋入，保证丝锥中心线与孔中心线重合，不歪斜。当丝锥切削部分切入 1～2 圈后，应及时用目测或用直角尺在前后、左右两个方向检查丝锥是否垂直，并不断校正至要求。校正丝锥轴线与底孔轴线是否一致，若一致，两手即可握住铰杠手柄继续平稳地转动丝锥。一般在切入 3～4 圈时，丝锥位置应正确无误，此时不应再强行纠正偏斜。此后，当丝锥的切削部分全部进入工件时，只需要两手用力均匀地转动铰杠，不再对丝锥施加压力，丝锥会自行向下攻削。为防止切屑过长损坏丝锥，每扳转铰杠 1/2～2 圈，应反转 1/4～1/2 圈，以使切屑折断排出孔外，避免因切屑堵塞而损坏丝锥。

（3）攻螺纹底孔直径的确定。底孔是指攻螺纹前在工件上预钻的孔。底孔直径要稍大于螺纹小径。

（4）攻螺纹底孔深度的确定。钻孔深度要大于所需的螺孔深度。攻不通孔螺纹时，由于丝锥切削部分不能切出完整的螺纹牙型，所以钻孔深度要大于所需的螺孔深度，防止丝锥已到底还继续往下攻，造成丝锥折断。通常钻孔深度至少要等于需要的螺纹深度加上丝锥切削部分的长度，这段长度大约等于螺纹大径的 0.7 倍。

(5) 攻螺纹注意事项

1) 钻孔后，在螺纹底孔的孔口必须倒角，通孔螺纹两端都倒角，倒角处最大直径应和螺纹大径相等或略大于螺孔大径，这样可使丝锥开始切削时容易切入，并可防止孔口出现挤压出的凸边。

2) 对于成组丝锥要按头锥、二锥、三锥的顺序攻削。用头锥攻螺纹时，应保持丝锥中心与螺孔端面在两个相互垂直方向上的垂直度。头锥攻过后，先用手将二锥旋入，再装上铰杠攻螺纹。以同样办法攻三锥。对于在较硬的材料上攻螺纹时，可轮换各丝锥交替攻，以减小切削部分负荷，防止丝锥折断。

3) 攻不通孔时，可在丝锥上做深度标记，并要经常退出丝锥，清除留在孔内的切屑。否则会因切屑堵塞易使丝锥折断或攻螺纹达不到深度要求。当工件不便倒向进行清屑时，可用弯曲的小管子吹出切屑或用磁性针棒吸出。

4) 攻螺纹时适当使用切削液可以减少摩擦，减小切削阻力，减小加工螺孔的表面粗糙度值，保持丝锥的良好切削性能，延长丝锥寿命，得到光洁的螺纹表面。攻钢件螺纹时可用机油，螺纹质量要求高时可用工业植物油，攻铸铁件螺纹时可用煤油。

2. 外螺纹加工——套螺纹

套螺纹就是用板牙在圆杆上切削出外螺纹的操作。

(1) 套螺纹工具。套螺纹的工具有板牙与板牙架，如图 5—39 所示。

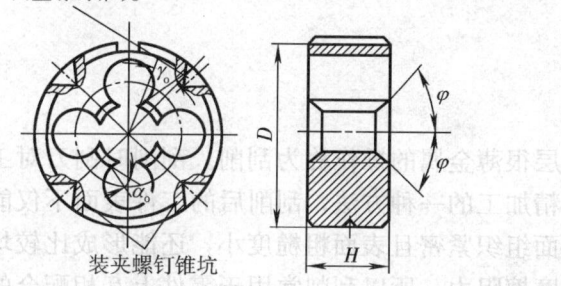
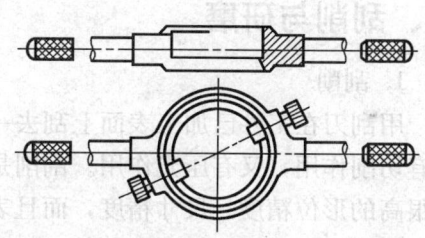

图 5—39 板牙与板牙架

1) 板牙。加工外螺纹的工具，常用合金工具钢或高速钢制造，并经淬火硬化。

①板牙的构造。板牙由切削部分、校准部分和排屑孔组成。其本身就像一个圆螺母，在它上面钻有几个排屑孔而形成刀刃。切削部分是板牙两端有切削锥角的部分。板牙的中间一段是校准部分，也是套螺纹时的导向部分。板牙的校准部分因磨损会使螺纹尺寸变大而超出公差范围。因此，为延长板牙的使用寿命，常用的圆板牙在外圆上有四个锥坑和一条 V 形槽，起调节板牙尺寸的作用。

②板牙的种类。常用的板牙有圆板牙和活络管子板牙。圆板牙分固定式和可调式两种。活络管子板牙四块为一组，镶嵌在可调的管子板牙架内，用来套管子外螺纹。

2) 板牙架。装夹板牙的工具，分为圆板牙架和管子板牙架等。

(2) 套螺纹操作方法（见图 5—40）。起套时，用右手掌按住板牙架中部，沿圆杆的轴向施加压力，左手配合使板牙架顺向旋进，转动要慢，压力要大，并保证板牙端面与圆杆垂直，不歪斜。在板牙旋转切入圆杆2～3圈时，要检查板牙与圆杆的垂直情况并及时校正。进入正常套螺纹后，不再加压力，让板牙自然引进，以免损坏螺纹和板牙，并经常倒转以断屑。在钢件上套螺纹时要加切削液，以减小加工螺纹的表面粗糙度值和延长板牙使用寿命。一般可用机油或较浓的乳化液，要求高时可用工业植物油。

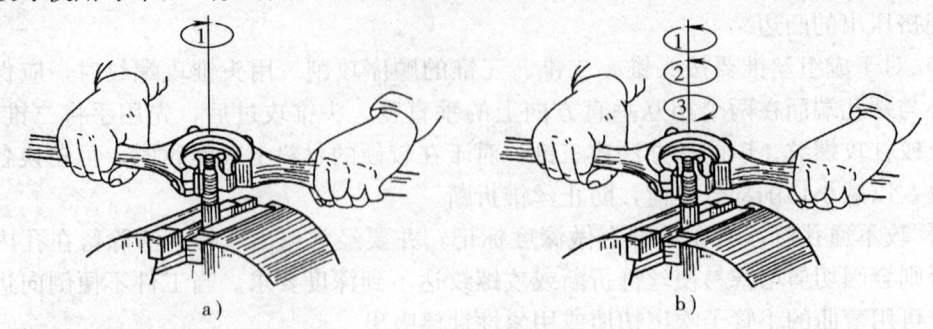

图5—40 套螺纹操作
a) 错误 b) 正确

（3）套螺纹前圆杆直径的确定。用板牙在工件上套螺纹时，材料因受到撞压而变形，牙顶将被挤高一些。所以圆杆直径应稍小于螺纹大径的尺寸。

为了使板牙起套时容易切入工件并作正确的引导，圆杆端部要倒角，其锥半角一般为15°～20°。倒角的最小直径，可略小于螺纹小径，使切出的螺纹端部避免出现锋口和凸边。

三、刮削与研磨

1. 刮削

用刮刀在工件已加工表面上刮去一层很薄金属的操作称为刮削。刮削时刮刀对工件既有切削作用，又有压光作用。刮削是精加工的一种方法，刮削后的工件表面不仅能获得很高的形位精度、尺寸精度，而且表面组织紧密且表面粗糙度小，还能形成比较均匀的微浅坑，创造良好的存油条件，减少摩擦阻力。所以刮削常用于零件上互相配合的重要滑动面，如机床导轨面、滑动轴承等，并且在机械制造、工具、量具制造或修理中占有重要地位。但刮削的缺点是生产率低，劳动强度大。

（1）刮削工具及显示剂

1）刮刀。刮刀是刮削工作中的重要工具，要求刀头部分有足够的硬度和刃口锋利。常用T10A、T12A和GCr15钢制成，也可在刮刀头部焊上硬质合金，以刮削硬金属。刮刀可分为平面刮刀和曲面刮刀两种。平面刮刀用于刮削平面，如图5—41所示，可分为粗刮刀、细刮刀和精刮刀三种；曲面刮刀用来刮削曲面，如图5—42所示，曲面刮刀有多种形状，常用三角刮刀。

2）校准工具。校准工具的用途：一是用来与刮削表面磨合，以接触点多少和疏密程度来显示刮削平面的平面度，提供刮削依据；二是用来检验刮削表面的精度与准确性。刮削平面的校准工具有校准平板、校准直尺和角度直尺三种，如图5—43所示。

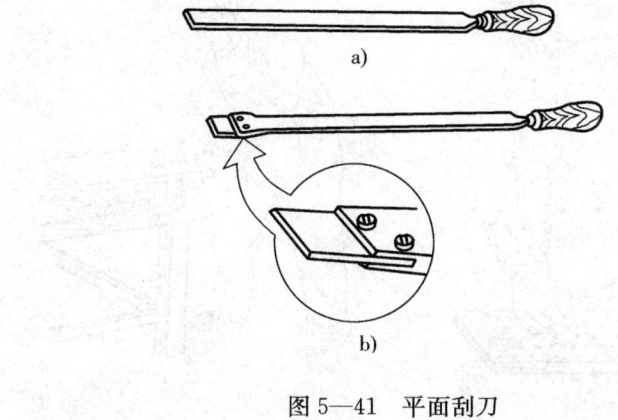

图 5—41 平面刮刀

a) 普通刮刀　b) 活头刮刀

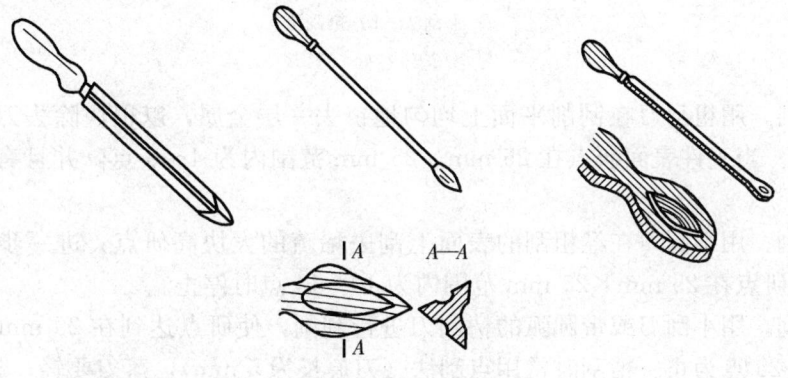

图 5—42 曲面刮刀

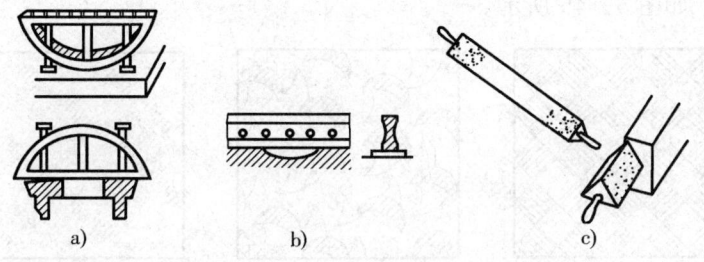

图 5—43 校准工具

a) 校准平板　b) 校准直尺　c) 角度直尺

3) 显示剂。显示剂是用来显示被刮削表面误差大小的。它放在校准工具表面与刮削表面之间，当校准工具与刮削表面合在一起对研后，凸起部分就被显示出来。常用的显示剂有红丹粉（机油与牛油调成）和蓝油（普鲁士蓝与蓖麻油调成）。

(2) 刮削精度的检查。刮削精度常通过刮削研点（接触点）的数目来检查。其标准以在边长为 25 mm 的正方形面积内研点的数目来表示（数目越多，精度越高），一级平面为 5～16 点；精密平面为 16～25 点；超精密平面大于 25 点。

(3) 平面刮削。平面刮削有手刮法和挺刮法两种，如图 5—44 所示。其刮削步

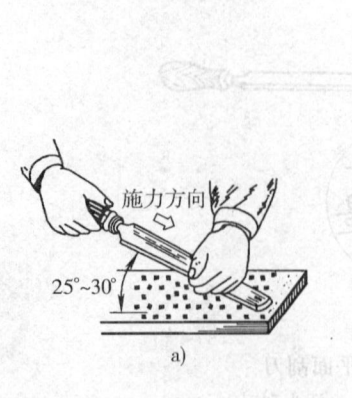

图 5—44 平面刮削
a) 手刮法 b) 挺刮法

骤为：

1) 粗刮。用粗刮刀在刮削平面上均匀地铲去一层金属，以很快除去刀痕、锈斑或过多的余量。当工件表面研点在 25 mm×25 mm 范围内为 4~6 点，并且有一定细刮余量时为止。

2) 细刮。用细刮刀在经粗刮的表面上刮去稀疏的大块高研点，进一步改善不平现象。当平均研点在 25 mm×25 mm 范围内为 10~14 点时停止。

3) 精刮。用小刮刀或带圆弧的精刮刀进行刮削，使研点达到在 25 mm×25 mm 范围内为 20~25 点为止。精刮时常用点刮法（刀痕长为 5 mm），落刀要轻，起刀要快。

4) 刮花。刮花的目的主要是美观和积存润滑油。常见的花纹有斜花纹、鱼鳞花纹和半月花纹等，如图 5—45 所示。

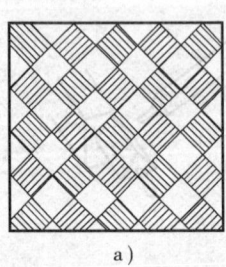

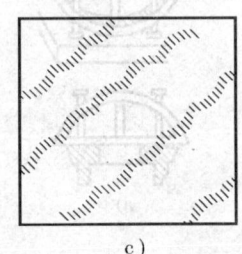

图 5—45 刮花的花纹
a) 斜花纹 b) 鱼鳞花纹 c) 半月花纹

(4) 曲面刮削。曲面刮削与平面刮削的原理相同，但具体刮削方法不同。曲面刮削所用的刮刀是三角刮刀或蛇头刮刀。曲面刮削的步骤为粗刮、细刮和精刮。与平面刮削不同之处在于三个阶段使用的是同一把刮刀，只是以改变刮刀与工件的相对位置来区分粗刮、细刮和精刮。曲面刮削操作步骤如图 5—46 所示。

粗刮时其刮刀具有正前角，刮出的切屑较厚，刮削速度较快；细刮时其刮刀具有较小的负前角，刮出的切屑较薄，通过细刮能获得分布较均匀的研点；精刮时其具有较大

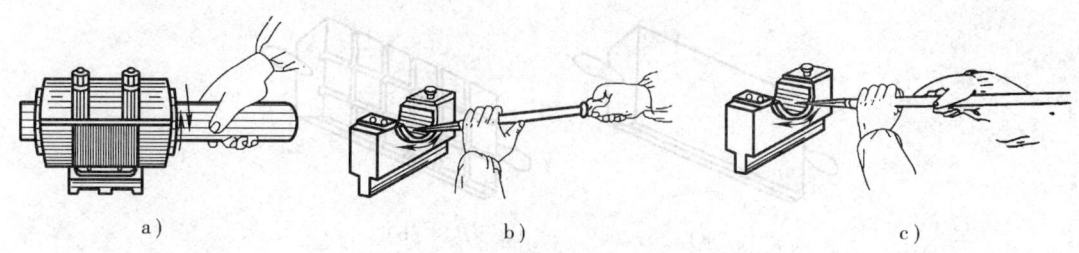

图 5—46 曲面刮削操作步骤

的负前角，刮出的切屑很薄，可以获得较高的表面质量。

在进行曲面刮削过程中，刮刀应在曲面中作螺旋运动，即左手使刮刀作左、右螺旋方向运动，右手控制刮削的方向和位置。刮削时用力不能太大，否则容易发生抖动而使表面产生振动痕迹。每刮一遍之后，下一遍的刮削应与上一遍刮削交叉进行，可避免刮削面产生波纹，接触点也不会成条状。刀迹与孔中心线约成45°角。

(5) 刮削的安全注意事项

1) 刮削前工件必须倒角，对于不允许倒角的工件，在刮削时要注意避免锋边划伤人体。

2) 工件要放稳，不得产生振动或滑动。较大的工件可直接安放并且要垫平稳，小工件要用夹具夹紧，但要防止工件变形。

3) 工件放置位置的高低，要根据操作者的身高来定。工件位置一般在操作者的腰部。挺刮时位置要略低，曲面刮削位置要略高。

4) 刮削工件的边缘时，用力不要太猛。

5) 刮削场地的光线要适中，不宜太亮或太暗，光线要从前方射来。

6) 刮削过程中不宜喧闹，不宜分散注意力。

7) 刮刀用毕要放置稳妥，三角刮刀要装入刀套内。

2. 研磨

用研磨工具和研磨剂，从工件上研去一层极薄表面层的精加工方法称为研磨。经研磨后工件的表面粗糙度 R_a 值可以达到 0.8～0.05 μm。研磨有手工操作和机械操作。

(1) 研具及研磨剂

1) 研具。研具的形状与被研磨表面一样，如研磨平面，则磨具为一块平板。研具材料的硬度一般都要比被研磨工件材料低，但也不能太低，否则磨料会全部嵌进研具而失去研磨作用，常用研具材料是灰铸铁（也可用低碳钢和铜）。研磨平板有光滑平板和有槽平板两种，如图 5—47 所示。

2) 研磨剂。研磨剂是由磨料和研磨液调和而成的混合剂。

①磨料。在研磨中起切削作用。常用的磨料有：刚玉类磨料——用于碳素工具钢、合金工具钢、高速钢和铸铁等工件的研磨；碳化硅磨料——用于研磨硬质合金、陶瓷等高硬度工件，也可用于研磨钢件；金刚石磨料——它硬度高，使用效果好但价格昂贵。

②研磨液。在研磨中起调和磨料、冷却和润滑作用。常用的研磨液有煤油、汽油、工业用甘油和熟猪油。

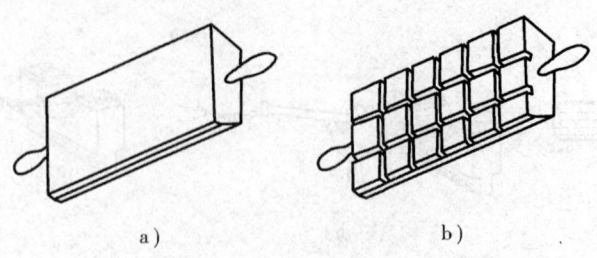

图 5—47 研磨平板
a) 光滑平板 b) 有槽平板

（2）平面研磨。平面的研磨一般是在表面非常平整的平板（研具）上进行的。粗研常用平面上制槽的板，这样可以把多余的研磨剂刮去，保证工件研磨表面与平板的均匀接触；同时可使研磨时的热量从沟槽中散去。精研时，为了获得较小的表面粗糙度，应在光滑的平板上进行。

研磨时要使工件表面各处都受到均匀的切削，手工研磨时合理的运动对提高研磨效率、工件表面质量和研具的耐用度都有直接影响。手工研磨时的运动一般采用直线、螺旋形、8字形等，8字形常用于研磨小平面工件。

研磨前，应先做好平板表面的清洗工作，加上适当的研磨剂，把工件需研磨表面合在平板表面上，采用适当的运动轨迹进行研磨。研磨中的压力和速度要适当，一般在粗研磨或研磨硬度较小工件时，可用大的压力，较慢速度进行；而在精研磨时或对大工件研磨时，就应用小的压力、快的速度进行。

单元测试题

一、填空题（请将正确的答案填在横线空白处）

1. 异形锉主要用于锉削工件上的_____表面，选择锉刀时，锉刀的断面形状应和_____相适应。
2. 钻削用量包括_____、进给量和切削深度三要素。

二、判断题（下列判断正确的请打"√"，错误的打"×"）

1. 需要在工件两个以上的表面划线才能明确表示加工界线的，称为立体划线。（　　）
2. 粗刮的目的是增加研点数，改善工件表面质量，满足精度要求。（　　）

三、简答题

1. 划线基准的选择原则有哪些？
2. 简述攻螺纹的方法。

单元测试题答案

一、填空题

1. 特殊　工件加工表面　　2. 切削速度

二、判断题

1. √ 2. ×

三、简答题

答案略。

第 6 单元

管道安装基础

- 第一节 管道常用参数和分类/160
- 第二节 管材、板材和型钢/163
- 第三节 常用法兰和阀门/174

第一节 管道常用参数和分类

一、管道常用参数

1. 公称直径

管子、管件和管路附件的公称直径,既不是实际的内径,也不是实际的外径,其直径数值近似于法兰式阀门和某些管子(如黑铁管、白铁管、上下铸铁管、下水铸铁管)的实际内径。例如,公称直径25 mm的白铁管,实测其内径数值为25.4 mm左右。公称直径便于管子与管子、管子与管件、管子与管路附件的连接,保持接口的一致,无论管子的实际外径(或实际内径)多大,只要公称直径相同都能相互连接,并且具有互换性。

公称直径以符号"DN"表示,公称直径的数值写于其后,单位 mm(单位不写)。例如:DN50,表示公称直径为 50 mm。

管道安装过程中,当已知黑、白铁管和给排水铸铁管的实测内径,需要表示其公称直径时,方法为:不四舍五入,其公称直径数值等于相应管材接近的公称等级值(查相应管材公称直径等级表)。例如:白铁管的实测内径是 50.80 mm,其公称直径表示为 DN50。给水铸铁管的实测内径是 148.60 mm,其公称直径表示为 DN150。

2. 公称压力、试验压力和工作压力

公称压力、试验压力和工作压力均与介质的温度密切相关,都是指在一定温度下制品(或管道系统)的抗压强度,三者的区别在于介质的温度不同。管路中的管子、管件和附件都是用各种材料制成的制品。这些制品所能承受的压力,是受温度影响的,随着介质温度的升高,材料的抗压强度逐渐降低。因此,不仅不同材质的制品具有不同的强度,就同一材质的同一制品而言,在不同的温度下,它的抗压强度也不一样。

(1)公称压力。为了判断和识别制品的抗压强度,必须选定同一温度为基准,该温度称为基准温度。制品在基准温度下的抗压强度称为公称压力。制品的材质不同,其基准温度也不同,一般碳素钢制品的基准温度采用200℃。公称压力以符号"PN"表示,公称压力数值写于其后,单位为 MPa(单位不写)。例如,PN1,表示公称压力为 1 MPa。

(2)试验压力。通常是指制品在常温下的抗压强度。管子、管件和附件等制品,在出厂之前以及管道竣工之后,均应进行压力试验,以检查其强度和严密性。例如,$P_s1.6$ 表示试验压力为 1.6 MPa。

(3)工作压力。一般是指给定温度下的操作(工作)压力。工程上,通常是按照制品的最高耐温界限,把工作温度划分成若干等级,并计算出每一工作温度等级下的最大允许工作压力。例如,碳素钢制品通常划分为7个工作温度等级,具体工作温度等级见表6—1。

管道安装基础

表 6—1 碳素钢制品工作温度等级

温度等级	温度范围（℃）	温度等级	温度范围（℃）
1	0~200	5	351~400
2	201~250	6	401~450
3	251~300	7	426~450
4	301~350		

工作压力以符号 P_t 表示，t 为缩小 10 倍之后的介质最高温度，工作压力数值写于其后，单位是 MPa（单位不写）。例如，P_{25} 2.3 表示在介质最高温度为 250℃ 时工作压力为 2.3 MPa。

(4) 公称压力、试验压力和工作压力的关系。三者关系是：$P_S > PN \geqslant P_t$。

碳素钢制品公称压力与最大工作压力之间的关系见表 6—2。碳素钢制品公称压力、试验压力与最大工作压力 P_t 的关系见表 6—3（表中的试验压力不适用于管道系统，各种管道系统的试验压力标准详见有关的验收规范）。

表 6—2 碳素钢制品公称压力与最大工作压力之间的关系

温度等级	P_{tmax}/PN	温度等级	P_{tmax}/PN
1	1.00	5	0.64
2	0.92	6	0.58
3	0.82	7	0.45
4	0.73		

表 6—3 碳素钢制品公称压力、试验压力与最大工作压力的关系

PN (MPa)	P_S (MPa)	介质工作温度 t (℃)						
		200	250	300	350	400	425	450
		P_{tmax} (MPa)						
		P_{20}	P_{25}	P_{30}	P_{35}	P_{40}	P_{42}	P_{45}
0.10	0.2	0.10	0.10	0.10	0.07	0.06	0.06	0.05
0.25	0.4	0.25	0.23	0.20	0.18	0.16	0.14	0.11
0.40	0.6	0.40	0.37	0.33	0.29	0.26	0.23	0.18
0.60	0.9	0.60	0.55	0.50	0.44	0.38	0.35	0.27
1.00	1.5	1.00	0.92	0.82	0.73	0.64	0.58	0.45
1.60	2.4	1.60	1.50	1.30	1.20	1.00	0.90	0.70
2.50	3.8	2.50	2.30	2.00	1.80	1.60	1.40	1.10
4.00	6.0	4.00	3.70	3.30	3.00	2.80	2.30	1.80
6.40	9.6	6.40	5.90	5.20	4.30	4.10	3.70	2.90
10.00	15.0	10.00	9.20	8.20	7.30	6.40	5.80	4.50

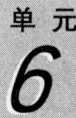

二、管道的分类

1. 按管道的基本特性和服务对象分类

管道按其基本特性和服务对象可分为水暖管道和工业管道两大类。

(1) 水暖管道。水暖管道通常是指给水、排水管道和采暖管道。

(2) 工业管道。工业管道是指为生产输送介质的管道,这种管道的种类较多,如输送氧气、乙炔、燃气、氢气、氮气、压缩空气、燃料油等介质的管道,又分为工艺管道和动力管道两种。

1) 工艺管道。工艺管道一般是指直接为产品生产输送主要物料(介质)的管道,也称为物料管道,如酱油厂输送豆饼颗粒的管道。

2) 动力管道。动力管道指为生产设备输送动力媒介物的管道,如压缩空气管道、生产蒸汽管道等。

2. 按介质的压力分类

(1) 工业管道。按管内输送的介质压力分为4级:低压管道,公称压力≤2.5 MPa;中压管道,公称压力为4~6.4 MPa;高压管道,公称压力为10~100 MPa;超高压管道,公称压力为>100 MPa。

(2) 水暖管道。水暖管道属于低压管道,公称压力≤2.5 MPa。

(3) 几种特定介质管道

1) 压缩空气管道。按工作压力一般分为3级:低压管道,工作压力≤2.5 MPa;中压管道,工作压力为2.5~10 MPa;高压管道,工作压力>10 MPa。

2) 乙炔管道。按工作压力一般分为3级:低压管道,工作压力≤0.007 MPa;中压管道,工作压力为0.007~0.15 MPa;高压管道,工作压力为0.15~2.5 MPa。

3) 燃气管道。按工作压力一般分为5级:低压管道,工作压力≤0.005 MPa;中压管道,工作压力为0.005~0.15 MPa;次高压管道,工作压力为0.15~0.3 MPa;高压管道,工作压力为0.3~0.8 MPa;超高压管道,工作压力为0.8~0.12 MPa。

(4) 热力管道。包括蒸汽和热水管道,按工作压力一般分为3级:低压管道,蒸汽管道工作压力≤2.5 MPa,热水管道工作压力≤4.0 MPa;中压管道,蒸汽管道工作压力为2.6~6 MPa,热水管道工作压力为4.1~9.9 MPa;高压管道,蒸汽管道工作压力为6.1~10 MPa,热水管道工作压力为10~18.4 MPa。

3. 按介质的温度分类

管道按其所输送介质的工作温度不同,通常分为4级。

(1) 常温管道。工作温度为−40~120℃的管道。

(2) 低温管道。管内输送的介质温度在−40℃以下的管道。

(3) 中温管道。工作温度在121~450℃的管道。

(4) 高温管道。工作温度超过450℃的管道。

4. 按介质的性质分类

(1) 腐蚀性介质管道。腐蚀性介质管道是指所输送的介质中含有腐蚀性介质。常见的腐蚀性介质有硫化物、氯化物等。按介质对材料的腐蚀速度不同,通常将介质分为低、中、高三类。

1）低（弱）腐蚀性介质。对碳素钢材料的腐蚀速度≤0.1 mm/a。

2）中腐蚀性介质。对碳素钢材料的腐蚀速度为 0.1～1 mm/a。

3）高（强）腐蚀性介质。对碳素钢材料的腐蚀速度＞1 mm/a。

（2）化学危险品介质管道。管内输送的介质属于化学危险品，例如石油、煤气、氢气、乙炔、乙醇、天然气等。这些介质均易燃、易爆或有毒。

（3）易凝固、易沉淀介质管道。易凝固介质管道是指介质在输送途中，由于散热，温度降低，其黏度增加甚至凝固，如输送原油的管道。易沉淀介质管道是指介质在输送途中，由于温度下降或本身特性等原因，将产生结晶沉淀，如输送尿素、苯溶液的管道。

第二节　管材、板材和型钢

一、管材及其管件

管材根据制造工艺和材质的不同有很多品种。按制造方法可分为无缝钢管、有缝钢管和铸造管；按材质可分为钢管、铸铁管、有色金属管和非金属管等。

1. 常用钢管及其管件

在给水、采暖、供热、燃气、压缩空气等管道系统中，常用的钢管有低压流体输送用焊接钢管（旧称水、煤气输送钢管）、无缝钢管、螺旋缝电焊钢管、直缝卷制电焊钢管。

（1）低压流体输送用焊接钢管及其管件

1）管材。低压流体输送用焊接钢管，通常是用普通碳素钢中的 Q215、Q235、Q245 制造而成。其特征为：纵向有一条焊缝，其焊缝迹有的很明显，有的则不太明显，如图 6—1 所示。

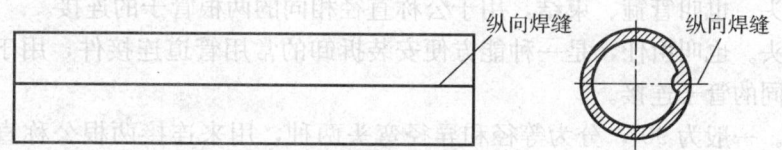

图 6—1　焊接钢管的特征

①管材的分类。按表面是否镀锌可分为镀锌钢管（内外表面镀一层锌）和不镀锌钢管两种。镀锌钢管也叫白铁管，不镀锌钢管俗称黑铁管。按管端是否带螺纹可分为带螺纹和不带螺纹两种。按管壁的厚度可分为普厚管、加厚管和薄壁管3种。每根管的制造长度，带螺纹的黑、白铁管为4～9 m；不带螺纹的黑铁管为4～12 m。低压流体输送用焊接钢管的规格见国家标准 GB/T 3091—2008《低压流体输送用焊接钢管》。

②管材的使用场合。在工业管道和水暖管道中，使用最多的是普厚管。其中白铁管的常用公称直径范围为 $DN15\sim DN80$；黑铁管的常用公称直径范围为 $DN15\sim DN150$。普厚管主要用于工作压力、工作温度较低，管径不大（公称直径 150 mm 以内）和要求

不高的管道系统中，如室内给水、热水、采暖、燃气、压缩空气等管道系统。

2) 管件。低压流体输送用焊接钢管的管件种类比较多，常用的有如下几种（见图6—2）：

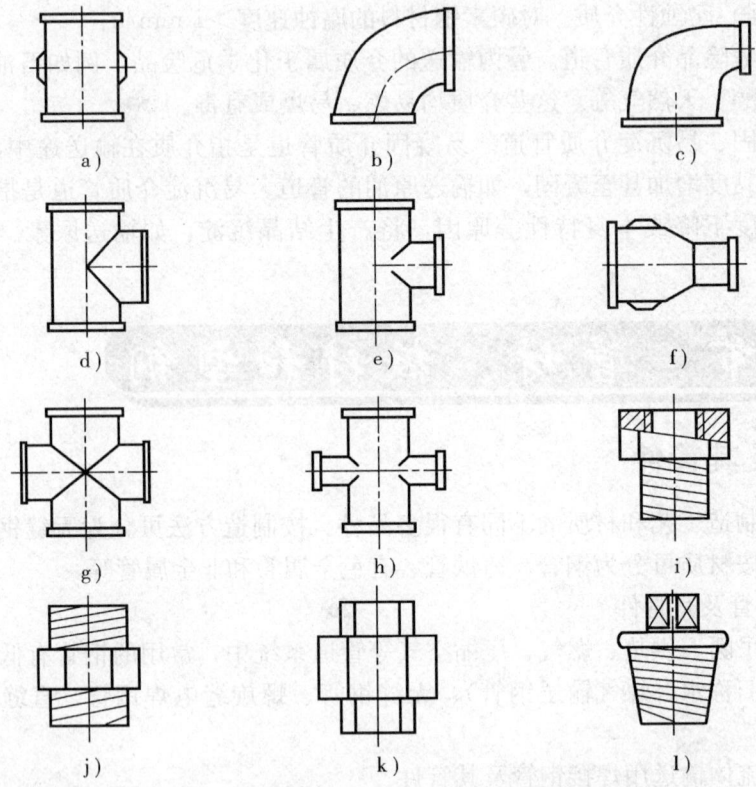

图6—2 低压流体输送用焊接钢管的管件
a) 管箍 b) 90°弯头 c) 异径弯头 d) 等径三通 e) 异径三通 f) 大小头
g) 等径四通 h) 异径四通 i) 补心 j) 外接头 k) 活接头 l) 丝堵

①管接头。也叫管箍、束结，用于公称直径相同的两根管子的连接。

②活接头。也叫由任，是一种能方便安装拆卸的常用管道连接件，用于需要拆装的公称直径相同的管子连接。

③弯头。一般为90°，分为等径和异径弯头两种，用来连接两根公称直径相同（或不同）的管子，并使管路转弯90°。

④三通。分为等径和异径三通两种，用于直管上接出支管。

⑤四通。分为等径和异径四通两种，用于连接四根垂直相交的管子。

⑥大小头。也叫异径管，用于连接两根公称直径不同的管子。

⑦补心。也叫内外螺纹管接头，其作用与大小头相同。

⑧外接头。也叫双头外螺丝，用于两连接两个公称直径相同的内螺纹管件或阀门。

⑨丝堵。也叫管塞、外方堵头，用于堵塞管路，常与管接头、弯头、三通等内螺纹管件配合用。

3) 管材、管件的规格表示。低压流体输送用焊接钢管及其管件的直径以公称直径表示。例如，白铁管的直径是 25 mm，表示为 DN25。

(2) 无缝钢管及其管件

1) 管材

①无缝钢管的分类。无缝钢管按用途可分为普通（一般）和专用两种，其中常用普通无缝钢管，按制造方法可分冷轧和热轧。冷轧管有外径 5～200 mm 的各种规格，热轧管有外径 32～630 mm 的各种规格。每根管的长度（即通常长度）：冷轧管为 1.5～9 m；热轧管为 3～12.5 m。

②无缝钢管的特征。无缝钢管纵、横向均无焊缝。

③普通无缝钢管的材质。由普通碳素钢、优质碳素钢或低合金钢制造而成（一般多采用 10、20、35、40 钢制造）。

④普通无缝钢管的适用场合。广泛用于工业管道工程中，例如氧气、乙炔、室外蒸汽管道等。

2) 管件。无缝钢管的管件常用的有以下两种。

①无缝冲压弯头。通常分为 90°和 45°两种角度的弯头。其材质一般与相应无缝钢管的材质相同。

②无缝异径管。也称为无缝大小头，分为同心和偏心大小头两种。其材质一般与相应无缝钢管的材质相同。

3) 管材、管件的规格表示。无缝钢管在同一外径下，往往有几种壁厚。所以这种管材的规格，一般不用公称直径表示，而以实际的外径乘以实际的壁厚来表示。例如，无缝钢管的外径是 57 mm，壁厚是 4 mm，表示为 D57×4。

(3) 螺旋缝电焊钢管及其管件

1) 管材。螺旋缝电焊钢管也称螺纹、螺旋钢管，属于卷板钢管的一种。通常用普通碳素钢板在工厂卷制、焊接而成。这种管材纵向有一条螺旋形焊缝，如图 6—3 所示。

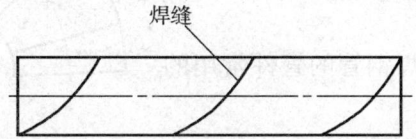

图 6—3　螺旋缝电焊钢管的特征

①管材的规格。通常螺旋缝电焊钢管的最小外径为 219 mm，最大外径为 720 mm。

②管材的使用场合。螺旋缝电焊钢管通常用于工作压力≤1.6 MPa、介质温度不超过 200℃的直径较大的管道，如室外燃气、凝结水、输油管道等。

2) 管件。螺旋缝电焊钢管的管件常用的有两种。

①有缝冲压弯头。也叫冲压焊接弯头。弯头的角度分为 90°和 45°两种，如图 6—4a 和 b 所示。

②有缝异径管。也叫有缝冲压大小头。分为同心异径管和偏心异径管两种，如图 6—4c 和 d 所示。

螺旋缝电焊钢管的管件均用钢板冲压、焊接而成。其材质一般与相应管材的材质相同，壁厚大于或等于相应管材的壁厚。

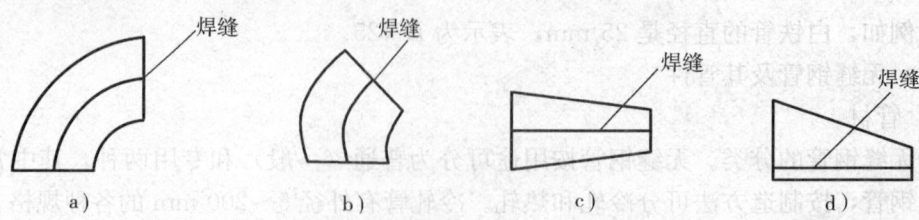

图 6—4 有缝冲压管及有缝异径管
a) 90°弯头 b) 45°弯头 c) 同心异径管 d) 偏心异径管

3) 管材、管件的规格表示。螺旋缝电焊钢管及其管件的规格表示与无缝钢管的规格表示相同。例如，螺旋电焊钢管的外径 273 mm，壁厚 7 mm，表示为 $D273\times7$。

(4) 直缝卷制电焊钢管及其管件

1) 管材。直缝卷制电焊钢管也称为卷板钢管，由普通碳素钢板在工厂或现场卷制、焊接而成。这种管材纵、横向均有直的焊缝，如图 6—5 所示。

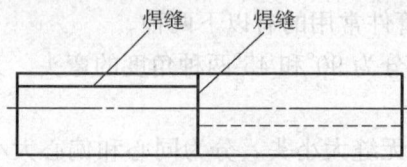

图 6—5 直缝卷制电焊钢管的特征

①管材的规格。直缝卷制电焊钢管，一般最小外径为 159 mm，最大外径不限（根据需要而定）。每节管的长度不等，一般每节的长度等于每块所卷钢板的宽度（或长度）。

②管材的适用场合。直缝卷制电焊钢管用于工作压力≤1.6 MPa，工作温度不超过 200℃ 的气、水等介质管道，如燃气、水泵房（水泵配管）管道等。

2) 管件。直缝卷制电焊钢管的管件常用的有如下两种。

①焊接弯头。俗称虾米腰。弯头的角度分为 90°和 45°两种，如图 6—6a 和 b 所示。

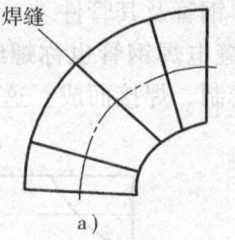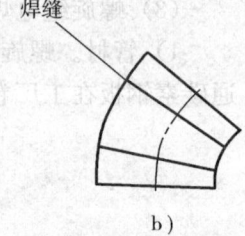

图 6—6 焊接弯头
a) 90°弯头 b) 45°弯头

②焊接异径管。也叫焊接大小头，分为同心异径管和偏心异径管两种。其形式与有缝异径管相同，如图 6—4c 和 d 所示。

以上两种管件，通常是用钢板卷制、组对、焊接而成。其材质和壁厚与相应管材相同。

3) 管材、管件的规格表示。直缝卷制电焊钢管及其管件的规格表示与无缝钢管的规格表示相同。例如，直缝卷制电焊钢管的外径是 377 mm，壁厚是 9 mm，表示为 $D377\times9$。

2. 铸铁管及管件

铸铁管分为给水铸铁管（也叫上水铸铁管、铸铁给水管）和排水铸铁管（也叫下水铸铁管、铸铁下水管）两种。

(1) 给水铸铁管及其管件

1) 管材

①管材的材质。给水铸铁管通常用灰铸铁（有的用球墨铸铁）铸造而成，出厂前内外表面涂防锈沥青漆一层（有的在管内壁涂一层水泥）。

②管材的分类。给水铸铁管按接口形式可分为承插式和法兰式两种，常用的为承插式，如图6—7所示。按压力可分为高压给水铸铁管（工作压力为1 MPa）、中压给水铸铁管（工作压力为0.75 MPa）、低压给水铸铁管（工作压力为0.45 MPa）3种，使用较多的是高压给水铸铁管。

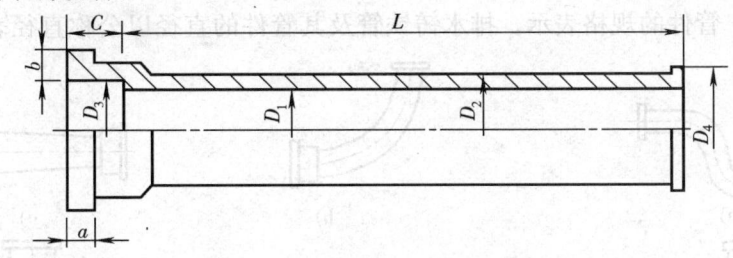

图6—7 承插式给水铸铁管

③管材的适用场合。高压给水铸铁管通常用于室外给水管道；中、低压给水铸铁管可用于室外燃气、雨水等管道。

2) 管件。给水铸铁管的管件也是用灰铸铁铸造而成。常用的有正三通、四通、大小头、90°和45°弯头等，如图6—8所示。

3) 管材、管件的规格表示。给水铸铁管及其管件的直径以公称直径表示。例如，

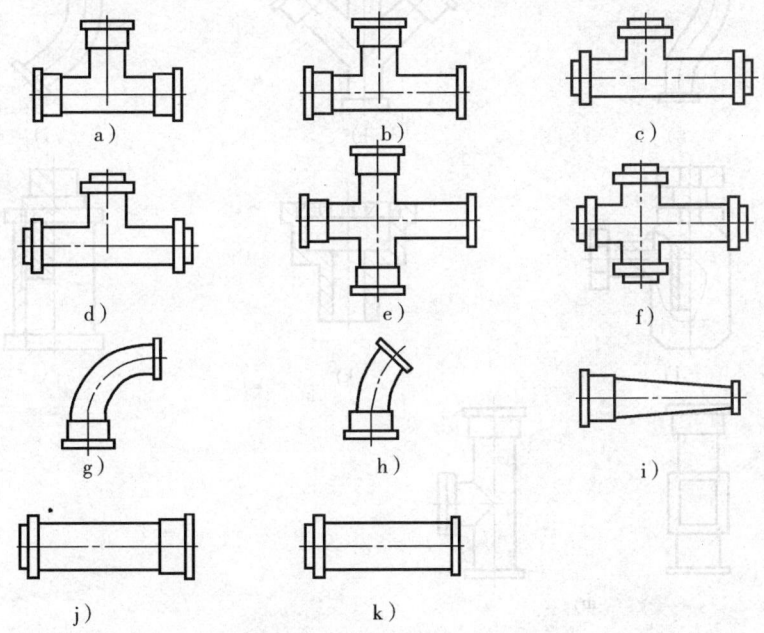

图6—8 给水铸铁管的管件

a) 三承三通　b) 双承三通　c) 双盘三通　d) 三盘三通　e) 三承四通　f) 三盘四通
g) 90°弯头　h) 45°弯头　i) 大小头　j) 承盘短管　k) 插盘短管

给水铸铁管的直径是 100 mm，表示为 $DN100$。

(2) 排水铸铁管及其管件

1) 管材。排水铸铁管通常用灰铸铁铸造而成，其管壁较薄，承口较小。出厂之前管子内外表面不涂刷沥青漆。接口形式只有承插式一种。排水铸铁管主要用于室内生活污水、雨水等重力流的管道。

2) 管件。排水铸铁管件也是用灰铸铁铸造而成。其种类和式样比较多，常用的有斜三通（也称为立体三通）、斜四通（也称为立体四通）、出户大弯、清扫口（也称为扫除口）、立管检查口、存水弯（分为P形、S形、盅形）等，如图6—9所示。

(3) 管材、管件的规格表示。排水铸铁管及其管件的直径以公称直径表示。例如排

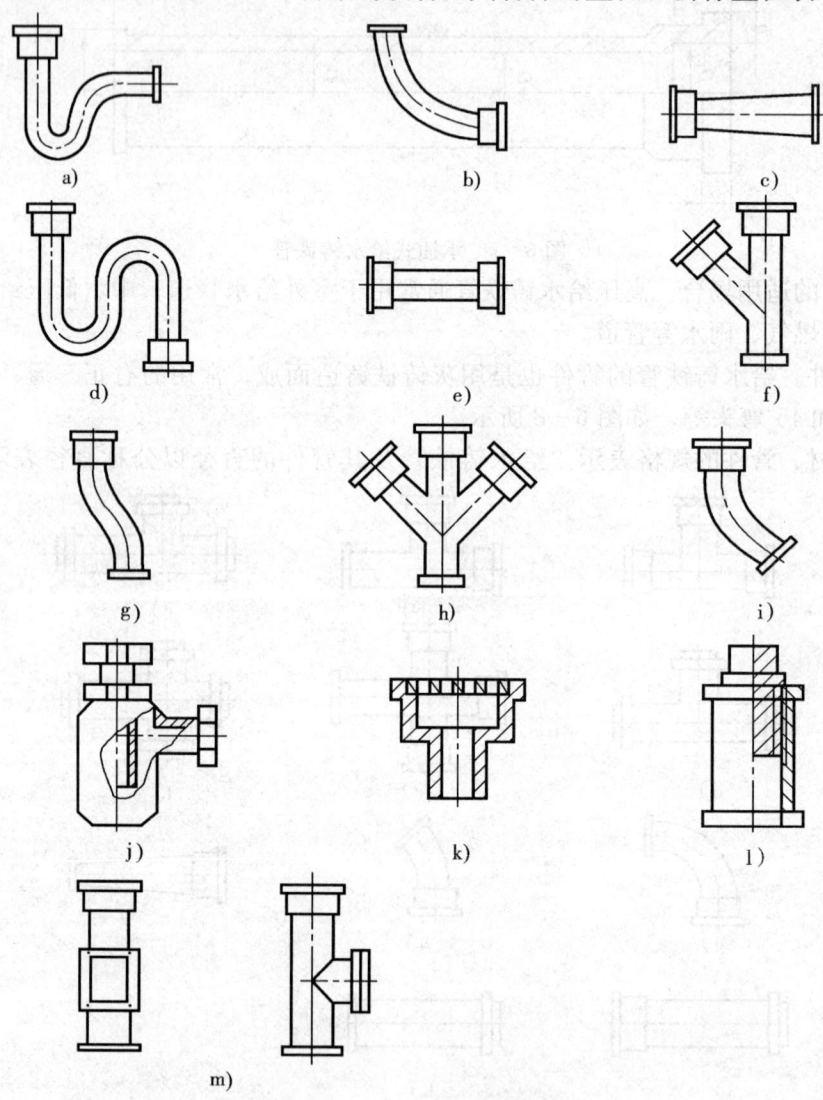

图6—9 排水铸铁管件

a) P形存水弯 b) 出户大弯 c) 大小头 d) S形存水弯 e) 套袖 f) 斜三通 g) 乙字弯
h) 斜四通 i) 45°弯头 j) 盅形存水弯 k) 地漏 l) 清扫口 m) 立管检查口

水铸铁管的直径是 150 mm，表示为 DN150。

3. 铝塑复合管（PA管）

铝塑复合管简称铝塑管，是通过挤压成型工艺而生产制造的新型复合管材，它由聚乙烯层（或交联聚乙烯）、胶黏剂层、铝层、胶黏剂层、聚乙烯层（或交联聚乙烯）共五层结构构成，如图6—10所示。根据中间铝层焊接方式不同，分为搭接焊铝塑复合管和对接焊铝塑复合管。铝塑复合管常用外径等级为 $D14$、$D16$、$D20$、$D25$、$D32$、$D40$、$D50$、$D63$、$D75$、$D90$、$D110$ 共11个等级。铝塑复合管的管件常用铜阀和铜管件，如图6—11所示。铝塑复合管主要用于室内燃气和压缩空气等管道工程，可广泛应用于冷热水供应和地面辐射采暖。

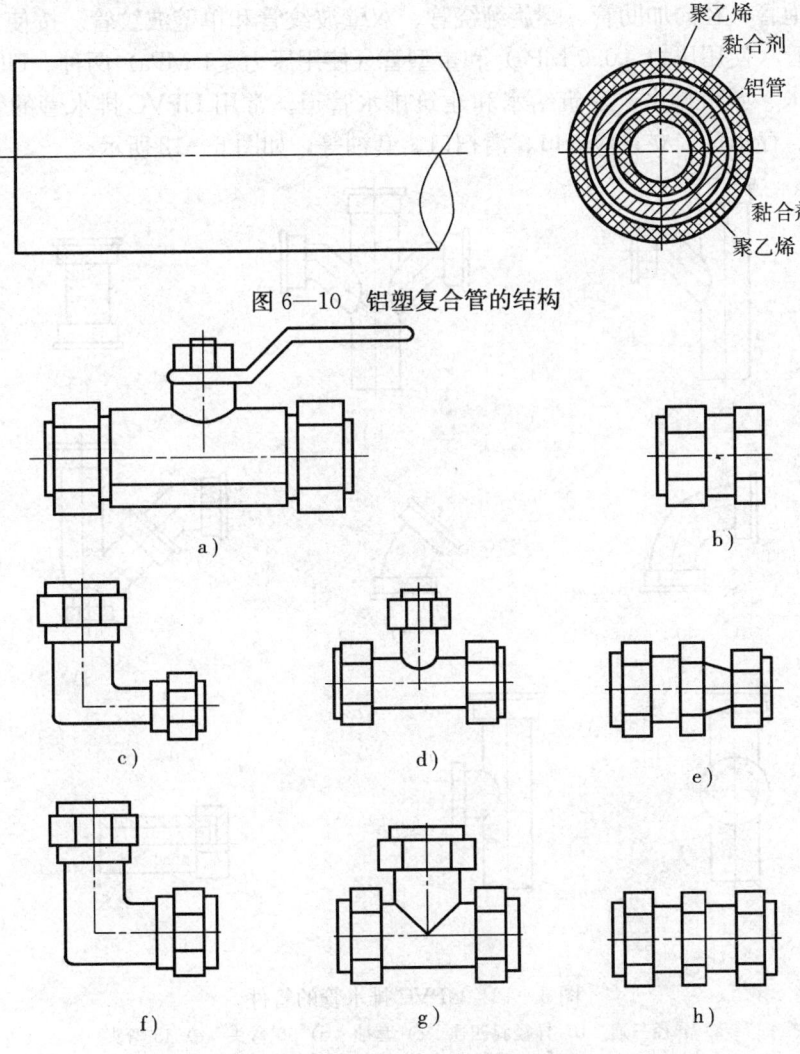

图6—10 铝塑复合管的结构

图6—11 铝塑复合管的铜阀和铜管件
a）球阀 b）堵头 c）异径弯头 d）异径三通 e）异径外接头
f）等径弯头 g）等径三通 h）等径外接头

4. 非金属管

常用的非金属管有塑料管、自应力和预应力钢筋混凝土输水管、钢筋混凝土排水管、陶土管等。

(1) 塑料管。塑料管和传统管材相比，具有质量轻，耐腐蚀，水流阻力小，节约能源，安装简便迅速，造价较低等显著优势，受到了管道工程界的青睐。

1) 硬质聚氯乙烯管（UPVC）。UPVC 管是国内外使用最为广泛的塑料管道。UPVC 管是将聚氯乙烯树脂与稳定剂、润滑剂等配合后，利用挤压机连续挤压而成形。UPVC 管具有较高的冲击韧性和耐腐蚀性能。它可根据使用要求不同，在加工过程中添加不同添加剂，使其满足不同要求的物理和化学性能。UPVC 管根据结构形式不同，又分为螺旋消声管、芯层发泡管、径向加肋管、螺旋缠绕管、双壁波纹管和单壁波纹管。按使用压力不同可分为轻型管（使用压力≤0.6 MPa）和重型管（使用压力≤1 MPa）两种。UPVC 管主要用于城市供水、城市排水、建筑给水和建筑排水管道。常用 UPVC 排水管的管件有斜三通、斜四通、存水弯、立管检查口、清扫口、套袖等，如图 6—12 所示。

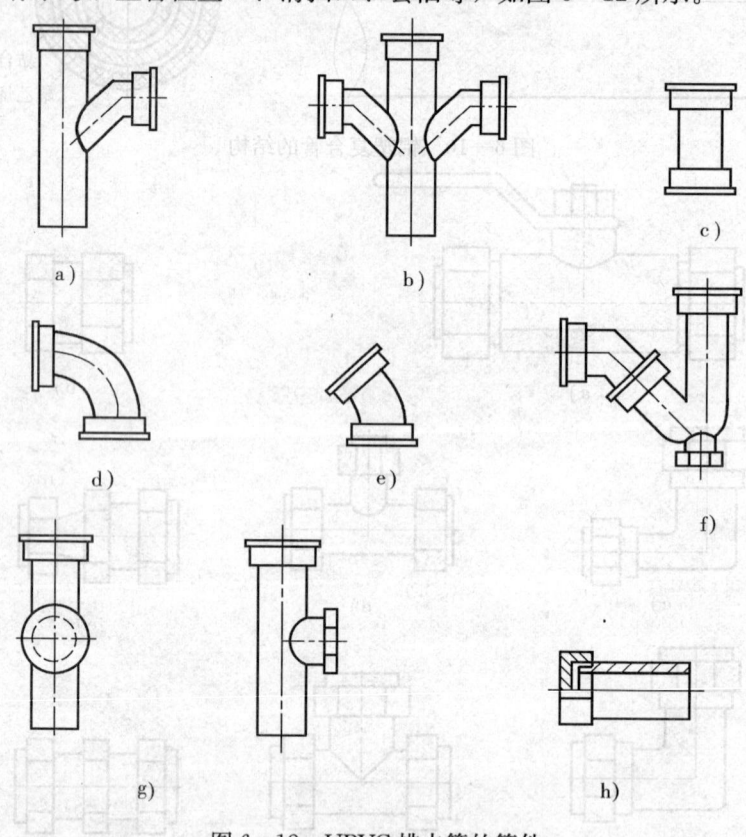

图 6—12 UPVC 排水管的管件
a) 异径三通 b) 异径斜四通 c) 套袖 d) 90°弯头 e) 45°弯头
f) P 形存水弯 g) 立管检查口 h) 清扫口

目前国内 UPVC 管的主要品种有建筑给水、排水管材及管件，城市供水、排水管材及管件，电工绝缘套管配件。主要规格有：给水管，$\phi 16 \sim 710$ mm；建筑排水管，$\phi 50 \sim 160$ mm；双壁波纹管，$\phi 90 \sim 400$ mm；螺旋缠绕管，$\phi 150 \sim 2600$ mm；电工护套管，

$\phi16\sim20$ mm。从整体上来看主要是 $\phi400$ mm 以下规格。

2）氯化聚氯乙烯管（CPVC）。由过氯乙烯树脂加工而获得的一种耐热性好的塑料管，具有较好的耐热、耐老化、耐腐蚀性能，国外多用作热水管、废液管和污水管，国内多用于电力电缆护套管。

3）聚乙烯管（PE）。按其密度不同分为高密度聚乙烯管（HDPE）、中密度聚乙烯管（MDPE）和低密度聚乙烯管（LDPE）。HDPE 管具有较高的强度和刚度；MDPE 管除了有 HDPE 管的抗压强度外，还具有良好的塑性和抗蠕变性能；LDPE 管的塑性、耐冲击性能较好，尤其是化学稳定性和抗高频绝缘性能良好。规格一般是 $\phi16\sim160$ mm，最大可达 $\phi400$ mm。

①聚乙烯燃气管生产。聚乙烯燃气管生产是按照 GB 15558.1—2003《燃气用埋地聚乙烯（PE）管道系统 第一部分：管材》标准的要求，现在生产的聚乙烯燃气管材在颜色上有两种：一种为黄色管，一种为带黄色条的黑色管。直径范围为 $\phi20\sim250$ mm，但实际生产的规格已扩大至 $\phi315$ mm，根据使用工作压力不同（0.4 MPa 和 0.2 MPa），分为 SDR11 及 SDR17.6 两个尺寸系列。

②聚乙烯管应用。目前，国内的 HDPE 管和 MDPE 管主要用于城市燃气管道，少量用于城市供水管道，高密度聚乙烯给水管主要用于建筑物室内外给水系统。LDPE 管大量用于农用排灌管道，也应用于电力电缆保护、邮电通信线路保护及其他领域。目前，国内聚乙烯管用量最多的是农村改水工程，占整个聚乙烯管用量的 50% 左右。聚乙烯燃气管主要应用于城市中低压燃气管网，尤其是天然气使用量较大的地方。

4）交联聚乙烯管（PE-X）。交联聚乙烯是通过化学方法或物理方法将聚乙烯分子的平面链状结构改变为三维网状结构，使其具有优良的物理、化学性能。

目前，国内交联聚乙烯管生产规格为 $\phi10\sim32$ mm，少量达到 $\phi63$ mm。连接 PE-X 管，可采用夹紧式铜制接头或卡环式铜制接头，也有为 PE-X 管配套的超高分子聚乙烯管件、聚甲醛管件、ABS 管件。

交联聚乙烯管主要应用于地面辐射采暖、建筑室内热水供应、饮用水供应和自来水供应，尤其随着住宅建设标准的提高，要求管道暗敷，为 PE-X 管的应用提供了更广阔的空间。

5）三型聚丙烯管（PP-R）。三型聚丙烯是第三代改性聚丙烯，即采用气相共聚法使 PE 在 PP 分子链中随机地均匀聚合，使其具有较好的抗冲击性能、耐温性能和抗蠕变性能。PP-R 管主要应用于建筑室内冷热水供应和地面辐射采暖。目前国内生产的产品规格为 $\phi20\sim63$ mm 六个规格。

6）聚丁烯管（PB）。聚丁烯管具有独特的抗蠕变性能，能长期承受高负荷而不变形，化学稳定性好，可在 $-20\sim95$℃ 之间安全使用，主要应用于自来水、热水和采暖供热管，但由于 PB 树脂供应量小而价高等原因，国内难以大量生产与应用。

7）ABS 工程塑料管（ABS）。ABS 是丙烯腈、丁二烯、苯乙烯的三元共聚物，具有较高的冲击韧性和表面硬度，在 $-40\sim100$℃ 范围内仍能保持韧性和刚度，并不受电化学腐蚀和土壤腐蚀，使用温度可达 90℃。在国外，ABS 工程塑料管常用作卫生洁具下水管、输气管、高腐蚀工业管道等，国内一般用于室内冷热水管和水处理的加药管道、有腐蚀作用的工业管道等。

(2) 自应力和预应力钢筋混凝土输水管。自应力和预应力钢筋混凝土输水管通常为承插式,如图 6—13 所示。该管材可替代钢管和给水铸铁管用于农田水利工程。其常用直径见表 6—4。

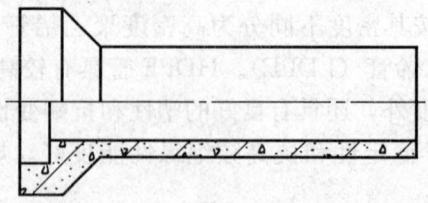

图 6—13　自应力和预应力钢筋混凝土输水管

表 6—4　　　　　自应力和预应力钢筋混凝土输水管道常用直径

自应力管		自应力管		预应力管	
d (mm)	管长 (m)	d (mm)	管长 (m)	d (mm)	管长 (m)
200	3	400	4	400	5
250	3	500	4	500	5
300	3	600	4	600	5
350	4			700	5

(3) 钢筋混凝土排水管。钢筋混凝土排水管的接口形式分为平口式和承插式两种,如图 6—14 所示。该管材主要用于室外生活污水、雨水等排水管道工程。其常用直径见表 6—5。

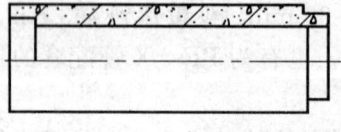 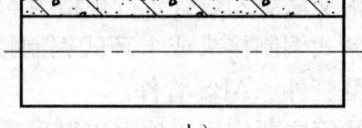

a)　　　　　　　　　　　b)

图 6—14　钢筋混凝土排水管
a) 承插式　b) 平口式

表 6—5　　　　　　钢筋混凝土排水管常用直径

d (mm)	管长 (m)	d (mm)	管长 (m)
200	1	400	1
250	1	500	1
300	1	700	1

(4) 陶土管。陶土管分为无釉、单面釉(内表面)和双面釉(内外表面)3 种。其接口形式一般为承插式。常用直径为 100～600 mm,每根管的长度为 0.5～0.8 m。带釉陶土管的内表面光滑,具有良好的抗蚀性,用于排含酸、碱等腐蚀介质的工业污、废水管道(该管材质脆,不宜埋设在荷载及振动较大的地方)。

二、板材和型钢

1. 板材

常用的板材有金属和非金属板材两种。

(1) 金属板材

1) 种类。管道、通风工程中常见的金属板材有下列几种：

①钢板。按制造方法分为热轧和冷轧钢板两种。按厚度分为厚钢板、薄钢板两种，其中薄钢板又分为镀锌钢板（俗称白铁皮）和不镀锌钢板（俗称黑铁皮）两种。

②铝板。通风空调工程中常用纯铝板。

③不锈钢板。即耐空气腐蚀的镍铬钢板，碳的质量分数为 0.14% 以下，铬的质量分数为 18%，镍的质量分数为 8%。

2) 适用场合。厚钢板主要用于加工制作容器、设备的底板、垫铁和低压法兰等。薄钢板用于加工制作风管、空气处理箱等。铝板主要用于防爆通风系统。不锈钢板主要用于化工高温耐腐蚀的通风系统。

3) 规格表示。通常以宽度×长度×厚度表示，单位 mm（省略不写）。例如，钢板宽 800 mm，长 1500 mm，厚 0.9 mm，表示为：800×1500×0.9。

(2) 非金属板材。常用的非金属板材有玻璃钢板、硬聚氯乙烯塑料板两种，主要用于含腐蚀性介质的通风系统中。

2. 型钢

常用的型钢有圆钢、扁钢、角钢和槽钢等，其断面形状如图 6—15 所示。

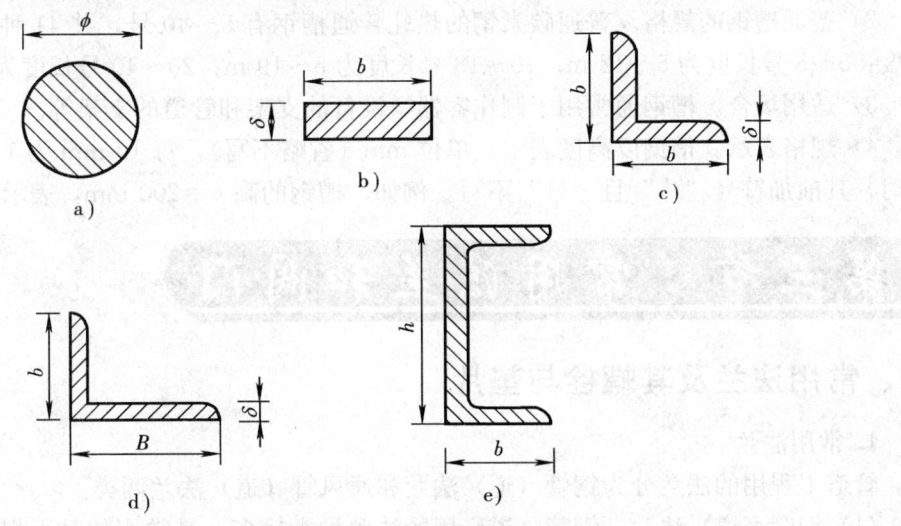

图 6—15 常用型钢

a) 圆钢　b) 扁钢　c) 等边角钢　d) 不等边角钢　e) 槽钢

(1) 圆钢

1) 常用规格。管道和通风工程中，通常采用普通碳素钢的热轧圆钢。其直径为 5.5~250 mm，共 69 种直径等级。圆钢长度：当直径≤25 mm 时，长 4~10 m；当直径

>25 mm 时，长 3~9 m。

2) 适用场合。圆钢主要用于制作螺栓和抱箍（支架）等。

3) 规格表示。圆钢通常以"ϕ"表示其直径，直径数值写于其后，单位 mm（省略不写）。例如：ϕ20 表示圆钢的直径为 20 mm。

(2) 扁钢

1) 常用规格。通常采用普通碳素钢热轧扁钢。厚度 3~60 mm，共 25 种厚度等级；宽度 10~200 mm，共 37 种宽度等级；长度 3~7 m。

2) 适用场合。扁钢主要用于加工风管法兰及抱箍。

3) 规格表示。扁钢以宽度×厚度表示，单位 mm（省略不写）。例如，30×3 表示扁钢宽 30 mm，厚度 3 mm。

(3) 角钢

1) 种类。按边的宽度不同，分为等边和不等边角钢两种，其中等边角钢常用。

2) 等边角钢常用规格。常用等边角钢的宽度 20~200 mm，共 20 种宽度等级；厚度 3~24 mm，共 13 种厚度等级。每根长度：当边宽≤90 mm 时，长度为 3~12 m；当边宽为 100~140 mm 时，长度为 4~19 m；当边宽 160~200 mm 时，长度为 6~19 m。

3) 适用场合。角钢用于加工制作风管法兰和管道支架等。

4) 规格表示。角钢用边宽×边宽×边厚表示，其前加符号"∠"，单位 mm（省略不写）。例如，∠50×50×6 表示等边角钢两边的宽度均为 50 mm，厚度为 6 mm。

(4) 槽钢

1) 种类。分为普通和轻型槽钢两种，其中普通槽钢常用。

2) 普通槽钢的规格。普通碳素钢的热轧普通槽钢有 5~40 号，共 41 种等级。每根长度：5~8 号长度为 5~12 m；10~18 号长度为 5~19 m；20~40 号长度为 6~19 m。

3) 适用场合。槽钢通常用于制作容器、设备的支架和管道的支架等。

4) 规格表示。槽钢以高度表示，单位 mm（省略不写），每 10 mm 为 1 个等级。表示时，其前加符号"["且"号"不写。例如，槽钢的高 h=200 mm，表示为：[20。

第三节 常用法兰和阀门

一、常用法兰及其螺栓与垫片

1. 常用法兰

管道工程用的法兰分为钢管（道）法兰和通风管（道）法兰两类。

(1) 钢管（道）法兰。钢管（道）用的法兰种类较多，最常用的是平焊钢法兰。按其密封面可分为光滑式密封面和凹凸式密封面两种，如图 6—16 所示。

1) 法兰的材质。法兰的材质通常与相应钢管的材质相同。采用普通碳素钢、优质碳素钢或低合金钢钢板加工而成。

2) 法兰的规格表示。通常选用标准法兰，平焊钢法兰的规格，一般以公称直径"*DN*"和公称压力"*PN*"表示。

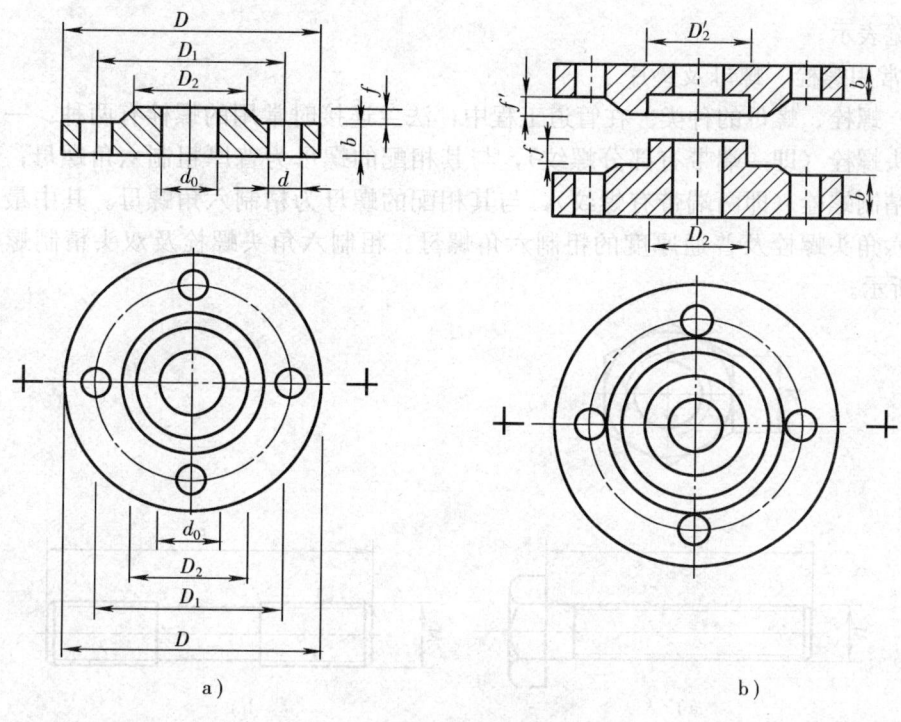

图 6—16 平焊钢法兰
a) 光滑式密封面 b) 凹凸式密封面

(2) 通风管（道）法兰。通风管（道）所用的法兰，按其形状不同分为圆形和矩形两种，如图 6—17 所示。

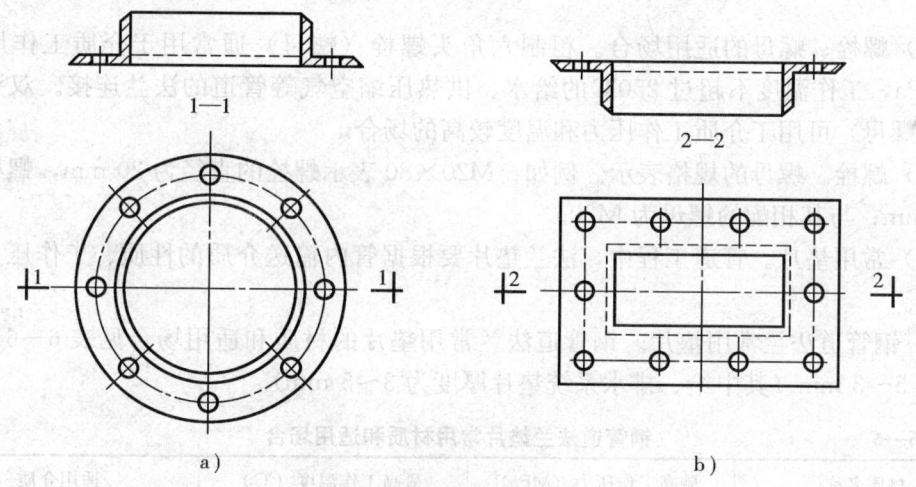

图 6—17 通风管（道）法兰
a) 圆形法兰 b) 矩形法兰

1) 法兰的材质。法兰的材质通常根据风管的材质选用。薄钢管（铁皮）风管采用角钢或扁钢加工制作法兰；硬聚氯乙烯塑料风管采用较厚的硬聚氯乙烯塑料板加工制作法兰。

2) 法兰的规格表示。圆形法兰以风管的外径"D"表示；矩形法兰以矩形风管的边宽×边宽表示。

2. 常用螺栓、螺母及垫片

(1) 螺栓、螺母的种类。在管道工程中，法兰连接时常用的螺栓有两种：一种是粗制六角头螺栓（即一端带有部分螺纹），与其相配的螺母为普厚粗制六角螺母；另一种是双头精制螺栓（即两端带有螺纹），与其相配的螺母为精制六角螺母。其中最常用的是粗制六角头螺栓及普通厚度的粗制六角螺母。粗制六角头螺栓及双头精制螺栓如图6—18所示。

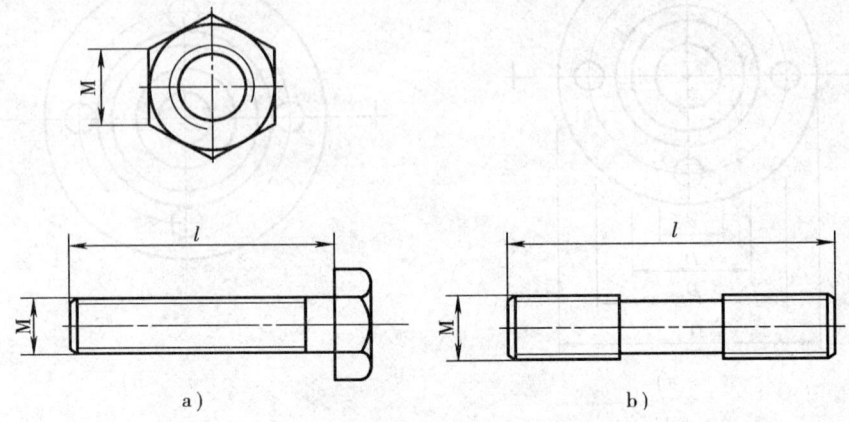

图6—18 粗制六角头螺栓及精制双头螺栓
a) 粗制六角头螺栓 b) 双头精制螺栓

(2) 螺栓、螺母的材质。通常采用普通碳素钢、优质碳素钢或低合金钢加工螺栓、螺母。

(3) 螺栓、螺母的适用场合。粗制六角头螺栓（螺母）通常用于介质工作压力≤1.6MPa，工作温度不超过250℃的给水、供热压缩空气等管道的法兰连接。双头精制螺栓（螺母）可用于介质工作压力和温度较高的场合。

(4) 螺栓、螺母的规格表示。例如：M20×80 表示螺栓的直径为 20 mm，螺杆长度为 80 mm；与其相配的螺母为 M20。

(5) 常用垫片。管道工程中，法兰垫片要根据管内输送介质的性质、工作压力、温度选用。

1) 钢管道法兰常用垫片。钢管道法兰常用垫片的材质和适用场合见表6—6。垫片厚度1.5～3 mm（其中给、排水系统垫片厚度为3～5 mm）。

表6—6　　　　钢管道法兰垫片常用材质和适用场合

材质名称	最高工作压力（MPa）	最高工作温度（℃）	适用介质
普通橡胶板	0.6	60	水、空气
耐热橡胶板	0.6	120	热水、蒸汽
耐油橡胶板	0.6	60	各种常用油料

续表

材质名称	最高工作压力（MPa）	最高工作温度（℃）	适用介质
耐酸碱橡胶板	0.6	60	浓度≤20%酸、碱溶液
低压石棉橡胶板	1.6	200	蒸汽、水、燃气
中压石棉橡胶板	4	350	蒸汽、水、燃气
高压石棉橡胶板	10.0	450	蒸汽、空气
耐油石棉橡胶板	4	350	各种常用油料
软聚氯乙烯板	0.6	50	酸碱稀溶液、水
聚四氟乙烯板	0.6	50	酸碱稀溶液、水
石棉绳（板）	—	600	烟气
耐酸石棉板	0.6	300	酸、碱、盐溶液
铜、铝金属薄板	20.0	600	高温、高压蒸汽

2）通风管道法兰常用垫片。通风管道法兰常用垫片的材质和适用场合见表6—7。其垫片厚度一般为3～5 mm。

表6—7　　　　　　通风管道法兰常用垫片材质和适用场合

通风管道输送的介质种类	垫片材质
空气温度低于70℃	橡胶板、闭孔海绵橡胶板
空气温度高于70℃	石棉绳、石棉橡胶板
含水分的空气	橡胶板、闭孔海绵橡胶板
含腐蚀性介质的气体	耐酸橡胶、软聚氯乙烯板
除尘系统	橡胶板
洁净系统	泡沫氯丁橡胶垫

二、常用阀门

1. 阀门型号及外观标示

（1）阀门型号的组成。阀门型号由7部分组成：阀门类型代号、驱动方式代号、连接形式代号、结构形式代号、密封面材料或衬里材料类型代号、公称压力代号或工作温度下的工作压力代号和阀体材料代号。

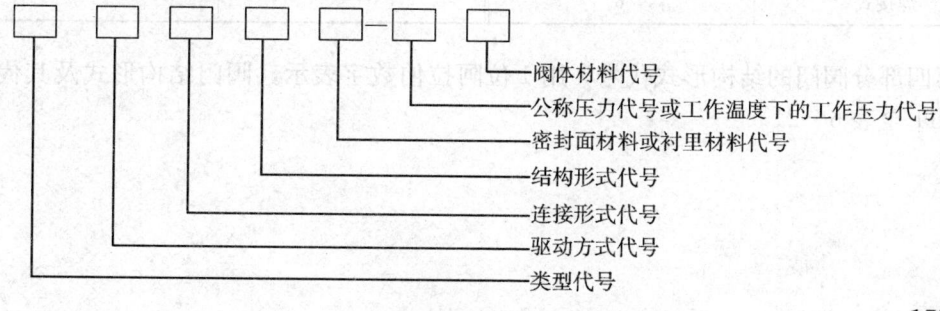

第一部分阀门类型代号，用汉语拼音字母表示，阀门类型及其代号见表6—8。

表6—8　　　　　　　　　　　　阀门类型及其代号

阀门类型	代号	阀门类型	代号
弹簧载荷安全阀	A	排污阀	P
蝶阀	D	球阀	Q
隔膜阀	G	蒸汽疏水阀	S
杠杆式安全阀	GA	柱塞阀	U
止回阀和底阀	H	旋塞阀	X
截止阀	J	减压阀	Y
节流阀	L	闸阀	Z

第二部分阀门的驱动方式代号，用1位阿拉伯数字表示（当阀门为手轮、手柄、扳手等可以直接用手驱动或自动阀门时此部分不写），阀门驱动方式及其代号见表6—9。

表6—9　　　　　　　　　　　　阀门驱动方式代号

驱动方式	代号	驱动方式	代号
电磁动	0	锥齿轮	5
电磁—液动	1	气动	6
电—液动	2	液动	7
蜗轮	3	气—液动	8
正齿轮	4	电动	9

注：代号1、代号2及代号8用在阀门启闭时，需有两种动力源同时对阀门进行操作。

第三部分阀门的连接形式代号，用1位阿拉伯数字表示，阀门连接形式及其代号见表6—10。

表6—10　　　　　　　　　　　　阀门连接端连接形式代号

连接形式	代号	连接形式	代号
内螺纹	1	对夹	7
外螺纹	2	卡箍	8
法兰式	4	卡套	9
焊接式	6	—	—

第四部分阀门的结构形式代号，用1位阿拉伯数字表示，阀门结构形式及其代号见表6—11至表6—21。

表 6—11　　　　　　　　　　　闸阀结构形式代号

结构形式				代号
阀杆升降式（明杆）	楔式闸板	弹性闸板		0
		刚性闸板	单闸板	1
			双闸板	2
	平行式闸板		单闸板	3
			双闸板	4
阀杆非升降式（暗杆）	楔式闸板		单闸板	5
			双闸板	6
	平行式闸板		单闸板	7
			双闸板	8

表 6—12　　　　　　　截止阀、节流阀和柱塞阀结构形式代号

	结构形式	代号		结构形式	代号
阀瓣非平衡式	直通流道	1	阀瓣平衡式	直通流道	6
	Z形流道	2		角式流道	7
	三通流道	3		—	—
	角式流道	4			
	直流流道	5			

表 6—13　　　　　　　　　　　球阀结构形式代号

	结构形式	代号		结构形式	代号
浮动球	直通流道	1	固定球	四通流道	6
	Y形三通流道	2		直通流道	7
	L形三通流道	4		T形三通流道	8
	T形三通流道	5		L形三通流道	9
	—	—		半球直通	0

表 6—14　　　　　　　　　　　蝶阀结构形式代号

	结构形式	代号		结构形式	代号
密封型	单偏心	0	非密封型	单偏心	5
	中心垂直板	1		中心垂直板	6
	双偏心	2		双偏心	7
	三偏心	3		三偏心	8
	连杆机构	4		连杆机构	9

表6—15　　　　　　　　　　　隔膜阀结构形式代号

结构形式	代号	结构形式	代号
屋脊流道	1	直通流道	6
直流流道	5	Y形角式流道	8

表6—16　　　　　　　　　　　旋塞阀结构形式代号

结构形式		代号	结构形式		代号
填料密封	直通流道	3	油密封	直通流道	7
	T形三通流道	4		T形三通流道	8
	四通流道	5		—	—

表6—17　　　　　　　　　　　止回阀结构形式代号

结构形式		代号	结构形式		代号
升降式阀瓣	直通流道	1	旋启式阀瓣	单瓣结构	4
	立式结构	2		多瓣结构	5
	角式流道	3		双瓣结构	6
—	—	—		蝶形止回式	7

表6—18　　　　　　　　　　　安全阀结构形式代号

结构形式		代号	结构形式		代号
弹簧载荷弹簧封闭结构	带散热片全启式	0	弹簧载荷弹簧不封闭且带扳手结构	微启式、双联阀	3
	微启式	1		微启式	7
	全启式	2		全启式	8
	带扳手全启式	4		—	—
杠杆式	单杠杆	2		带控制机构全启式	6
	双杠杆	4		脉冲式	9

表6—19　　　　　　　　　　　减压阀结构形式代号

结构形式	代号	结构形式	代号
薄膜式	1	波纹管式	4
弹簧薄膜式	2	杠杆式	5
活塞式	3	—	—

表6—20　　　　　　　　　　　蒸汽疏水阀结构形式代号

结构形式	代号	结构形式	代号
浮球式	1	蒸汽压力式或膜盒式	6
浮桶式	3	双金属片式	7
液体或固体膨胀式	4	脉冲式	8

续表

结构形式	代号	结构形式	代号
钟形浮子式	5	圆盘热动力式	9

表 6—21　　　　　　　　排污阀结构形式代号

结构形式		代号	结构形式		代号
液面连接排放	截止型直通式	1	液底间断排放	截止型直流式	5
	截止型角式	2		截止型直通式	6
	—	—		截止型角式	7
	—	—		浮动闸板型直通式	8

第五部分阀门的密封面或衬里材料代号用汉语拼音字母表示，密封面或衬里材料及代号见表 6—22。除隔膜阀外，当密封副的密封面材料不同时，以硬度低的材料表示。隔膜阀以阀体表面材料代号表示。阀门密封副材料均为阀门的本体材料时，密封面材料代号用"W"表示。

表 6—22　　　　　　　　密封面或衬里材料代号

密封面或衬里材料	代号	密封面或衬里材料	代号
锡基轴承合金（巴氏合金）	B	尼龙塑料	N
搪瓷	C	渗硼钢	P
渗氮钢	D	衬铅	Q
氟塑料	F	奥氏体不锈钢	R
陶瓷	G	塑料	S
Cr13 系不锈钢	H	铜合金	T
衬胶	J	橡胶	X
蒙乃尔合金	M	硬质合金	Y

第六部分阀门的公称压力代号或工作温度下的工作压力代号，阀门使用的压力级符合 GB/T 1048 的规定时，采用 GB/T 1048 标准 10 倍的兆帕单位（MPa）数值表示。当介质最高温度超过 425℃ 时，标注最高工作温度下的工作压力代号。压力等级采用磅级（lb）或 K 级单位的阀门，在型号编制时，应在压力代号栏后有 lb 或 K 的单位符号。

第七部分阀体材料代号，用汉语拼音字母表示，阀体材料及代号见表 6—23。

表 6—23　　　　　　　　阀体材料代号

阀体材料	代号	阀体材料	代号
碳钢	C	铬镍钼系不锈钢	R
Cr13 系不锈钢	H	塑料	S
铬钼系钢	I	铜及铜合金	T

续表

阀体材料	代号	阀体材料	代号
可锻铸铁	K	钛及钛合金	Ti
铝合金	L	铬钼钒钢	V
铬镍系不锈钢	P	灰铸铁	Z
球墨铸铁	Q	—	—

注：CF3、CF8、CF3M、CF8M 等材料牌号可直接标注在阀体上。

灰铸铁阀体 $PN\leqslant 1.6$ MPa 和碳素钢阀体 $PN\geqslant 2.5$ MPa 时，阀体材料代号省略不写。

(2) 阀门型号举例

1) Z942W－1 电动楔式双闸板闸阀。电动、法兰连接、明杆楔式双闸板，阀座密封面材料由阀体直接加工，公称压力 0.1 MPa、阀体材料为灰铸铁的闸阀。

2) Q21F－40P 外螺纹球阀。手动、外螺纹连接、浮动直通式，阀座密封面材料为氟塑料、公称压力 4.0 MPa、阀体材料为 1Cr18Ni9Ti 的球阀。

3) $G6_K41J$－6 气动常开式衬胶隔膜阀。气动常开式、法兰连接、屋脊式结构并衬胶、公称压力 0.6 MPa、阀体材料为灰铸铁的隔膜阀。

(3) 阀门的名称、型号、规格表示。每种阀门都应包括名称、型号、规格三部分，顺序为名称、型号、规格。其中阀门名称要简明扼要地表明其类别和连接形式。常用手动或自动启闭阀门名称的书写顺序为：先写阀门的连接形式，再写其类别（电动驱动的阀门先写驱动方式，再写类别）。例如，法兰式电动闸阀，Z944T－1，DN500。

(4) 阀门的外观标示

1) 公称直径、公称压力和介质流向标示。为了便于从外观上识别阀门的直径、压力和介质的流向，阀门在出厂前将公称直径 DN、公称压力 PN 的数值和介质流动方向（以箭头）标示在阀体的正面。

2) 阀门的涂色。为了标示阀体、密封圈材料或衬里材料（有衬里时），通常阀门出厂前，在阀门的手轮、阀盖杠杆和阀体不同部位涂上各种颜色的漆，以供安装阀门时识别。例如，阀体上涂黑色，表明阀体材料为灰铸铁或可锻铸铁；手轮上涂红色，表明密封圈材料为铜。

2. 常用阀门

管道工程中，常用的阀门有闸阀、截止阀、球阀、止回阀、安全阀和水龙头、旋塞等。

(1) 闸阀。阀体内有一平板与介质流动方向垂直，故亦称为闸板阀。靠平板的升降来启闭介质流。按闸板（平板）的结构不同分为楔式、平行式和弹性闸板 3 种，其中楔式与平行式闸板应用普遍。按阀杆的结构不同分为明杆式（闸板升降时可看到阀杆同时升降）与暗杆式（闸板升降时看不到阀杆升降）；按连接形式不同可分为内螺纹式与法兰式。闸阀的体形较短，流体阻力小，广泛用于室内外的给水工程中。闸阀的结构如图

6—19 所示。

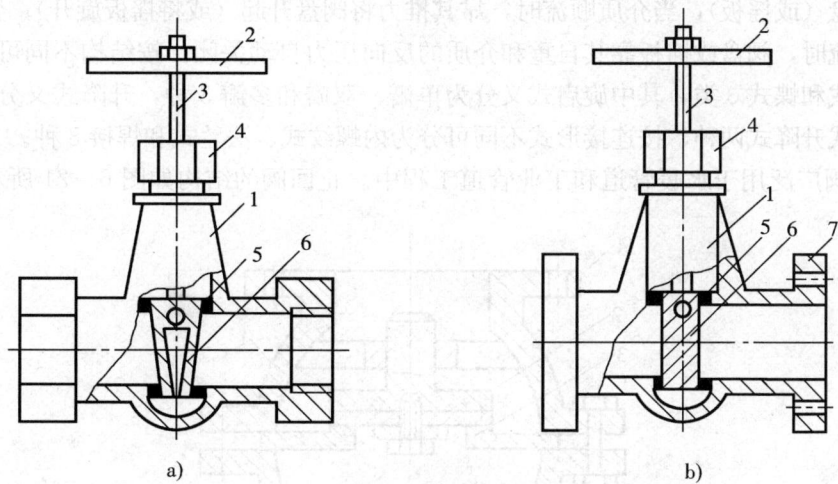

图 6—19 闸阀
a) 内螺纹式 b) 法兰式
1—阀体 2—手轮 3—阀杆 4—压盖 5—密封圈 6—闸板 7—法兰

（2）截止阀。利用阀杆下端的阀盘（或阀针）与阀孔的配合来启、闭介质流。按结构形式不同分为直通式、直角式和直流式 3 种，其中直通式应用普遍，直角式次之，直流式很少应用；按连接形式不同可分为螺纹式与法兰式。截止阀的流体阻力较闸阀大，外形较同直径的闸阀长，广泛用于水暖管道和工业管道工程中。截止阀的结构如图 6—20 所示。

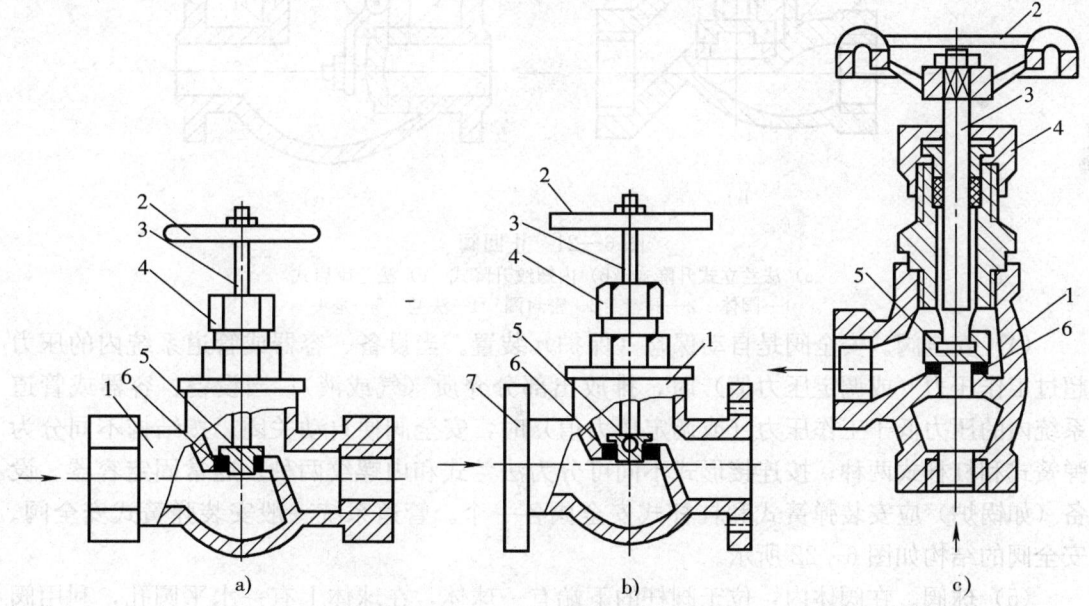

图 6—20 截止阀
a) 内螺纹直通式 b) 法兰直通式 c) 内螺纹直角式
1—阀体 2—手轮 3—阀杆 4—压盖 5—阀盘（或阀针） 6—密封圈 7—法兰

(3) 止回阀。止回阀也叫逆止阀、单向阀、单流阀，是一种自动启闭的阀门。在阀体内有一阀盘（或摇板），当介质顺流时，靠其推力将阀盘升起（或将摇板旋开），介质流过；当介质倒流时，阀盘或摇板靠其自重和介质的反向压力自动关闭。按结构不同可分为升降式、旋启式和蝶式3类，其中旋启式又分为单瓣、双瓣和多瓣3种，升降式又分为立式升降式和卧式升降式两种，按连接形式不同可分为内螺纹式、法兰式和焊接3种。

止回阀广泛用于水暖管道和工业管道工程中。止回阀的结构如图6—21所示。

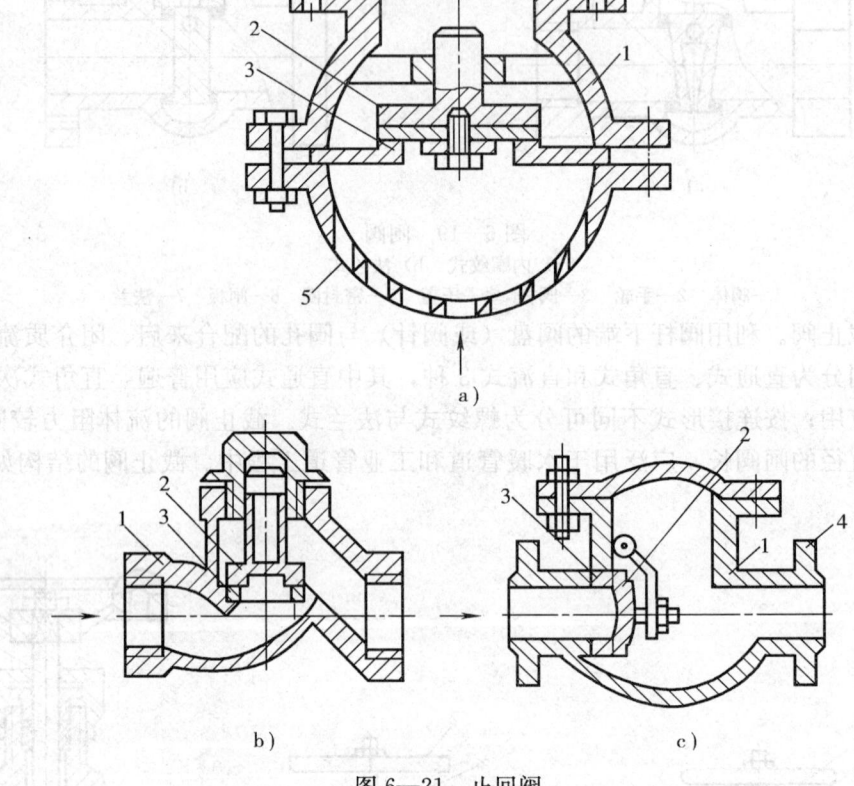

图6—21 止回阀
a）法兰立式升降式 b）内螺纹升降式 c）法兰旋启式
1—阀体 2—阀盘 3—密封圈 4—法兰 5—笼头

(4) 安全阀。安全阀是自动保险（保护）装置。当设备、容器或管道系统内的压力超过工作压力（或调定压力值）时，排放出部分介质（气或液）；当设备、容器或管道系统内的压力低于工作压力（或调定压力值）时，安全阀便自动关闭。按结构不同分为弹簧式和杠杆式两种；按连接形式不同可分为法兰式和内螺纹两种。通常固定容器、设备（如锅炉）应安装弹簧式和杠杆式安全阀各一个。管道系统一般安装弹簧式安全阀。安全阀的结构如图6—22所示。

(5) 球阀。在阀体内，位于阀杆的下端有一球体，在球体上有一水平圆孔，利用阀杆的转动来启闭介质流（当阀杆转动90°时为全开，再转动90°时为全闭）。常用的为小直径内螺纹球阀，其公称直径一般在50 mm以内。

管道安装基础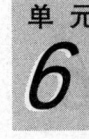

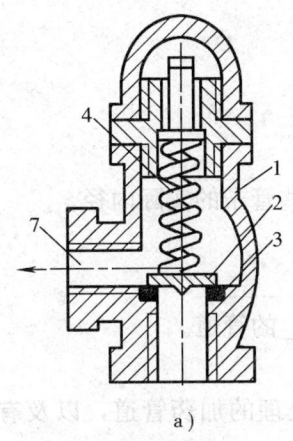
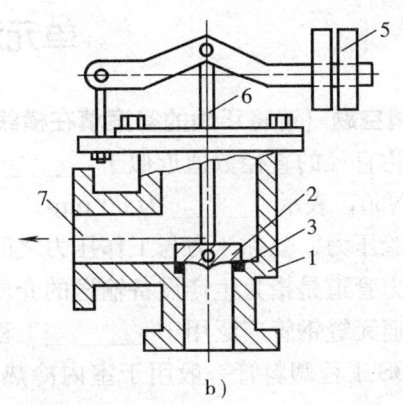

图 6—22 安全阀
a) 弹簧式 b) 杠杆式

1—阀体 2—阀盘(针) 3—密封圈 4—弹簧 5—重锤(配重) 6—杠杆 7—介质排出口

球阀的主要优点：比闸阀、截止阀开、闭迅速，适用于工作压力、温度不高的水、气等管道工程中。利用手柄驱动的内螺纹式球阀如图 6—23 所示。

(6) 旋塞。在阀体内，位于阀杆的下端有一圆柱体，在圆柱体上有一矩形孔（或水平圆孔），利用阀杆的转动来启闭介质流。常用的为小直径内螺纹旋塞，一般其公称直径在 50 mm 以内。

旋塞的主要优点和适用场合与球阀基本相同，利用手柄驱动的内螺纹式旋塞如图 6—24 所示。

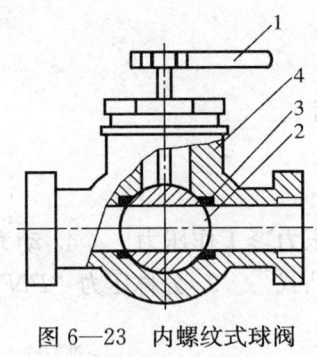
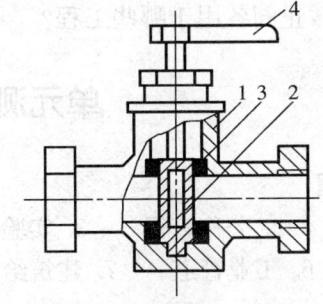

图 6—23 内螺纹式球阀　　　　图 6—24 内螺纹式旋塞
1—手柄 2—球体 3—密封圈 4—阀体　　1—阀体 2—圆柱体 3—密封圈 4—手柄

(7) 水龙头。水龙头的种类比较多，普通水龙头如图 6—25 所示，其公称直径常用的有 DN15、DN20、DN25 三个等级。

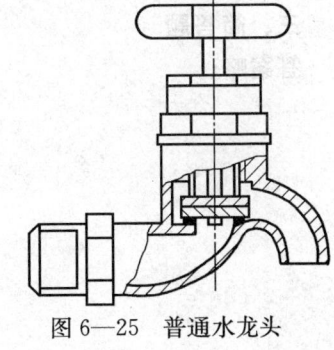

图 6—25 普通水龙头

单元测试题

一、填空题（请将正确的答案填在横线空白处）

1. 公称直径的直径数值近似于_____阀门和某些管子的实际内径。
2. DN50，表示_____为 50 mm。
3. 实验压力、公称压力与工作压力之间的关系是_____。
4. 动力管道是指为生产设备输送的介质是_____的管道。
5. 普通无缝钢管广泛用于_____工程中。
6. ABS 工程塑料管一般用于室内冷热水管和水处理的加药管道，以及有腐蚀作用的_____。
7. UPVC 管主要用于城市供水、城市排水、_____和建筑排水管道。
8. 平焊钢法兰按其接触面可分为光滑式和_____密封面两种。
9. 平焊钢法兰的规格，一般用公称直径"DN"和_____表示。
10. 常用型钢有圆钢、扁钢、角钢和_____等。

二、判断题（下列判断正确的请打"√"，错误的打"×"）

1. 燃气管道按工作压力一般分为 4 级。 （　　）
2. 镀锌钢管可以焊接。 （　　）

三、简答题

1. 常用的管材有哪些？各适用于哪些场合？
2. 闸阀和截止阀各用于哪些工程？

单元测试题答案

一、填空题

1. 法兰式　　2. 公称直径　　3. 实验压力＞公称压力≥工作压力　　4. 动力媒介物
5. 工业管道　　6. 工业管道　　7. 建筑给水　　8. 凹凸式　　9. 公称压力"PN"
10. 槽钢

二、判断题

1. ×　　2. ×

三、简答题

答案略。

第 7 单元

金属结构制作和焊接基础

- 第一节　金属结构制作安装基础/188
- 第二节　焊接/201

第一节 金属结构制作安装基础

一、放样与下料

1. 放样

放样是根据构件图样，用1∶1的比例在放样平台或钢板上划出其所需图形的过程，并获得金属结构制造过程所需的数据、样杆、样板、草图和组装实样。金属结构的放样一般要经过线型放样、结构放样、展开放样三个过程。视施工情况，有些构件完全由平板或杆件组成，无须展开，放样时无展开放样过程。

（1）线型放样。线型放样就是根据结构制造需要，绘制构件整体或局部轮廓的投影基本线型。

1）根据所要绘制图样的大小和数量多少，安排好各图在放样台上的位置。为了节省放样台面积，大型结构的放样允许采用部分视图重选或单向缩小比例的方法。

2）选定放样划线基准。放样基准尽量采用放样线，作为确定其他点、线、面空间位置的依据。图样上的设计基准通常与放样基准要一致，以保持尺寸、形状的精确度。在平面上确定几何要素的位置，需要两个独立的坐标作为放样时的基准。放样基准一般按如下三种方式选择：

① 以两条互相垂直的线（或两个互相垂直的面）作为基准，如图7—1a所示。
② 以两条中心线为基准，如图7—1b所示。
③ 以一个面和一条中心线为基准，如图7—1c所示。

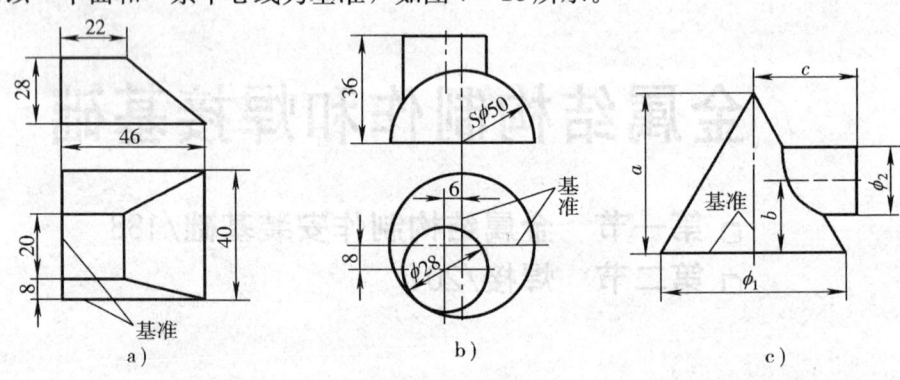

图7—1 放样基准

注意： 较短的基准线可以直接用钢直尺划出，而对于外形尺寸长达几十米以上的大型金属结构件，则需要拉钢丝配合角尺或悬挂线垂的方法划出基准线。目前有些工程采用激光经纬仪作大型金属结构的放样基准线，可获得较高的精确度。

3）线型放样以划出设计要求必须保证的轮廓线型为主，而那些因工艺需要而可能变动的线型则可暂时不划。

4）进行线型放样，必须严格遵循线的投影规律。放样时，究竟划出构件的整体还是局部，可依工艺需要而定。但无论整体还是局部，所划线型必须符合投影关系和投影规律。

5) 矩形轮廓线放样后，要采用量对角线的方法或应用正弦定理，检查划线是否正确。如无问题，可做好标记。

6) 通过放样制作的划线样板、弯曲弧度样板和检查用样板，要用适当的材料制作，防止变形和损坏，用样冲或油漆做上记号。

(2) 结构放样。结构放样是在线型放样的基础上，依制作工艺要求进行工艺性处理的过程。主要包括以下内容：

1) 确定各部分结合位置及连接形式。在实际生产中，由于材料规格及加工条件等限制，往往需要将原设计中的整件分为几个部分加工、组合。这时，需要放样者根据构件实际情况，正确、合理地确定结合位置及连接形式。

2) 根据加工工艺及本身的实际制作能力，对结构中的某些部位或构件进行必要的调整修改，注意要保证调整部位的性能和强度不能降低，如图7—2所示为用加强板代替角钢。

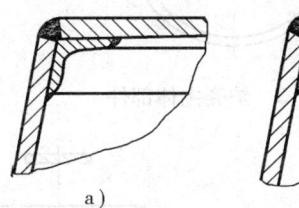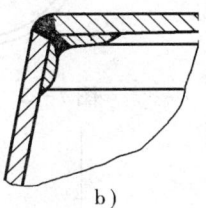

图7—2　容器局部放大
a) 修改前　b) 修改后

3) 根据加工工序的需要，设计胎具或胎架，绘制各类加工、组装草图，制作各类加工、组装用样板等。

(3) 展开放样。展开放样是在结构放样的基础上，对不反映实形或需要展开的部件进行展开，以求取实形的过程。其具体过程如下：

1) 板厚处理。根据加工过程中的综合因素，分析板厚对构件形状、尺寸的影响，确定构件展开的基本尺寸。

2) 展开作图。依据构件展开的基本尺寸划单线图，运用投影理论和展开的基本方法（也可用计算方法），作出展开图。

3) 制作号料样板，绘制号料草图，准备下料。

【例】冶金炉炉壳主体部件如图7—3所示，试作出其放样图。

(1) 线型放样。如图7—4所示，首先要准确地划出各个视图的基准线。主视图应以中心线和炉上口轮廓线为放样划线基准；而俯视图应以两中心线为放样划线基准。其次划出构件基本线型。件1的尺寸必须符合设计要求，可先划出；件3位置也已由设计给定，不得改动，要划出；件2的尺寸必须要处理好连接部位才能确定划出。

(2) 结构放样。炉壳主体部件连接部位Ⅰ、Ⅱ的处理。部位Ⅰ可以有三种连接形式，究竟选择哪种形式，工艺上主要从组装和焊接两方面考虑。从构件组装看，因圆筒体大而重，形状稳定，组装时先将圆筒放在平台上，再将锥体组装在上面。如图7—5所示的三种连接形式，图7—5a焊缝多为横焊缝，不是最理想；图7—5b焊缝多为仰焊位置，组装定位不方便，一般不能采用；图7—5c焊接位置最好，多为平角焊，翻身后

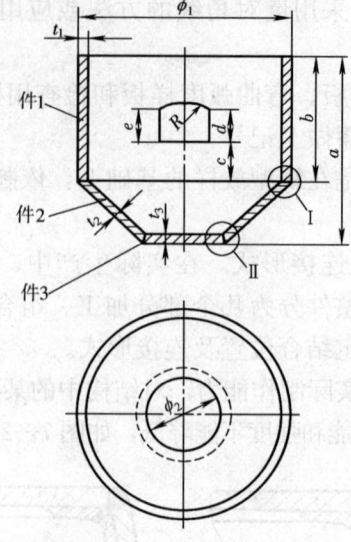

图 7—3 炉壳主体部件

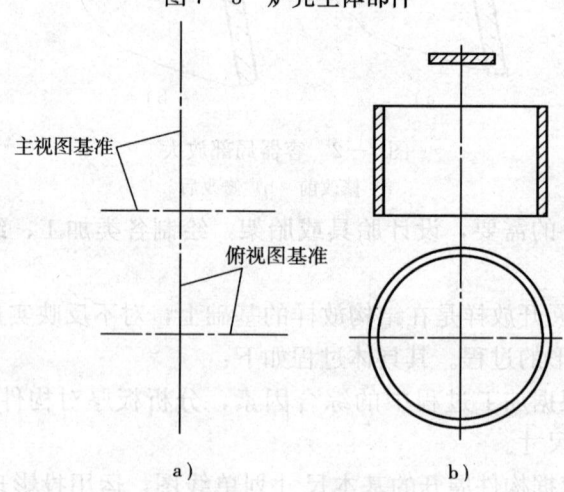

图 7—4 炉壳线型放样

内环缝也处于平角焊位置,均有利于操作,组装起来也方便定位。因此部位Ⅰ宜采用如图 7—5c 所示的形式连接。因件 3 体积小,易于组装焊接,部位Ⅱ可采用如图 7—6 所示的连接形式。

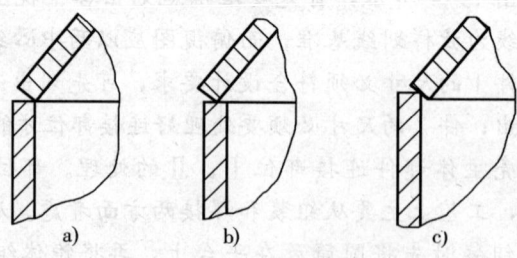

图 7—5 部位Ⅰ连接
a) 横焊 b) 仰焊 c) 平角焊

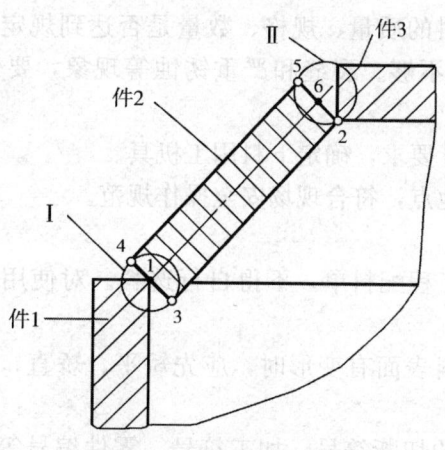

图7—6 连接部位画法

通过板厚处理确定件1、2、3的放样展开尺寸,件1以图样中性层尺寸为准,件2以结构图样的实际中性层尺寸为准,件3也可按结构图样的实际尺寸为准,如图7—6所示。

(3)展开放样

1)作圆台侧板的展开图,展开图为矩形。

2)作锥台的展开图。进行锥台展开时,上口、下口以及锥高的尺寸,都以板厚中心层(即中性层)为准,放样图如图7—7所示。

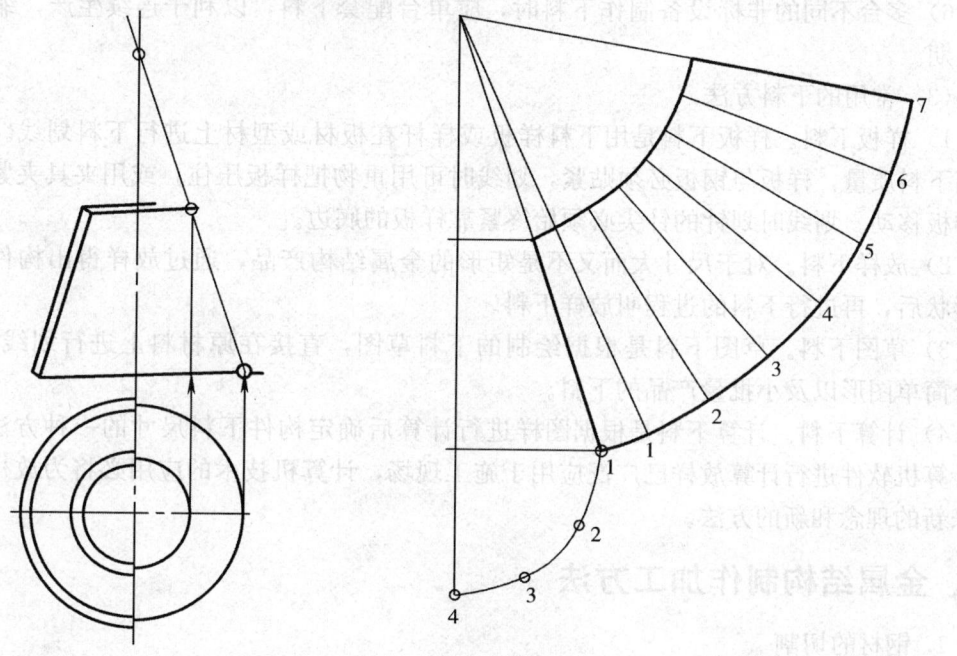

图7—7 锥台展开图

2. 下料

(1)下料前的准备工作

1)下料前根据施工图样的材料要求,分类制订出材料下料明细表,内容包括规格、名称、数量等,便于排料,提高材料的利用率。

2) 检查下料所用材料的质量、规格、数量是否达到规定的基本要求，对有质量缺陷的如疤痕、夹层、厚度不够、裂缝和严重锈蚀等现象，要依据国家有关标准及时反映，作出处理。

3) 按照施工组织设计要求，确定下料用工机具。

4) 选择堆放材料的地点，符合现场安全操作规范。

(2) 下料的技术规范

1) 工程量大的要按工程配料单，不得自行选料。对使用中出现的材料问题要及时反映。

2) 下料前，发现材料表面有变形时，应先矫平、矫直，达到钢材矫正后的允许偏差。

3) 钢材上要有明确的切断符号、加工符号、零件编号等，要与孔加工中心线等有明显的区别。

4) 熟悉下料方法与下料时加工余量的关系：一般手工气割下料时的加工余量为 4 mm；自动气割下料时的加工余量为 3 mm；气割后需端铣或刨边的加工余量为 4～5 mm；剪切后需端铣或刨边的加工余量为 3～4 mm。最后要以图样的工艺要求为准。

5) 采用焊接方法接长或接宽的钢板，都需在焊接和矫平后再进行划线下料。

6) 多台不同的非标设备制作下料时，应单台配套下料，以利于连续生产，缩短生产周期。

(3) 常用的下料方法

1) 样板下料。样板下料是用下料样板或样杆在板材或型材上进行下料划线。为了提高下料质量，样板与钢板必须贴紧，划线时可用重物把样板压住，或用夹具夹紧，以防样板移动。划线时划针的针尖必须始终紧靠样板的底边。

2) 放样下料。对于尺寸大而又不是矩形的金属结构产品，通过放样得出构件的实际形状后，再进行下料的过程叫放样下料。

3) 草图下料。草图下料是根据绘制的下料草图，直接在原材料上进行划线下料。适合简单图形以及小批量产品的下料。

4) 计算下料。计算下料是根据图样进行计算后确定构件下料尺寸的一种方法，运用计算机软件进行计算放样已广泛应用于施工现场，计算机技术的应用必将为放样下料带来新的理念和新的方法。

二、金属结构制作加工方法

1. 钢材的切割

(1) 剪切。剪切加工的方法很多，其实质都是通过上、下剪刃对材料施加剪切力，使材料发生剪切变形，最后断裂分离。具有生产效率高、剪断面比较光洁、能切割板材及各种型材等优点。其方法有手工剪切、机械剪切等。

手工剪切是运用剪刀、振动剪来剪切薄钢板的一种方法，可剪切 1 mm 以下的薄钢板，手工剪切方法如图 7—8 所示。

金属结构制作和焊接基础

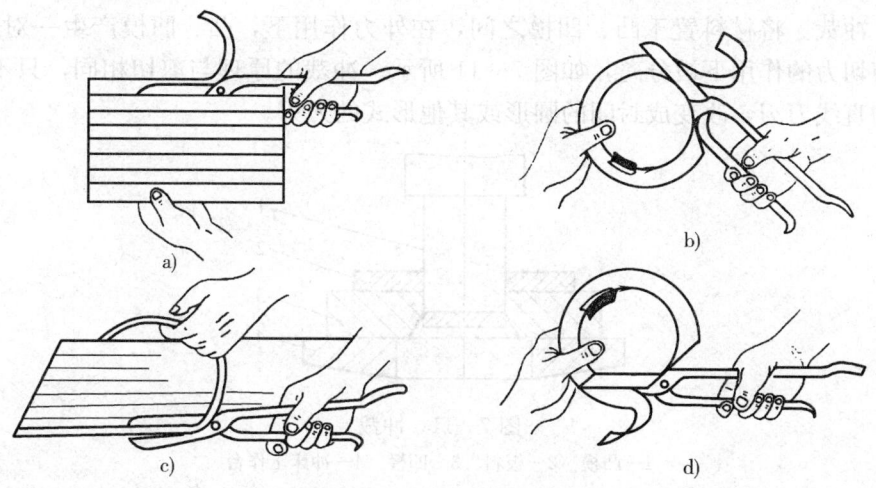

图7—8 手工剪切方法

机械剪切是运用龙门式斜口剪床、横入式斜口剪床、圆盘剪床、振动剪床、联合剪冲机床等设备进行剪切的一种方法。剪切设备如图7—9所示。

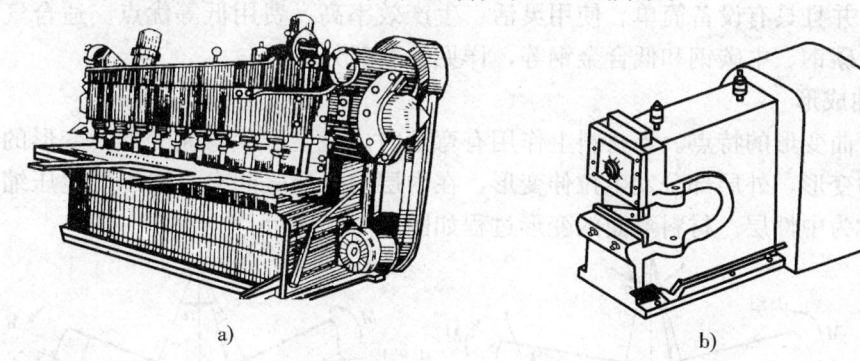

图7—9 剪切设备
a) 龙门式斜口剪床 b) 横入式斜口剪床

（2）克切。运用克子手工克切钢板的一种剪切方法，一般适用于钢板厚度在2～5 mm，克切方法如图7—10所示。

图7—10 克切方法

(3) 冲裁。将材料置于凸、凹模之间，在外力作用下，凸、凹模产生一对剪切力，材料在剪切力的作用下被分离，如图7—11所示。冲裁的原理与剪切相同，只不过是将剪切时的直线刀刃，改变成封闭的圆形或其他形式的刀刃。

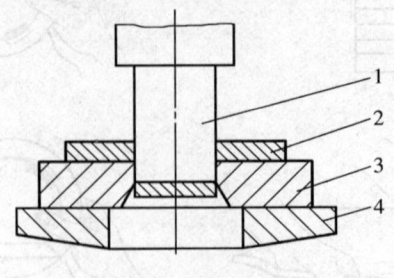

图7—11 冲裁
1—凸模 2—板料 3—凹模 4—冲床工作台

冲裁一般在冲床上进行，常用的冲床有曲轴冲床和偏心冲床两种，两者的工作原理相同，差异是工作的主轴不同。

(4) 气割。气割是钢材下料的一种重要方法，它可以对钢板和各种规格的型钢进行切割分离，并且具有设备简单、使用灵活、生产效率高、费用低等优点。适合气割的材料主要有低碳钢、中碳钢和低合金钢等，详见气割部分。

2. 弯曲成形

(1) 弯曲变形的特点。当材料上作用有弯矩时，就会产生弯曲变形。变形的内层部分发生压缩变形，外层部分发生拉伸变形，在内层与外层之间有一层不发生压缩和伸长的层面，称为中性层。材料弯曲的变形过程如图7—12所示。

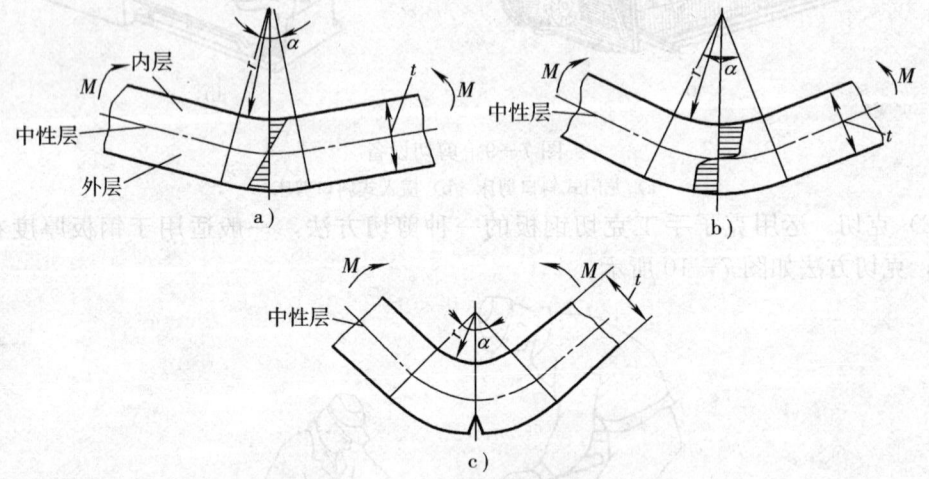

图7—12 材料弯曲的变形过程

不同金属材料具有不同的最小弯曲半径，超过了这个最小半径，材料就会出现裂纹、断裂等现象。所谓最小弯曲半径是指材料在不发生破坏的情况下，所能弯曲的最小曲率半径。

(2) 卷板工艺。卷板是在卷板机上，对板料进行连续三点滚弯的过程，滚弯过程如图7—13所示。滚弯时，板料置于滚板机的上下轴辊之间，当上轴辊下降时，板料便受到弯曲力矩的作用,发生弯曲变形。由于上下轴辊的转动,并通过轴辊与板料的摩擦力带动板料移动,使板料受压位置连续不断地发生变化,从而形成平滑的弯曲面,完成滚弯成形。

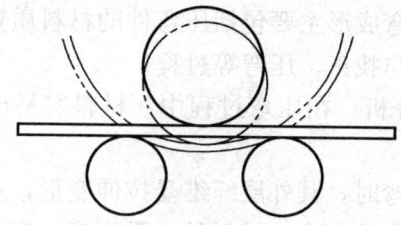

图 7—13　滚弯过程

滚弯由预弯、找正、卷弯三个过程组成。

1)预弯。滚弯前应准备工件内圆卡形样板、大锤、压弧锤、槽头胎具等,用手工的方法预弯板料两端,预弯长度应略大于两下辊中心距的一半,一般为 180～200 mm,如图 7—14a 所示。

2)找正。板料放入滚板机后,利用滚板机轴辊上的定位槽进行找正。方法是:将下辊的定位槽转到最上端位置,使放入滚板机的板料边缘与定位槽平行,如图 7—14b 所示。

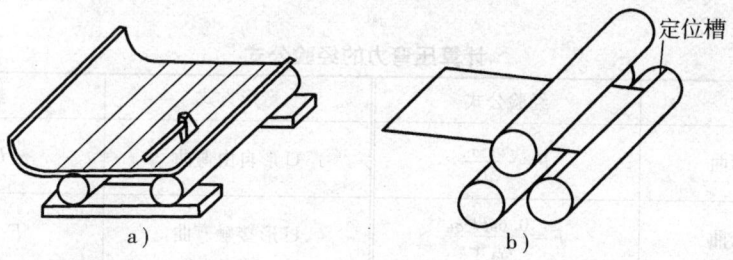

图 7—14　手工预弯及找正
a)手工预弯　b)找正

3)卷弯。在滚弯过程中,由于弹性变形恢复的影响,往往不能一次滚压到要求的曲率,要反复几次,边滚弯边用样板检查,直到曲率合格为止。滚压中若出现歪扭现象要及时调整,其方法是用手工矫正。在矫正过程中,应根据工件的歪扭方向和程度,确定锤击位置,施加相应的锤击力量,避免因矫正失当而引起板料反向歪扭或曲率过大,如图 7—15 所示。

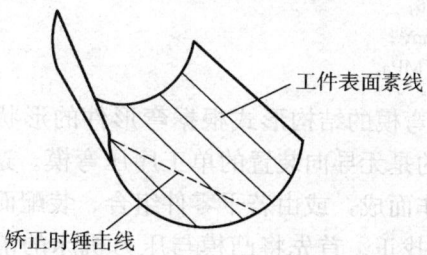

图 7—15　滚弯件歪扭的矫正

3. 压制成形

压制成形是在压力机上利用模具使板料成形的一种工艺方法,板料的成形完全取决于模具的形状与尺寸。这里仅介绍压弯和压延成形的方法。

(1) 压弯。金属材料压弯成形主要包括压弯件的材料质量分析、计算压弯力、制作压弯模具、压弯模具的安装与找正、压弯等过程。

1) 压弯件的材料质量分析。在压弯过程中,材料容易出现弯裂、回弹和偏移等质量问题。

首先,要注意材料在压弯时,其外层纤维受拉伸变形,易超过材料的屈服极限,产生破裂,要考虑最小弯曲半径的大小、材料的力学性能、弯曲角的大小、弯曲线的方向和材料的表面质量等。

其次,要考虑材料在弯曲后的弯曲角度和弯曲半径,总是与模具的形状和尺寸不一致,这是由于材料在弯曲时,在塑性变形的同时还存在弹性变形,即弯曲回弹现象。

最后,要考虑材料在弯曲过程中,沿凹模圆角滑动时会产生摩擦阻力,当两边的摩擦力不等时,材料就会沿凹模左右滑动,产生偏移,使零件不符合要求。

2) 计算压弯力。为使材料能在足够的压力下成形,必须计算其压弯力,作为选择压力机床的重要依据。在生产中常用经验公式计算压弯力,计算压弯力的经验公式见表7—1。

表 7—1　　　　　　　　　计算压弯力的经验公式

弯形方式	经验公式	弯形方式	经验公式
V 形自由弯曲	$F=\dfrac{cbt^2\sigma_b}{2L}$	U 形自由弯曲	$F=Kbt\sigma_b$
V 形接触弯曲	$F=\dfrac{0.6cbt^2\sigma_b}{r_凸+t}$	U 形接触弯曲	$F=\dfrac{0.7cbt^2\sigma_b}{r_凸+t}$
V 形校正弯曲	$F=Aq$	U 形校正弯曲	$F=Aq$

表中　F——压弯力,N;
　　　b——弯形件的长度,mm;
　　　t——弯形件的厚度,mm;
　　　L——凹模槽口两支点间距离,mm;
　　　$r_凸$——凸模圆角半径,mm;
　　　σ_b——材料的抗拉强度,MPa;
　　　c——系数,取 $c=1\sim1.3$;
　　　K——系数,取 $K=0.3\sim0.6$;
　　　A——校正部分投影面积,mm²;
　　　q——单位面积上的校正力,MPa。

3) 制作压弯模具。压弯模的结构形式根据弯形件的形状、精度要求及生产批量等进行选择,最简单且常用的是无导向装置的单工序压弯模。这种压弯模既可整体铸造加工,也可利用型钢焊接制作而成,或由若干零件组合、装配而成,如图 7—16 所示。

4) 压弯模具的安装与找正。首先将凸模与压力机床的滑块连接,然后将凹模置于压力机床的工作台上,与凸模大致找正。再将几块厚度与模具间隙相适应的板块,分别放置在凹模两侧的平面上,缓缓落下凸模,并调整凹模的位置,使二者吻合,且保证间

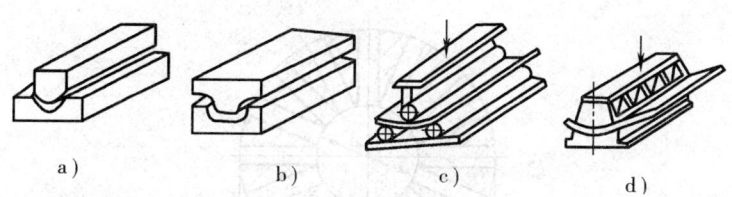

图 7—16 压弯模结构形式

隙均匀。然后,将凹模固定在压力机的工作台上。

5) 压弯。正式压弯前,应先试压几次,以检查模具的定位、弹复值和间隙,待试压合格后,才能正式压弯。

(2) 压延。压延是利用模具使一定形状的平板毛坯变成为开口的空心零件的冲压工艺方法。压延是一种比较复杂的成形方法,现以圆筒形压延件为例,说明板料的压延过程。如图 7—17 所示,压延模的工作部分具有一定的圆角,并且凸、凹模间隙稍大于板料的厚度。压延时,板料置于凹模上,当凸模向下运动时,迫使板料压入凹模孔,形成空心的筒形件。

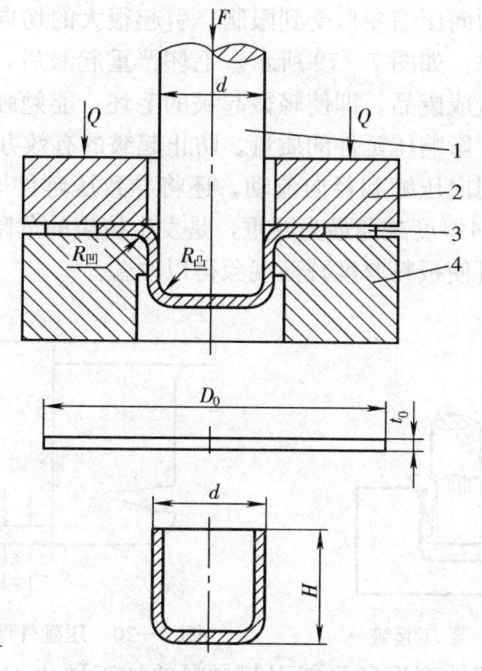

图 7—17 压延过程
1—凸模 2—压边圈 3—制品零件 4—凹模

压延过程中,板料毛坯的中间直径为 d 的部分变为零件的底部,基本不发生变形。而外部环形部分的金属,将沿圆周方向发生很大的压缩塑性变形,并迫使多余的金属沿毛坯径向产生流动,形成压延件的侧壁。如图 7—18 所示,如果把坯料的环形部分,划分为若干狭条和扇形,假设把扇形部分切除,余下的狭条部分,沿直径 d 的圆周弯曲后即为圆筒的侧壁。扇形部分的金属是多余的,此部分金属在压延过程中,沿半径方向产生了流动,从而增加了零件的高度。因此,筒壁高度 h 总是大于 $(D-d)/2$。

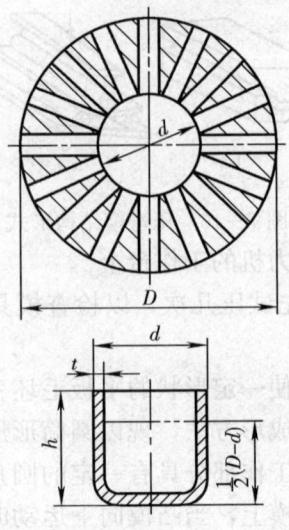

图 7—18 压延时的金属流动

压延中毛坯金属的周向压缩变形受到限制，引起很大的切向压应力，使毛坯变形区因为失稳而发生起皱现象，如图 7—19 所示。毛坯严重起皱后，由于不能通过凹、凸模之间的间隙而被拉断，造成废品。即使轻微起皱的毛坯，能勉强地通过，也会在零件的侧壁上留下起皱的痕迹，影响压延件的质量。防止起皱的有效办法是采用压边圈。

压延中毛坯金属的周向压缩和径向流动，还将导致压延件厚度发生变化，如图 7—20 所示。凸模圆角处板料厚度减薄最为严重，是发生拉裂的危险区。合理选择凸、凹模间隙和工作圆角半径，可使板料厚度减薄现象得以改善。

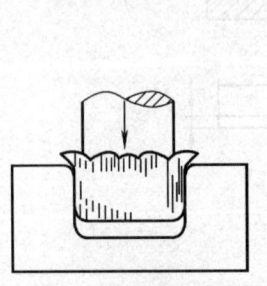

图 7—19 毛坯起皱

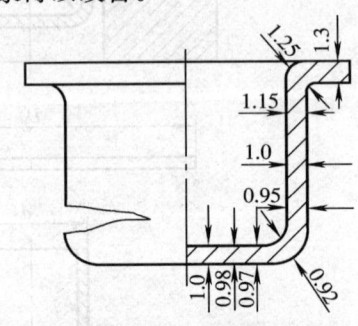

图 7—20 压延件厚度的变化

此外，压延中的大塑性变形还可能引起材料的加工硬化，使进一步压延发生困难。因此，应根据材料的塑性变形量，合理选定每次压延材料的变形程度。变形较大的压延件，应采用多次压延的方法，并采用中间退火的措施，以消除材料的加工硬化，完成压延工作。

4. 特种成形

（1）爆炸成形。爆炸成形是利用炸药在爆炸的瞬间所产生的高压、高温气体，形成一种强烈的冲击波，通过水作为传递介质，促使坯料在很短的时间内，以极快的速度产生塑性变形贴合于模具上，从而达到成形的目的，爆炸成形装置如图 7—21 所示。爆炸成形可以对板料进行多种成形加工，例如压延、翻边、胀形、校形、弯形、压花纹等。

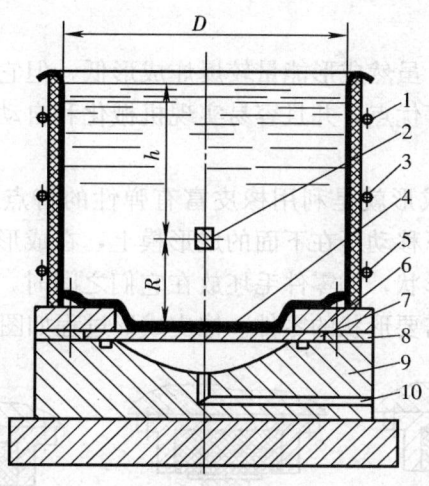

图 7—21 爆炸成形装置
1—纤维板 2—炸药 3—绳 4—坯料 5—密封袋 6—压边圈
7—密封圈 8—定位圈 9—凹板 10—抽气孔

此外，还可以进行爆炸焊接。

爆炸成形不需要成对的刚性凸、凹模，而是通过传压介质（空气或水）来代替刚性凸模的作用。爆炸成形可加工形状复杂，而且刚性模具难以加工的空心零件。爆炸成形属于高速成形，零件回弹极小，贴模性能好，只要模具尺寸准确、表面光洁，则零件的精度高，表面质量也好。爆炸成形不需要冲压设备，成形零件的尺寸不受设备能力限制，而且成形速度快，操作方便，成本低，适于小批量生产。

（2）电水成形和电爆成形。电水成形装置如图 7—22 所示，工作时向变压器加 20～40 kV 电压，经整流器得到高压直流电，再经限流电阻向电容充电。当电容器的电压达到一定数值时，辅助间隙被击穿，高压电流加在由两个电极形成的主间隙上，将其击穿并放电，形成强大的冲击电流，在介质（水）中引起冲击波，冲击金属毛坯在凹模中成形，这是电水成形的基本原理。

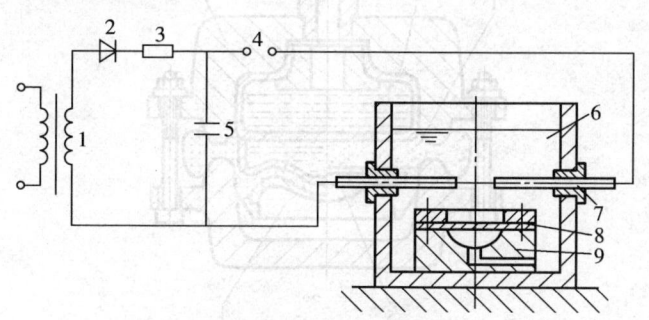

图 7—22 电水成形装置
1—变压器 2—整流器 3—限流电阻 4—辅助间隙
5—电容 6—水 7—电极 8—毛坯 9—凹模

若在电水成形装置中，用细金属丝把两个电极连接起来，放电时产生的强大电流将金属丝迅速熔化和蒸发成高压气体，并在介质中形成冲击波使坯料成形，这就是电爆成形的原理。

电水成形属高速成形,虽然成形能量较爆炸成形低,但它具有成形过程稳定、操作方便、内部能量容易调整等优点,并且容易实现机械化和自动化作业,是生产效率较高的一种成形工艺。

(3) 橡皮成形。橡皮成形就是利用橡皮富有弹性的特点进行成形。只要一个成形模,加压时上面的橡皮向下移动压在下面的成形模上,在成形模反作用力的作用下,橡皮随成形模的形状而改变形状,如零件毛坯放在它们之间时,则随之一同变成成形模的形状,卸载后就能得到所需要形状的零件。橡皮成形过程如图7—23所示。

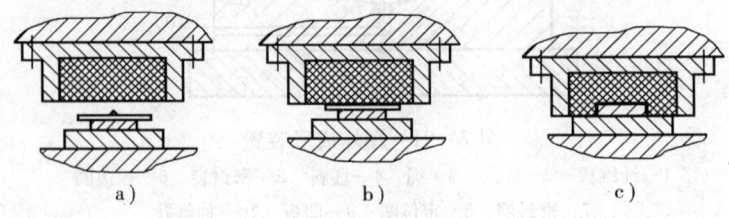

图7—23 橡皮成形过程

(4) 液压橡皮模成形。橡皮成形存在成形压力损失大,圆角部分成形比较困难等不足之处,如果用液压成形虽然能消除这些缺点,但液体直接与成形零件接触,密封不易解决,所以出现了液压橡皮模成形方法。

液压橡皮模成形是利用高压的液体(25~100 MPa)与橡皮模组成软体的凹模或凸模,来代替刚性的凹模或凸模,对壁厚9.5 mm以下的零件进行成形或胀形加工。液压橡皮模成形装置如图7—24所示。高压液体不断向护套3内的橡皮囊2充压并随之胀大,迫使橡皮模1向下移动,将毛坯5压紧在模具4上,直至全部贴模成形为零件。

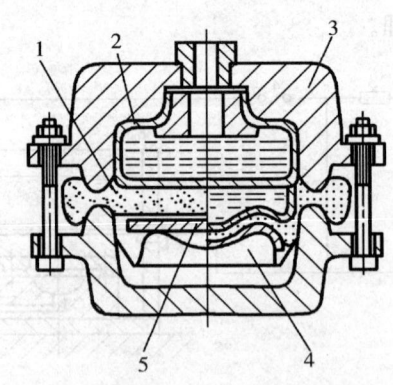

图7—24 液压橡皮模成形装置
1—橡皮模 2—橡皮囊 3—护套 4—模具 5—毛坯

第二节 焊 接

一、焊条电弧焊

焊条电弧焊是利用焊条与焊件之间产生的电弧热量,熔化焊条及焊件的一种手工操作的焊接方法。其特点是设备简单、操作方便、成本低、应用广等。

1. 焊接电弧

(1) 焊接电弧的产生。焊接电弧是由焊接电源供给的,具有一定电压的两电极间或电极与焊件间,在气体介质中产生的强烈而持久的放电现象。不同的焊接方法其引燃电弧的方法不同,引弧方法主要有:

1) 接触短路引弧法。这种引弧方法包括两个过程:首先,将焊条或焊丝与焊件接触短路,利用短路产生高温;其次,在短路以后迅速地将焊条或焊丝拉开,这时在焊条或焊丝端部与焊件表面之间立即产生一个电压,而产生焊接电弧。在熔化极电弧焊中,焊条电弧焊、埋弧焊和熔化极气体保护焊都采用接触短路引弧法,电弧引燃后焊接电弧两极间的离子运动示意如图 7—25 所示。

2) 高频高压引弧法。这种方法用于钨极氩弧焊中,在钨极和焊件之间留有 2~5 mm 的间隙,然后施加 2 000~3 000 V 的空载电压,利用高电压直接将空气击穿,引燃电弧。由于高压电对人身有危险,通常将其频率提高到 150~260 kHz,利用高频电流强烈的集肤效应,对人身不会造成危害。

(2) 焊接电弧的构造。焊接电弧稳定燃烧后,可分为三个区域,即阴极区、阳极区和弧柱,如图 7—26 所示。

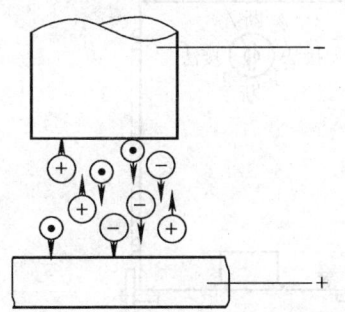
图 7—25 两极间的离子运动

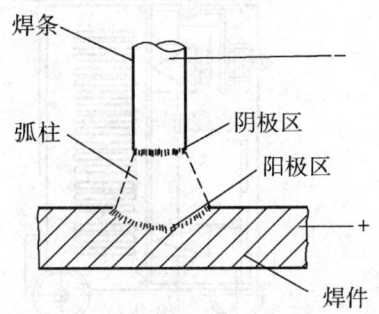
图 7—26 焊接电弧的构造

1) 阴极区。电弧靠近负极的区域。其宽度为 $10^{-6} \sim 10^{-5}$ cm,温度为 2 130~3 230℃,放出的热量占焊接电弧总热量的 36% 左右。

2) 阳极区。电弧靠近正电极的区域。其宽度为 $10^{-4} \sim 10^{-3}$ cm,温度为 2 330~3 930℃,放出的热量占焊接电弧总热量的 43% 左右。

3) 弧柱。阴极区和阳极区之间的电弧称为弧柱。弧柱长度约为弧长,温度高达 5 730~7 730℃,放出的热量占焊接电弧总热量的 21% 左右。

(3) 焊接电弧的极性及其应用

1) 焊接电弧的极性。当采用直流弧焊电源时，焊接电弧极性有正接和反接两种。直流电弧焊时，焊件接电源输出端的正极，电极接电源输出端负极的接线法，称为直流正接法；焊件接电源输出端的负极，电极接电源输出端正极的接线法，称为直流反接法。

2) 焊接电源极性的应用。焊条电弧焊中，对于酸性焊条来说，可采用交流，也可采用直流。采用直流电源时，焊接厚板一般采用直流正接，因为阳极区温度比阴极区高，可以获得较大的熔深；焊接薄板时，采用直流反接，对防止烧穿有利；堆焊时，采用直流反接的目的是增加焊条的熔化速度，减少母材的熔深，有利于降低母材对堆焊层的稀释。焊条电弧焊中，对于碱性焊条（低氢钠型焊条）一般采用直流反接，电弧燃烧稳定，飞溅少，而且焊接时声音较平静均匀。钨极氩弧焊时一般都采用直流正接，电弧比较稳定，钨极寿命长；采用直流反接时，钨极因过热而烧损严重，使用寿命短。熔化极气体保护焊均采用直流反接，电弧稳定，焊丝熔化速度快，熔敷效率高。埋弧焊均采用直流反接，熔深大。

2. 焊条电弧焊设备

主要设备是弧焊电源，是为电弧焊提供电源的设备，分为交流弧焊电源和直流弧焊电源两大类。

(1) 交流弧焊电源。交流弧焊电源是一种具有一定特性的变压器，故又称弧焊变压器。它是把普通工业用 220 V 或 380 V 的电压，调整为能满足焊接所需要的低电压（低于 80 V）、高电流（300～500 A），并且具有下降外特性的电源。如图 7—27 所示是常用的 BX3—300 型弧焊变压器。

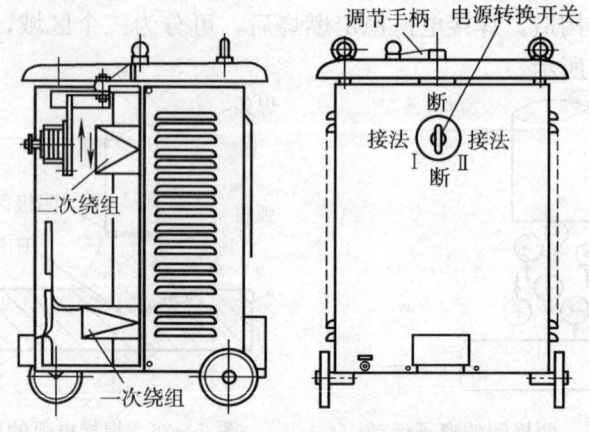

图 7—27　BX3—300 型弧焊变压器

(2) 直流弧焊电源。直流弧焊电源分为弧焊发电机、弧焊整流器及逆变式弧焊整流器三种类型。

1) 弧焊发电机。由交流电动机和直流发电机组成。电动机带动直流发电机，发出供焊接所需特性的直流电。常用型号有 AX—320 型、AX1—500 型。

2) 弧焊整流器。用大功率晶闸管整流元件，将交流电经过变压、整流后形成焊接所需要的直流电。主要由降压变压器、晶闸管整流器组及输出电抗器等组成。常用的有

ZXG1-250、ZXG-300型等。

3) 逆变式弧焊整流器。用逆变装置将直流电变为中频交流电，然后送入体积较小的中频变压器变压，并经先进的整流系统变流、滤波，获得能满足焊接需要的、可以连续调节的直流电压和电流。

3. 焊条

焊条是由焊芯和药皮两部分组成，焊芯的主要作用是作为电极和填充金属，药皮的主要作用是稳弧、保护、脱氧、渗合金及改善焊接工艺性能，如图7—28所示。

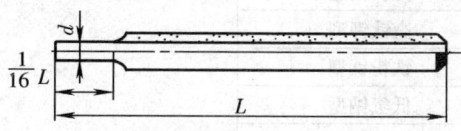

图7—28 焊条

（1）焊芯。焊芯作为填充金属约占整个焊缝的2/3。焊芯的成分直接影响着焊缝质量，因此焊芯是由专门的优质碳素结构钢经轧制、拉拔而成。焊芯直径为2~6 mm。焊芯越细，焊条长度越短。一般焊条长度为250~450 mm。

（2）药皮。药皮在焊接过程中起稳定电弧、保护熔化金属、去除有害杂质和添加有益合金元素的作用。组成药皮的成分很多，主要有稳弧剂、造渣剂、造气剂、合金剂、脱氧剂、稀释剂、黏结剂、增塑剂等。药皮种类繁多，有钛型、钛钙型、钛铁矿型、氧化铁型、纤维素型、低氢型、石墨型、盐基型等。

（3）焊条的分类及型号

1) 焊条的分类。按用途分为碳钢焊条、低合金钢焊条、钼和铬钼耐热钢焊条、不锈钢焊条、堆焊焊条、低温钢焊条、铸铁焊条、镍及镍合金焊条、铜及铜合金焊条、铝及铝合金焊条；按熔渣特性分为酸性焊条及碱性焊条。

特别提示：1. 酸性焊条焊缝力学性能较低，但对铁锈不敏感，不易产生气孔，适用于低碳钢和不重要的结构件。

2. 碱性焊条脱氧能力强、合金元素烧损少，焊缝金属的力学性能和抗裂性能好，适用于合金钢和重要的碳素钢结构件的焊接。

2) 焊条型号。以碳钢和低合金钢焊条为例介绍焊条型号，分为五个部分，即

$$\mathrm{E}\;\underset{①}{\times}\;\underset{②}{\times}\;\underset{\underset{④}{③}}{\times\;\times}\;\underset{⑤}{—\;\square}$$

①字母"E"表示焊条。

②前两位数字表示熔敷金属的最小抗拉强度值，单位为×10 MPa。

③第三位数字表示焊接位置，"0"和"1"表示焊条适用于全位置焊接，"2"表示适用于平焊和平角焊，"4"表示适用于向下立焊。

④第三、四位数字组合，表示焊接药皮类型和电流种类，其含义见表7—2。

表 7—2　　碳钢和低合金钢焊条型号的第三、四位数字组合含义

焊条型号	药皮类型	焊接位置	电流种类
E××00	特殊型	平、立、横、仰	交流或直流正、反接
E××01	钛铁矿型	平、立、横、仰	交流或直流正、反接
E××03	钛钙型	平、立、横、仰	交流或直流正、反接
E××10	高纤维钠型	平、立、横、仰	直流反接
E××11	高纤维钾型	平、立、横、仰	交流或直流反接
E××12	高钛钠型	平、立、横、仰	交流或直流正接
E××13	高钛钾型	平、立、横、仰	交流或直流正、反接
E××14	铁粉钛型	平、立、横、仰	交流或直流正、反接
E××15	低氢钠型	平、立、横、仰	直流反接
E××16	低氢钾型	平、立、横、仰	交流或直流反接
E××18	铁粉低氢型	平、立、横、仰	交流或直流反接
E××20	氧化铁型	平焊、平角焊	交流或直流正接
E××22	氧化铁型	平焊、平角焊	交流或直流正接
E××23	铁粉钛钙型	平焊、平角焊	交流或直流正反接
E××24	铁粉钛型	平焊、平角焊	交流或直流正反接
E××27	铁粉氧化铁型	平焊、平角焊	交流或直流正接
E××28	铁粉低氢型	平焊、平角焊	交流或直流反接
E××48	铁粉低氢型	平、立、横、仰、立向下	交流或直流反接

⑤用字母表示低合金高强度钢焊条熔敷金属的化学成分分类代号，其中 A 表示碳—钼钢焊条；B 表示铬—钼钢焊条；C 表示镍—钢焊条；NM 表示镍—钼钢焊条；D 表示锰—钼钢焊条；G、M、W 表示其他低合金高强度钢焊条。字母后的数字表示同一等级焊条的序号。

3）选用焊条的基本原则

①等强度原则。即选用与母材同强度等级的焊条。一般用于焊接低碳钢和低合金钢。

②同成分原则。即选用与母材化学成分相同或相近的焊条。一般用于焊接耐热钢、不锈钢等金属材料。

③抗裂纹原则。选用抗裂性好的碱性焊条，以免在焊接和使用过程中接头产生裂纹。一般用于焊接刚度大、形状复杂、使用中承受冲击载荷的焊接结构。

④抗气孔原则。受焊接工艺条件的限制，如对焊件接头部位的油污、铁锈等清理不便，应选用抗气孔能力强的酸性焊条，以免焊接过程中气体滞留于焊缝中，形成气孔。

⑤低成本原则。在满足使用要求的前提下，尽量选用工艺性能好、成本低和效率高的焊条。

4. 焊条电弧焊工艺

（1）接头形式。焊接接头形式是根据焊件的结构、厚度及使用要求来确定的。常用的接头形式有对接、角接、T 形及搭接接头四种，如图 7—29 所示。

当焊件厚度超过 6 mm 时，为保证焊接接头焊透，以获得高质量的焊缝，应在接头

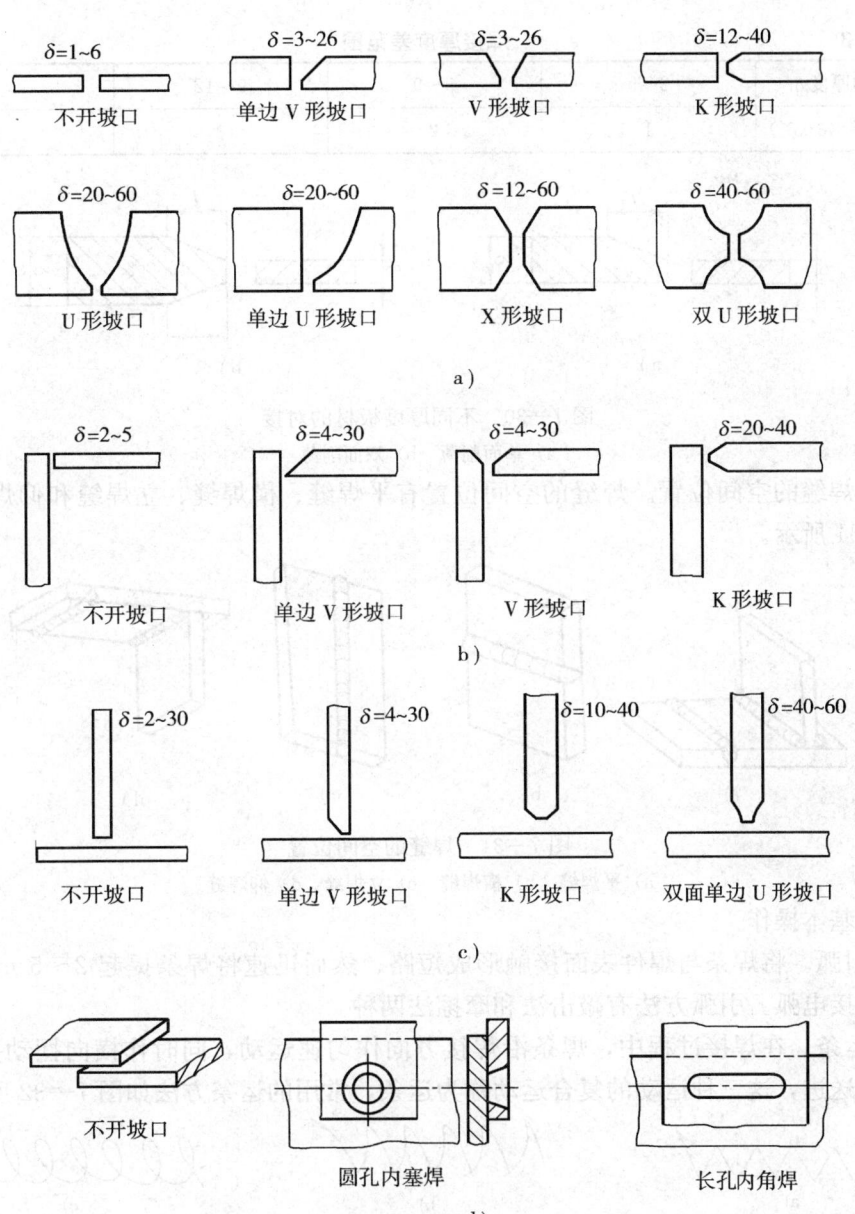

图 7—29 焊条电弧焊焊接接头形式和坡口形状
a) 对接接头 b) 角接接头 c) T形接头 d) 搭接接头

处开坡口。坡口形状有 V 形、K 形、X 形、U 形等，焊条电弧焊焊接接头形式和坡口形状如图 7—29 所示。

不同厚度的板材在对接时，若其厚度差（$\delta-\delta_1$）未超过表 7—3 的规定，则焊接接头形式按较厚板材选取；若其厚度差（$\delta-\delta_1$）超过表 7—3 的规定，则应在较厚的板材上加工出单面削薄（见图 7—30a）或双面削薄（见图 7—30b），其削薄长度：

$$L \geqslant 3(\delta-\delta_1)$$

表7—3　　　　　　　　　　焊接厚度差范围　　　　　　　　　　　　mm

较薄板的厚度 δ_1	2~5	5~9	9~12	>12
允许厚度差 $(\delta-\delta_1)$	1	2	3	4

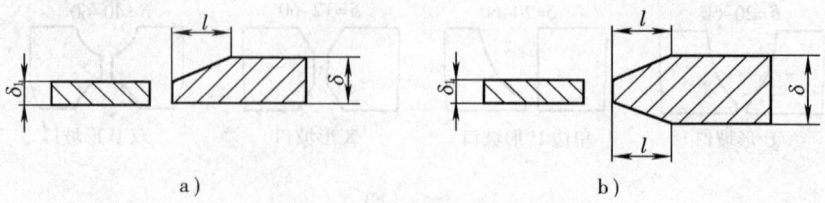

图7—30　不同厚度板材的对接
a) 单面削薄　b) 双面削薄

（2）焊缝的空间位置。焊缝的空间位置有平焊缝、横焊缝、立焊缝和仰焊缝四种，如图7—31所示。

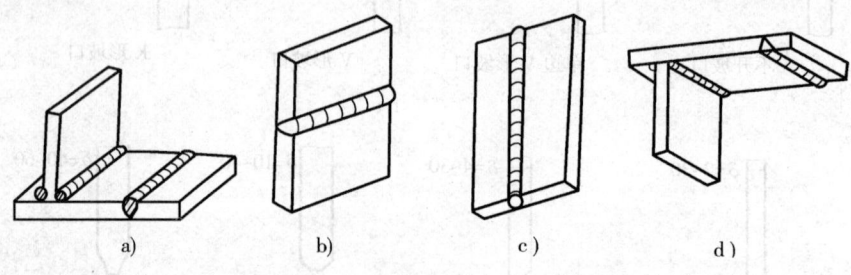

图7—31　焊缝的空间位置
a) 平焊缝　b) 横焊缝　c) 立焊缝　d) 仰焊缝

（3）基本操作

1）引弧。将焊条与焊件表面接触形成短路，然后迅速将焊条提起2~5 mm，形成稳定的焊接电弧。引弧方法有敲击法和摩擦法两种。

2）运条。在焊接过程中，焊条沿焊接方向作匀速运动，同时作横向摆动并沿中心不断向下送进，这三种运动的复合运动称为运条，常用的运条方法如图7—32所示。

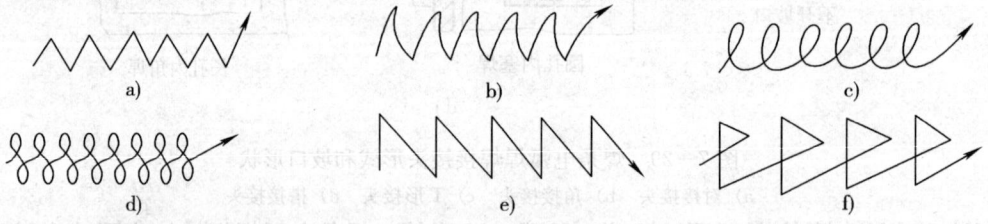

图7—32　焊条运条方法
a) 锯齿形　b) 月牙形　c) 环形　d) 8字形　e) 斜锯齿形　f) 三角形

3）焊缝的接头。常用的焊缝接头形式有尾首相连、尾尾相连、首尾相连、首首相连等，如图7—33所示。

4）焊条的倾角。在焊接时，焊条沿焊接方向倾斜的角度称为焊条的倾角，如图7—34所示，其中逆火焊运用最为广泛。

（4）焊接参数的选择。焊条电弧焊的焊接参数主要有焊条直径、焊接电流、焊接速

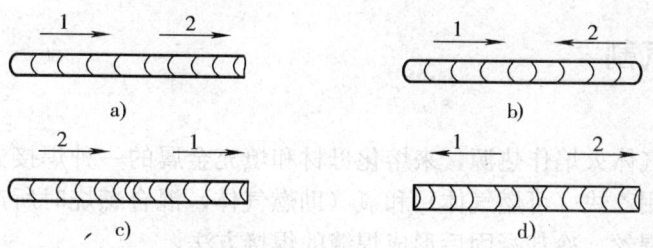

图7—33 焊缝接头连接形式

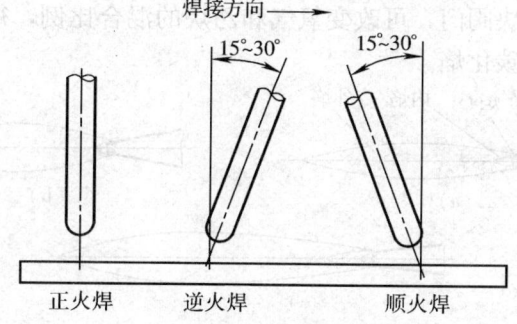

图7—34 焊条倾角

度、电弧长度等。

1) 焊条直径的选择。根据焊件厚度选择,焊件越厚,焊条直径越大,选择时可参考表7—4。在横焊、立焊和仰焊时,焊条直径要选得比相同条件的平焊小一些,一般不超过4 mm。

表7—4		焊条直径选择			mm
焊件厚度	2	3	4～5	6～12	≥12
焊条直径	2	3.2	3.2～4	4～5	5～6

2) 焊接电流的选择。依据焊条直径进行选择。当焊条直径在3～6 mm、平焊低碳钢和低合金结构钢焊件时,可按下式进行计算:

$$I = (35 \sim 55) d$$

式中 I——焊接电流,A;

d——焊条直径,mm。

特别提示:对于横焊和立焊焊接电流要比平焊减少10%～15%,仰焊焊接电流要比平焊减少15%～20%。

3) 焊接速度的选择。在保证焊接质量的前提下,尽可能采用较大的焊条直径、焊接电流和焊接速度。

4) 电弧长度的选择。根据焊条直径、焊件厚度及操作经验来确定。一般控制在2～4 mm,也可用下式进行计算:

$$L = (0.5 \sim 1.0) d$$

式中 L——电弧长度,mm;

d——焊条直径,mm。

二、气焊与气割

1. 气焊

气焊是利用气体火焰作热源,来熔化母材和填充金属的一种焊接方法。最常用的是氧乙炔焊,即利用乙炔(可燃气体)和氧(助燃气体)混合燃烧时所产生氧乙炔焰,来加热熔化工件与焊丝,冷却凝固后形成焊缝的焊接方法。

(1) 氧乙炔焰。氧与乙炔混合燃烧所形成的火焰称为氧乙炔焰,如图 7—35 所示。通过调节氧气阀门和乙炔阀门,可改变氧气和乙炔的混合比例,得到三种不同性质的火焰:中性焰、氧化焰和碳化焰。

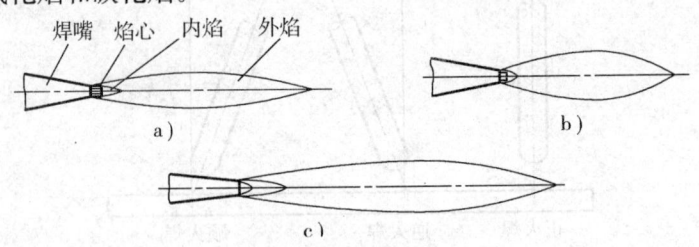

图 7—35 氧乙炔焰
a) 中性焰 b) 氧化焰 c) 碳化焰

1) 中性焰。当氧气与乙炔的混合比为 1~1.2 时,所产生的火焰称为中性焰,又称为正常焰。它由焰心、内焰和外焰组成,靠近焊嘴处为焰心,呈白亮色;其次为内焰,呈蓝紫色,此处温度最高,约 3 150℃,距焰心前端 2~4 mm 处,焊接时应用此处加热工件和焊丝,最外层为外焰,呈橘红色。中性焰是焊接时常用的火焰,用于焊接低碳钢、中碳钢、合金钢、纯铜、铝合金等材料。

2) 碳化焰。当氧气和乙炔的混合比小于 1 时,则得到碳化焰。由于氧气较少,燃烧不完全,整个火焰比中性焰长。且温度也较低,碳化焰中的乙炔过剩,适用于焊接高碳钢、铸铁和硬质合金材料。用碳化焰焊接其他材料时,会使焊缝金属增碳,变得硬而脆。

3) 氧化焰。当氧气和乙炔的混合比大于 1.2 时,则形成氧化焰。由于氧气较多,燃烧剧烈,火焰长度明显缩短,焰心呈锥形,内焰几乎消失,并有较强的咝咝声。氧化焰中由于氧含量高,易使金属氧化,故用途不广,仅用于焊接黄铜,以防止锌的蒸发。

(2) 气焊设备和工具。气焊所用设备主要有氧气瓶、乙炔瓶、减压器、焊炬、氧气管、乙炔管等,如图 7—36 所示。

1) 氧气瓶。氧气瓶是储存和运输高压氧气的容器。容积为 40 L,储氧的最大压力为 15 MPa。氧气瓶外表漆成天蓝色,并用黑漆标明"氧气"字样。氧气具有助燃作用,如在高温下遇到油脂,会有自燃爆炸的危险,所以应正确地使用和保管氧气瓶:氧气瓶放置必须平稳可靠,不应与其他气瓶混在一起;气焊工作地与其他火源要距氧气瓶 5 m 以上;禁止撞击氧气瓶;严禁氧气瓶沾染油脂等。氧气瓶口装有瓶阀,用以控制瓶内氧气的进出,逆时针方向旋转手轮则可打开瓶阀,顺时针旋转则关闭。

2) 乙炔瓶。乙炔瓶是储存和运输乙炔的容器,其外形与氧气瓶相似,但其表面涂

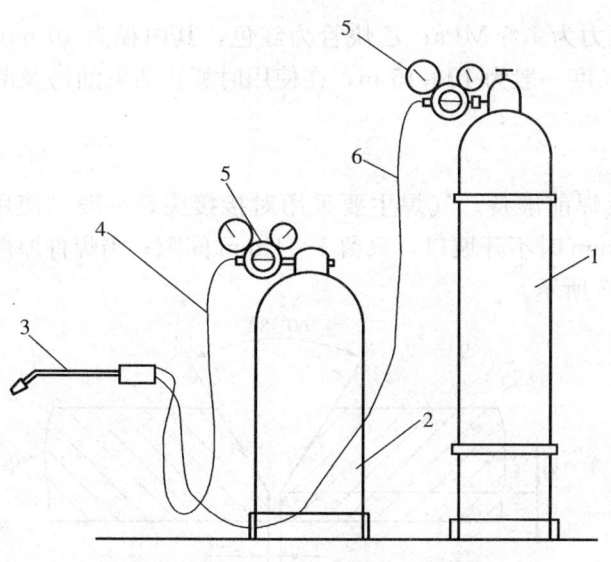

图7—36 气焊设备

1—氧气瓶 2—乙炔瓶 3—焊炬 4—乙炔管（红） 5—减压器 6—氧气管（绿）

成白色，并用红漆写上"乙炔"字样。在乙炔瓶内装有浸满丙酮的多孔性填料，丙酮对乙炔有良好的溶解能力，可使乙炔稳定而安全地储存在瓶中，在乙炔瓶上装有瓶阀，用方孔套筒扳手启闭。使用时，溶解在丙酮中的乙炔就分离出来。通过乙炔瓶阀流出，而丙酮仍留在瓶内，以便溶解再次压入的乙炔，一般乙炔瓶上也要安装减压器。

3）减压器。减压器可以将高压氧气瓶中的高压氧气减压至焊炬所需的工作压力（0.1～0.3 MPa）以保证焊接使用，同时减压器还有稳压作用，以保证火焰能稳定燃烧。减压器使用时，先缓慢打开氧气瓶阀门，然后旋转减压器的调节手柄，待压力达到所需要的值时为止；停止工作时，先松开调节螺钉，再关闭氧气瓶阀门。

4）焊炬。焊炬是使乙炔和氧气按一定比例混合，并获得稳定气焊火焰的工具，焊炬的构造如图7—37所示。常用的焊炬是低压焊炬或称射吸式焊炬，其型号有H01-2、H01-6、H01-12等多种，H表示焊炬；01表示射吸式；2、6、12等表示可焊接的最大厚度（mm）。射吸式焊炬由乙炔接头、氧气接头、手柄、乙炔阀门、氧气阀门、射吸管、混合管、焊嘴等组成。每把焊炬都配有5个不同规格的焊嘴（1、2、3、4、5，数字小则焊嘴孔径小），以适用于不同厚度的工件的焊接。

5）橡胶管。用来输送氧气或乙炔。国家规定，氧气管为绿色或黑色，其内径为

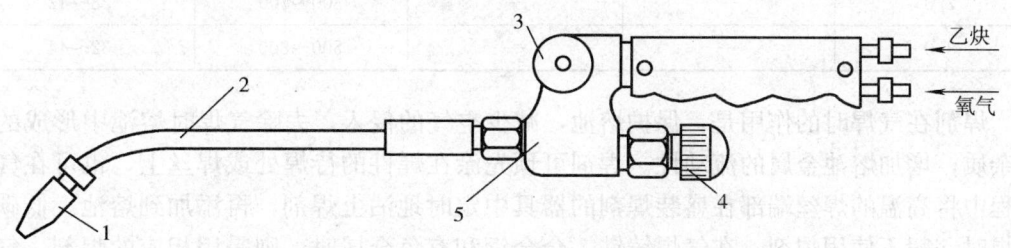

图7—37 焊炬构造

1—焊嘴 2—混合管 3—乙炔阀门 4—氧气阀门 5—混合室

8 mm，允许工作压力为 1.5 MPa；乙炔管为红色，其内径为 10 mm，允许工作压力为 0.5 MPa；橡胶管长度一般为 10~15 m，在使用时禁止沾染油污及漏气，并严禁互换使用。

(3) 气焊工艺

1) 接头形式及焊前准备。气焊主要采用对接接头，一般不使用搭接和 T 形接头。当焊件厚度小于 5 mm 时不开坡口，只留 1~4 mm 间隙；当焊件厚度大于 5 mm 时则应开坡口，如图 7—38 所示。

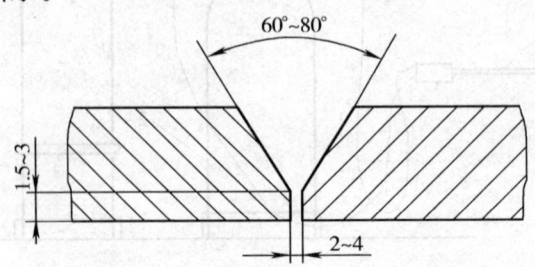

图 7—38 较厚焊件的接头形式

焊前应将焊件表面的氧化皮、铁锈、油污和脏物等用钢丝刷、砂布等进行清理，使焊件露出金属表面。

2) 焊丝与焊剂的选用。焊丝是气焊时起填充作用的金属丝。焊丝的化学成分直接影响到焊接质量和焊缝的力学性能。各种金属焊接时，应采用相应的焊丝。在焊接低碳钢时，常用的气焊丝的牌号有 H08 和 H08A 等。焊丝的直径要根据表 7—5 来选择。焊丝使用前，应清除表面上的油脂和铁锈等。

表 7—5　　　　　　　　　焊丝直径的选择

焊丝直径（mm）	短路过渡		颗粒过渡	
	焊接电流（A）	电弧电压（V）	焊接电流（A）	电弧电压（V）
0.8	50~100	18~21	—	—
1.0	70~120	18~22	—	—
1.2	90~150	19~23	160~400	25~38
1.5	140~200	20~24	200~500	26~40
2.0	—	—	200~600	27~40
2.5	—	—	300~700	28~42
3.0	—	—	500~800	32~44

焊剂在气焊时的作用是：保护熔池，减少空气的侵入，去除气焊时熔池中形成的氧化杂质；增加熔池金属的流动性。焊剂可预先涂在焊件的待焊处或焊丝上，也可在气焊过程中将高温的焊丝端部在盛装焊剂的器具中定时地沾上焊剂，再添加到熔池。低碳钢气焊时一般不使用焊剂。在气焊铸铁、合金钢和有色金属时，则需用相应的焊剂。气焊铸铁、铜合金时使用的焊剂为硼酸、硼砂和碳酸钠等，气焊不锈钢时使用的焊剂为 CJ101 等。

3) 气焊的基本操作技术。气焊操作时，一般右手持焊炬，将拇指位于乙炔开关处，食指位于氧气开关处，以便于随时调节气体流量，用其他三指握住焊炬柄，右手拿焊丝。气焊的基本操作有点火、调节火焰、施焊和熄火等几个步骤。

① 点火、调节火焰与熄火。点火时先微开氧气阀门，然后打开乙炔阀门，用明火（可用电子枪或低压电火花等）点燃火焰。这时的火焰为碳化焰，然后逐渐开大氧气阀门，将碳化焰调整为中性焰，如继续增加氧气（或减少乙炔）就可得到氧化焰。点火时，可能连续出现"放炮"声，原因是乙炔不纯，应放出不纯的乙炔，重新点火；有时出现不易点火的情况，原因是氧气量过大，这时应微关氧气阀门。点火时，拿火源的手不要正对焊嘴，也不要指向他人，以防烧伤。焊接完毕需熄火时，应先关乙炔阀门，再关氧气阀门，以避免发生回火和减少烟尘。低碳钢焊缝起焊端一般采用中性焰，左向焊法。即将焊炬自左向右焊接，使火焰指向待焊部分，填充的焊丝端头位于火焰的前下方。起焊时，焊炬倾斜角应大些（50°～70°），以利于工件预热，且焊嘴轴线投影与焊缝重合。同时在起焊处应使火焰往复运动，保证焊接区加热均匀。待焊件由红色熔化成白亮而清晰的熔池，便可熔化焊丝，而后立即将焊丝抬起，火焰向前均匀移动，形成新的熔池。

② 正常焊接。为了获得优质而美观的焊缝和控制熔池的热量、焊炬和焊丝应均匀协调地运动，包括沿焊件接缝的纵向运动、焊炬沿焊缝方向横向摆动、焊丝在垂直焊缝方向送进并上下移动。

③ 焊缝收尾。当焊到焊缝终点时，由于端部散热条件差，应减小焊炬与焊件的夹角（20°～30°），同时要增加焊接速度和多填充一些焊丝，以防熔池扩大，形成烧穿。

2. 气割

(1) 气割原理。气割是利用气体火焰的热能将工件切割处预热到一定温度后，喷出高速切割氧气流，使其燃烧并放出热量实现切割的方法。

(2) 气割条件。

1) 金属材料的燃点必须低于其熔点，这是金属维持正常气割的基本条件。

2) 燃烧生成的金属氧化物的熔点，应低于金属本身的熔点，同时流动性要好，否则切割过程不能正常进行。

3) 金属燃烧时要释放大量的热以维持正常的切割过程，而且金属本身的导热性要低。

只有满足上述条件的金属材料才能进行气割，如纯铁、低碳钢、中碳钢、普通低合金钢等。高碳钢、铸铁、高合金钢以及铜、铝等有色金属与合金均难进行气割。

(3) 气割设备及工具。气割时用割炬代替焊炬，其余设备与气焊相同，割炬的外形如图 7—39 所示。

三、其他焊接方法

1. 气体保护电弧焊

气体保护电弧焊是利用电弧作为热源，气体作为保护介质的熔化焊。在焊接过程中，保护气体在电弧周围造成气体保护层，将电弧、熔池与空气隔开，防止有害气体的

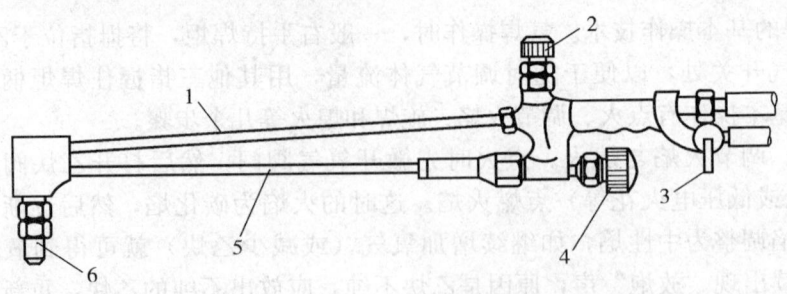

图7—39 割炬构造

1—切割氧气管 2—切割氧气阀门 3—乙炔阀门 4—预热氧气阀门 5—预热焰混合气体管 6—割嘴

影响,并保证电弧稳定燃烧。下面主要介绍二氧化碳气体保护电弧焊。

二氧化碳气体保护电弧焊简称为 CO_2 气体保护焊或 CO_2 焊,属于熔化极气体保护焊。它是利用 CO_2 气体保护电弧,使电弧与空气隔离,电弧在焊丝和工件之间燃烧,焊丝自动送进,熔化的焊丝和母材冷却凝固后形成焊缝。CO_2 气体保护焊分为半自动焊和自动焊两类。

(1) CO_2 气体保护焊的特点。CO_2 气体保护焊是应用最广泛的一种熔化极气体保护电弧焊方法。其主要有以下优点:

1) 焊接成本低。CO_2 气体是酿造厂和化工厂的副产品,价格低、来源广,其焊接成本为焊条电弧焊和埋弧焊的 40%～50%。

2) 焊接生产率高。由于焊丝自动送进,焊接时焊接电流密度大,焊丝的熔化效率高,所以熔敷速度高。焊接生产率比焊条电弧焊高 2～3 倍。

3) 应用范围广。可以焊接薄板、厚板,适于全位置焊接。

4) 抗锈能力强。CO_2 焊对焊件上的铁锈、油污及水分等不敏感,具有较好的抗气孔能力。

5) 操作性好,灵活性大。

但是 CO_2 气体保护焊也有一些缺点:

1) 由于 CO_2 气体氧化作用强,因而需对焊接熔池脱氧,要使用含有较多脱氧元素的焊丝。

2) 飞溅大。不论采用什么措施,也只能使 CO_2 焊接飞溅减小到一定程度,但仍比焊条电弧焊、氩弧焊大得多。

(2) CO_2 气体保护焊的操作规程。

1) 准备工作

①认真熟悉焊接有关图样,弄清焊接位置和技术要求。

②焊前清理。CO_2 焊虽然没有钨极氩弧焊那样要求严格,但也应清理坡口及其两侧表面的油污、漆层、氧化皮以及铁锈等杂物。

③检查设备。检查电源线是否破损;地线接地是否可靠;导电嘴是否良好;送丝机构是否正常;极性是否选择正确。

④气路检查。CO_2 气体气路系统包括 CO_2 气瓶、预热器、干燥器、减压阀、电磁气阀、流量计。使用前检查各部连接处是否漏气,CO_2 气体是否畅通和均匀喷出。

2)安全技术

①穿好白色帆布工作服,戴好手套,选用合适的焊接面罩。

②要保证有良好的通风条件,特别是在通风不良的小屋内或容器内焊接时,要注意排风和通风,以防 CO 气体(焊接过程中由 CO_2 分解产生)和金属锰中毒。通风不良时应戴口罩或防毒面具。

③CO_2 气瓶应远离热源,避免在阳光下曝晒,严禁对气瓶强烈撞击以免引起爆炸。

④焊接现场周围不应存放易燃易爆品。

(3) CO_2 气体保护焊的焊接工艺。CO_2 气体保护焊的焊接参数有焊接电流、电弧电压、焊丝直径、焊丝伸出长度、气体流量等。在其采用短路过渡焊接时,还包括短路电流峰值和短路电流上升速度。

1)焊接电流和电弧电压。常用焊接电流和电弧电压的范围见表 7—5。短路过渡焊接时,焊接电流和电弧电压周期性地变化。电流和电压表上显示的数值是其有效值,而不是瞬时值,一定的焊丝直径具有一定的电流调节范围。

2)焊丝伸出长度。指导电嘴端面至工件的距离。由于 CO_2 焊时选用的焊丝较细,焊接电流流经此段所产生的电阻热对焊接过程有很大影响。生产经验表明,合适的焊丝伸出长度应为焊丝直径的 10~20 倍,一般在 5~15 mm 范围内。

3)气体流量。小电流时,气体流量通常为 5~15 L/min;大电流时,气体流量通常为 10~20 L/min。并不是气体流量越大保护效果越好,气体流量过大时,由于保护气流的紊流度增大,反而会把外界空气卷入焊接区。

4)电源极性。CO_2 气体保护焊一般都采用直流反接,飞溅小,电弧稳定,成形好。

2. 接触焊

接触焊又称电阻焊,是利用电流通过焊件及其接触处产生的电阻热,将连接处加热到塑性状态或局部熔化状态,再施加压力形成接头的焊接方法。电阻焊通常分为点焊、缝焊和对焊三种,对焊又可根据其焊接过程的不同,分为电阻对焊和闪光对焊,如图 7—40 所示。

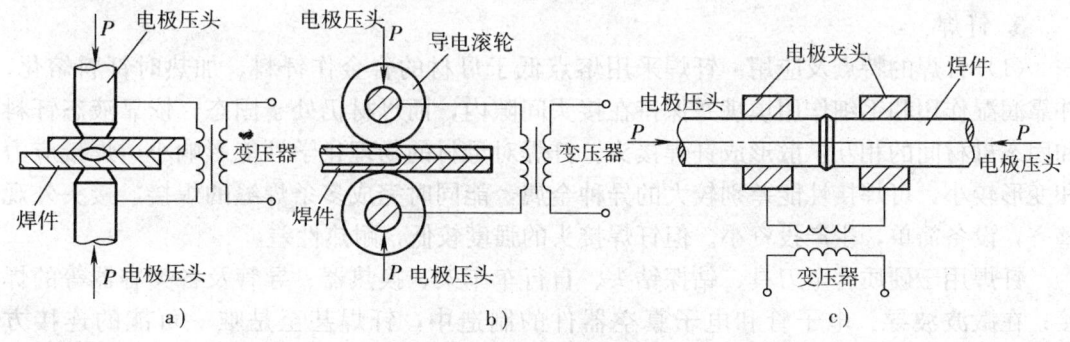

图 7—40 接触焊
a)点焊 b)缝焊 c)对焊

(1) 点焊。工件搭接后放在柱状电极间,通电加压,由于两工件接触面处电阻较大,通电后迅速加热并局部熔化形成熔核,熔核周围为塑性状态,然后在压力作用下熔核结晶形成焊点。焊接第二点时,有一部分电流会流经已焊好的焊点,称为点焊分流现象,分流使焊接区电流减小,影响焊点质量,焊件厚度越大,材料导电性越好,分流越大,因此在实际生产中对各种材料在不同厚度下的焊点最小间距有一定的要求。主要用于 4 mm 以下的薄板冲压壳体结构及钢筋结构的焊接,尤其是汽车和飞机制造。

(2) 缝焊。缝焊采用滚盘作电极,边焊边滚,相邻两个焊点部分重合,形成一条密封性的连续焊缝。缝焊分流作用较大,对于材料、厚度相同的焊件,所需焊接电流一般比点焊增加 15%～40%。由于缝焊所需的焊接电流较大,所以只适用于 3 mm 以下有气密性要求的薄板结构,如油箱、管道等的焊接。

(3) 对焊。属对接电阻焊,根据焊接过程不同,对焊可分为电阻对焊和闪光对焊。

1) 电阻对焊。先预加压,使两焊件的端面紧密接触,再通电加热,使接触处升温至塑性状态,然后断电同时施加顶锻力,使接触处产生一定的塑性变形而接合。其特点是:操作简单,接头外观光滑、毛刺小,但对焊件端面加工和清理要求较高,否则接触面容易发生加热不均匀,容易产生氧化物夹杂,影响焊接质量。电阻对焊一般仅用于断面简单、截面积小于 250 mm² 和强度要求不高的杆件对接,材料以碳钢、纯铝为主。

2) 闪光对焊。先接通电源,再使焊件相互接触,由于接触端面凹凸不平,所以在开始接触时为点接触,电流通过接触点产生很大的电阻热,使接触点迅速熔化,并在电磁力作用下爆破飞出,产生闪光,一定时间后,端面达到均匀半熔化状态,并在一定范围内形成一塑性层,多次闪光使端面的氧化物被清除干净,断电并加压顶锻后可挤出熔化层,并产生大量塑性变形而使焊件焊合。其特点是:闪光对焊过程中,工件端面氧化物与杂质会被闪光火花带出或随液态金属挤出,接头中夹杂物少,质量高,常用于焊接重要件。闪光对焊可焊接的材料较多,不仅能焊接同种金属,还能焊接异种金属(如铝—铜、铜—钢、铝—钢等)。但闪光对焊时焊件烧损较多,且焊后有毛刺需要清理。闪光对焊焊接单位面积焊件所需的焊机功率较电阻对焊小,有利于焊接大截面的焊件,从直径 0.01 mm 的金属丝到直径 500 mm 的管材、截面积为 20 000 mm² 的型材均可焊接。闪光对焊用于杆状件对接,如刀具、管子、钢筋、钢轨、车圈等。

3. 钎焊

(1) 钎焊的特点及应用。钎焊采用熔点低于母材的合金作钎料,加热时钎料熔化,并靠润湿作用和毛细作用填满并保持在接头间隙内,而母材仍处于固态,依靠液态钎料和固态母材间的相互扩散形成钎焊接头。钎焊对母材的物理化学性能影响小,焊接应力和变形较小,可焊接性能差别较大的异种金属,能同时完成多条焊缝的焊接,接头外观整齐,设备简单,生产投资小。但钎焊接头的强度较低,耐热性差。

钎焊用于硬质合金刀具、钻探钻头、自行车车架、换热器、导管及各类容器等的焊接;在微波波导、电子管和电子真空器件的制造中,钎焊甚至是唯一可能的连接方法。

(2) 钎料和钎剂。钎料是形成钎焊接头的填充金属,钎焊接头的质量在很大程度上取决于钎料。钎料应该具有合适的熔点、良好的润湿性和填缝能力,能与母材相互扩散,还应具有一定的力学性能和物理、化学性能,以满足接头的使用性能要求。按钎料熔点不同,钎焊分为两大类:软钎焊与硬钎焊。

1) 软钎焊。钎料熔点低于450℃的钎焊称为软钎焊，常用钎料是锡铅钎料，它具有良好的润湿性和导电性，广泛用于电子产品、电动机、电器和汽车配件。软钎焊的接头强度一般为60~140 MPa。

2) 硬钎焊。钎料熔点高于450℃的钎焊称为硬钎焊，常用钎料是黄铜钎料和银基钎料。用银基钎料的接头具有较高的强度、导电性和耐蚀性，钎料熔点较低、工艺性良好，但钎料价格较高，多用于要求较高的焊件，一般焊件多采用黄铜钎料。硬钎焊多用于受力较大的钢和铜合金工件以及工具的钎焊，硬钎焊的接头强度为200~490 MPa。

特别提示： 钎剂的作用是去除母材和钎料表面的氧化物和油污杂质，保护钎料和母材接触面不被氧化，增加钎料的润湿性和毛细流动性。钎剂的熔点应低于钎料，钎剂残渣对母材和接头的腐蚀性应较小。软钎焊常用的钎剂是松香或氯化锌溶液，硬钎焊常用的钎剂是硼砂、硼酸和碱性氟化物的混合物。

(3) 钎焊加热方法。几乎所有的热源都可以用作钎焊热源，并依此将钎焊分类：

1) 火焰钎焊。用气体火焰进行加热，用于碳钢、不锈钢、硬质合金、铸铁、铜及铜合金、铝及铝合金的硬钎焊。

2) 感应钎焊。利用交变磁场在零件中产生感应电流的电阻热加热焊件，用于具有对称形状的焊件，特别是管轴类的钎焊。

3) 浸沾钎焊。将焊件局部或整体浸入熔融盐混合物熔液或钎料熔液中，靠这些液体介质的热量来实现钎焊过程，其特点是加热迅速、温度均匀、焊件变形小。

4) 炉中钎焊。利用电阻炉加热焊件，电阻炉可通过抽真空或采用还原性气体或惰性气体对焊件进行保护。

除此以外，还有烙铁钎焊、电阻钎焊、扩散钎焊、红外线钎焊、反应钎焊、电子束钎焊、激光钎焊等。

4. 碳弧气刨

碳弧气刨是用碳棒与刨件间产生电弧将金属熔化，并用压缩空气将其吹掉，实现在金属表面加工沟槽的方法，如图7—41所示。

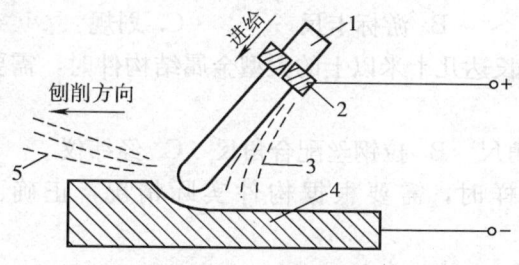

图7—41 碳弧气刨
1—碳棒电极 2—刨钳 3—压缩空气流 4—刨件 5—刨渣

碳弧气刨应用于清理焊根、焊缝缺陷返修、刨焊接坡口、清理铸件毛边等。

特别提示： 碳弧气刨时，会产生烟雾，应注意通风；刨口易渗碳，刨后应用砂轮磨去渗碳层。

单元测试题

一、填空题（请将正确的答案填在横线空白处）

1. 放样是根据构件图样，用 1∶1 的比例在放样平台或钢板上_____的过程，并获得金属结构制造过程所需的_____、_____、_____、_____和组装实样。
2. 金属结构的放样一般要经过_____、_____、_____三个过程。
3. 结构放样就是在线型放样的基础上，依制作工艺要求进行_____的过程。
4. 钢材的切割方法有_____、_____、_____、_____。
5. 錾削就是从工件表面_____的切削加工方法。
6. 常用的手工钢锯条长 300 mm，分_____、_____、_____三种。
7. 卷板是在卷板机上，对板料进行连续三点滚弯的过程，滚弯由_____、_____、_____三个过程组成。
8. 特种成形有_____、_____、_____、_____、_____五种。
9. 焊接电弧稳定燃烧后，其构造分为三个区域，即_____、_____和_____。
10. 当焊件厚度超过 6 mm 时，为保证焊接接头焊透，以获得高质量的焊缝，应在接头处开坡口。坡口形状有_____形、_____形、_____形、_____形等。

二、单项选择题（下列每题的选项中，只有 1 个是正确的，请将其代号填在横线空白处）

1. 金属结构的放样一般视施工情况而定，有些构件完全用平板或杆件组成，放样时_____放样过程。
   A. 有展开　　　　B. 无展开　　　　C. 有计算　　　　D. 无计算
2. 金属结构制作时，划线用工具有钢直尺、卷尺、角尺、三角板、_____、地规、粉线、石笔和样冲等。
   A. 水平尺　　　　B. 游标卡尺　　　C. 划规　　　　　D. 线坠
3. 在制作外形尺寸长达几十米以上的大型金属结构件时，需要_____或悬挂线垂的方法划出基准线。
   A. 拉粉线配合角尺　B. 拉钢丝配合角尺　C. 经纬仪　　　　D. 水准仪
4. 在进行结构放样时，需要根据构件实际情况，正确、合理地确定结合部_____。
   A. 位置及连接形式　B. 形式　　　　　C. 几何尺寸　　　D. 大小
5. 在展开前，都要进行_____，以确定展开放样的尺寸。
   A. 平面划线　　　　B. 结构放样　　　C. 计算　　　　　D. 板厚处理
6. 下料前，发现材料表面有变形时，应先_____。
   A. 更换钢材　　　　B. 放样　　　　　C. 下料　　　　　D. 矫平、矫直
7. 手工剪切是运用剪刀、振动剪来剪切薄钢板的一种方法，可剪_____厚的薄钢板。

A. 1 mm   B. 1.5 mm   C. 2 mm   D. 3 mm

8. 錾削用的錾子刃口楔角，一般錾削中低碳钢，楔角取_____。

A. 30°～45°   B. 35°～45°   C. 50°～60°   D. 60°～70°

三、判断题（下列判断正确的请打"√"，错误的打"×"）

1. 为了节省放样台面积，大型结构的放样，不允许采用部分视图重选或单向缩小比例的方法。（ ）

2. 进行线型放样，必须严格遵循线的投影规律。（ ）

3. 通过放样制作的划线样板、弯曲弧度样板和检查用样板，都可以用厚纸板制作。（ ）

4. 在钢结构制作中，工艺制作再复杂，对结构中的某些部位或构件都不能作调整修改，否则会使性能和强度降低。（ ）

5. 薄板下料可以不考虑余量。（ ）

6. 手工克切钢板厚度一般为 2～5 mm。（ ）

7. 不同金属材料具有不同的最小弯曲半径，超过了这个最小半径，材料不会出现裂纹、断裂等现象。（ ）

8. 压延中毛坯金属的周向压缩和径向流动，将导致压延件厚度发生变化。（ ）

9. 等强度原则用于焊接低碳钢和低合金钢。（ ）

10. 选择焊接电流时，横焊和立焊要比平焊减少 15%～20%。（ ）

四、简答题

1. 简述钢板的滚弯工艺。
2. 简述金属材料压弯的过程。
3. 简述焊条电弧焊的基本操作过程。
4. 简述气焊的设备构成。

单元测试题答案

一、填空题

1. 划出其所需图形　数据　样杆　样板　草图　2. 线型放样　结构放样　展开放样
3. 工艺性处理　4. 剪切　克切　冲裁·气割　5. 去掉一层金属　6. 粗　中　细
7. 预弯　对中　卷弯　8. 爆炸成形　电水成形　电爆成形　橡皮成形　液压橡皮模成形
9. 阴极区　阳极区　弧柱　10. V　K　U

二、单项选择题

1. B   2. C   3. B   4. A   5. D   6. D   7. A   8. C

三、判断题

1. ×   2. √   3. ×   4. ×   5. ×   6. √   7. ×   8. √   9. √   10. ×

四、简答题

答案略。

第 8 单元

起重与搬运

- 第一节 起重索、吊具/220
- 第二节 起重机械与起重方法/226

第一节 起重索、吊具

一、索具

1. 麻绳

(1) 麻绳的用途及种类。麻绳在起重作业中，一般用于 500 kg 以下的重物的绑扎与吊装，或用做缆风绳、平衡绳、溜放绳等，它具有轻便、柔软、易捆绑、价格低等优点，但其强度较低，耐磨性、耐蚀性差。

麻绳按原料的不同一般可分为白棕绳、混合麻绳和线麻绳等几种，其中以白棕绳质量较好，应用较普遍。

麻绳绳股的捻制有人工搓捻和机器搓捻两种，机器搓捻均匀、紧密，其破断拉力值较人工搓捻大。麻绳按捻制股数的多少，分为三股、四股和九股等几种，另外白棕绳有浸油和未浸油之分，浸油白棕绳不易腐烂，但质料变硬、不易弯曲，强度比未浸油白棕绳低 10%～20%。未浸油白棕绳受潮后易腐烂，使用年限较短。

(2) 麻绳的破断拉力计算

1) 麻绳负荷能力的估算。麻绳可以承受的拉力 S（负荷能力）可用下式估算：

$$S \leqslant \frac{\pi d^2}{4}[\sigma] \text{ 或 } S \leqslant 25\pi d^2 [\sigma]$$

式中　S——麻绳能承受的拉力，N；
　　　d——麻绳的直径，mm 或 cm；
　　　$[\sigma]$——麻绳的许用应力（见表 8—1），MPa。

表 8—1　　　　　　　　麻绳的许用应力 $[\sigma]$ 值　　　　　　　　MPa

种类	起重用	捆扎用
混合麻绳	5.5	—
未浸油白棕绳	10	5
浸油白棕绳	9	4.5

2) 麻绳允许拉力校验。为保证起重作业安全，须对所使用的麻绳进行强度校验，其校验公式如下：

$$[P] \geqslant \frac{S_p}{K}$$

式中　$[P]$——许用拉力，N；
　　　S_p——麻绳承受的拉力，N；
　　　K——安全系数。

2. 钢丝绳

(1) 钢丝绳的用途及种类。钢丝绳有起重、牵引、捆绑及张紧等各种用途。

钢丝绳按搓捻方式可分为顺捻、交捻、混合捻等几种，其中交捻钢丝绳（股内钢丝的捻向与各股的捻向相反）对扭转变形有抵消作用，不易自行松散，在起重机械中应用较广。

钢丝绳绳芯有麻芯、石棉芯、金属芯三种。麻芯钢丝绳挠性好，但不能用于高温；石棉芯主要用于高温环境；金属芯强度高，能承受横向载荷和用于高温环境，但挠性较差。通常使用的普通钢丝绳一般由六股等径钢丝和一根含油绳芯捻制而成，这是起重吊装中用得最多的钢丝绳。其中每股有 19 根钢丝、37 根钢丝和 61 根钢丝之分，分别用 6×19+1、6×37+1、6×61+1 表示，这里第一个数字"6"表示 6 股，第二个数字表示每股的钢丝数，第三个数字 1 表示一根绳芯。在钢丝绳直径相同时，每股钢丝越多，则钢丝直径越细，绳的挠性好，易弯曲，但耐磨性有所降低，具体使用时应根据具体情况正确选择，如 6×19+1 钢丝绳多用于拉索、缆风绳等绳索不受弯曲的地方，6×37+1 钢丝绳多用于滑车中作穿绕绳等承受弯曲的地方，6×61+1 钢丝绳亦可用于滑车组及制作吊索和绑扎物体等。

国产钢丝绳已标准化，常用规格一般为直径 6.2～83 mm，所用的钢丝直径为 0.3～3 mm。钢丝的强度极限分为 1 400 MPa、1 550 MPa、1 700 MPa、1 850 MPa 和 2 000 MPa 五个等级。

（2）钢丝绳直径的选择。钢丝绳在绕过卷筒和滑轮时，受力较复杂，主要有拉伸、弯曲、挤压、摩擦等作用，钢丝绳除主要受拉应力外，还受弯曲应力作用，弯曲应力大小与卷筒直径、滑轮直径成反比，亦即应考虑卷筒、滑轮直径与钢丝绳直径的比值对应力的影响。同时，钢丝绳弯曲次数也影响到钢丝绳的疲劳强度，即影响到钢丝绳的使用寿命。实践证明，钢丝绳多次弯曲造成的疲劳破坏是钢丝绳破坏的主要原因，因此对卷筒或滑轮的直径 D 和钢丝绳直径 d 有一定要求，一般为：

$$D \geqslant (16\sim25)d$$

滑轮直径与钢丝绳的直径之比不得小于 9。

（3）钢丝绳的使用注意事项

1）用钢丝绳捆绑、锁紧或打结时，须保证吊装的安全可靠，并能简捷解卸，不能使钢丝绳产生锐角曲折，被压砸成扁平，随时注意钢丝绳是否顺直，出现扭结现象应及时纠正。

2）用于捆绑的千斤绳（即吊索）应尽量垂直使用，如不可避免有倾斜时，吊索与铅垂线的夹角宜小于 30°，一般不应大于 45°。

3）禁止用大直径的钢丝绳凑合捆扎较小的构件进行吊装。

4）起吊中禁止急剧改变升降速度，以免产生冲击载荷，破坏钢丝绳的使用性能。

5）起重机的升降变幅机构不得使用编结接长的钢丝绳，如用其他方法接长时，其接头强度应不小于原钢丝绳破坏拉力的 90%。

6）钢丝绳严禁与导电电线接触，禁止与电焊把线、接地线等触碰，且不宜与坚硬物体相摩擦。

7）新钢丝绳应具有制造厂家的出厂质量证明书（证明书应注明其结构、用途、力学性能、材质等）。

8）钢丝绳使用后，如发现有断丝现象，或表面有不同程度磨损时，此钢丝绳不能再用于重要部位，并应按规定进行折减。

9）钢丝绳的报废标准为：

①钢丝绳损坏一股。

②出现拧扭死结，钢丝绳部分严重变形，严重畸变等。

③钢丝折断数和钢丝绳表面腐蚀和磨损超过直径的 30% 以上。

④钢丝绳在一个节距内的断丝根数达到表 8—2 所列数值。

表 8—2　　　　　　　　　　钢丝绳更新（报废）标准

钢丝绳原有的安全系数	钢丝绳的结构形式							
	6×19+1 麻芯		6×37+1 麻芯		6×61+1 麻芯		18×19+1 麻芯	
	在一个捻距（节距）内有下列断丝数时，钢丝绳应报废							
	交捻	顺捻	交捻	顺捻	交捻	顺捻	交捻	顺捻
6 以下	12	6	22	11	36	18	36	18
6～7	14	7	26	13	38	19	38	19
7 以上	16	8	30	15	40	20	40	20

⑤麻芯被挤出、损坏，且绳径显著减小。

⑥钢丝绳弹性显著降低。

⑦可识别的热破坏，如严重变质（可从颜色识别）等。

10）钢丝绳强度检验通常以钢丝绳允许拉力的两倍进行静负荷检验，在 20 min 内钢丝绳保持完好状态，即认为钢丝绳检验合格。

二、起重吊具

起重作业中需用各种形式的吊具，如卸扣、吊钩与吊环、平衡梁等。

1. 卸扣

卸扣又称卸甲或卡环，如图 8—1 所示，它是起重作业中应用最广泛且使用方便的连接工具，它由弯环和横销两部分组成，弯环有直环和马蹄形两种，横销有螺纹式和销孔式等。其中螺纹式装卸方便，是最常用的卸扣。

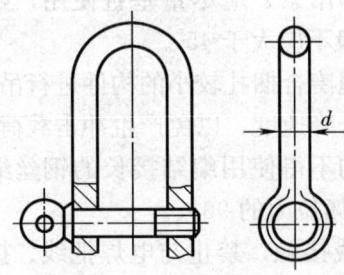

图 8—1　螺旋式卸扣

卸扣承载能力一般为 10～50 kN，最大可达几千千牛，卸扣的强度主要取决于弯环部分直径的大小，可据经验公式估算。

$$Q = 6d^2$$

式中 Q——卸扣许用载荷，N；
　　　d——卸扣弯环的弯曲部分直径，mm。

使用卸扣时，其连接的绳索或吊环应一根套在弯环上，一根套在横销上，不允许分别套在卸扣的两处直段上，使卸扣受横向力，卸扣的安装如图8—2所示。卸扣使用完毕应随时将横销插入弯环内，螺纹部分应涂润滑油，拧好螺母，放置于干燥处保存。除特别吊装外，不得使用横销无螺纹卸扣，使用时要有可靠的保障措施，防止横销滑出。另外应注意，有些卸扣的弯环和横销的材质不相同，当卸扣的横销损坏或遗失后，不可随便选用与弯环材质相同的材料再加工一个代用，以免发生事故。卸扣不准超载使用。

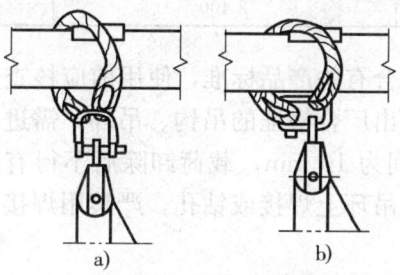

图8—2 卸扣的安装
a）正确 b）错误

2. 吊钩与吊环

吊钩有单钩和双钩两种，如图8—3a所示，其中单钩构造简单，使用方便，但受力状态没有双钩好，双钩受力对称，钩身材料强度能充分利用，当起重量超过800 kN时应采用双钩，吊钩在工作时所承受的力主要是弯曲和拉伸应力，在进行计算时须满足强度条件。吊钩在使用中一旦断裂，将造成事故，因此，吊钩在材料、形状和技术要求等方面都很严格，使用时应按铭牌规定的载重能力，不得超载使用，磨损超标应及时降级使用或报废。

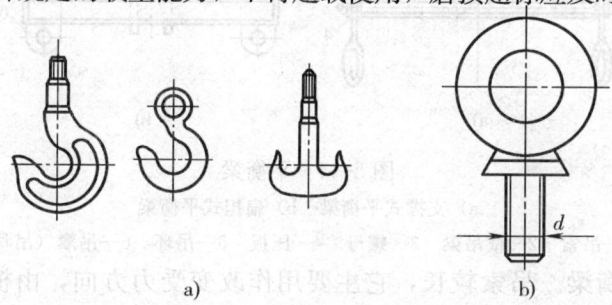

图8—3 吊钩与吊环
a）吊钩 b）吊环

中小起重量的吊钩一般为锻造制成，材料为20钢，主要应用在25～50 t的起重机上。大起重量的吊钩采用钢板铆合，称为片式吊钩，吊钩材料为20钢或16Mn。普通碳素结构钢不能用作吊钩材料，另外吊钩也不允许采用铸造加工，因为铸件内部缺陷不易发现和消除。

吊环如图8—3b所示，多为电动机、减速机等设备在安装或检修时用做起吊的一种固定吊具，吊环的安全承载力可根据吊环丝杆直径查表8—3确定。

表 8—3　　　　　　　　　　吊环的允许载荷

丝杆直径 d (mm)	允许载荷 (N)	
	垂直吊重	夹角 60°吊重
M12	150	90
M16	300	180
M20	600	360
M22	900	540
M30	1 300	800
M36	2 400	1 400

吊钩、吊环的质量应符合有关产品标准，使用前应核查是否符合允许的载荷量，禁止超载。对无铭牌标注和无出厂合格证的吊钩、吊环，需进行强度试验，试验拉力为额定载荷的 1.25 倍，持续时间为 10 min，载荷卸除后不得有残余变形、裂纹等，经确认后方可使用。严禁在吊钩、吊环上焊接或钻孔，严禁用焊接补强等方法修补吊钩、吊环及吊架的缺陷。

在受力变化较大或高空作业时，不得使用吊钩型滑车，而应采用吊环型滑车。

3. 平衡梁

平衡梁又称横吊梁，它的形式很多，一般可分为支撑式和扁担式两类，如图 8—4 所示。

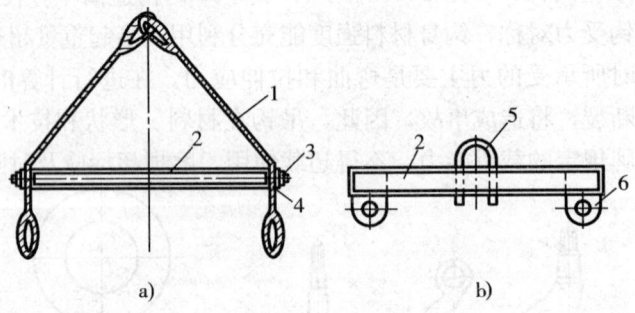

图 8—4　平衡梁
a) 支撑式平衡梁　b) 扁担式平衡梁
1—吊索　2—横吊梁　3—螺母　4—压板　5—吊环　6—吊攀（吊耳）

（1）支撑式平衡梁。吊索较长，它主要用作改变受力方向，由横梁承受轴向压力，使用时吊索与平衡梁的水平夹角不能太小，以避免轴向压力太大，平衡梁产生变形。一般吊索与水平面的夹角以 45°~60°为宜，如夹角较小，则应用卸扣将挂在吊钩上的两绳扣锁在一起，防止吊索脱钩。同时应对横梁和绳索进行复核验算。

（2）扁担式平衡梁。吊索较短，且不产生水平分力，主要传递载荷，由梁承受弯矩，多用于吊装大型桁架、屋架等，如图 8—5 所示。

（3）平衡梁的作用

1）当设备或构件长而大且又不允许受纵向水平分力时，用以承担分力。

2）在大型精密设备吊装中，用以将钢丝绳撑开防止设备受磨损。

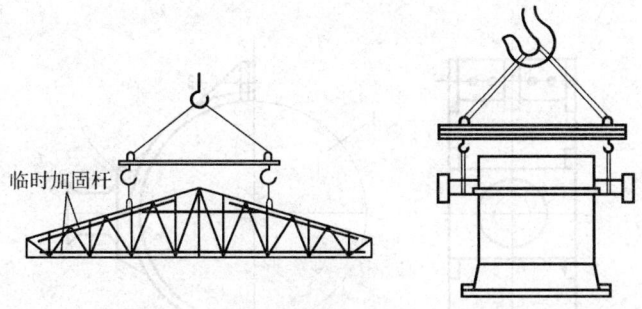

图 8—5 用平衡梁吊装屋架等大型设备

3) 用以减小吊装高度，充分发挥起重机性能，用和不用平衡梁的对比如图 8—6 所示。

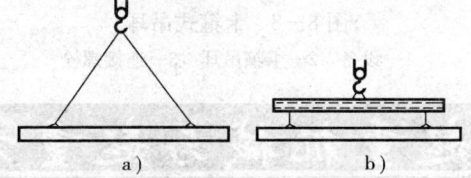

图 8—6 用和不用平衡梁的对比
a) 采用吊索时的情况 b) 采用平衡梁时的情况

4) 多机抬吊时平衡各台起重机的受力。
5) 满足特殊构件及设备吊装要求。
6) 采用平衡梁可使被吊装的大型金属结构和组合件受力合理，减少设备的变形等，相当于对其进行了补强。

4. 吊耳

吊耳分为焊接吊耳和卡箍式吊耳，如图 8—7、图 8—8 所示。焊接吊耳又分板式吊耳和管轴式吊耳，目前以管轴式吊耳应用较普遍。焊接吊耳一般根据设备吊装方案的要求，按一定方位和高度焊接于设备本体上，吊耳应在设备制造时就将其焊接于设备上。这样在现场对设备进行热处理时，可消除因焊接产生的内应力。卡箍式吊耳对设备质量不会产生影响，使用方便，能多次重复使用。特别是对于薄壁塔类设备的吊装更为合适。此种吊耳尽管一次性造价较高，但由于它有许多优点，仍是今后发展的方向。吊耳的尺寸应根据其受力状况，按照力学中有关拉伸、弯曲、剪切及挤压的强度计算进行确定。

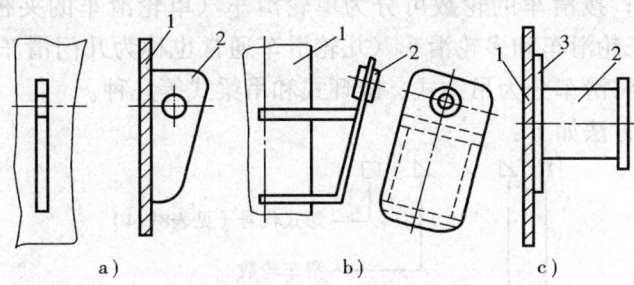

图 8—7 焊接吊耳
a) 立板式 b) 斜板式 c) 管轴式
1—设备 2—吊耳 3—加强板圈

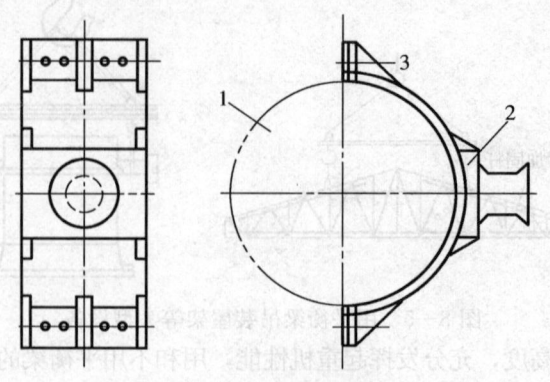

图 8—8　卡箍式吊耳
1—设备　2—卡箍吊耳　3—连接螺栓

第二节　起重机械与起重方法

一、常用起重机械

起重机械根据其功能可分为简单起重机械和起重机两大类型，简单起重机械如千斤顶、手拉葫芦、卷扬机等，它们结构简单，只能完成单一动作。起重机如塔式起重机、汽车起重机等，有完整的机械、电气、金属结构部分，可做多种动作。

1. 滑车组

（1）滑车组的构造。滑车组是由吊钩（链环）、滑轮、轴、轴套和夹板等组成，滑轮在轴上可自由转动，在滑轮的外缘上制有环形半圆形槽，作为钢丝绳的导向槽。钢丝绳安装在半圆形槽中，滑轮槽尺寸应能保证钢丝绳顺利绕过，并且使钢丝绳与绳槽的接触面积尽可能大，因钢丝绳绕过滑轮时要产生变形，故滑轮槽底半径应稍大于钢丝绳的直径。由于球墨铸铁强度较高且具有一定韧性，使用时不容易破裂，所以滑车可用球墨铸铁制造。

（2）滑车组的分类及代号。滑车按作用来分，可分为定滑车、动滑车、滑车组、导向滑车及平衡滑车；按滑车的轮数可分为单轮滑车（单轮滑车的夹板有开口和闭口两种）、双轮滑车、三轮滑车和多轮滑车（几轮滑车通常也称为几门滑车）；按滑车与吊物的连接方式，又可将滑车分为吊钩式、链环式和吊梁式等几种。

滑车代号表示方法如下：

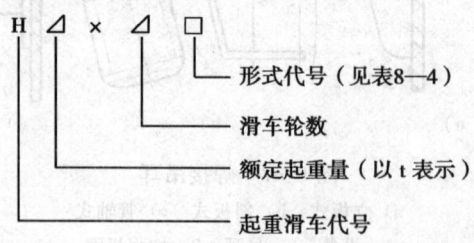

表 8—4　　滑车形式代号

形式	开口	吊钩	链环	吊环	吊梁	挑式开口	闭口
代号	K	G	L	D	W	KB	不加 K

如 H10×1G 表示为额定起重量为 10 t 的单钩闭口吊钩型滑车；H5×4D 表示额定起重量为 5 t 的四轮环型滑车；H 系列滑车起重量系列符合起重机械重量系列国家标准。

(3) 滑车与滑车组的作用及力的计算

1) 定滑车。定滑车是安装在固定位置的滑车，如图 8—9 所示，它能改变拉力方向，但不能减小拉力。

起重作业中，定滑车用以支持绳索运动，作为导向滑车和平衡滑车使用，当绳索受力移动时，滑轮随之转动，绳索移动速度 V_1 和移动距离 H，分别和重物的移动速度 V 和移动距离 h 相等。即：

$$H=h$$
$$V_1=V$$

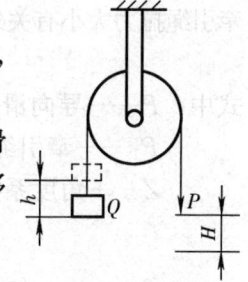

图 8—9　定滑车

滑轮在转动时，因摩擦力等存在一定运动阻力，滑轮上两绳索的拉力不相等，绳索拉力 P 大于载荷 Q，即 $P>Q$，改用等式则：

$$P=\frac{Q}{\eta}$$

式中　η——定滑车效率，与绕在滑轮上的绳索种类及滑轮结构有关。

2) 动滑车。动滑车安装在运动轴上能和被牵引物体一起移动，如图 8—10a 所示。它能减小拉力，但不改变拉力方向，动滑车有省力动滑车和省时动滑车（又称增速动滑车）之分。

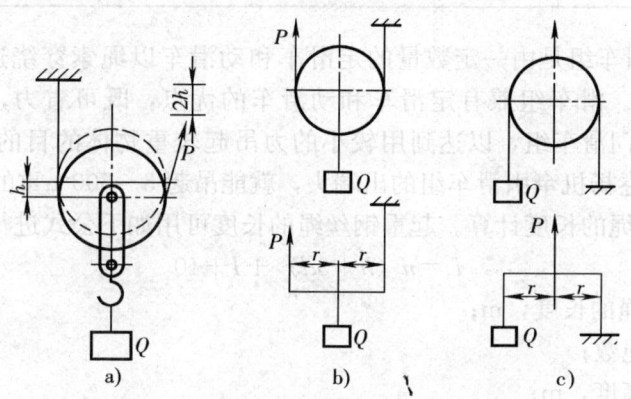

图 8—10　动滑车
a) 动滑车　b) 省力动滑车　c) 省时动滑车

①省力动滑车。如图 8—10b 所示，其省力原理是：载荷被两根绳索所分担，每根绳索只承担载荷的一半，根据杠杆原理（或力矩原理）可得：

$$Q\times r=P\times 2r$$
$$P=\frac{Q}{2}$$

以上计算未考虑滑车的摩擦力等因素。

②省时动滑车。如图8—10c所示，拉力 P 作用在动滑车上，这样动滑车被提升 1 m 时，重物就上升 2 m，重物上升的速度是滑车上升速度的两倍，当然同时拉力也增加了一倍，在起重作业中，此种滑车用得不多。

3) 导向滑车。导向滑车的作用类似于定滑车，既不省力，又不能改变速度，仅用来改变牵引设备的运动方向，在安装工地或牵引设备时用得较多。导向滑车所受力的大小除了与牵引绳拉力大小有关外，还与牵引夹角有关，其受力计算如图8—11所示，计算公式为：

$$P = P_1 \times Z$$

式中　P——导向滑车所受的力，kN；
　　　P_1——牵引绳的拉力，kN；
　　　Z——角度系数，见表8—5。

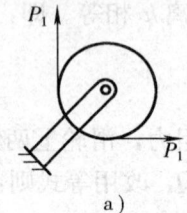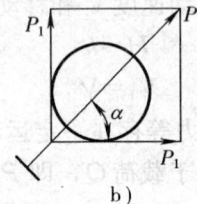

a)　　　　　b)

图8—11　导向滑车
a) 导向滑车示意图　b) 导向滑车受力简图

表8—5　　　　　　　　　　　　角度系数 Z

α	0°	15°	22.5°	30°	45°	60°
Z	2	1.94	1.84	1.73	1.41	1

4) 滑车组。滑车组是由一定数量的定滑车和动滑车以绳索穿绕连接而成，作为整体使用的起重机具。滑车组兼有定滑车和动滑车的优点，既可省力，又可改变力的方向，且可以组成多门滑车组，以达到用较小的力吊起较重物体的目的，如实际工作中，仅用 0.5~15 t 的卷扬机牵引滑车组的出端头，就能吊起 3~500 t 重的设备。

(4) 起重钢丝绳的长度计算。起重钢丝绳的长度可用如下公式进行计算：

$$L = n(h + 3d) + I + 10$$

式中　L——钢丝绳的长度，m；
　　　n——工作绳数；
　　　h——提升高度，m；
　　　d——滑轮直径，m；
　　　I——定滑车至卷扬机之间的距离，m。

(5) 滑车组的连接方法和钢丝绳的穿绕。滑车组中钢丝绳的穿绕方法是一项既重要又复杂的工作，对起吊的安全和就位有很大影响，穿绕不当，易使钢丝绳过度弯曲，加速钢丝绳的磨损，特别是当滑车门数较多时，还会使上下滑车出现扭曲，甚至在重物下降时产生自锁现象，有时还可能出现由于钢丝绳传力不畅而引起钢丝绳局部松弛，这样就会出现突然冲击，以至可能使钢丝绳断裂而发生重大事故。

滑车组钢丝绳穿绕方法有顺穿法和花穿法两种。

1) 顺穿法。顺穿法分单跑头顺穿法和双跑头顺穿法两种。

①单跑头顺穿法。顺穿法是将绳索一端固定在定滑车架上，跑绳头从一侧滑轮开始，顺序穿过动滑轮和定滑轮，最后从另一侧滑轮穿出，如图8—12a所示。此法引出端拉力最大，固定端拉力最小，每段绳的受力不等，工作不平衡，滑车易歪斜，常用于五门以下滑车组。

②双跑头顺穿法。为克服绳索拉力不均，滑车架易扭曲的缺点，在实际中常采用双跑头穿绕法，如图8—12b所示。它适用于两台卷扬机等速卷绕的起重场合，定滑车为奇数（比动滑轮多一个），中间滑车不旋转是平衡轮。此法滑车工作平衡，没有歪斜，滑车阻力减小，运动速度加快，多用于吊装重型设备或构件等。

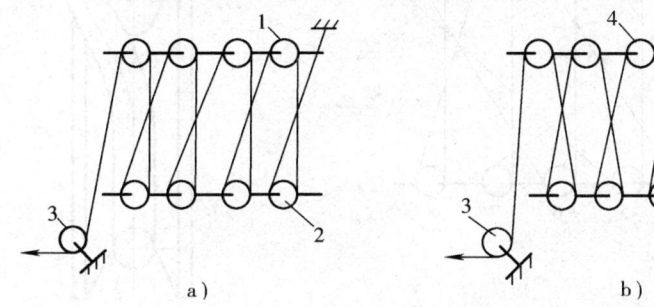

图8—12 顺穿法
a) 单跑头顺穿法 b) 双跑头顺穿法
1—定滑车 2—动滑车 3—导向滑车 4—平衡滑车

2) 花穿法。花穿法有小花穿法和大花穿法两种。若用一台卷扬机起吊大型设备，当使用滑车组门数较多时，为避免顺穿法滑车受力不平衡，可采用花穿法来改善滑车组的工作条件和降低跑绳拉力，从而达到滑车组受力均匀、起吊平衡安全的目的。

①小花穿法。如图8—13所示，绳头从滑车中间穿入后，跑头按一个方向依次穿绕定滑轮和动滑轮，然后又回到滑车组中间，再按相反方向穿绕余下的定滑轮和动滑轮，最后把死头固定在定滑车架上。

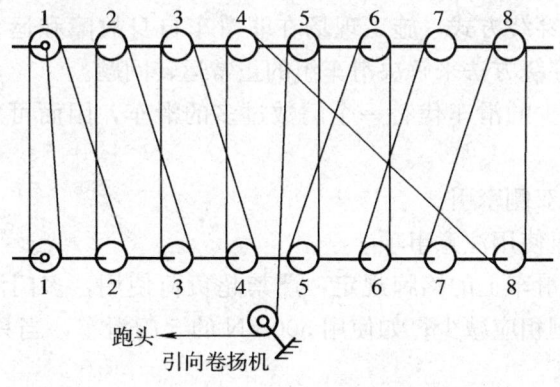

图8—13 小花穿法

这种穿法绳索穿绕间隔滑车门数一般不超过五门，间隔门数过多，则绳索在滑轮槽里偏角过大，使滑车工作条件降低，绳索受力增大，为了减少绳索之间互相摩擦，间隔穿绕的次数不超过两次。

②大花穿法。如图8—14所示，绳索可从中间开始穿入，也可从第一门穿入，绳索穿绕的间隔滑车门数可以在三门以上，但一般不超过五门。大型设备的吊装多采用此法，这种穿绕具有滑车组受力比较平均、工作平稳、滑车架无扭曲现象等优点。它的缺点是，绳索间相互摩擦较大，绳索穿绕复杂，定滑轮和动滑轮之间的距离比顺穿法大，绳索在滑车槽里的偏角较大，一般要求牵引绳索进入滑轮槽里的偏角不大于4°，如图8—15所示。

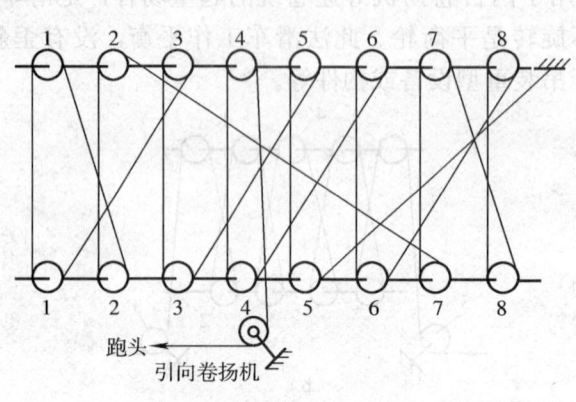

图8—14 大花穿法　　　　　　　图8—15 钢丝绳的偏角

（6）起重滑车受力控制。滑车效率是在轮轴呈水平状态时测定的，实践证明，随着轮轴的倾斜，滑车效率急剧降低。同时，可以证明同轴滑车轮轴的斜率与滑车组的综合效率成反比，与作用于轮轴中点的偏心距相对值成正比，这个比值等于滑轮作用于轮轴的合力作用点至轮轴中点间距与总起重力作用点至轮轴中心线间距之比值。根据以上分析，可通过以下途径改善滑车受力状况：

1）提高滑车的综合效率。

2）选择结构合理的滑车。

3）改变钢丝绳的穿绕方式，施工现场在非滑车自身故障和运行不良的情况下，应主要通过改变钢丝绳穿绕方法来解决滑车组的正常运转问题。

4）用两个门数较少的滑车代替一个门数过多的滑车，因而可成倍地减少作用于轮轴中点的偏心距。

5）改单侧牵引为双侧牵引。

（7）滑车与滑车组使用注意事项

1）使用时应根据滑车上的铭牌规定，严禁超负荷使用，多门滑车如只用其中部分滑轮，承载力应按比例相应减少；如使用500 kN的5门滑车，当只用3门滑轮工作时，则起重能力为300 kN。

2）选用滑车时应考虑滑轮的直径，滑轮直径一般应为钢丝绳直径的16～20倍，槽底宽度应比钢丝绳直径大1～5 mm。

3）用滑轮组起吊时，当重物提升到最高点时，定滑车与动滑车的间距要大于安全距离，要求滑车组两滑车之间的净距顺穿时应不小于滑轮直径的 5 倍，花穿时应不小于滑轮直径的 7 倍，且钢丝绳的偏角不能大于 4°。

4）对于滑车组的主要易损件要及时更换。如当滑车轴磨损超过轴径的 2% 时，应报废予以更换，当滑车的轴套磨损超过轴套壁厚的 1/5 及滑轮槽磨损达到原壁厚的 10% 时均应更换，以确保安全使用。

2. 手拉葫芦、电动葫芦

（1）手拉葫芦。手拉葫芦又称神仙葫芦、链条葫芦或倒链，是一种使用简便、易于携带、应用广泛的手动起重机械。它适用于小型设备和重物的短距离吊装，起重量一般不超过 10 t，最大起重量可达 20 t，起重高度一般不超过 6 m。

1）手拉葫芦的构造。主要由链轮、手拉链、驱动机构、起重链及上下吊钩等几部分组成，如图 8—16 所示。

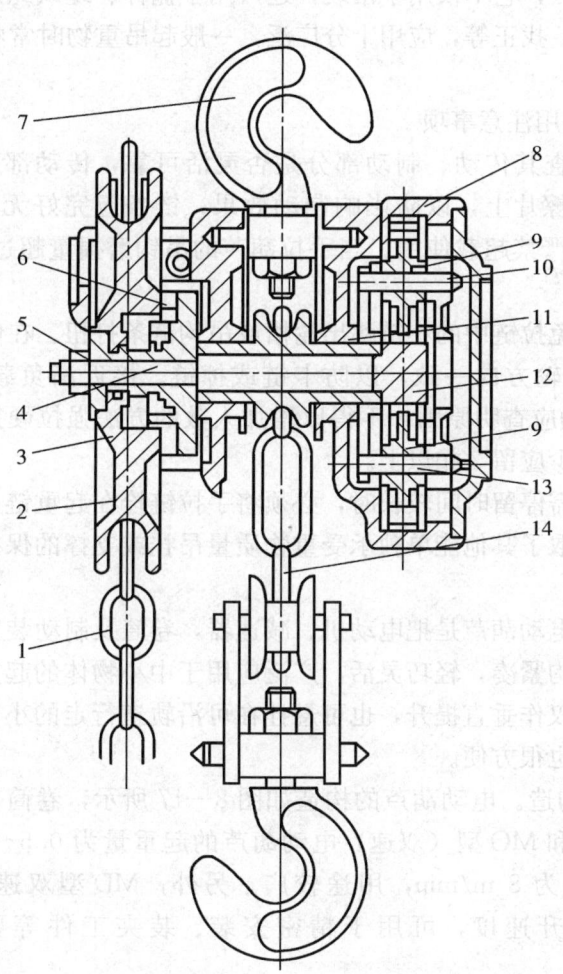

图 8—16 手拉葫芦（手动链式起重机）
1—手拉链 2—链轮 3—棘轮圈 4—链轮轴 5—圆盘 6—摩擦片 7—吊钩
8—齿圈 9、12—齿轮 10—齿轮轴 11—起重链轮 13—驱动机构 14—起重链

2) 手拉葫芦的规格。目前使用较多的是国产HS手拉葫芦，其规格见表8—6。

表8—6　　　　　　　　　　HS手拉葫芦的技术性能

型号	HS$\frac{1}{2}$	HS1	HS1$\frac{1}{2}$	HS2	HS2$\frac{1}{2}$	HS3	HS5	HS7$\frac{1}{2}$	HS10	HS15	HS20
起重量（t）	0.5	1	1.5	2	2.5	3	5	7.5	10	15	20
标准起升高度（m）	2.5	2.5	2.5	2.5	2.5	3	3	3	3	3	3
满载链拉力（N）	197	310	350	320	390	350	350	395	400	415	400
净重（kg）	7	10	15	14	25	24	24	48	68	105	150

3) 手拉葫芦的特点。手拉葫芦具有体积小、质量轻、结构紧凑、手拉力小、携带方便、使用安全等特点，它不仅用于吊装，还可用于桅杆、缆风绳的张紧，设备短距离的水平拖动乃至找平、找正等，应用十分广泛，一般起吊重物时常将其与三脚架配合使用。

4) 手拉葫芦的使用注意事项

①使用前，应检查其传动、制动部分是否灵活可靠，传动部分应保持良好润滑，但润滑油不能渗至摩擦片上，以防影响制动效果，链条应完好无损，销子牢固可靠，查明额定起重能力，严禁超载使用。当手拉葫芦的吊钩磨损量超过10%时，必须更换新钩。

②使用时，应避免拉链中的小链跳出轮槽或吊钩链条打扭。在倾斜或水平方向使用时，拉链方向应与链轮方向一致，以防卡链或掉链。接近满负载时，小链拉力应在400 N以下，如拉不动应查明原因，不得以增加人数的方法强拉硬拽。使用中手拉葫芦的大链严禁放尽，至少应留3扣以上。

③已吊起的设备需停留时间较长时，必须将手拉链拴在起重链上，以防时间过久自锁失灵。另外除非采取了其他能单独承受重物质量吊挂或支撑的保护措施，否则操作人员不得离开。

(2) 电动葫芦。电动葫芦是把电动机、减速器，卷筒及制动装置等组合在一起的小型轻便起重设备，结构紧凑，轻巧灵活，广泛应用于中小物体的起重吊装工作中。它可以固定悬挂在高处，仅作垂直提升，也可悬挂在可沿轨道行走的小车上，构成单梁或简易双梁吊车，其操作也很方便。

1) 电动葫芦的构造。电动葫芦的构造如图8—17所示，卷筒位于中央，电动机位于两侧。国产CD型和MO型（双速）电动葫芦的起重量为0.5～10 t，起升高度6～30 m，起升速度一般为8 m/min，用途较广。另外，MD型双速电动葫芦还有一个0.8 m/min的低速起升速度，可用于精密安装、装夹工件等要求精密调整的工作。

2) 电动葫芦的使用注意事项

①不能在有爆炸危险或有酸碱类气体的环境中使用，不能用于运送熔化的液体金属及其他易燃易爆物品。

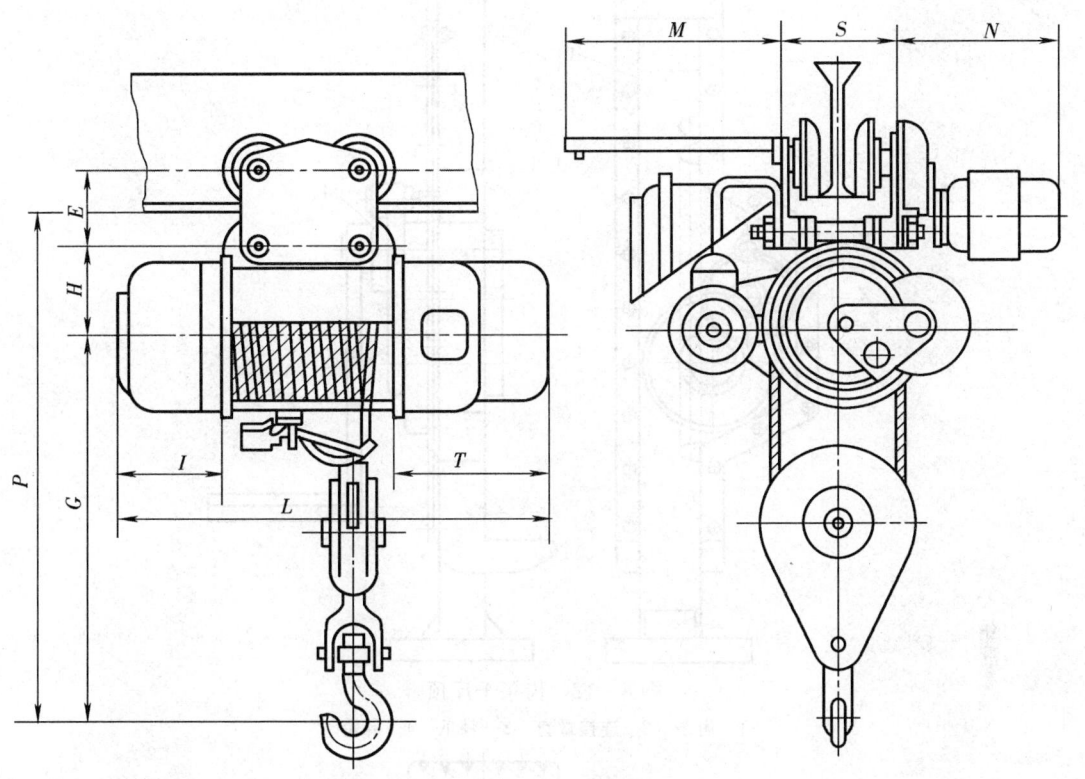

图 8—17 CD、MD 型电动葫芦

②不准超载使用。

③按规定定期润滑各运动部件。

④电动机轴向移动量 δ 出厂时已调整到 1.5 mm 左右,使用中它将随制动环的磨损而逐渐加大,如发现制动后重物下滑量较大,应及时对制动器进行调整,直至更换新环,以保证制动安全。

3. 千斤顶

千斤顶按结构分类有齿条千斤顶、螺旋千斤顶和液压千斤顶三种。

(1) 齿条千斤顶。如图 8—18 所示,齿条千斤顶由手柄、棘轮、棘爪、齿轮和齿条组成,它的起重能力一般为 3～5 t,最大起重高度 400 mm,齿条千斤顶升降速度快,能顶升离地面较低的设备。操作时,转动千斤顶上的手柄,即可顶起设备,停止转动时,靠棘爪、棘轮机构自锁。设备下降时,放松齿条式千斤顶,注意不能突然下降,使棘爪与棘轮脱开,要控制手柄缓慢地转动,防止设备重力驱动手柄飞速回转而导致事故发生。

(2) 螺旋千斤顶。螺旋千斤顶利用螺纹的升角小于螺杆与螺母间的摩擦角,因而具有自锁作用,在设备重力作用下不会自行下落。

1) 固定式螺旋千斤顶。固定式螺旋千斤顶如图 8—19 所示,其技术规格见表 8—7。

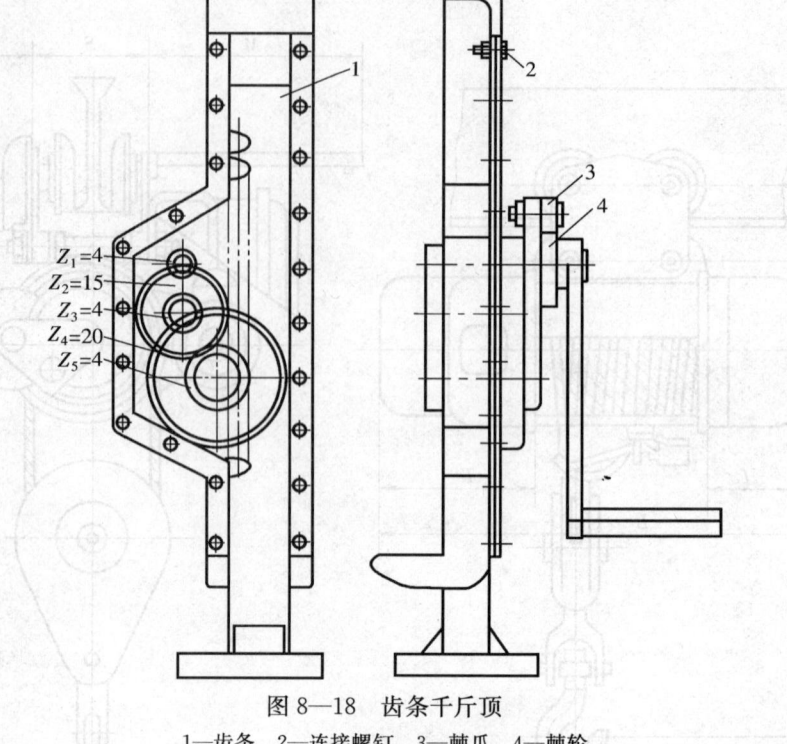

图 8—18 齿条千斤顶
1—齿条　2—连接螺钉　3—棘爪　4—棘轮

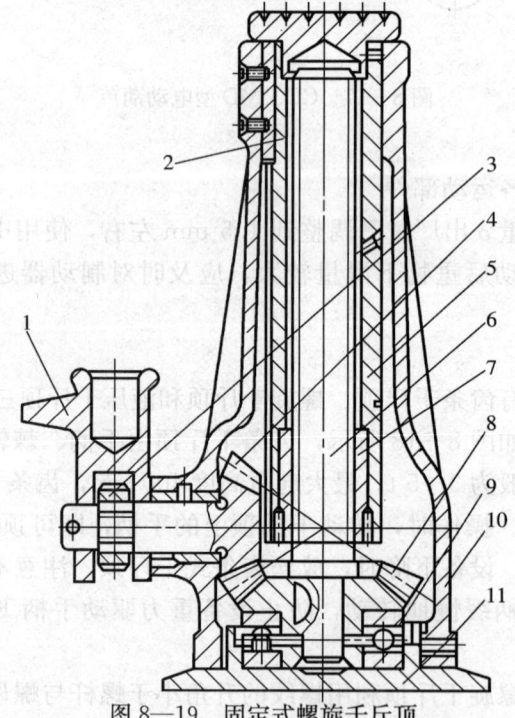

图 8—19 固定式螺旋千斤顶
1—摇把　2—导向键　3—棘轮组　4—小圆锥齿轮　5—升降套筒　6—丝杆
7—铜螺母　8—大圆锥齿轮　9—单向推力球轴承　10—壳体　11—底座

表 8—7　　　　　　　　　固定式螺旋千斤的顶技术规格

起重量（t）	起升高度（mm）	螺杆落下最小高度（mm）	自重（kN）	
			普通式	棘轮式
5	240	410	210	210
8	240	410	240	280
10	290	560	270	320
12	310	560	310	360
15	330	610	350	400
18	355	610	390	520
20	370	660	440	600

2）移动式螺旋千斤顶。如图 8—20 所示，其顶升部分构造与固定式螺旋千斤顶基本相同，只是在底部装有一个水平螺杆机构，用手柄转动横向螺杆即可将千斤顶与所顶设备一起在水平方向移动，在设备安装需要水平移位时更加方便，移动式螺旋千斤顶的技术规格见表 8—8。

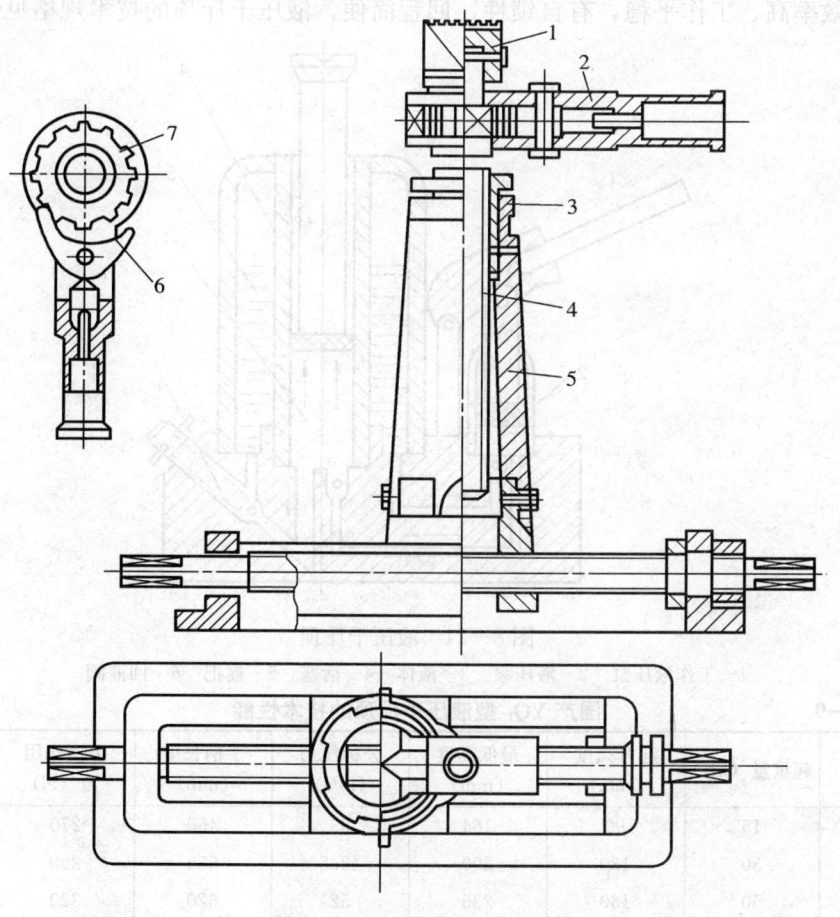

图 8—20　移动式螺旋千斤顶
1—千斤顶头部　2—棘轮手柄　3—青铜轴套　4—螺杆　5—壳体　6—制动爪　7—棘轮

表8—8 移动式螺旋千斤顶技术规格

起重量（t）	顶起高度（mm）	螺杆落下最小高度（mm）	水平移动距离（mm）	自重（kN）
8	250	510	175	400
10	280	540	300	800
12.5	300	660	300	850
15	345	660	300	1 000
17.5	350	660	360	1 200
20	360	680	360	1 450
25	360	690	370	1 650
30	360	730	370	2 250

（3）液压千斤顶。液压千斤顶如图8—21所示，主要由工作液压缸、起重活塞、柱塞泵、手柄等几部分组成。它以液体为介质，通过油泵将机械能转变为压力能，进入液压缸后又将压力能转变为机械能，推动液压缸活塞，顶起重物，其工作原理是利用液压原理。液压千斤顶的起重能力不仅与工作压力有关，还与活塞直径有关。液压千斤顶起重量大、效率高、工作平稳，有自锁性，回程简便，液压千斤顶的技术规格见表8—9。

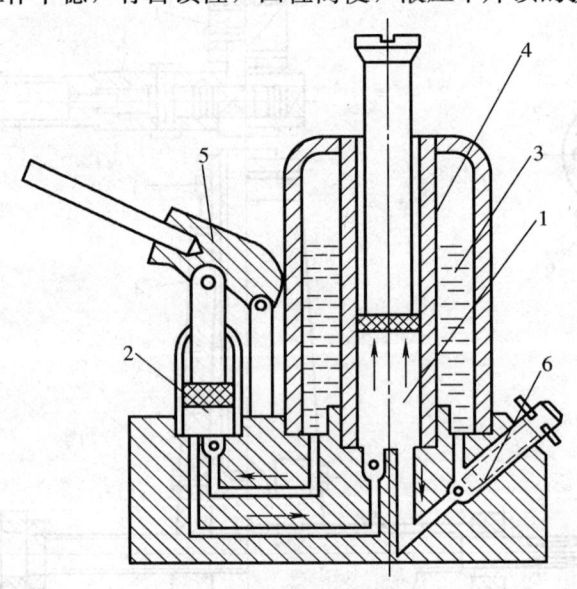

图8—21 液压千斤顶

1—工作液压缸 2—液压泵 3—液体 4—活塞 5—摇把 6—回液阀

表8—9 国产 YQ_1 型液压千斤顶的技术性能

型号	起重量（kN）	起升高度（mm）	最低高度（mm）	公称压力（kPa）	手柄长度（mm）	手柄作用力（N）	自重（kN）
$YQ_1$1.5	15	90	164	33	450	270	25
$YQ_1$3	30	130	200	42.5	550	290	35
$YQ_1$5	50	160	235	52	620	320	51
$YQ_1$10	100	160	245	60.2	700	320	86

续表

型号	起重量（kN）	起升高度（mm）	最低高度（mm）	公称压力（kPa）	手柄长度（mm）	手柄作用力（N）	自重（kN）
$YQ_1 20$	200	180	285	70.7	1 000	280	180
$YQ_1 32$	320	180	290	72.4	1 000	310	260
$YQ_1 50$	500	180	305	78.6	1 000	310	400
$YQ_1 100$	1 000	180	350	75.4	1 000	310×2	970
$YQ_1 200$	2 000	200	400	70.6	1 000	400×2	2 430
$YQ_1 320$	3 200	200	450	70.7	1 000	400×2	4 160

液压千斤顶只能直立放置使用，并禁止做永久支撑，需较长时间支撑设备时，应在设备下搭设支座，以保证安全。

液压千斤顶工作环境温度在 $-35 \sim -5$℃时，使用专用锭子油或仪表油，并保证油量及保持油质清洁。

（4）千斤顶的使用。使用千斤顶时，应先确定起重物的重心，正确选择千斤顶的着力点，考虑放置千斤顶的方向，以方便手柄操作。用千斤顶顶升较大和较重的卧式物体时，可先抬起一端但斜度不得超过3°（1∶20），并在物体与地面间设置保险垫。如选用两台以上千斤顶同时工作时，每台千斤顶的起重能力不得小于其计算载荷的1.2倍，以防止顶升不同步而使个别千斤顶超载而损坏。

4. 绞磨

绞磨是一种构造简单的人力牵引设备，亦称绞车，它由鼓轮、中心轴、推杆、反转制动器和支架等部分组成，如图8—22所示。

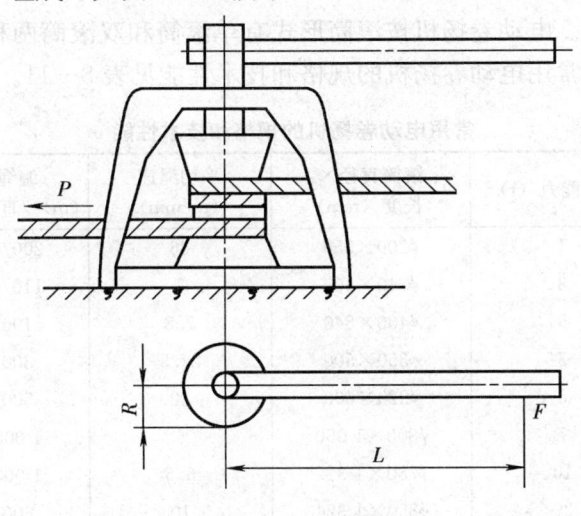

图8—22 绞磨

（1）绞磨的工作原理。利用杠杆原理，主要用于起重速度不快，起重量不大且缺乏电源或机动卷扬设备的作业场合，它构造简单、工作平稳、容易操作。

（2）绞磨的使用注意事项

1）绞磨应由熟练起重工操作，专人指挥，操作人员必须精力集中，运行时应用力协调，速度平稳。对大中型设备吊装，不宜使用绞磨。

2）绞磨中心轴最细处直径不应小于钢丝绳直径的10倍，绞磨的起重跑绳应水平引至导向滑轮，不得直接引向高处的吊物。

3）绞磨必须装有棘轮，防止反转，当下降较重的工件时，操作人员应精力集中，协调一致，缓慢回转推杆使重物平稳下降。

5. 卷扬机

卷扬机种类较多，按驱动方式有手摇卷扬机和电动卷扬机之分。

（1）手摇卷扬机。手摇卷扬机又称手摇绞车，多用于起重量不大的起重作业或配合桅杆起重机等作垂直起吊工作，起重量有0.5 t、1 t、3 t、5 t、10 t等几种，常用的移动式手摇卷扬机技术规格见表8—10。

表8—10　　　　　　　　　　小型手摇卷扬的机技术规格

项目		单位	0.5型	1型	3型	5型
最外层额定牵引力		N	5 000	10 000	30 000	50 000
卷筒	直径	mm	130	180	200	280
	宽度	mm	460	500	520	670
	容绳长度	m	100	150	200	200
	缠绕层数	层	4	5	7	7
钢丝绳直径		mm	7.7	11	15.5	18.5

手摇卷扬机的升降速度的调节是通过改变齿轮传动比来实现的，随着起重量的增大，齿轮传动的总传动比也应增大。

（2）电动卷扬机。电动卷扬机按滚筒形式有单滚筒和双滚筒两种，按传动形式有可逆式和摩擦式之分，常用电动卷扬机的规格和技术性能见表8—11。

表8—11　　　　　　　　　常用电动卷扬机的规格和技术性能

类型	起重能力（t）	滚筒直径×长度（mm）	平均绳速（m/min）	缠绳长度（m）/直径（mm）	电动机功率（kW）
单滚筒	1	φ200×350	36	200/φ12.5	7
单滚筒	3	φ340×500	7	110/φ12.5	7.5
单滚筒	5	φ400×840	7.8	190/φ24	11
双滚筒	3	φ350×500	27.5	300/φ16	28
双滚筒	5	φ220×600	32	500/φ22	40
单滚筒	7	φ800×1 050	6	1 000/φ31	20
单滚筒	10	φ750×1 312	6.5	1 000/φ31	22
单滚筒	20	φ850×1 324	10	600/φ42	55

可逆式电动卷扬机如图8—23所示，它由电动机、减速齿轮箱、卷筒、电磁制动器、可逆控制器及底盘等组成。一般可逆式卷扬机牵引速度慢，牵引力大，荷重下降时安全可靠，适用于设备的安装起重作业。

（3）卷扬机的主要工作参数。包括牵引力、钢丝绳的速度和钢丝绳的容量。电动卷

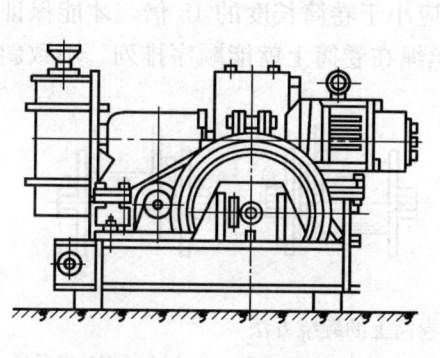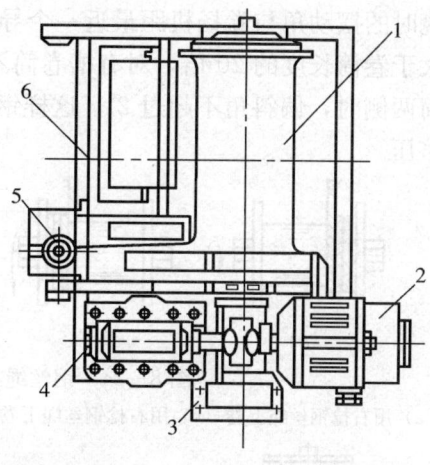

图 8—23 可逆式电动卷扬机
1—卷筒 2—电动机 3—电磁式闸瓦制动器 4—减速箱 5—控制开关 6—电阻箱

扬机牵引力大小与电动机功率、钢丝绳速度和效率有关，其计算公式为：

$$S = 1\,020\frac{N}{V}\eta$$

式中 S——牵引力，N；
  N——电动机功率，kW；
  V——钢丝绳的速度，m/s；
  η——总效率，一般取 0.65～0.70。

卷扬机传动比等于主动轮与从动轮的转速之比，由于其是依靠一对啮合的齿轮进行传动，故传动比可为从动轮与主动轮齿数之比，其计算公式为：

$$i = \frac{n_1}{n_2} = \frac{Z_2}{Z_1}$$

式中 i——传动比；
  n_1——电动机转速，r/min；
  n_2——卷扬机卷筒转速，r/min；
  Z_1——主动轮齿数；
  Z_2——从动轮齿数。

(4) 电动卷扬机使用注意事项。卷扬机及滑车的选配依据主要是设备的高度及起吊速度，施工中应根据具体情况合理选择。

1) 卷扬机应安装在平坦、坚实、视野开阔的地点，布置方位应正确，固定牢靠，可采用地锚或利用就近的钢筋混凝土基础。对较长期定位使用的卷扬机，则可浇注钢筋混凝土基础，短期使用者应将机座牢固置于木排上，机座木排前面打桩，后面加压力平衡，以防滑动或倾覆。长期置于露天的卷扬机应设防雨棚。

2) 钢丝绳在卷筒上的缠绕方法如图 8—24 所示，跑绳应从卷筒的下方绕入，以增加卷扬机的稳定性。卷扬机工作时，卷筒上的钢丝绳不能全部放出，至少应保留 3～5 圈。为防止跳绳现象，卷扬机前方位于卷筒中垂线上应设置导向滑轮，以使钢丝绳绕到卷筒中间时与卷筒轴线垂直，圈筒和导向滑轮的相对位置如图 8—25 所示，钢丝绳在卷筒上缠绕时的摆动角与卷扬机距最近一个导向滑轮的距离有关。导向滑轮与卷筒轴线间距离应大于卷筒长度的20倍，对有槽卷筒不应小于卷筒长度的15倍，才能保证钢丝绳绕过卷筒两侧时，偏斜角不超过2°，这样钢丝绳在卷筒上就能顺序排列，不致斜绕和互相错叠挤压。

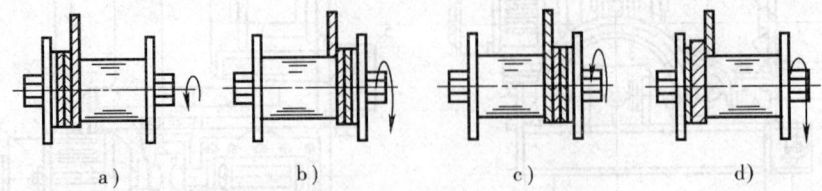

图8—24　钢丝绳在卷筒上的缠绕方法
a) 用右捻钢丝绳上卷　b) 用右捻钢丝绳下卷　c) 用左捻钢丝绳上卷　d) 用左捻钢丝绳下卷

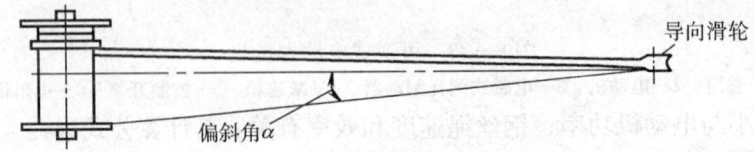

图8—25　卷筒和导向滑轮的相对位置

卷扬机距吊移地点应超过15 m以上，与桅杆配套作业时，距离应大于桅杆高度。

3）卷筒上的钢丝绳应分层排列整齐，且不得高于端部挡板，绳头在卷筒上应卡固牢靠，所选用的钢丝绳的直径应与卷筒相匹配，亦即卷扬机卷筒直径与所用钢丝绳的直径有关，一般卷筒直径是钢丝绳直径的16～25倍。

4）卷扬机操作者须经专业考试合格持证上岗，熟悉卷扬机的结构、性能及使用维护知识，严格按规程操作，在进行大型吊装作业及危险作业时，除操作者外，应设专人监护卷扬机运行情况，发现异常及时处理并报告总指挥。使用两台或多台卷扬机吊装同一重物时，卷扬机的牵引速度和起重量等参数应尽量相同（或相符）并须统一指挥、统一行动，做到同步起升或降落。

（5）卷扬机的维护保养。在起吊及运输设备过程中，卷扬机的好坏将直接影响到设备的安全、可靠吊装与运输，故需加强卷扬机的维护保养。

1）日常维护保养。应经常保持机械、电气部分清洁，各活动部分充分润滑，需经常检查各部件连接情况是否正常，制动器、离合器、轴承座、操作控制器等是否牢靠，动作是否失灵，出现问题应及时更换。经常检查钢丝绳状况，连接是否牢固，有无磨损断丝，出现问题应及时处理或更换，工作结束后应收拢钢丝绳，加上防护罩，断开电源，拔出保险。

2）定期维护保养。一般卷扬机工作100～300 h后应进行一级维护，即对机械部分进行全面清洗，重新润滑，检查各部分工作状况，更换或补充润滑油至规定油位。卷扬机工作600 h后，应进行二级维护，其内容为测定电动机绝缘电阻，拆检电动机、减速器、制动器及电源系统，清洗电动机轴承，更换润滑油，详细检查钢丝绳的质量状况等。

二、起重机

起重机是安装施工的重要机械设备，起重吊装施工中经常用到的起重机根据结构和用途特点可分类如下。

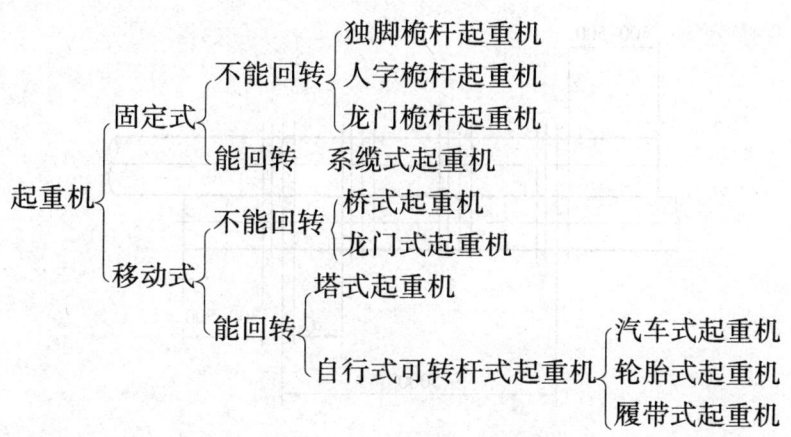

1. 桅杆起重机

桅杆又称扒杆或抱杆，它与滑车组、卷扬机相配合构成桅杆式起重机，桅杆自重和起重能力的比例一般为 1∶4～1∶6，它具有制作简便、安装和拆除方便、起重量较大、对现场适应性较好的特点，因而得到广泛应用。

（1）桅杆起重机的分类及性能。桅杆按材料分类有木制桅杆和金属桅杆，桅杆的种类如图 8—26 所示。

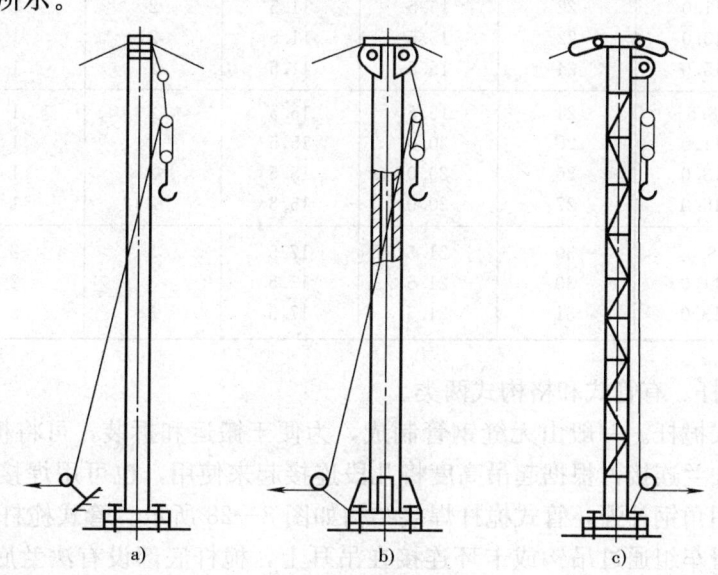

图 8—26 桅杆的种类
a）木质桅杆 b）金属管式桅杆 c）金属格构式桅杆

1）木制桅杆。多采用材质坚韧、笔直的松木或杉木，起重高度一般为 8～12 m，起重量 3～5 t，独木桅杆的规格及性能见表 8—12。若起重量超过 50 kN 或起重高度超过 12 m 时，可采用组合桅杆，即把两根或三根圆木用直径约等于 10 mm 的钢丝绳或 8 号铁丝绑扎，绑扎空隙用小木条填实，搭接成一根桅杆，必要时可在桅杆中部捆绑加强杆，木制桅杆的搭接方法如图 8—27 所示。

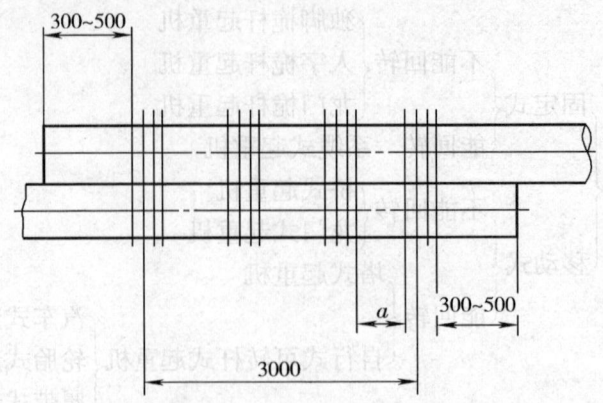

图 8—27　木制桅杆的搭接

表 8—12　　　　　　　　　独木桅杆的规格及性能

起重量（t）	桅杆长度（m）	桅杆顶直径（cm）	缆风绳直径（mm）	起重滑车组			卷扬机钢丝绳拉力（kN）
				钢丝绳直径（mm）	定滑车门数	动滑车门数	
3	8.5	20	15.5	11.5	2	1	10
	11.0	22	15.5	11.5	2	1	10
	13.0	22	15.5	11.5	2	1	10
	15.0	24	15.5	11.5	2	1	10
5	8.5	24	15.5	15.5	2	1	30
	11.0	26	20.0	15.5	2	1	30
	13.0	26	20.0	15.5	2	1	30
	15.0	27	20.0	15.5	2	1	30
10	8.5	30	21.5	17.5	3	2	30
	11.0	30	21.5	17.5	3	2	30
	13.0	31	21.5	17.5	3	2	30

2）金属桅杆。有管式和格构式两类。

①金属管式桅杆。一般由无缝钢管制成，为便于搬运和拆装，可将桅杆分成几段，每段的端部用法兰连接，根据起吊高度将几段连接起来使用，也可用焊接方法加长，焊缝应开坡口并用角钢补强，管式桅杆焊接结构如图 8—28 所示。管式桅杆顶部设有缆风绳盘和吊耳，滑车组通过吊钩或卡环连接在吊耳上，桅杆底部设有法兰底座，如图 8—29 所示。管式桅杆起重量一般小于 30 t，起重高度在 30 m 以下，金属管式桅杆的规格和性能见表 8—13。

②金属格构式桅杆。格构式桅杆一般用四根等边角钢作为主要杆件（称为主肢），并用各种形式的腹杆连接成一方形截面的支柱。为便于搬运和拆装，桅杆可分段焊接，中间用连接板或法兰连接，通常中间各段结构和长度均相同，首尾两段一般做成横截面向顶部和底端逐渐缩小的形式。实际使用时可根据不同的中间段节数来改变桅杆高度，桅杆顶部设有缆风绳盘和吊耳，其固定式吊耳工作时一般为弯曲、剪切和扭转的组合受力状态，底部设有可回转球形底座和固定导向滑车的耳孔，桅杆的稳定与桅杆受力情况、本身的截面形状和缆风绳及基础等有关，设计计算时要考虑这些因素。格构式独脚

桅杆的构造如图8—30所示。

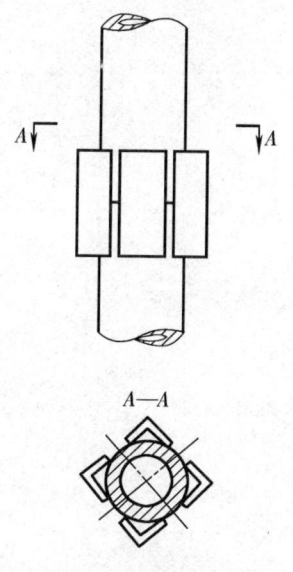

图8—28 管式桅杆焊接结构

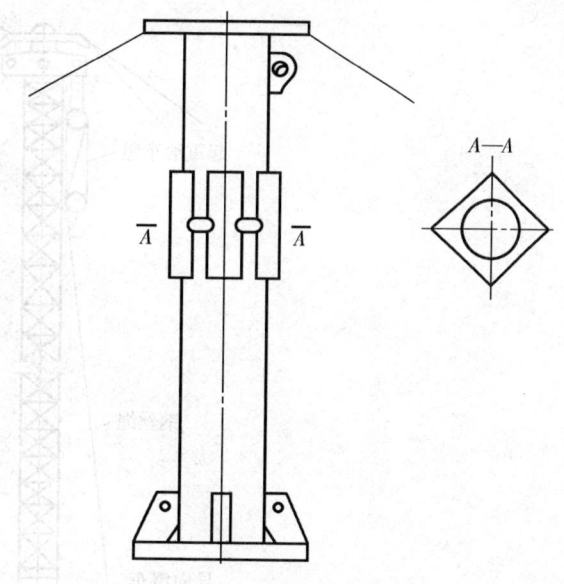

图8—29 金属管式桅杆

表8—13　　　　　　　　　金属管式桅杆的规格和性能

管直径乘以壁厚（mm×mm）	高度（m） 8	10	12	15	20	25
φ159×4.5	2.5	2				
φ219×7	11	7	5	3		
φ273×8	22	16	14	10		
φ325×8		25	19	16	12	
φ377×8		25	26	21	16	10
φ426×8				30	24	15

(2) 桅杆起重机的结构形式。桅杆起重机由起重系统和稳定系统两部分组成，其结构形式有独脚式桅杆、人字桅杆、系缆式桅杆和龙门桅杆等几种，均需配备相应的滑车组，如利用桅杆起重机吊装塔类设备时，须配备的滑车组的种类及作用为：起升滑车组，用以提升塔体；塔身系尾滑车组，用以系拉塔尾，以保证塔身滑移速度平稳，在腾空时塔尾不碰基础；倒稳滑车组，系结于塔身附近处，以控制塔身在直立过程中，不左右晃动。

1) 独脚式桅杆起重机。独脚式桅杆起重机由一根桅杆加滑车组、缆风绳及导向滑车等组成，当起重量不大、起重高度不高时可采用木制桅杆，否则应采用管式桅杆或格构式桅杆。

2) 人字桅杆起重机。如图8—31所示，人字桅杆起重机由两根桅杆连接成人字形，亦称"两木搭"，一般交叉处夹角为25°～35°，交叉处捆绑有两根缆风绳和悬挂有滑车组

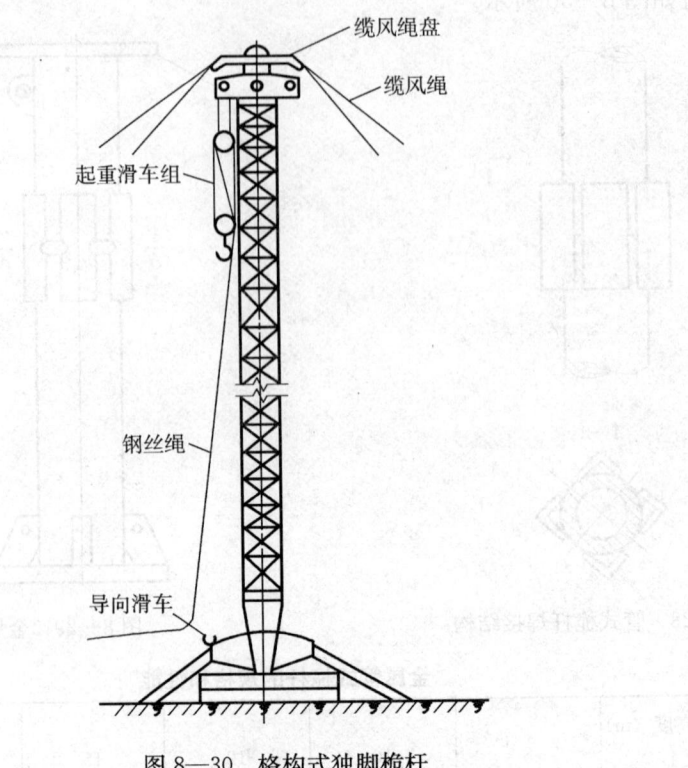

图 8—30 格构式独脚桅杆

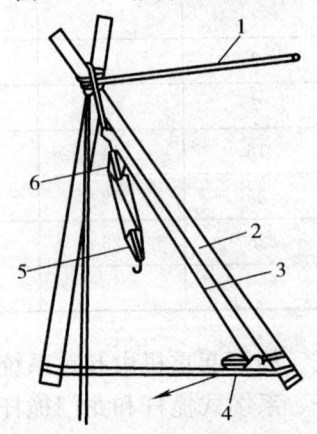

图 8—31 人字桅杆起重机
1—缆风绳 2—桅杆 3—跑绳 4—导向滑车 5—动滑车 6—定滑车

来起吊设备,导向滑车设置在桅杆的根部,使起重滑车组引出端经导向滑车引向卷扬机,桅杆下部两脚之间,用钢丝绳连接固定。另外,如桅杆需倾斜起吊重物时,应注意在桅杆根部向倾斜前方用钢丝绳固定双脚,以防桅杆受力后根部向后滑移。

管式人字桅杆的受力除了与两桅杆的夹角、起重量有关外,还与缆风绳夹角及滑车组的变化等有关,计算时要充分考虑到各种因素。

3)系缆式桅杆起重机。如图 8—32 所示,系缆式桅杆起重机由主桅杆、回转桅杆、缆风绳、起伏滑车组、起重滑车组及底座等组成。

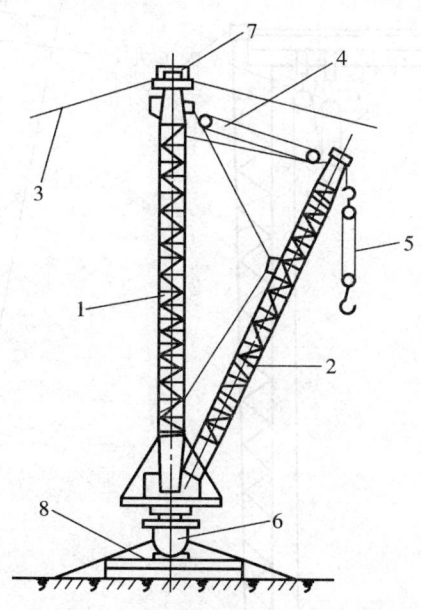

图 8—32 系缆式桅杆起重机
1—主桅杆 2—回转桅杆 3—缆风绳 4—回转杆起伏滑车组
5—起重滑车组 6—转盘 7—顶部结构 8—底座

系缆式起重机的主桅杆上部用缆风绳固定成垂直位置，起重桅杆底部与主桅杆底部用铰链相连接，大部分系缆式起重机的起重桅杆可与主桅杆一起旋转 360°，在桅杆臂长的有效范围内，能将重物在空间任意搬运。系缆式桅杆起重机有管式动臂桅杆、回转动臂桅杆、半腰动臂桅杆三种。

4）龙门式桅杆起重机。如图 8—33 所示，龙门式桅杆起重机主要由两幅独脚桅杆加上横梁所组成，桅杆顶部系有缆风绳，以稳固龙门桅杆，其横梁上装有滑车组或电动葫芦，以进行起重作业。

龙门式桅杆起重机起重量大，工作稳定，安全可靠，有较大的灵活性，吊装的重物可以在两副独脚桅杆组成的平面内任意移动，门架还可用滑车组调节缆风绳，使缆风绳以底座为回转中心向两侧摆动 10°以内的角度，使所吊重物有更大的活动空间。

5）缆索式起重机。缆索式起重机如图 8—34 所示，又称起重滑车，它由固定支架、承重索、起重跑车、滑车组以及起重索、牵引索和卷扬机构等组成。一般在立柱外侧还要设置缆风绳，以平衡承重索等对立柱的拉力。

缆索式起重机架设步骤为：首先，设置立柱基础、缆风绳、地锚及安装卷扬机构；其次，将立柱在基础旁安放好，立柱下端予以固定，防止立柱在扳转直立过程中发生滑移，立柱顶端绑结好主缆风绳；再次，将立柱竖立起来；最后，安装立柱的承重索、起重跑车及牵引索等。

缆索式起重机使用前须检查各部件的润滑和磨损情况。对新安装的或承重量不明的缆索起重机要经过超过负荷 10%的动载运行试验方可使用，并在醒目处标注允许承重量及操作注意事项。缆索式起重机承载索的挠度一般为跨度的 1/20～1/15，挠度过大，会

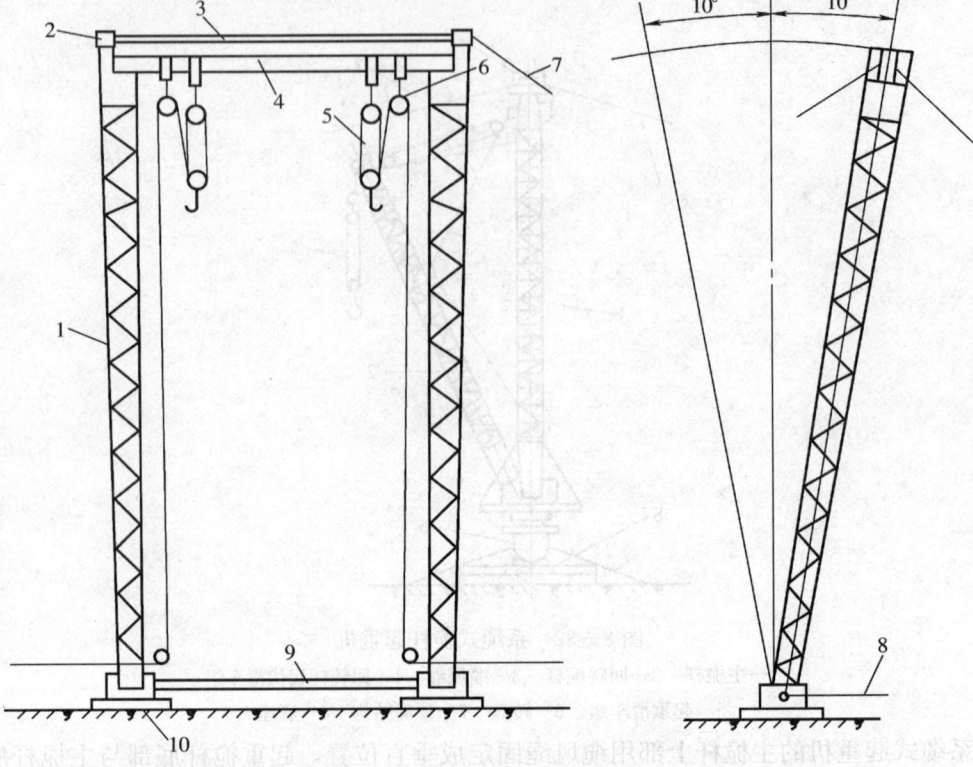

图 8—33 龙门桅杆构造图
1—桅杆 2—缆风绳 3—平缆风(刚性连接) 4—横梁 5—滑车组
6—导向滑车 7—斜缆风绳 8—横向缆风绳 9—底座连接装置 10—底座

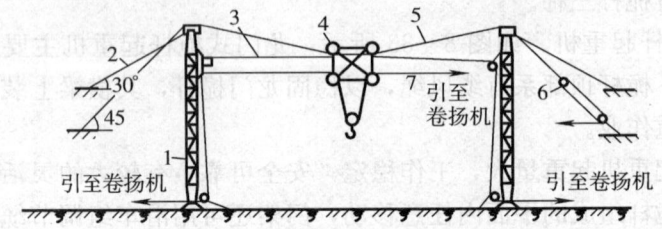

图 8—34 缆索式起重机的组成
1—桅杆 2—缆风绳 3—牵引索 4—起重跑车
5—承重索 6—滑车组 7—起重索

造成行车困难；挠度过小，则承载索受力过大，工作不安全。缆索式起重机的牵引索、起重索的垂度一般为塔架跨距的 5‰～7‰。为防止起重索和牵引索松弛而影响正常操作，还须设置防垂索和防垂器。试运行时，应进行检查调整。承载钢丝绳的安全系数为 $k=3.5～4$。

(3) 桅杆起重机使用注意事项

1) 各类桅杆（包括独脚式桅杆、人字桅杆、系缆式桅杆等）使用时应严格遵守桅杆性能规定，严禁超载或超出使用范围。

2) 桅杆的组对拼装应按照总装图及桅杆的方位编号顺序进行，并要求桅杆的中心线偏差小于长度的 1/1 000，全长组装偏差不超过 20 mm。桅杆竖立后垂直度允差不大于 $H/1 000$（H 为桅杆的高度），并要求顶部偏差量不大于 20 mm，对桅杆垂直度有特殊要求或需要桅杆有一个预偏离量时，则按施工方案规定执行。

3）除系缆式桅杆外，凡需倾斜使用的桅杆，其倾角（与铅垂线的夹角）一般不应大于 10°，否则必须重新核算或降低其起吊能力，倾角最大不大于 15°。

4）桅杆底部的基础应能承受其起吊的最大负荷量，一般应铺垫枕木以加大承压面积。

5）长期设置在室外且桅杆高度超过 20 m 时，应按规范要求设置避雷设施，在输电线路附近作业时，桅杆各部分与输电线路间应保持一定的安全距离，电压小于 1 000 V 时为 2~2.5 m，电压为 1 000~2 000 V 时为 4.5~5 m。

6）架设系缆式桅杆时，应使主桅杆、起重桅杆（副桅杆）及起重滑车组的中心线保持在同一平面内，以避免对桅杆产生扭矩，如扭矩不可避免时，必须有克服扭矩的措施。

（4）缆风绳。桅杆需用缆风绳来保持其空间位置稳固，缆风绳是稳定桅杆和分担桅杆负载的一种索具。缆风绳常采用 6×19 的钢丝绳，缆风绳的受力分配是由缆风绳的空间角度、方位、缆风绳受力后的弹性伸长量等确定的，缆风绳的安全系数一般为 3.5。桅杆的缆风绳数量选取为：一般独脚式桅杆不少于 5 根，回转式桅杆不少于 6 根，人字桅杆不少于 4 根，当桅杆高度在 20 m 以上时，应适当增加缆风绳的数量。

一般独脚式桅杆顶部有 5~6 根缆风绳，但并非所有缆风绳均受力，因此在布置时应尽量使受力缆风绳与缆风绳总数比例较大为好，一般为 50%。缆风绳在平面的配置情况，应根据不同的桅杆形式有所区别，当桅杆承受的载荷对称于桅杆的轴心时，则缆风绳沿 360°范围内作均匀布置，如 8 根缆风绳的布置，缆风绳的夹角一般为 45°，如图 8—35a 所示，倾斜单桅杆与系缆式桅杆的缆风绳布置如图 8—35b 和 c 所示。

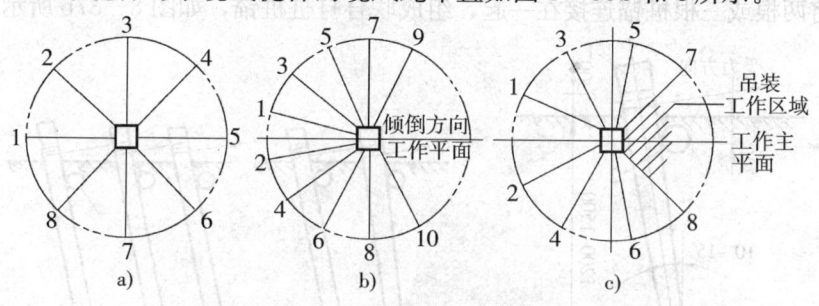

图 8—35 缆风绳布置图
a）均匀布置的缆风绳平面图 b）倾斜单桅杆的缆风绳 c）系缆式桅杆的缆风绳

缆风绳的长度一般为桅杆高度的 2 倍以上，与地面夹角一般为 30°，最大不得超过 45°。缆风绳在地面上的位置距桅杆越远，其与地面夹角越小，对桅杆的稳定性就越好。缆风绳跨过公路或其他障碍时，距路面的高度一般不得低于 6 m，一些临时拖拉绳跨过道路时一般距路面的高度不能低于 5 m，并要加醒目标志，以免阻碍交通或发生碰撞事故。

（5）地锚。地锚是用于固定卷扬机、导向滑车、各种桅杆起重机的缆风绳等的固定设施，有桩锚（包括埋置桩锚和打桩桩锚）和坑锚之分。

1)桩锚。桩锚是一种简单的临时性地锚,它适用土质地层,允许的承载力小,桩的长度一般为1.5~2 m,入土深度为1.2~1.5 m,根据桩锚放入土中的方式不同,可以分为埋置桩锚和打桩桩锚两种。

①埋置桩锚。埋置桩锚如图8—36a所示,它是把圆木或钢管倾斜埋入预先挖好的锚坑之中,其倾斜度一般为10°~15°。为增加桩锚的受力,在桩锚两边各放一根挡木,然后用黏土碎石夯实。桩锚表面要覆盖一层三合土,以防雨水渗透而降低桩锚抗拉力,桩锚露出地面0.6~1 m,受力绳捆绑在距地面0.3 m处,对于受力较大的桩锚,可将2~3根桩锚连接在一起形成联合埋置桩锚,如图8—36b所示。

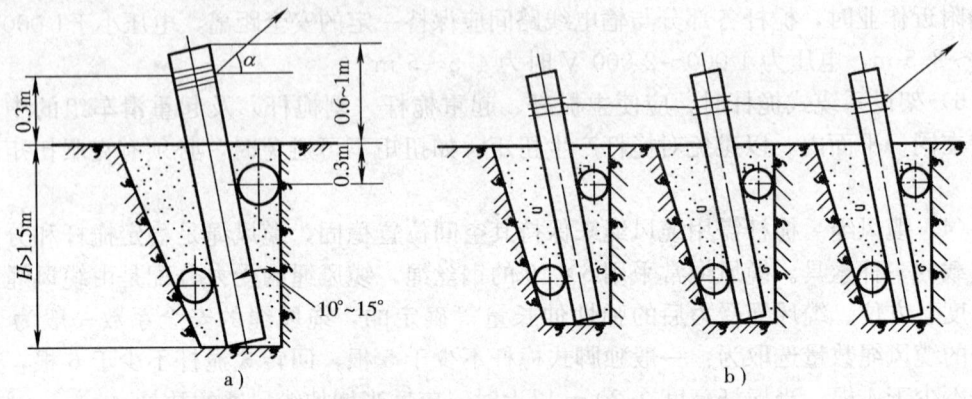

图8—36 埋置桩锚
a) 埋置桩锚 b) 联合埋置桩锚

②打桩桩锚。打桩桩锚是将圆木或钢管倾斜10°~15°打入土层中,依靠土壤对桩锚的镶嵌作用,使其承受一定的拉力,打桩桩锚结构尺寸如图8—37a所示,打桩桩锚承受载荷能力较小,但设置简便,省时省力,故在起重作业中仍然使用较多,对于承受较大载荷的桩锚,可将两根或三根桩锚连接在一起,组成联合打桩桩锚,如图8—37b所示。

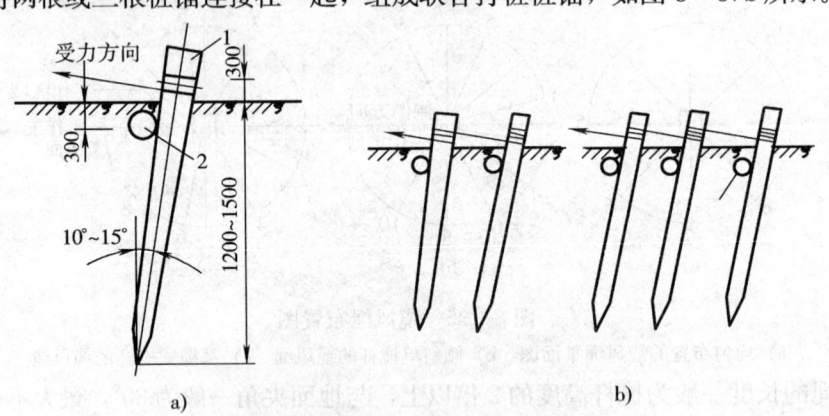

图8—37 打桩桩锚
a) 打桩桩锚 b) 联合打桩桩锚
1—木桩 2—上挡木

2)坑锚。坑锚又称"卧式地锚""困龙"等,坑锚比桩锚承载能力大,一般承载力可达30~500 kN,所以大型桅杆起重机缆风绳的固定、重型设备的起重滑车牵引索导向轮的固定等，多采用坑锚固定。

按坑锚按锚桩的结构形式可分为挡木坑锚、无挡木坑锚和混凝土坑锚三种，如图8—38所示。坑锚在埋设前，首先根据锚碇的长短挖一个锚坑，将钢丝绳系结在锚碇中间一点或对称系结在两点，把锚碇横放坑底并将钢丝绳在坑前部倾斜引出地面，倾斜角度一般在30°~50°，然后用干土和碎石回填夯实。设置地锚时可以适当洒水，使回填土密实，以增加地锚抗拔力。

坑锚的钢丝绳倾斜引出地面，其受力后可分解为一个垂直向上的分力和一个水平向前的分力，垂直向上的力由回填土的重力及锚碇与土壤的摩擦力来平衡，水平向前的分力由土壤的耐压力来承担。

确定坑锚的承载力，主要考虑桩的强度、桩的抗拔力和桩的抗拉力这三个因素。桩的抗拉力指桩对土壤的压力不应超过土壤的允许承压力。

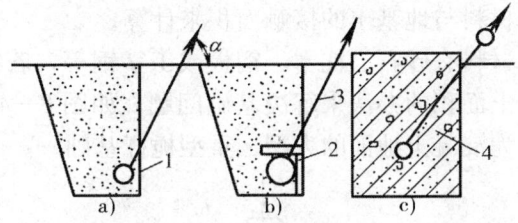

图8—38 坑锚
a) 无挡木坑锚 b) 有挡木坑锚 c) 混凝土坑锚
1—锚桩 2—挡木 3—引出钢丝绳 4—混凝土块

3) 活动地锚。活动地锚又称积木地锚，如图8—39所示，是将带爪的承重底排置于泥土地面上，再将条石、钢锭、混凝土块等堆砌组合而成，活动地锚的压重比拉力大2~2.5倍比较合理，利用其与地面的摩擦力及土的黏聚力、插板前方土阻力来承受横向拉力，活动地锚的设置简便，耗用材料少，移动拆除都较方便。

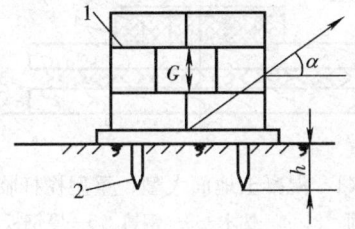

图8—39 活动地锚
1—配重 2—插板

4) 地锚使用注意事项

①设置地锚时必须明确所承受的载荷，结合现场条件进行合理布置，对重要吊装设备的地锚的设置需制订方案，经技术负责人批准后方可实施。

②地锚不能超载使用，并只允许在规定的方向受力，其他方向不允许受力。

③地锚引出线露出地面的位置及地锚两侧2m范围内不应有沟洞、地下管道或地下电缆等。

④坑锚中埋入的方木、木板、钢管、型钢及钢丝绳等必须事先进行检查，如发现规

格尺寸与规定不符或有腐朽、裂痕、机械压伤、严重锈蚀、断丝等缺陷,均不得使用。对坑锚埋入时间须超过两个月的材料,应进行防腐处理(木材采用煤焦油防腐,金属材料采用沥青防腐)。

⑤地锚附近特别是前方受力处不允许取土,地锚拉绳与地面的水平夹角在30°左右,夹角过大会使地锚承受过大的竖向拉力而影响正常使用,地锚的出绳角必须合理,若与缆风绳的角度不一致,将使缆风绳出现非弹性伸长。

⑥若利用现场构筑物作锚点或固定索具时,应注意其一般垂直方向承载能力比水平方向承载能力强。使用时须事先查清有关构筑物的允许承载能力和受力方向,经过核算,并征得有关部门的同意后方可使用。

(6)桅杆的基础及地面承受压力的计算。为了将载荷从桅杆底座扩大到面积更大的地面上,防止局部土地沉陷和桅杆倾斜,桅杆须设置临时基础,临时基础的压土面积应根据它的最底层的铺垫材料与地基土的接触面积来计算。

桅杆临时基础所用材料有砂石、枕木、钢板或工字钢等,若在土质较差的地面上架设桅杆,通常用增大压土面积的办法来解决基础问题,如图8—40所示为一般桅杆临时基础,如图8—41所示为混凝土地面的大型、重型桅杆基础。

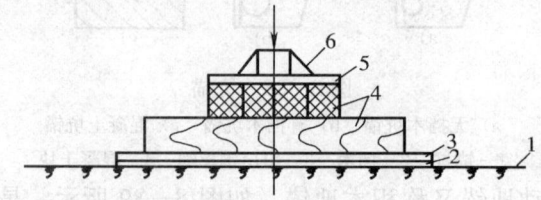

图8—40 一般桅杆临时基础
1—地面 2—砂 3—碎石 4—枕木 5—厚钢板 6—桅杆底座

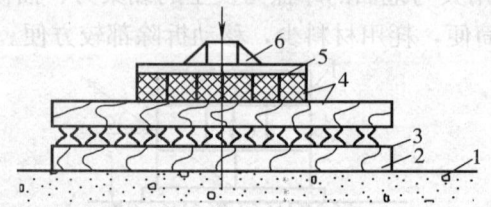

图8—41 混凝土地面大型、重型桅杆临时基础
1—混凝土地面 2、4—枕木 3—钢轨 5—厚钢板 6—桅杆底座

基础地面的承载能力能否满足桅杆架设要求须通过计算确定(采用紧密排列钢轨的基础因抗压强度很高一般可不进行计算),它是以土壤的容许承载力为依据,计算公式为:

$$\frac{P_M}{A} \leqslant [R]$$

式中 P_M——桅杆对地面的垂直压力;

A——地面的受压面积;

$[R]$——地面的容许承载力,可用各种触探试验器具在现场测定。

2.桥式起重机、龙门起重机、塔式起重机

(1) 桥式起重机。桥式起重机如图8—42所示，它是行走在固定厂房或露天作业场内用以起吊设备或重物的起重机械，由大车、小车、轨道和操纵室等几部分组成，也称天车或行车。

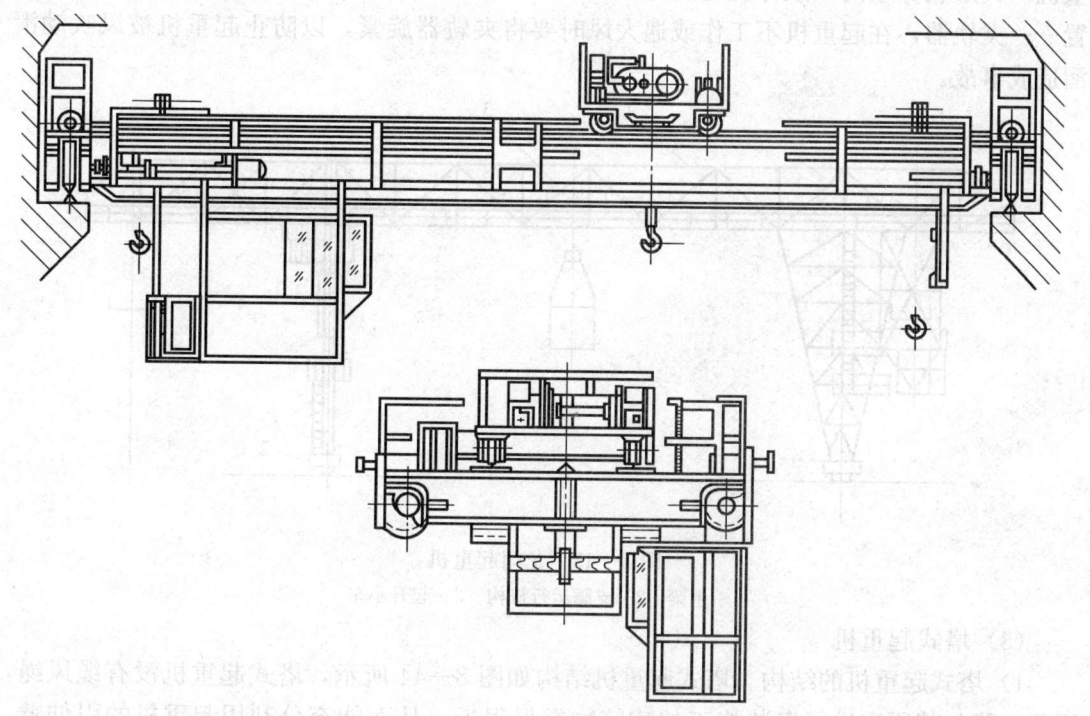

图8—42 桥式起重机

大车是桥式起重机的主体，由梁架、行走机构、缓冲器和小车轨道等组成，大车梁架为金属焊接结构，承担起重机自重和起吊物体的重量，它的两端各有两个带凸缘的车轮，以行走在厂房梁柱牛腿的轨道上，为保证梁架两端的行车速度一致，应采用同一电动机变速后，通过传动轴、联轴器带动车轮，并装有电磁抱闸。梁架两端安装有缓冲器，当大车行驶到厂房尽头时，用以缓和大车对挡车器的冲击力。大车上纵向铺设有小车轨道，供小车行驶，轨道两端各设有电气限位开关和机械挡车装置。小车是桥式起重机的起吊部件，它可沿大车梁架做纵向移动，并通过吊钩的升降达到起吊重物的目的，小车底盘上设有小车行走机构和吊钩升降的卷扬机构。卷扬机构上设有主钩和副钩，铭牌标定的是主钩的起重能力，副钩的起重能力较小，但副钩升降速度较快。

导轨是桥式起重机大车的运行轨道，它们分别设置在厂房两侧梁柱上方伸出的牛腿上，用螺栓压板固定，两轨道中心之间的距离称为桥式起重机的跨距，操纵室是桥式起重机的驾驶室，它通常吊在大车梁下端的一方，可操纵大车、小车运行和主副钩的升降工作等，操纵室还设有电铃能在起吊或运行中发出警示信号，保证起重机安全运行。

桥式起重机安装调试完毕后，必须进行无负荷或有负荷试验，合格后方能使用，试验方法及要求应按有关施工验收规范及设备技术文件规定执行。

(2) 龙门起重机。龙门起重机如图8—43所示，它特别适宜在露天料场、码头、车站、建筑工地等处起吊和运输物品，其结构类似于桥式起重机，不同之处在于其桥架增加了两个带行走机构的支腿，能沿铺设在地面上的轨道行车，这种增加了支腿的桥式起重机，其形状像座门，故称为龙门起重机。龙门起重机的支腿下部均安装有防风安全装置——夹轨器，在起重机不工作或遇大风时要将夹轨器旋紧，以防止起重机被风吹动滑溜造成事故。

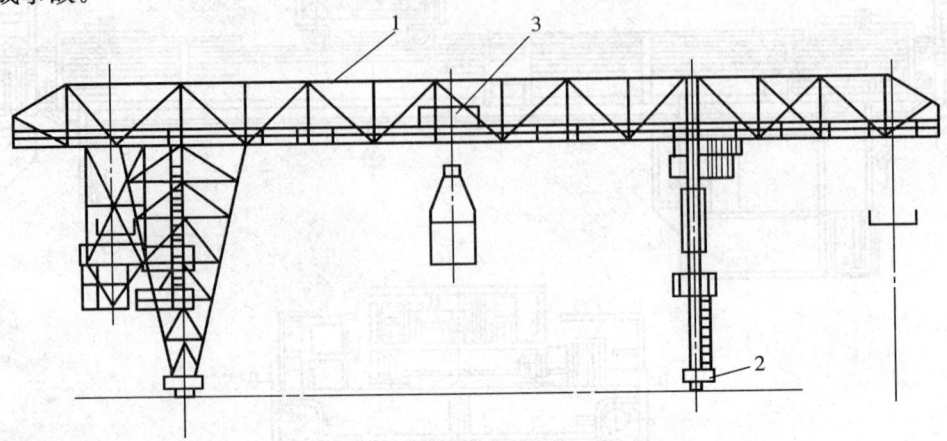

图 8—43 龙门起重机
1—主梁 2—支腿运行机构 3—起升小车

（3）塔式起重机

1）塔式起重机的结构。塔式起重机结构如图 8—44 所示，塔式起重机没有缆风绳，因此它能与其所需进行安装施工的建筑物靠得很近，从而能充分利用起重机的引伸臂，不妨碍施工现场其他工作的进行。它有较高的起吊高度和较大的回转半径，可以在空中将构件送到起重机允许范围的任何一个位置进行安装，移动灵活方便。起重机的操纵室一般设在上部，操作者视野开阔，有利于作业，起重机上一般都设有极限开关、超载限制器等，极大地增加了起重机的安全性。塔式起重机非工作状态最易倾翻的状态为：处于最小幅度、臂架垂直于轨道且风向自前向后。故塔式起重机不工作时，其臂架等应避开这些位置。

2）塔式起重机的分类

①按旋转方式分。塔式起重机可分为上旋式（起重机塔身不旋转，由起重臂、平衡梁、塔帽等组成的转塔旋转）和下旋式（塔身和起重臂整体地随支撑装置旋转）。

②按变幅方式分。塔式起重机可分为压杆式起重臂塔式起重机（起重机用改变起重臂的仰角来实现变幅）和水平小车式起重臂塔式起重机（起重机起重臂保持水平位置，通过起重臂上运行的小车来实现变幅）。

③按起重量分。塔式起重机可分为轻型、中型和重型三类。轻型塔式起重机的起重量为 0.3～3 t，中型塔式起重机的起重量为 3～15 t，重型塔式起重机的起重量为 20～40 t。

3. 汽车起重机、轮胎起重机、履带式起重机

（1）汽车起重机。汽车起重机如图 8—45 所示，它是装置在标准的或特制的汽车底

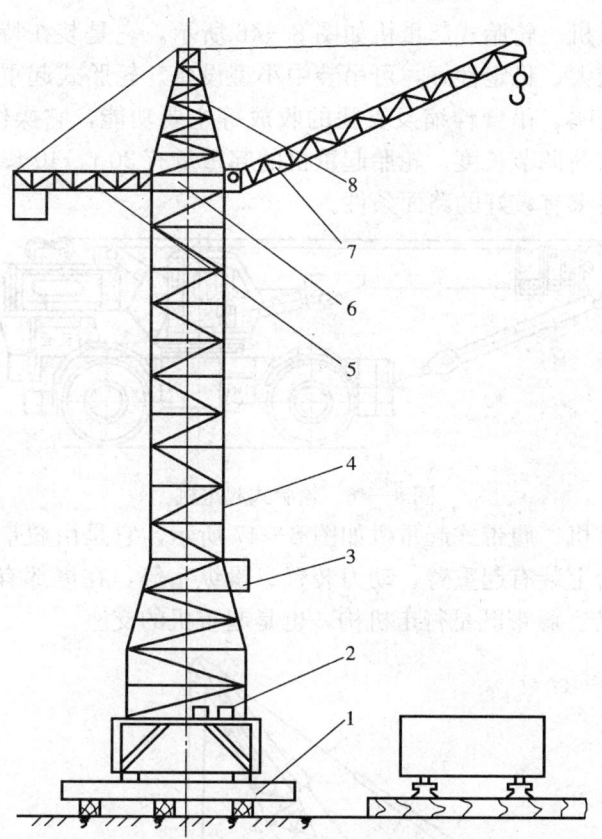

图 8—44 塔式起重机结构

1—导轨　2—压载　3—驾驶室　4—塔身　5—平衡臂　6—旋转机构　7—起重臂　8—塔顶

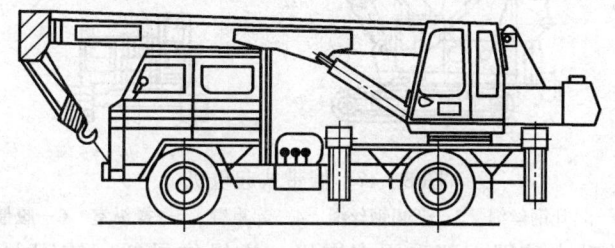

图 8—45 汽车起重机

盘上的起重设备，主要由起重桅杆、回转装置、变幅滑车组、支撑腿和汽车底盘等机构组成，能自行移动，不需要其他牵引设备进行牵引，机动性好，在完成分散的作业时，效率较高，常用于露天的起重作业。根据传动方式的不同汽车起重机分为机械传动和液压传动两种。起重机在工作时，应将支撑腿支撑在地面，使机架平台固定在水平位置后，才能进行吊装作业，起重机回转台在无起吊载荷时，可以向任何方向回转360°，在满载时转台向左右方向转动不宜超过 90°，一般在满载或重载时，应尽量避免将重物悬吊在较高的位置进行回转操作。

液压传动起重机全部采用液压传动来完成起吊、回转、变幅、吊臂伸缩及支腿收放等动作，操作灵活，起吊平稳。同时，伸臂可带载荷调节长度。液压汽车起重机应用广泛。

(2) 轮胎式起重机。轮胎式起重机如图8—46所示，它是装在特制的轮胎底盘上的起重机，车轮间距较大，稳定性好，可吊装中小型设备。轮胎式起重机采用液压传动来完成起吊、回转、变幅、吊臂伸缩及支腿的收放等主要功能，它操作灵活，起吊平稳，同时其伸臂亦可带载荷调节长度。轮胎起重机的起重量有30 t、40 t、75 t等，行驶速度可达30 km/h，它要求有较好的路面条件。

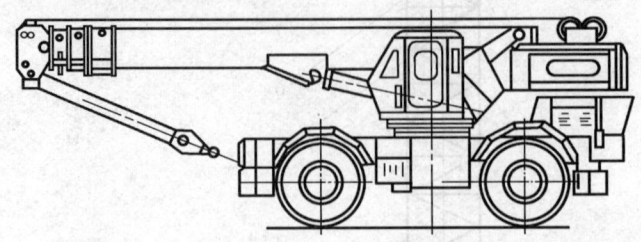

图8—46 轮胎式起重机

(3) 履带式起重机。履带式起重机如图8—47所示，它是由履带行走装置和回转台两部分组成，回转台上装有起重臂、动力装置、操纵室等，在尾部有平衡重，回转台能绕中心轴作360°旋转。履带既是行走机构，也是起重机的支座。

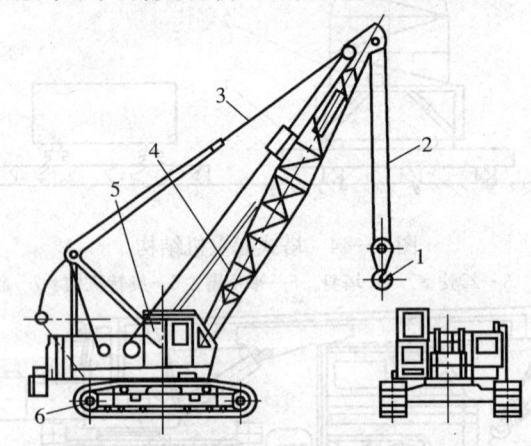

图8—47 履带式起重机
1—吊钩 2—起升钢丝绳 3—变幅钢丝绳 4—起重臂 5—操纵室 6—履带行走装置

履带式起重机的动力装置一般采用内燃机，它操作灵活，使用方便，在一般平整和坚实的道路上均可行驶和进行吊装作业，对地面承压要求较低。履带式起重机的起重量较大，有15 t、25 t和40 t，最重可达100 t，是目前安装施工中一种主要的起重机械。但它的稳定性差，行驶速度慢，自重大，对路面有破坏作用，在施工现场远距离转移时，履带起重机要用平板车来搬运。

履带式起重机应尽可能避免吊重物行驶，如迫不得已时，应将起重臂旋转到与履带平行方向，缓慢行驶，被吊物体离地面不得超过500 mm。

4. 起重机械的基本参数

起重机械的基本参数是说明其起重工作性能的指标，有起重量、起升高度、跨距、幅度和各机构的工作速度等，是选用和使用起重机的主要技术依据。

(1) 起重量Q。指起重机允许起吊的最大重量与取物装置自重之和（包括吊钩），为了计算简便，吊钩及起重高度内的钢丝绳重量不计入起重量内，单位为 N 或 kN。

（2）起升高度 H。指起重机取物装置上下限位置之间的距离。

（3）跨度 L。指运行轨道轴线之间的水平距离。

（4）幅度 S。指起重机的旋转中心与取物装置铅垂线之间的距离。

（5）工作速度 v。指起重机的起升、变幅、旋转及运行机构四个动作的速度，旋转速度单位为 r/min，起升、变幅、运动速度单位为 m/min。

（6）外形尺寸。指起重机的外形（长、宽、高）尺寸，用以反映起重机的通行条件。

（7）工作类型。表明起重机工作繁重程度和工作条件的参数，分轻级、中级、重级和特重级四种工作类型。

三、起重方法

1．起重作业基本操作方法

一般所说的起重作业就是对设备进行装卸、运输和吊装，起重作业的基本操作方法有撬、滑与滚、顶与落、转、拨、提、扳等，对于不同的作业环境，其采用的方法各不相同，有时采用某一种方法即可，有时则是多种操作方法的组合。掌握这些基本操作方法，才能在起重作业中巧妙及灵活运用，以达到简便、省力、高效、安全的目的。

（1）撬。所谓撬即用撬棍使设备翘起或移动，是具体运用杠杆原理的一种操作方法，适用于重量不大、移动距离小、起升高度低的设备的起重搬运，撬法如图 8—48 所示。

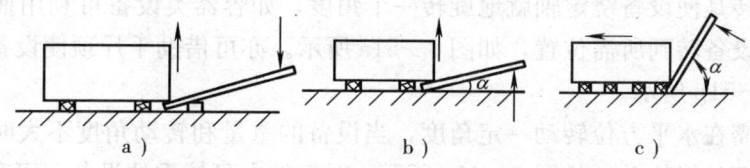

图 8—48 撬法
a）基本撬法　b）当 α 角较小时　c）当 α 角较大时

使用撬棍抬高或搬运设备时，应尽量在撬棍的尾端用力，这样可增长力臂而省力。抬高设备时，一次抬高量不宜太大，应分多次完成。设备下面垫物时，严禁将手伸入设备下面，以防意外伤人。撬棍不得直接接触设备的精加工面，以免损伤设备。多人使用多根撬棍同时作业时，应统一指挥，动作协调。使用圆木作为撬棍时，应仔细检查其质量，防止其在使用过程中断裂。

（2）滑与滚。滑是在人力、卷扬机或其他外力的牵引下，使设备沿着牵引方向移动。在滑移设备时，牵引力只需克服设备与支撑面的摩擦阻力，即可移动设备。而摩擦力大小与设备重量、接触面材料、润滑等因素有关，因此，一般将设备放在拖排上滑移，也可用枕木和钢轨在地面上铺成平整、光滑、坚固的走道，使设备在走道上滑移，滑台轨道滑移法如图 8—49 所示。

滚是采用在拖排下铺设滚杠，使设备随着滚杠的滚动而移动，滚杠拖运方法如图

8—50所示。滚动比滑动摩擦阻力小，故在安装工程中，对于重而大的设备，且运输线路较长、弯道较多时，多采用滚的方法。

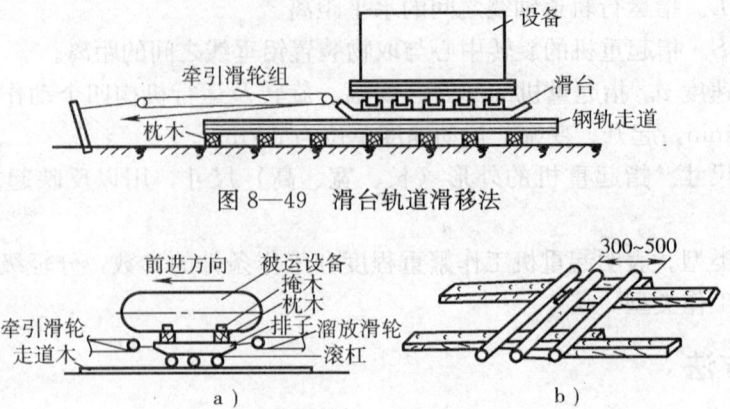

图 8—49　滑台轨道滑移法

图 8—50　滚杠拖运方法
a) 滚移法　b) 走道木放置法

　　(3) 顶与落。顶与落是利用各种类型千斤顶，使设备作短距离的上升、下降或水平移动。千斤顶的行程一般不大，如果设备需顶升的高度超过其行程时，可采用多次顶升法，即用千斤顶将设备顶升接近满行程时，垫上枕木，降落千斤顶后将其垫高，继续顶升设备（也可用两套千斤顶交替顶升以省时间），直至达到所需高度。欲使设备落位，只需将上述步骤反过来操作即可。

　　(4) 转。转是使设备绕定轴就地旋转一个角度，如容器类设备可利用捆扎设备的吊索的升降，使设备转到所需位置，如图 8—51a 所示。亦可借助千斤顶使设备绕自身轴线旋转，如图 8—51b 所示。

　　有时设备需在水平方位转动一定角度，当设备的重量和转动角度不大时，可在设备的两个端头用钢丝绳拉动，如图 8—51c 所示。对于较大且较重的设备，可利用转盘来旋转设备，如图 8—51d 所示。

　　(5) 拨。拨是用撬棍将设备撬起后，横向摆动撬棍的尾部，使设备绕支点移动一个角度或距离，达到使设备移动或转动的目的，如图 8—52 所示。

　　用拨的方法使设备转动的角度和移动距离都不大，根据实际需要，可用多次重复拨的方法使设备达到预定位置。

　　(6) 提。提即吊，是利用各种类型的吊装机具（如起重机、桅杆、葫芦等）将设备吊起来，安装在预定的位置上。常见的提的操作方式有直接吊装法和滑移吊装法两种。直接吊装法简单、方便、省时，在装卸车和中小型设备的就位中广泛使用，如图 8—53a 所示。滑移吊装法适用于对重量和尺寸都较大的重型设备的吊装，利用起重滑车组提升设备，且用其他附加机械来牵引或溜放，以控制垂直起吊和设备离地时的摆动，从而使设备平稳滑行吊起就位，如图 8—53b 所示。

　　(7) 扳。扳是使设备、构件在外力作用下，绕底部或铰链旋转竖起直至就位，此法适用于吊装高于起重机的设备或构件，如高塔、罐体、桅杆等。设备扳转就位一般可采

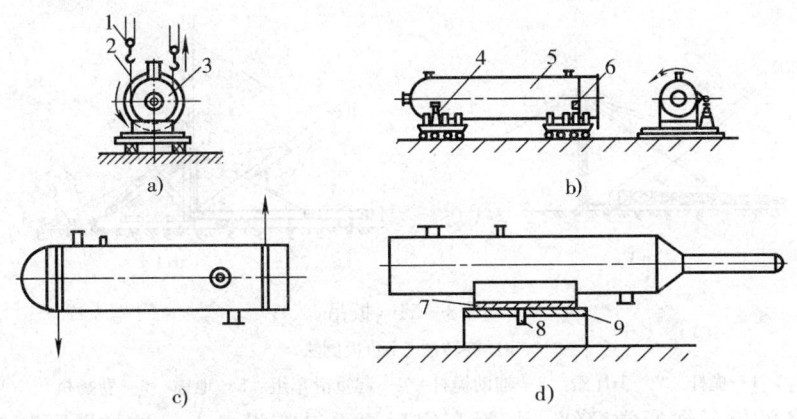

图 8—51 转法
a) 用滑车组和吊索旋转塔体 b) 用千斤顶旋转塔体对正方位 c) 原地转动罐体 d) 简易转盘转动设备
1—滑车组 2—吊索 3—塔体 4—千斤顶 5—塔体 6—支脚 7—上排 8—转轴 9—下排

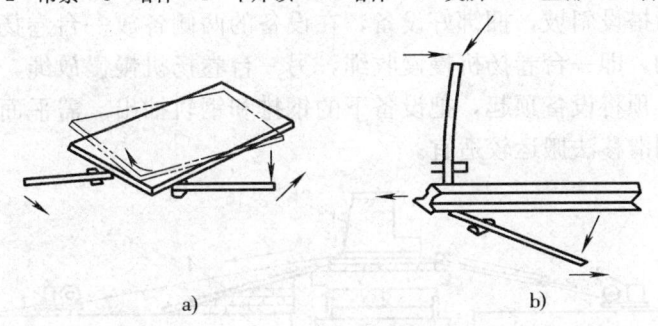

图 8—52 拨法
a) 转动拨法 b) 移动拨法

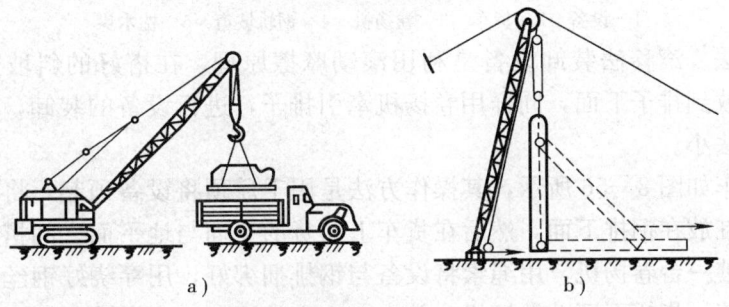

图 8—53 吊装
a) 履带起重机提升吊装 b) 桅杆滑移吊装

用图 8—54a 所示的旋转法和图 8—54b 所示的扳倒法。

2. 设备卸车方法

设备运输前后都要进行装卸作业，因运输方法、装卸地环境不同，所采用的装卸方法也不同。对于质量和尺寸都很大的重型设备，若现有起重机械起重能力不能满足时，一般常用的方法是用枕木搭成斜坡，采用滑移法或滚移法进行装卸，但坡度应不超过 10°，对于圆柱形设备可采用卷动法装卸。

(1) 滑移法。在搭好的斜坡上铺设多根钢轨，并在轨道上涂一层油脂，以减小摩擦

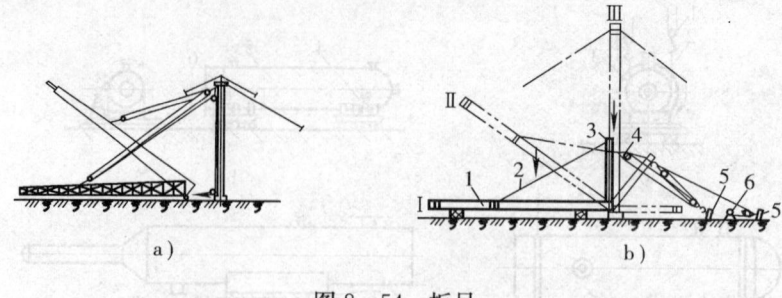

图 8—54 扳吊
a) 旋转法　b) 扳倒法
1—桅杆　2—千斤索　3—辅助桅杆　4—起重滑车组　5—地锚　6—卷扬机

力。拖拉设备的钢丝绳通常穿绕一幅滑车组后再系结在设备上，这样既可以改变卷扬设备的传动速比，放慢设备的移动速度，又可以用较小吨位的卷扬机牵引大吨位的设备。滑移法卸车如图 8—55 所示，其操作方法是先用千斤顶将设备顶起，将钢轨和钢排安放在设备下面，然后搭设斜坡，捆绑好设备，在设备的两侧各放一台卷扬机，两台卷扬机以相反的方向开动，即一台卷扬机慢慢收绳，另一台卷扬机慢慢放绳，当设备滑移到地面时，同样用千斤顶将设备顶起，把设备下的钢排和钢轨抽出。需平面运输高而底座较大的设备时，采用滑移法搬运较适宜。

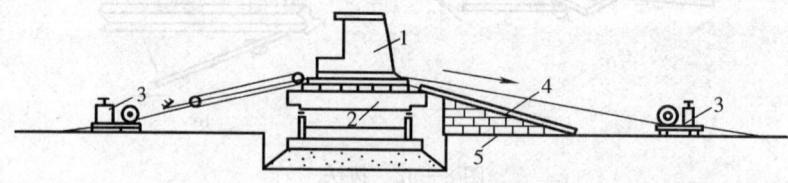

图 8—55 滑移法卸车
1—设备　2—货车　3—卷扬机　4—钢轨坡道　5—枕木垛

(2) 滚移法。滚移法装卸设备是利用滚动摩擦原理，在搭好的斜坡上铺设多根钢轨，再将滚杠放到排子下面，同样用卷扬机牵引排子，进行设备的装卸，滚移法所需的牵引力比滑移法小。

滚移法装车如图 8—56 所示，其操作方法是用千斤顶将设备顶起，将钢排放到设备下面，再将滚杠放在钢排下面，然后在货车上装货的平面与地平面之间搭设斜道，在货车的另一面安装一台卷扬机，用绳索将设备与钢排捆绑好，用穿绕好钢丝绳的滑车组与钢排连接，在统一指挥下开动卷扬机，并由专人安放滚杠，这样设备便可安全可靠地装到货车上。设备装上车后，用千斤顶顶起设备，抽出滚杠和钢排。

(3) 卷动法。卷动法是利用斜坡道，将圆柱形或圆筒形物体如钢管、电杆等用牵引

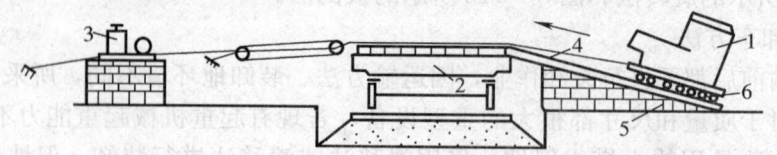

图 8—56 滚移法装车
1—设备　2—货车　3—卷扬机　4—钢轨坡道　5—枕木垛　6—滚杠

钢丝绳缠绕卷动,以达到装卸的目的。用卷动法将电杆从岸上装到船上的方法如图 8—57 所示,将船固定于码头上,并用一块跳板一端搁在船上,另一端搁在岸上,在跳板一侧装有卷扬机,钢丝绳一端固定在锚桩上,绕过电杆后的另一端固定在卷扬机上。开动卷扬机,随着钢丝绳的逐渐放松,电杆在跳板上渐渐向下滚动至船上,然后将钢丝绳松开,用类似方法也可将电杆从船上卷到岸上。在船上进行装卸时,走道的搭设及支撑点的选择应注意尽量减少船在水面上的摇摆,有时还需考虑潮水涨落等因素。

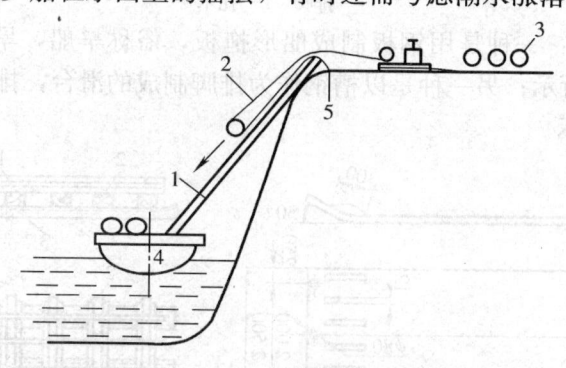

图 8—57 用卷动法将电杆装船
1—跳板 2—钢丝绳 3—电杆 4—船 5—锚桩

3. 设备运输方法

设备运输可分为一次运输和二次运输,一次运输指将设备从制造厂运输到新建厂的仓库或设备组装场地的附近,运输距离较长,通常用铁路、公路或水路运输。二次运输指将新建厂仓库内或组装场地的设备运输到安装现场的基础附近,运输距离短,近距离重型设备常采用排子(拖排)作二次运输。

被运输设备的数量、体积、重量、安装现场环境等不同,采用的运输方法也不一样,对于中、小型设备常用叉车、载重汽车运输。但有些施工现场,由于道路狭窄、障碍物较多,不便于采用机械化运输方法或没有适当的运输机械,此时一般采用半机械化运输方法,即滑行运输和滚杠运输。

(1) 汽车平板拖车搬运。采用汽车平板拖车搬运设备前,应对路面的宽度、承载能力、弯道及沿途障碍物、桥涵沟洞等进行调查和核算,土壤的实际承压力与搬运设备的重量成正比,与路面总接触面积成反比,路面受压部分距路边缘不得小于 1.5 m。当超长设备采用两台平板车组合拖运时应注意以下三个方面:

1) 平板车上应设置转盘(或转排),以便在弯道行走时,通过转盘的自由回转,使设备鞍座始终平稳地简支于平板车上。

2) 设备在鞍座上或鞍座自身在垂直方向应能有一定的回转量,以便在坡道上行走时,能自行调节,确保设备的安全。

3) 要绘制装车布置图,使设备的重量合理地分配到两台平板车上,并使平板车载荷分布均衡。同时要用滑车组进行纵向和横向的封固。

(2) 滑行运输。将设备搁置在排子上,使用卷扬机或其他牵引设备配以滑车进行牵引。运输中使用的排子有木排、钢排,一般 50 t 以下的设备用木排,50 t 以上的设备用钢排。木排用枕木制作,由排脚和托木构成,在排脚上面搁置托木,并用扒钉钉牢,在排脚的两头做成30°的斜角，便于拖运，如图8—58所示。

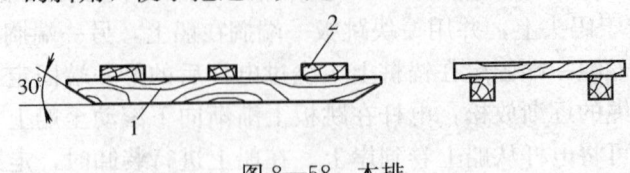

图8—58 木排
1—排脚 2—托木

钢排有两种形式：一种是用钢板制成船形拖板，俗称旱船，旱船的一端做成30°的斜面，如图8—59a所示；另一种是以槽钢作为排脚制成的滑台，排脚用几根钢轨连接起来，如图8—59b所示。

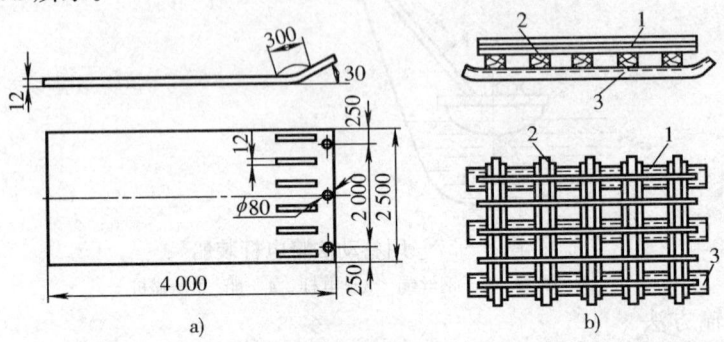

图8—59 钢排
a) 旱船 b) 滑台
1—钢轨 2—枕木 3—槽钢

如图8—60所示为旱船滑移运输示意图，适合于路面不平的情况，最大拖运设备重量不超过120 kN。如图8—61所示为滑台轨道运输法，运输速度较快，运输吨位大，运输安全。在有高低差的短距离场所搬运设备，不宜选用滑移法。

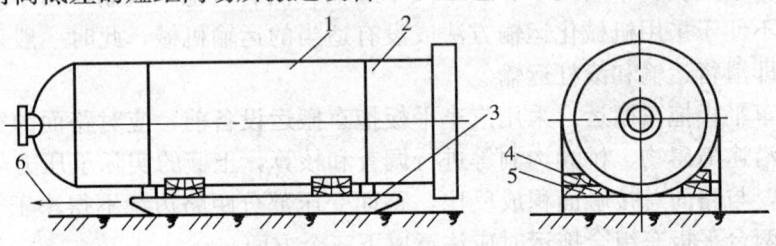

图8—60 旱船滑移法
1—设备 2—千斤绳 3—旱船 4—斜楔木 5—枕木 6—拖拉绳

(3) 滚杠运输。搬运中小型设备最常使用的一种方法，一般中型设备用卷扬机，小型设备也可用人力撬运，这种搬运方法适用于在短距离和设备数量不多的情况下水平搬运设备，通过搭设斜坡走道也可以将设备从低处运到高处或从高处运到低处。一般斜坡走道在15°以下，搬运的方法如图8—62所示。

滚杠运输使用的工具主要有滚杠、拖排、滑车和牵引设备等。滚杠的规格可按搬运设备的重量选择，一般运输300 kN以下的设备可采用φ76mm×10mm的无缝钢管，设备重量为400～500 kN时，可采用φ108 mm×12 mm的无缝钢管，如设备重量为500 kN

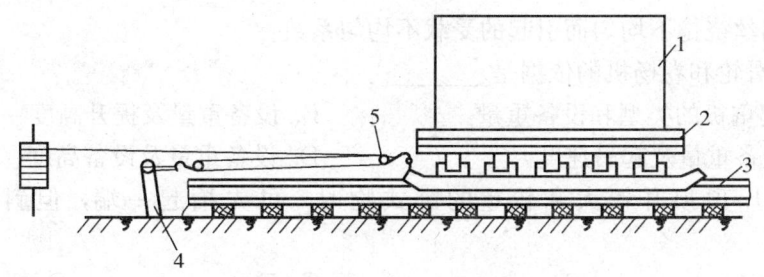

图 8—61 滑台轨道滑行法
1—重型设备 2—滑台 3—栈桥（三根钢轨） 4—地锚 5—滑轮

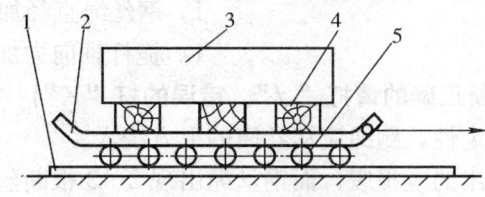

图 8—62 滚杠运输
1—垫板 2—钢拖排 3—设备 4—枕木 5—滚杠

以上时，可在 ϕ108 mm×12 mm 的无缝钢管中装满砂子捣实，并在钢管两端加封。

滚杠运输使用滚杠的数量和间距应根据设备的重量确定，选用的滚杠粗细、长短应一致，运输道路要平整畅通，坑沟要填平，高垛要铲平，路上障碍物要预先清理。放置滚杠时，每两根滚杠中心距离应保持在 300～500 mm，端头要放整齐，避免长短不一，两端伸出排子（或设备）外面约 300 mm 为宜，以免压伤手脚。放置或调整滚杠时，应将大拇指放在管孔外，其余四指放在滚杠内，操作人员不准戴手套，以免压伤手指。滚运大型设备应有专人指挥，有专人放置滚杠，需要转弯时，应将滚杠放置成扇形。滚运中发现滚杠不正时，应用大锤调整，为利于滚杠进入拖排底，设备的重心应置于拖排中心稍后一点，牵引设备的绳索位置不宜太高，为避免拖运高大设备时摇晃或倾倒，可适当增加几根侧向稳定绳来增加设备的稳定性。对于薄壁和易变形设备的拖运，应做好加固措施。拖运设备遇有下坡时，要用拖拉绳控制溜放速度，确保安全。滚运设备用的导向轮的锚桩或卷扬机的锚坑，以及滚运的其他机具、索具均应符合技术要求。

单元测试题

一、单项选择题（下列每题的选项中，只有 1 个是正确的，请将其代号填在横线空白处）

1. 麻绳一般用于_____kg 以内的重物的绑扎与吊装。
   A. 500   B. 600   C. 800   D. 1 000

2. 钢丝绳破断拉力的近似计算公式为 $S_b=Fn\phi\sigma_b$，其中 F 代表_____。
   A. 钢丝绳每根钢丝的直径
   B. 钢丝绳钢丝总根数
   C. 钢丝绳每根钢丝的截面积

D. 钢丝绕捻不均匀而引起的受载不均匀系数
3. 选配滑轮和卷扬机的依据是_____。
   A. 起重机的类型和设备重量　　B. 设备重量及提升高度
   C. 设备重量及起吊速度　　　　D. 设备重量及设备高度
4. 用千斤顶顶升较大和较重的卧式物时，可先抬起一端，但斜度不得超过_____。
   A. 3°　　　B. 4°　　　C. 5°　　　D. 6°
5. 桅杆用的缆风绳与地面夹角最大不得超过 45°，因夹角太大会造成_____。
   A. 拉力过大　　　　　　　　B. 钢丝绳直径加大
   C. 设置困难　　　　　　　　D. 桅杆轴向力加大

二、判断题（下列判断正确的请打"√"，错误的打"×"）
1. 为增加卷扬机的稳定性，跑绳应从卷筒的上方绕入。（　）
2. 钢丝绳发生麻芯挤出的应报废，而钢丝绳出现 2～3 根断丝的也应报废。（　）
3. 滑轮直径与钢丝绳直径之比一般不得小于 9。（　）
4. 使用绳夹时，一般绳夹间距为钢丝绳直径的 8 倍左右，最后一个绳夹离绳头的距离不得小于 150 mm。（　）
5. 一般独脚桅杆的缆风绳根数不得少于 3 根。（　）

单元测试题答案

一、单项选择题
1. A　2. C　3. C　4. A　5. D
二、判断题
1. ×　2. ×　3. √　4. √　5. ×

第9单元

设备安装工艺过程

- 第一节 设备安装施工一般工艺/264
- 第二节 设备安装的竣工验收/298

第一节 设备安装施工一般工艺

一、设备的开箱检查及基础验收

1. 设备的开箱检查

设备出厂时，一般都是经过良好包装的。根据运输条件和设备体积的大小，出厂前有的设备是整体装箱，有的是分散（解体）装箱。

设备运抵安装现场后，设备的供应方、设备的采购使用方以及设备的安装施工方代表，根据相关的协议或合同，按设备制造厂提供的设备装箱单，核实到货的箱数和设备的名称、型号、规格，并将设备的包装箱打开，对照设备技术文件和图样等资料，查验设备的完好情况和外观质量，办理设备的交接手续，这一过程叫做设备的开箱检查。

设备开箱检查时，应尽量做到不损伤设备和附件，尽可能减少包装箱箱板的损失。为此，应注意以下几点：

（1）开箱前，应查明设备的名称、型号和规格，核对箱号和箱数，检查包装情况；最好将设备搬至安装地点附近，以减少开箱后的搬运工作。

（2）开箱时，应将包装箱顶板上的灰尘杂物扫除干净，防止灰尘掉入设备内。开箱顺序一般先拆顶板，查明情况后，再拆除其他箱板；应选择合适的开箱工具；卸箱板时不要用力过猛，以免损伤箱内设备和周围设备和人员的安全。通常，设备在箱内的固定方式如图9—1所示。

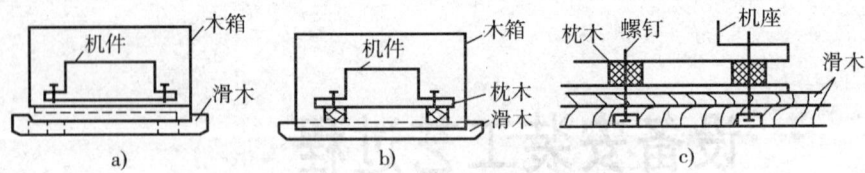

图9—1 设备在箱内的固定方式
a) 直接固定在滑木上 b) 滑木上有枕木的固定法 c) 滑木和枕木联合固定法

（3）箱内设备上的防护物和内包装，应按施工工序适时拆除。防护包装如有损坏的，应及时采取措施修补，以免设备受损。

（4）设备的开箱检查应根据设备制造厂提供的设备装箱单进行，检查清点时应注意以下几点：

1) 核实设备的名称、型号和规格，必要时应对照设备图样进行检查。

2) 核对设备的零件、部件、随机附件、备件、工具、出厂合格证和其他技术文件是否齐全。

3) 检查设备外观质量，如有缺陷、损伤等情况，应做好记录，并及时进行处理。

4) 在防锈油料清除前，不得转动和滑动。因检查除去的油料，检查后应及时涂上。

5) 填写好设备开箱检查记录单，经到场各方代表签字后，设备开箱检查工作即告结束。开箱检查后的设备及附件一般由安装施工单位负责保管。

设备开箱检查只能初步了解外观质量及缺损情况，对于设备可能存在的其他缺陷或问题，须在以后的设备安装施工或调试工序以及使用运行中才能逐渐发现。

2. 设备基础及其验收

（1）设备基础及分类。设备基础的作用是：把设备牢固地固定在需要的位置，保证设备的正常运转和设备安装的几何精度，以承受设备本身的重量、载荷和传递设备运转时产生的摆动、振动力，并把这些力均匀地传递到土壤中；基础还可以吸收和隔离机器运转时产生的振动，防止共振现象的产生；保证设备能长久地正常运行。

设备基础的类型有以下几种：

1）根据基础所用的材料不同，可分为素混凝土基础和钢筋混凝土基础。

2）根据基础所承受载荷的性质，可分为静载荷基础和动载荷基础。

3）根据基础的结构和外形的不同，可分为单块式基础和大块式基础。单块式基础是根据工艺需要单独进行浇注建造的设备基础；大块式基础是建成连续的大块，以供多台邻近设备安装的设备基础。大型设备通常安装在单独建造的基础上，如图 9—2 所示为大型机床设备基础图。

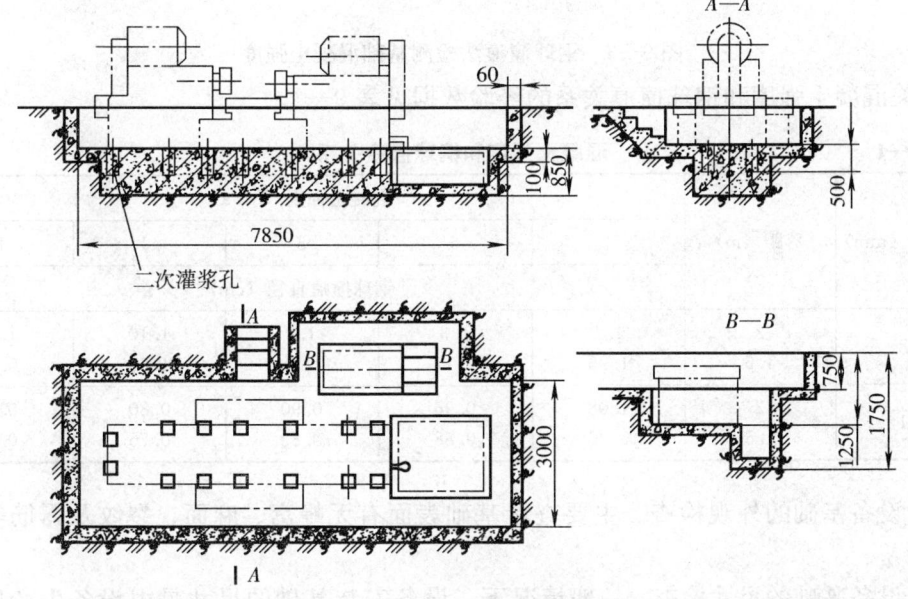

图 9—2 大型机床设备基础图

（2）设备基础的验收。由于设备的基础一般是由土建单位负责浇注施工，并负责保证其质量，因此，基础施工完成后，设备安装单位必须对基础进行必要的检查验收，方可用于设备的就位安装。尤其是对精度高、转速快、振动大的机床设备，基础的刚度是设备综合刚度极为重要的部分。基础工程的检查验收工作具体由安装单位根据设计要求和技术规范进行，检查内容主要有：

1）设备基础质量合格证明书核查。土建施工单位应根据安装单位提供的有关设备基础的技术文件，结合生产工艺和实际地质资料，最终设计并完成基础的浇注和养护，安装单位根据基础施工单位提供的基础质量检验报告资料，对混凝土配比、混凝土养护及混凝土强度进行核查，核查其是否满足设备设计需要和有关标准要求。

2)设备基础混凝土强度检查。确认基础的混凝土强度是否达到设计强度要求,如果对设备基础的强度有怀疑,可对基础的强度进行复测。混凝土基础强度检查方法有三种:一是撞痕法,二是反弹法,三是压强法。如混凝土基础的质量不符合要求,应向有关部门提出处理意见。采用钢球撞痕法检验混凝土强度的具体方法是:在被检测的基础混凝土上铺两张白纸,白纸之间垫一张复写纸,将钢球举到一定高度时(落距)让其自由下落到白纸上,测量白纸上的撞痕直径,对照经验数据,即可对应地查得混凝土强度值。用钢球撞痕法检测基础混凝土强度的方法如图 9—3 所示。

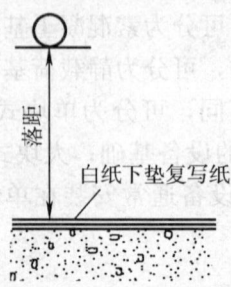

图 9—3 钢球撞痕法检测基础混凝土强度

有关混凝土强度和钢球撞痕关系的经验数据见表 9—1。

表 9—1 混凝土强度和钢球撞痕关系

钢球直径 (mm)	落距 (m)	混凝土强度 (MPa)				
		4	6	8	11	14
		钢球撞痕直径 (cm)				
50.8	2	1.4	1.3	1.2	1.10	1.02
	1.5	1.25	1.17	1.10	1.00	0.92
38.1	2	1.08	0.96	0.90	0.80	0.74
	1.5	0.96	0.88	0.83	0.75	0.71

3)设备基础的外观检查。主要查看基础表面有无蜂窝、麻面、裂纹及露筋等质量缺陷。

4)设备基础的尺寸检查。一般情况下,设备安装基础的尺寸是由设备生产厂家根据设备使用性能要求和底座结构形状,在所提供的设备使用说明书中给定的。安装单位对设备基础的尺寸检查的主要项目有:基础的坐标位置,基础平面的标高,基础平面外形尺寸,凸台上平面外形尺寸,凹穴尺寸,平面的水平程度,基础的铅垂程度,预埋固定地脚螺栓的标高和中心距,预埋固定地脚螺栓孔中心的位置偏差、深度和孔壁铅垂程度,预埋活动地脚螺栓锚板的标高、中心位置,带槽锚板和带螺纹锚板的水平程度等。

特别提示:基础平面外形尺寸应比机床底座的外部尺寸略大,这既可增加基础的刚度,又方便机床的调整。通常,车床基础的每边比车床底座大 100~300 mm;刨床的基础每边比底座大 200~500 mm;磨床的基础每边比底座大 200~700 mm。

基础平面的安装螺孔至基础边缘应不少于 200 mm。

5)设备基础的预压试验。对重型设备或负载较大的设备基础进行预压试验,是为了防止设备安装后,由于基础的不均匀下沉,造成设备安装精度的丧失而采取的预防措施。

基础预压试验采用的方法是,用重量等于设备自重及其允许承载物最大重量总和的1.25~2倍的钢材、砂石等预压重物,均匀地压在基础上,观察设备基础在一定时间里的下沉可能性和下沉情况。预压时间一般为3~5天,在预压期间要不间断地每隔2 h观测并记录基础的下沉情况,观测点不少于基础周围均布的四个标高点,观测时间从加压开始直到基础不再继续下沉为止。设备基础的尺寸和位置的质量要求见表9—2。

表9—2　　　　　　　　设备基础的尺寸和位置的质量要求

序号	检查项目名称	允许误差值（mm）
1	基础坐标位置	±20
2	基础各不同平面的标高	−20~0
3	基础上平面外形尺寸 凸台上平面外形尺寸 凹坑尺寸	±20 −20 +20
4	基础顶面平面长度误差（含地坪面需安装机床的部分）： 每米长度上 全长	 5 10
5	基础顶面垂直方向上的误差： 每米长度上 全长	 5 10
6	预埋地脚螺栓误差： 螺栓顶部标高 中心距（根部与顶部测量）	 0~20 ±2
7	预留地脚螺栓孔： 中心距 螺栓孔深度 孔壁的垂直度	 +10 0~20 10
8	预埋活动地脚螺栓锚板： 顶面标高 中心距 平面度（带槽锚板） 平面度（带螺纹孔的锚板）	 0~20 ±5 5 2

3. 设备基础常见质量问题的处理

设备基础经过检验后,对于不合质量要求的地方,应立即进行处理,直到达到要求为止。

通常,基础的中心线的位置、标高以及地脚螺栓出现偏差（或地脚螺栓孔中心线偏移）的情况较普遍,基础偏差处理的方法如下：

(1) 当设备基础的标高过高时,可用凿子将高出的部分凿去;当基础标高小于设计标高时,可将基础表面铲成麻面,然后补浇注混凝土,如图9—4所示。

(2) 当设备基础纵横中心线偏差过大时,可改变地脚螺栓的位置来补救,如图9—5所示。

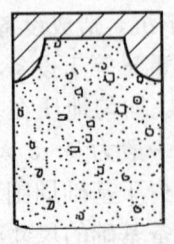

图 9—4 补浇注混凝土

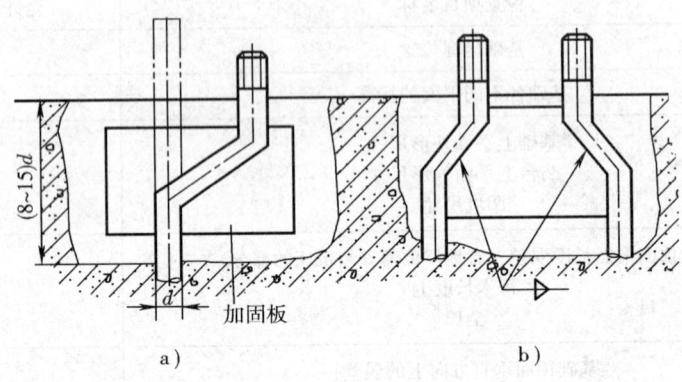

图 9—5 改变地脚螺栓的位置
a) 单地脚螺栓矫正 b) 双地脚螺栓矫正

（3）对于地脚螺栓孔中心发生偏移过大的情况，可用扩大地脚螺栓孔的方法处理；垂直偏差过大时，可用修理地脚螺栓孔壁的方法来修正。如图 9—6 所示为大直径地脚螺栓中心距发生偏差的处理。

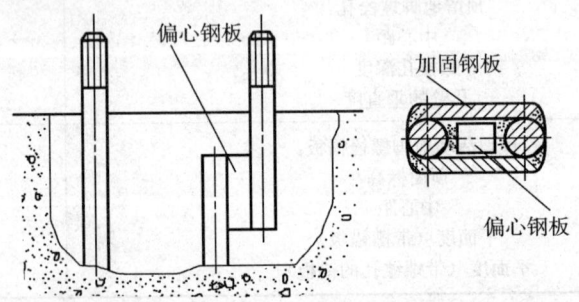

图 9—6 大直径地脚螺栓中心距发生偏差的处理

二、地脚螺栓和垫铁

1. 地脚螺栓

设备与基础的连接主要是依靠地脚螺栓将其牢固地固定，以承受设备自身运动产生的作用力和其他外力，避免发生位移、振动和倾覆。地脚螺栓一般可分为固定地脚螺栓、活动地脚螺栓、锚固式地脚螺栓和粘接地脚螺栓。

（1）固定式地脚螺栓。也称为死地脚螺栓，浇注在设备的基础上，不可拆卸。常用的固定式地脚螺栓，头部多成开叉式和带钩的形状，带钩的固定地脚螺栓在钩孔中穿一根横杆，与混凝土浇注在一起后，可以防止转动，并增大抗拔出能力。固定式地脚螺栓与设备基础的浇注固定方式有两种：

1) 固定式地脚螺栓的一次浇注法。在浇注设备基础时，同时也将地脚螺栓浇注好的方法称为一次浇注法，如图9—7所示。此方法的优点是：地脚螺栓与混凝土的接合力强，增加了地脚螺栓的稳定性、坚固性和抗振能力。不足之处是：浇注时需要使用地脚螺栓固定架，按照设备底座上地脚螺栓孔的实际尺寸，将地脚螺栓固定，安装时也不便于调整。

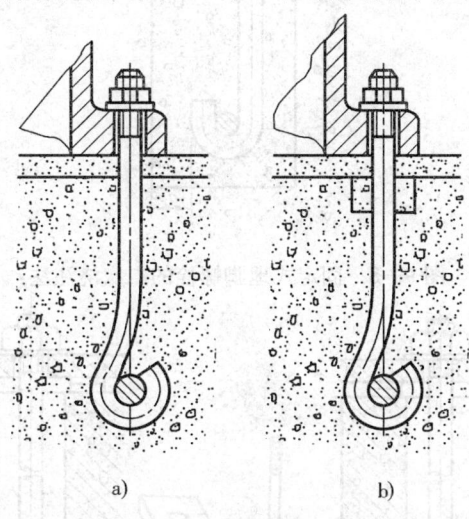

图9—7 固定地脚螺栓的一次浇注法
a) 全部预埋法　b) 部分预埋法

2) 固定式地脚螺栓的二次浇注法。基础浇注时，预先在基础内留出地脚螺栓的预留孔，在机床设备安装就位时，再将地脚螺栓由预留孔向上穿过机床底座连接孔内，调整好螺杆露出高度，旋好螺母、垫圈，然后用混凝土或水泥砂浆把预留孔浇注满，使地脚螺栓固定，如图9—8所示。二次浇注法的优点是地脚螺栓与设备底座连接孔有调整余地，缺点是二次浇注的混凝土与基础接合不够牢固。使用固定式地脚螺栓进行机床设备安装连接，在二次浇注时应注意以下几点：

① 地脚螺栓的垂直度偏差不超过 $10/1\,000$。
② 地脚螺栓与连接孔的距离不小于15 mm（$a \geqslant 15$ mm）。
③ 地脚螺栓底端不应碰到基础预留孔孔底。

(2) 活地脚螺栓。指地脚螺栓与基础不浇注在一起，基础内留出地脚螺栓的预留孔，并在孔下端埋入锚板。活地脚螺栓的形状分为两种：一种是双头螺柱形式，其两端带有螺纹，都使用螺母；另一种是螺杆的顶端有螺纹，下端头部呈T形，如图9—9所示。双头螺柱式活地脚螺栓安装时必须拧紧，以免松动；T形头式活地脚螺栓安装时，必须在螺栓顶端打上方向性记号，以确保在插入锚板后，将螺栓转动90°的正确性，使矩形头能放入锚板槽内。使用活地脚螺栓固定设备，应注意在安装前，先要将锚板安装好，锚板应平整牢固，然后将地脚螺栓放入预留孔内。设备就位后，再将地脚螺栓拧紧。地脚螺栓孔内应充满干燥砂石。

(3) 锚固式地脚螺栓。又称膨胀地脚螺栓，常用于重量较轻、振动较小的小型机床设备

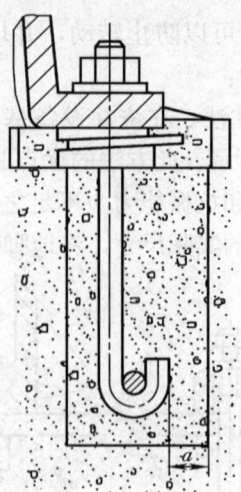

图9—8 固定式地脚螺栓的二次浇注法

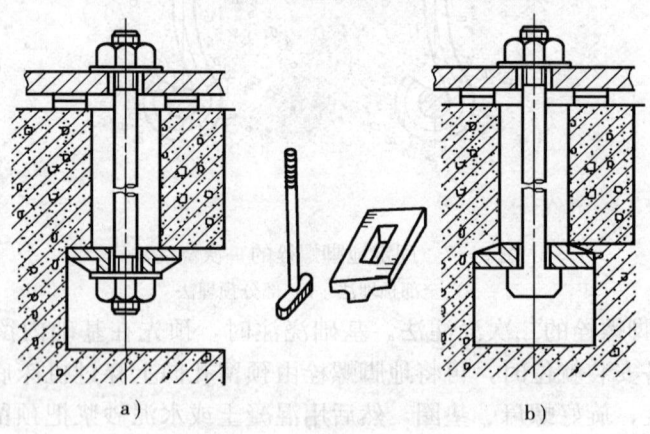

图9—9 活地脚螺栓
a) 双头螺纹式 b) T形头式

的安装，这类设备可直接安装在具有一定强度的车间混凝土地坪上，其显著优点是安装效率高。大中型设备采用锚固式地脚螺栓安装时，首先应在已施工完的基础上钻出螺栓孔，螺栓孔比螺栓最粗的部分大，比膨胀后的直径小。然后装入螺栓并锚固，再灌入以环氧树脂为基料的黏接剂，以增强地脚螺栓与设备基础的牢固性。锚固式地脚螺栓如图9—10所示。

2. 垫铁

(1) 垫铁的作用。作用如下：通过对垫铁组厚度的调整，使设备达到所要求的标高和水平度；把设备的重量和运转过程中产生的负荷均匀地传给基础，减少振动，增加设备在基础上的稳定性；便于进行二次浇注。

(2) 垫铁的种类

1) 按垫铁所用的材料可分为铸铁垫铁和钢垫铁。

2) 按垫铁的结构形状可分为平垫铁、斜垫铁、开孔垫铁、开口垫铁、钩头成对斜垫铁、可调式垫铁等。可调式垫铁如图9—11所示，由于机床设备安装精度要求较高，安装中主要使用可调式垫铁。

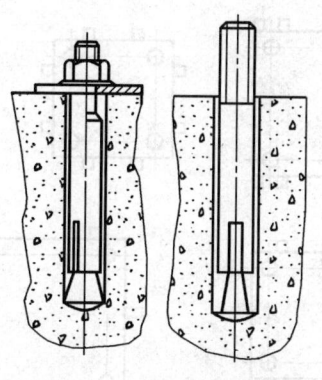

图9—10 锚固式地脚螺栓

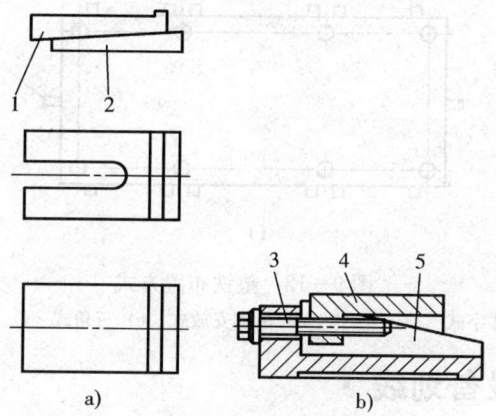

图9—11 可调式垫铁
a) 楔块式样 b) 螺栓调节式
1—上垫铁体 2—下垫铁体 3—调整螺栓 4—滑座体 5—垫铁体

(3) 垫铁的布置要求
1) 每个地脚螺栓旁至少有一组垫铁。
2) 垫铁应尽量靠近地脚螺栓。
3) 相邻两组垫铁距离根据设备底座刚度决定,一般可为500~1 000 mm。
4) 每一组垫铁的面积均应能承受设备传来的负荷。
(4) 垫铁布置形式。垫铁布置形式有标准式、十字式、井字式、三角式、混合式等,如图9—12所示。
(5) 安放垫铁
1) 为保证各垫铁组顶面水平和标高一致的基本要求,安放垫铁前,应铲修各垫铁组所在基础表面,使铲修面积满足安放垫铁时有足够的移动位置,基础的铲修面应达到各垫铁组接触良好无晃动的要求。
2) 按设备技术文件设计规定的位置、数量安放垫铁组,垫铁组顶面应水平,垫铁组顶面标高可高于标高基准线2~5 mm,否则,应加平垫块。顶面之间的高度差应小于2 mm。

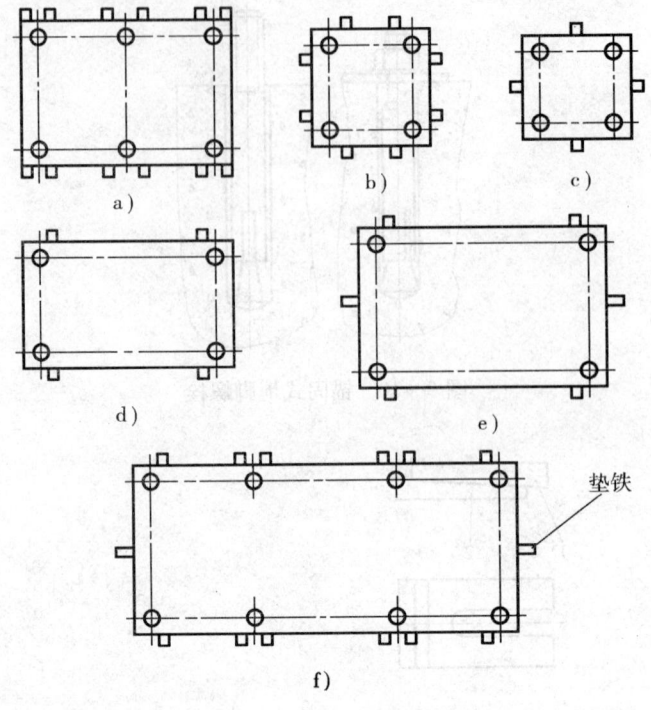

图 9—12 垫铁布置方式

a) 标准式 b) 井字式 c) 十字式 d) 单侧安放式 e) 三角式 f) 辅助与标准混合式

三、基础放线与设备划线

设备的空间位置是由设备在设计时赋予的使用要求、工艺路线以及与其他设备的连接关系所决定的,安装时必须保证。因此,在设备安装前,需要进行设备基础的放线和安装基准线的划线。

1. 设备基础的放线

设备基础的放线是为了确定基础浇注时的平面位置和高度(深度),可分为设备基础浇注时的平面位置和标高位置基准线放线和设备基础养护合格后的安装基准线划线两个方面。

(1) 设备基础的浇注基准线放线。设备基础的浇注基准线放线是为了确定需要安装的设备基础与建筑物之间,或与其他设备之间在安装平面上和高度上相互位置的确切定位,以及所浇注基坑的大小、深度所进行的划线。对于安装精度要求较高、需要预留地脚螺栓二次浇注孔的机床设备基础,还应确定地脚螺栓二次浇注预留孔的相应坐标尺寸线(以供制作浇注地脚螺栓预留孔木盒及定位)。

(2) 设备基础的安装基准线的划线。设备基础验收合格后,就可进行设备安装基准线的划线工作。划线步骤是:

1) 确定平面位置安装基准中心点。划设备安装基准线时,首先应按设计要求,确定出设备在平面位置的安装基础的基准中心点。基准中心点最好选择就近的柱、墙等车间建筑物来确定,也可根据大地水准点或其他设备确定,如图 9—13 所示。

2) 设备基础的安装基准线的放线。确定好基准的中心点后,就可根据设备的工艺

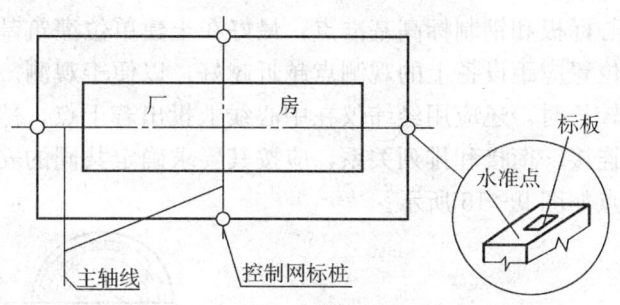

图 9—13　车间安装基准中心点的确定

要求或设备中心线的方向，用几何法或经纬仪法，以基准中心点为准，投放出设备的安装基准中心线。平面位置基准线最少有两条互相垂直的纵横中心线。基准中心线一般都是直线，因此，只需要确定基准中心线上的两个点就可以了。放线时，两点间距离应尽可能长一些，这样可以提高放线精度。

有了平面位置基准中心线，就可以确定其他基准线了。放线一般可用墨斗放线、用点代替线、光学仪器放线及拉钢丝放线等方法。墨斗放线的误差较大，而且距离远时不好画线，线也易消失，因此通常用于精度要求不高的地方。用点代替线是当有些设备不需要整条线作为安装基准时，只须画出几个点就可以了。画点时，可使用墨斗画出一条线，定出所需的几个点，或用经纬仪投点。光学仪器放线是采用水准仪、经纬仪、自动准直仪等的光线代替画墨线或拉线的方法。拉钢丝放线是设备安装中放平面位置常用的方法。拉线所用的工具有：

①钢丝。根据划线的距离长短，钢丝直径一般为 0.3～0.8 mm，钢丝上不应有节。拉线时，"线"一般拉在空中。

②线坠。为了确定拉线的准确位置，还应使用线坠。吊线坠的线可用尼龙线（钓鱼线）。

③线架。线架是用来固定拉线所用的钢丝的，安设在所拉线的两端。线架的结构如图 9—14 所示。

采用拉钢丝放线方法时，应注意距离不要太长；应将钢丝拉紧，在所拉的钢丝上，对准基准中心点处挂一个线坠，然后调整钢丝的中心位置；所拉的钢丝线不应接触其他物体；由于钢丝线离开地面位置后不易看见，为了避免被人碰歪，可在钢丝上挂一些纸条以引起注意。

（3）设备的标高基准点。地面上某一点高于另一点的高度数值，称为标高。标高的单位为 m。

对标高要求不高的一般设备，不设置标高基准点。许多设备的安装位置，除了在平面位置上有要求，在标高上也有要求。对标高要求严格的设备，需要在设备附近设置若干标高基准点，作为检测设备标高用。设备安装的标高基准点一般有两种形式：

1）简单标高基准点。在设备基础上，以及设备基础附近的柱子或墙上的适当部位处，分别用醒目的色彩（如黑墨或红漆）划上标记，然后用水准仪测出各标记的具体标高数值，并注明在该标记附近。

2）钢制预埋基准点。当基础上埋设有中心标板时，应将点投影到中心标板上，打上样冲眼标出。中心标板和钢制标高基准点，最好在土建单位灌筑基础时，由安装单位协助埋设。埋设的位置应距设备上的观测点越近越好，以便于观测。若基础标高不在同一平面且中心线又较长时，还应用经纬仪在中心线上投出若干点，然后分段标出。两台以上机床若有相互连接、衔接和排列关系，应按其要求确定共同的安装基准线。预埋钢制铆钉式标高基准点如图9—15所示。

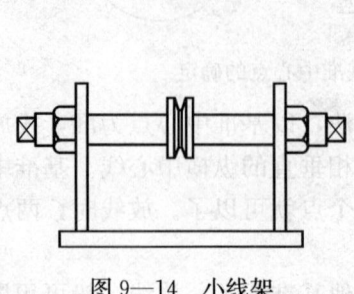
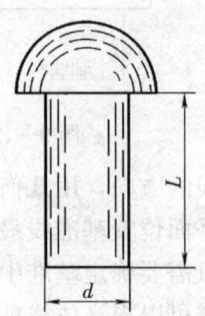

图9—14 小线架　　　　　　9—15 铆钉式标高基准点

2. 设备划线

机械设备的中心位置是由中心线来决定的。要进行设备中心位置的划线，首先必须找出设备的中心。设备上中心位置的确定，一般可根据设备上的加工面进行。对于安装位置要求不高的设备，可由设备底座上的地脚螺栓孔找出设备中心线，如图9—16所示。

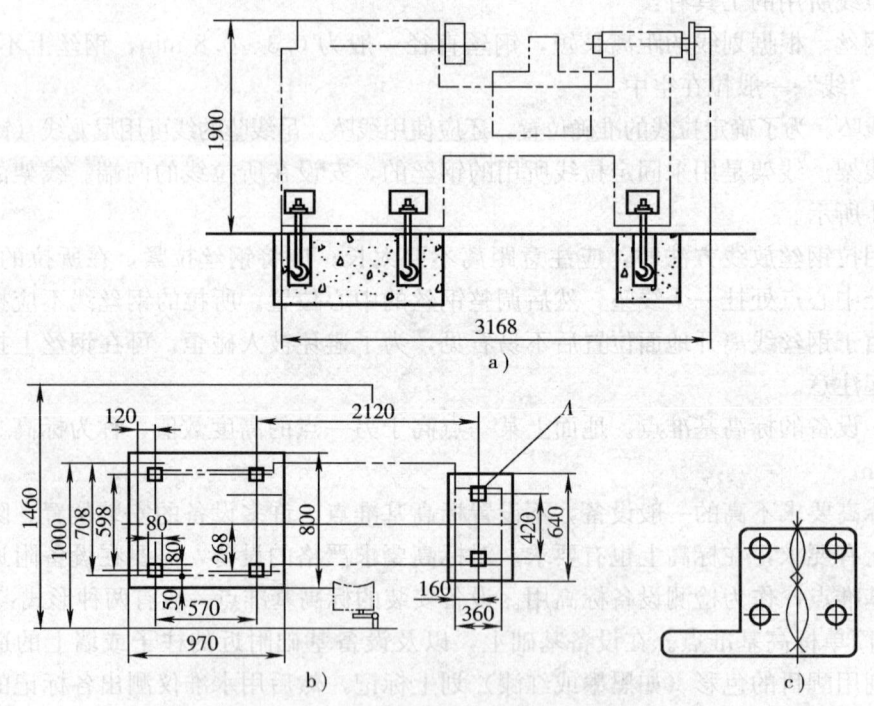

图9—16 利用地脚螺栓孔找出设备中心线
a) 普通卧式车床与基础连接　b) 利用地脚螺栓孔确定设备中心　c) 以地脚螺栓孔划中心线

此外，还可利用设备导轨找中心，如图9—17所示为利用线锤、钢直尺和机床设备导轨找中心。

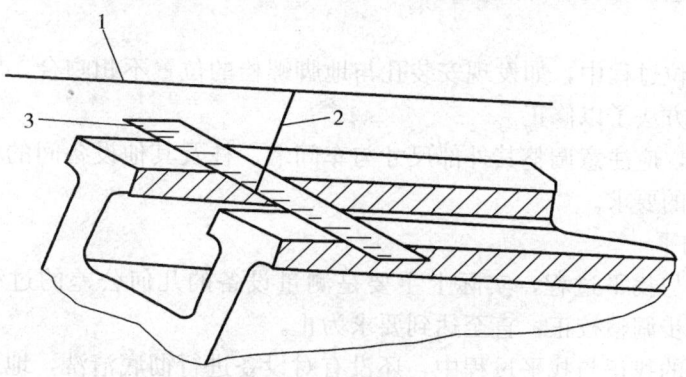

图9—17　用线锤、钢直尺和设备导轨找设备中心
1—安装基准线　2—线锤　3—钢直尺

找出设备中心以后，应将其引到机床底座，以便于设备安装就位时与基础上的基准线对正重合。

四、设备就位及初平

1. 设备的就位

设备就位是用起重机把待安装设备吊运到安装位置上，使机座安装孔套入地脚螺栓，平稳地安放在设备基础的垫铁上。设备就位作业，应完成以下主要工序内容：

（1）设备安装就位起吊前的检查。设备起吊前应认真检查起重设备、起重机具以及拉索、吊索的捆扎情况，起重吊装指挥人员及操作人员的配备和到位情况、安全措施及应急方案。

（2）设备预起吊。当一切检查工作结束，所有准备工作就绪并符合预定方案后，即可进行设备的预起吊。设备预起吊的目的是检查前面各项准备工作是否完全合格，如发现问题，应立即纠正或处理。

预起吊时，应先开动起重机缓慢将设备吊起，直到绷紧钢丝绳吊索为止。停车检查吊索连接是否可靠，以及其他各处捆扎、连接情况是否良好。若一切正常，再开动起重机，将设备吊离地面0.2 m左右停止，再一次检查起重设备和被吊设备的各部位有无变形或其他安全问题。

（3）正式起吊。预起吊正常之后，可开始正式起吊。起吊时，必须注意控制起吊速度，正式起吊应尽量保持较低的起吊高度水平前进，一般在0.2～0.5 m。若前进方向有障碍，可缓慢上升越过障碍后再降到离地0.5 m左右的高度作水平移动，并保持匀速移动。

为了防止向前移动时被吊设备左右摇摆，应在设备的适当部位用绳索捆绑，由安装人员控制其在吊运中的平稳性。在吊运过程中，应时刻注意观察起重机、绳索、吊钩等工作情况，防止意外事故发生。

（4）设备的就位。设备吊运到安装位置后，在落下之前，应将设备底座的螺栓安装孔对准基础上的地脚螺栓（对二次浇注的地脚螺栓，应从预留孔内将地脚螺栓由设备底座下方向上穿过连接螺孔），然后将设备缓缓下降，平稳地安放到基础上布置好的垫铁上。

正式起吊就位过程中，如发现安装孔与地脚螺栓的位置不相吻合，应及时采用地脚螺栓修正的相应方法予以修正。

设备就位后，应注意调整其外部尺寸与车间墙、柱及其他设备间的相对位置，使之满足平面布局图的要求。

2. 设备的初平

设备的找正与找平过程，实际上主要是测量设备的几何公差的过程。根据测量结果，反复作进一步调整校正，直至达到要求为止。

通常，设备的找正与找平过程中，还没有对设备进行彻底清洗，地脚螺栓还没有进行二次浇注，设备找平后也不能紧固，因此，只能对设备进行初步找平。对于刚性好、安装精度要求不高的设备，如果地脚螺栓是预埋固定在设备基础上的，那么设备就位后，即可进行清洗，一次找平（精平），可省去初平这道工序。

设备找平的主要工具是水平仪。放置水平仪需要有基准面，基准面应选择设备上已加工过的、精确的主要表面。

一般情况下，设备安装的找正与找平工作，可分为初平和精平两个阶段进行。

设备的初平结束后，绝大部分设备还须牢固地固定在设备基础上，尤其对于重型、高速、振动大的机床设备和受外力影响大的塔罐类设备，如果没有与基础间的牢固固定连接，就有可能会导致重大事故的发生。

3. 设备在安装位置上的测量

设备就位以后，其在安装位置上的找正找平检测内容主要有以下几方面：

（1）设备安装水平度检测。设备安装水平度检测的目的是确保设备在引力作用下，基础受力均匀，工作平稳，如大型罐体、钢结构平台、锅炉锅筒及桥式起重机轨道梁等。另外，对于机床设备，作为基础件的机床床身导轨确保其处于水平状态，不仅可以保持床身导轨工作面与移动工作台工作面间润滑油不致过快流失，还能保证机床床身导轨受力均匀，工作台运动平稳。此外，处于水平状态的机床床身导轨也是垂直导轨和其他导轨安装调试和检测的基准。因此，设备安装水平度检测是设备安装工作中一项十分重要的内容。水平度检测的常用方法有：

1）在加工面的平面上放水平仪直接测量。

2）把水平仪放在平尺上，平尺两端放等高垫块（块规）或特殊垫铁对设备进行检测。

3）用光学仪器如自动准直仪、水准仪等对有一定距离、不在同一体的设备的等高水平面进行检测，适用于测距较远而平尺不够长的情况。若精度要求不高，可用水准仪检测，钢直尺作观测目标；若精度要求较高，可用自动准直仪检测。

4）用液体连通器测量间距较大、精度要求相对不高的设备的水平度，如大型罐体、锅炉锅筒等。这种方法特别适用于视觉距离远、不在同一个车间且有水平度要求的设备检测。用液体连通器测量操作时，将液体连通器两端玻璃管的液面靠近被检测设备表面的中心线即可，所用液体最好用鲜艳颜色（如蓝色或红色）。

一般设备，当被测平面较小时，测点测出的水平度数值即可代表设备的水平度；对于较长的设备，如长度大于 3 m 的机床导轨等，水平度测量应按其拖板运动曲线方法测得；对于钢结构、行车轨道等，多用水准仪测量，以标高的形式测量并表示。卧式车床水平度检测如图 9—18 所示。

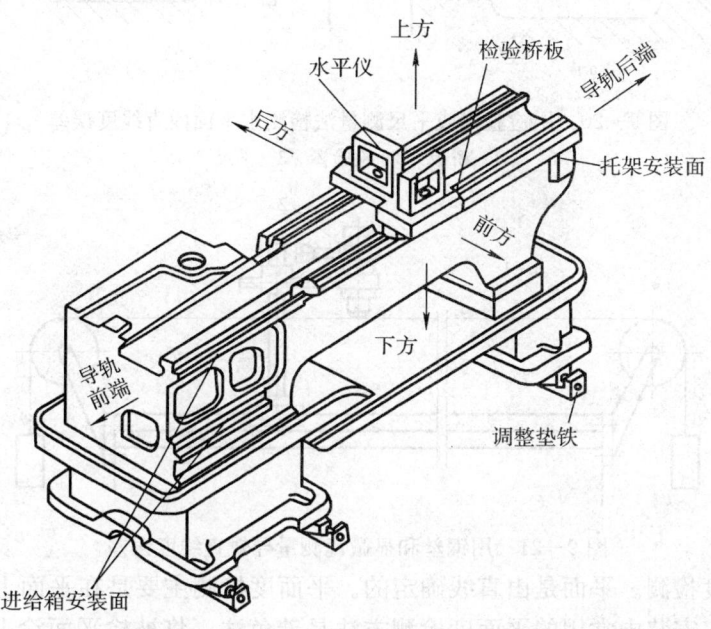

图 9—18　卧式车床安装水平度检测

（2）垂直度与垂直度误差检测。垂直度是指零件上的被测要素（面或线）相对基准要素（面或线）不垂直的程度。垂直度误差是指包含被测实际要素（表面、直线或轴线）并垂直于基准要素（平面、线或轴线），且距离为最小的两平行平面之间的距离。如图 9—19 所示为龙门刨床立柱导轨对床身导轨的垂直度误差检测。

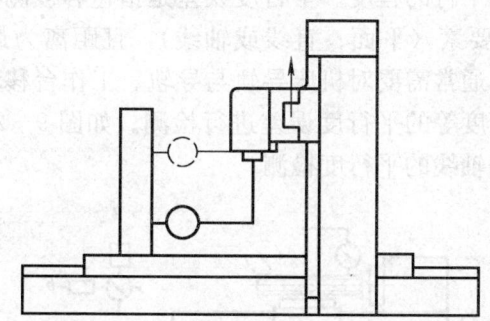

图 9—19　龙门刨床立柱导轨对床身导轨的垂直度误差检测

（3）直线度与直线度误差检测。直线度表示被测零件的线要素直不直的程度。直线度误差就是实际线的形状对理想直线的偏差。机床设备安装中对直线度误差的检测方法一般有检验棒或平尺检验法、自准直仪测量法和钢丝测量法等。如图 9—20 所示为用检验棒或平尺测量法检测水平面内直线度误差，如图 9—21 所示为用钢丝和显微镜测量导轨直线度误差。

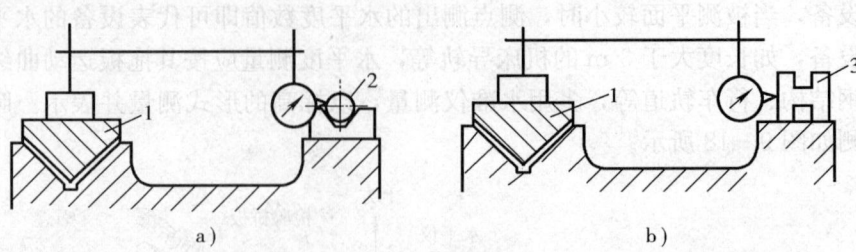

图9—20 用检验棒或平尺测量法检测水平面内直线度误差
1—桥板 2—检验棒 3—平尺

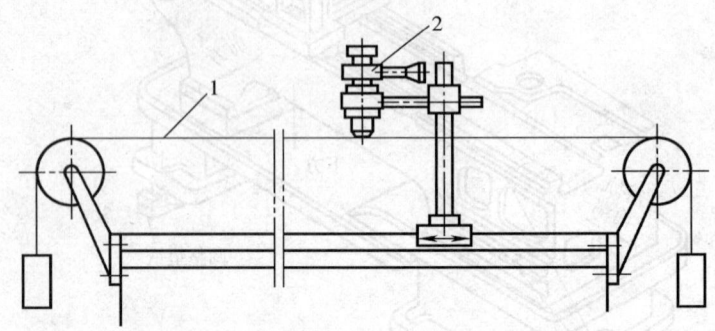

图9—21 用钢丝和显微镜测量导轨直线度误差

(4) 平面度检测。平面是由直线确定的。平面度检测主要是在平面上选定几条直线检测其直线度。安装中常用的平面度检测方法是着色法。将被检平面涂上颜色，放在校准平尺或平板上研磨，根据单位面积上的接触研点数来判断是否符合要求。对要求不高的表面，还可用刀口尺的刃从多个方向紧贴被测表面，观察透光情况或用塞尺进行平面度检测判断。

(5) 平行度与平行度误差检测。平行度是指零件上的被测要素（面或直线）相对于基准要素（面和直线）不平行的程度。平行度误差是指包容被测实际要素（平面、直线或轴线），并平行于基准要素（平面、直线或轴线），且距离为最小的两平行平面间距离。在机床设备安装中，通常需要对机床导轨与导轨、工作台移动对主轴回转轴线、溜板移动对主轴轴线的平行度等的平行度误差进行检测。如图9—22所示为CA6140普通卧式车床溜板移动对主轴轴线的平行度检测。

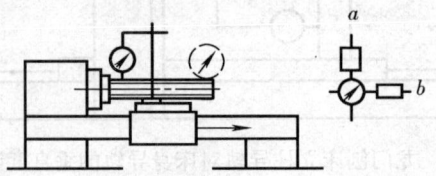

图9—22 溜板移动对主轴轴线的平行度检测

(6) 同轴度及同轴度误差检测。同轴度表示零件的有关要素（如轴与轴、孔与孔、轴与孔之间）要求同轴的程度，即控制实际轴线与基准轴线的偏离程度。同轴度误差是指以基准轴线定位，包容被测实际轴线直径的圆柱内的最小区域。如图9—23所示为六角车床刀杆支架孔对主轴中心同轴度误差的检测。

— 278 —

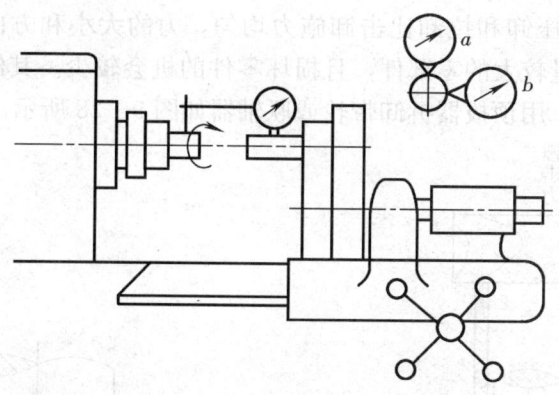

图 9—23 中心同轴度误差的检测

五、设备的拆卸、清洗和装配

设备就位固定后，就可着手设备的拆卸和清洗工作。拆卸和清洗是设备安装中不可缺少的重要工作，直接影响着设备的使用寿命和产品的质量。

1. 设备拆卸

（1）设备拆卸的准备工作。设备或部件拆卸前要做好相应的准备工作，做到有条不紊地进行，禁止盲目地拆卸。

1）拆卸前要很好地熟悉拆卸设备或部件的图样，了解它的构造、零件与零件间的相互关系，牢记需拆卸的零部件的位置和作用。

2）拆卸前，要根据结构的情况，研究并确定拆卸的方法和步骤，保证设备和零部件的完好和拆卸工作顺利进行。

3）拆卸前，应根据确定的拆卸方法，准备好需要用的机械、工具和材料，以保证拆卸工作顺利进行。

（2）拆卸方法

1）击卸。击卸是一种最简单也最常见的拆卸方法。击卸常用的工具是锤子（一般为 0.5～1 kg），有时也用木锤、铜锤或大锤。另外，击卸还常用冲子和垫块。安装工地上常用纯铜棒（$\phi 20 \sim 35$ mm）代替冲子，用铜、铝板或木块作垫块。击卸时，应根据不同结构而采取不同的方法和步骤。分述如下：

①轴上零件的击卸。较为典型的零件有带轮、联轴器和滚动轴承等。用套管击卸滚动轴承如图 9—24 所示，锤击的力量应施加在滚动轴承内圈上，若施加在外圈上，可导致轴承损坏。用冲子击卸滚动轴承如图 9—25 所示，施力也应加在内圈上，但打击的力量不能太大太猛，否则会使轴承发生偏斜、卡死或损坏轴承。每击一次，要移动一下位置，使内圈四周都受到均匀的打击力。

②孔中衬套的击卸。滑动轴承衬套和滚动轴承外圈在孔中多属过盈配合，从孔中取出它们，也常采用击卸的方法。击卸时，在衬套上垫上垫块，用锤打击垫块，击卸衬套，如图 9—26 所示。击卸时左右对称，交换敲击，不许在一边敲击。

③小型轴承盖的击卸。普通小型轴承盖的拆卸，常采用对称地打入楔铁的办法，如图 9—27 所示。

2) 压卸和拉卸。压卸和拉卸比击卸施力均匀，力的大小和方向容易控制，能拆卸较大的零部件和过盈量较大的零部件，且损坏零件的机会较少。其缺点是压卸和拉卸需要相应的机械和工具。用顶拔器拆卸带轮或联轴器如图9—28所示。

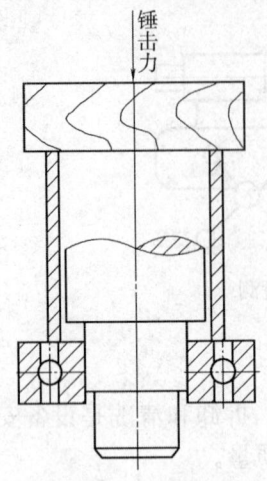
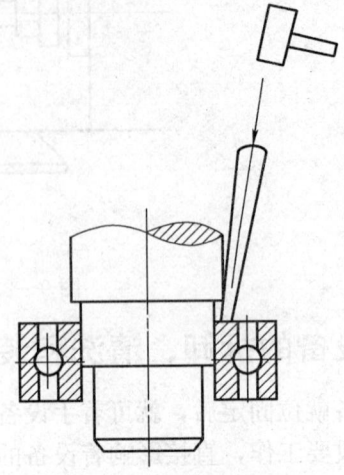

图9—24 用套管击卸滚动轴承　　　　　图9—25 用冲子击卸滚动轴承

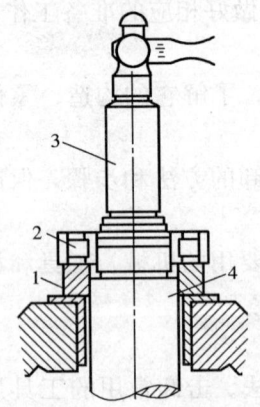
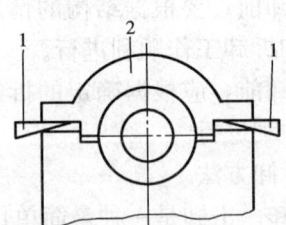

图9—26 击卸孔中衬套　　　　　　　图9—27 小型轴承盖的击卸
1—垫块　2—轴承　3—铜棒　4—轴　　　1—楔铁　2—瓦盖

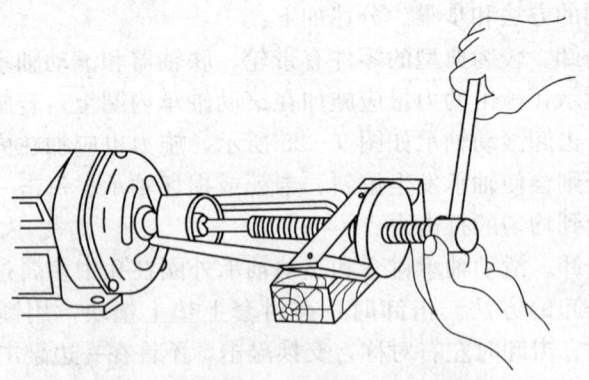

图9—28 用顶拔器拆卸带轮或联轴器

3）加热拆卸和冷却拆卸。一般材料都有热胀冷缩的特性。可利用加热的方法使孔的直径扩大，用冷却的方法使轴的直径缩小，从而使装配件间过盈量减少或者产生间隙，达到拆卸的目的。加热的拆卸方法和冷却的拆卸方法如图9—29、图9—30所示。

（3）拆卸的注意事项

1）拆卸时，要做好印记、标记等工作，特别细小的零件用油纸包好，挂牌保存。

2）拆卸的顺序与装配顺序相反，一般先外后内，先上后下，将整件拆成部件或组合件，再将部件或组合件拆成零件。

3）拆卸时，必须将零件的回转方向、大小头、厚薄端辨别清楚。

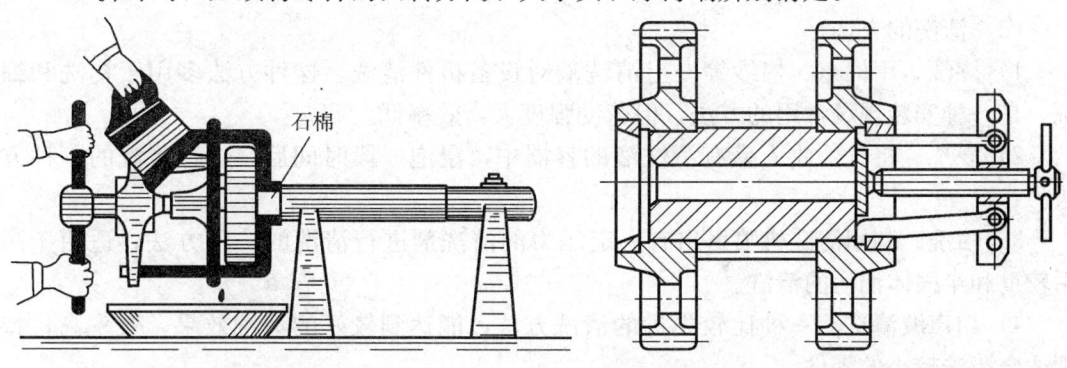

图9—29 轴衬的加热拆卸　　　　　　图9—30 轴衬的冷却拆卸

4）拆下的零件，应根据零件的形状和特点，分别采用适当的方式保存好，不要随便堆放，一般都放在本机上。

5）拆卸时，要特别注意安全，工具必须牢固，操作必须准确。

6）不可拆卸的或拆卸后会降低质量的零部件，应尽量不拆卸，如过盈配合、密封连接、铆接、加热装配的机件等；对标有不准拆卸标记的设备或零部件，则禁止拆卸（如铅封的零部件）。

2. 设备的清洗

设备安装过程中的清洗，是指清除和洗净零件表面的油脂、污垢和黏附的机械杂质的过程。洗净后的零件表面经过干燥处理，还可起到防锈的作用。

设备的清洗是伴随设备就位、装配和找正找平工作过程进行的。对需要的或规定的测量基准面应立即清洗，以便于找正找平时检测。装配时，与有关零件相连的零件，清洗后应立即装配。在试运转及调试过程中，凡涉及的零部件均要清洗，不准拆卸的部位可不打开清洗。

（1）清洗的要求

1）清洗工作必须认真仔细地进行，选择好清洗方案。机件间的配合不当，制造上的缺陷，运输、存放期间造成的变形和损坏，都必须在清洗工作中发现并予以处理。

2）清洗的场地要清洁。

3）清洗以前，要熟悉和弄清设备的性能、结构、润滑系统，做好准备工作，准备所需的工具、材料和放置机件的木箱、木架及装配需要的压缩空气、水、电、照明及安全防火设备等。准备好各种清洗设备所需的清洗剂、清洗油等。

(2) 设备清洗的步骤。设备清洗的步骤可分为：

1) 初洗（也称粗洗）。主要去除设备上的旧油脂、污垢、漆迹和锈斑。旧油脂和污垢一般用软金属片（铝或铜）、竹片等刮掉，对粗加工面上的漆迹可铲刮，对精加工面上的漆迹可用溶剂清洗掉。

2) 细洗（也称油洗）。初洗后的机件，用清洗油将污垢、脏物等冲洗干净。必要时，还可用热油烫洗。但油温不宜超过120℃。

3) 精洗（也称净洗）。用洁净的清洗油进行最后洗净，也可用压缩空气吹净后再用油洗。

(3) 清洗的方法

1) 擦洗。用棉布、棉纱等浸上清洗液对设备机件清洗。这种方法多用于初洗和细洗，是一种安装现场常用的方法，但劳动强度大，效率低。

2) 浸洗。将机件放入盛有清洗液的容器中，浸泡一段时间后，进行清洗的一种方法。

3) 喷洗。利用清洗机喷射出有一定压力的清洗剂进行清洗的一种方法，适用于污垢较重和半固体油污的清洗。

4) 超声波清洗。一种比较先进的清洗方法，能达到较好的清洗效果，效率高，特别适合清洗较小的零件。

(4) 典型零部件的清洗

1) 油孔的清洗。油孔在清洗前，首先应根据图样核对油孔的直径、位置是否正确。油孔应畅通无阻，如不合乎要求，应即时处理。对于通道不长的油孔，清洗时可用铁丝带着沾有汽油的布条在油孔中通几次，把孔里面的铁屑、油污等清除掉，然后注入洁净的油冲洗一遍，最后用压缩空气吹净；对于通道较长的油孔，可先用带布的铁丝尽量通孔，然后用压缩空气吹除，待出口端吹出的空气干净后，再以干净的油冲洗。

清洗时应用棉布、丝绸，禁止使用棉纱，用铁丝布条通孔时，要防止铁丝断在油孔中或布条遗留在孔中。

清洗后的油孔，应用沾有干油的木塞堵住，以免杂物、灰尘等侵入。清洗时不能损伤油孔的加工质量，带螺纹的孔应保证螺纹完好无损。

2) 滚动轴承的清洗。滚动轴承是精密配合件，多用于转速高、负荷大的支撑位置上，故其内部必须十分清洁，润滑良好，否则会引起轴承运转不良、发热、磨损加快，甚至发生烧毁咬死等事故，因此使用前必须彻底清洗。清洗时可先用软质刮具将原有润滑脂刮掉，然后根据方便程度浸洗或用热油冲洗，有条件的可用压缩空气吹除一次，最后用煤油或汽油进行冲洗直至清洁为止。若采用擦洗法清洗滚动轴承时，应使用棉布、丝绸或泡沫塑料，不能使用棉纱。清洗后的滚动轴承经检查合格，应涂上新的润滑油或润滑脂并妥善保管。

(5) 设备清洗中常用的清洗剂

1) 溶剂汽油。溶剂汽油是一种良好的清洗剂，对油脂、漆类的去除能力很强，是最常用的清洗剂之一。汽油挥发性强、易燃，使用时要注意安全。

2) 煤油。煤油是一种良好的清洗剂，它的清洗能力不如汽油，挥发性、易燃性比汽油低，适用于一般机械零件的清洗，精密的零件一般不宜用煤油作最终清洗。

3）轻柴油。轻柴油密度较小，是高速柴油机用的燃料，黏度比煤油大，也常用作一般的清洗剂。

4）机械油、汽轮机油和变压器油。这类油剂一般加热后使用效果比较好，但温度不得超过120℃。加热使用时要特别注意安全。

5）化学水清洗液。化学水清洗液是一种人工配制的清洗液，含有表面活性剂，具有良好的清洗油脂和水溶性污垢的作用。这种清洗液配制方便，稳定耐用，无毒性，不易燃，成本低，使用安全。

6）碱性清洗液。碱性清洗液是一种成本较低的除油脱脂清洗剂，使用时一般加热至60～90℃进行清洗，效果良好。浸洗或喷洗5～10 min，再用清水冲洗。

7）清洗漆膜溶剂。清洗漆膜的溶剂很多，常用的有松香水、松节油、苯、二甲苯、丙酮、香蕉水、脱漆剂、四氯化碳等。

3. 脱脂

将设备或零件上的油脂彻底去除的工序叫做脱脂。设备上需要在忌油条件下工作的部分，必须经过脱脂。所谓忌油就是遇到油会有危险，如纯氧、浓硝酸等，遇到油脂就要爆炸。脱脂工作在某些设备安装时十分重要，设备脱脂时应注意的事项包括：

(1) 脱脂和装配用的工具、量具等，必须按脱脂件的要求先进行脱脂。工作服、鞋、手套等劳保用品均应干净无油。

(2) 制造厂已脱脂并封闭良好的设备、管路和附件，安装时可不脱脂。但已被油脂污染的机件，则应根据具体情况再脱脂。

(3) 有明显油迹或污垢的脱脂件，可先用汽油或其他方法清洗，然后再用脱脂剂脱脂。

(4) 部件应拆成零件后再进行脱脂效果较好。小零件脱脂时，可浸没在脱脂剂中5～15 min（此时脱脂容器应加盖，以减少蒸发）。纯铜垫片退火脱脂。

(5) 大容器内表面脱脂，可用喷头喷淋脱脂剂冲洗，喷淋时需采取安全措施。大件的金属表面可用洁净棉纱蘸上脱脂剂擦洗。

(6) 一般容器或管子脱脂时，可用灌浇法。灌入的脱脂剂的数量不得少于其容积的15%，并加以旋转或反复倾斜，使所有表面能均匀地与脱脂剂接触，每处接触时间不得少于15 min。

(7) 非金属衬垫脱脂时，应在密封无腐蚀性的溶剂中浸泡20 min以上。石棉衬垫脱脂可在300℃左右温度下灼烧2～3 min（不得用有烟的火焰）。

(8) 脱脂时，应保持脱脂场所的干净，并应注意不使脱脂剂洒在地面上。使用有毒脱脂剂时，应在露天或有通风装置的室内进行，并穿戴必要的劳动保护用具。使用易燃脱脂剂时，应有防火措施并不得吸烟，不得有火花及灼热物等。使用浓硝酸应遵守有关的专门规范要求。

(9) 脱脂剂应装在密封容器里，放置在阴凉、干燥的室内，不同的脱脂剂不应随便混合。

(10) 四氯化碳和二氧乙烷遇水和空气时，能腐蚀金属，故脱脂件应预先进行干燥。

（11）脱脂后应将脱脂件干燥，并不得再与油脂接触。

（12）经过脱脂并检验合格的设备、管路及其附件，应封包良好，以保持洁净，不得再染上油污，否则应重新脱脂。

4. 除锈、防锈和防腐

设备在运输或保管过程中，往往会出现生锈现象。所以在清洗或装配时，对加工面和接合面必须进行仔细检查，对较精密的机件要使用放大镜观察。发现有锈蚀时，应将锈清除干净。另外，在安装现场非标设备装置制作安装完毕后，也要先除锈再防腐。

（1）锈蚀的种类。当金属在大气中受到氧、水分及其他有害杂质的侵蚀，引起金属的腐蚀或变色，称为金属的腐蚀或生锈。锈蚀按其程度可以分为以下四类：

1）初锈（微锈）。金属光泽消失，仅呈灰暗迹象。

2）浮锈（轻锈）。金属已经变色并出现锈迹。

3）迹锈（中锈）。金属表面已存在粉末状锈蚀物。

4）层锈（重锈）。金属已经被严重腐蚀。

（2）除锈要求

1）对微锈和轻锈应将锈迹除尽，使金属呈现原有光泽。

2）对中锈机件应将已腐蚀的金属物除掉，将零件表面打磨光滑，允许有斑状或云雾状的痕迹存在。

3）对严重锈蚀的机件应根据情况决定是否需要更换。允许继续使用的零件应将锈层除掉，将锈迹打磨干净，允许保留锈坑或锈斑，但要做好记录。

4）经除锈处理的机件，应尽量保持接合面的表面粗糙度和配合精度。

5）除锈后的机件应用煤油或汽油清洗干净，并涂以润滑油或防锈油脂，以防再生锈。

（3）除锈方法。除锈的方法可分为机械除锈法和化学除锈法两大类。

1）机械除锈。机械除锈法是利用某种机械或工具，依靠外力将锈层从金属表面除掉的方法。

①手工除锈。手工除锈使用的工具简单，操作容易，适用范围较广。其缺点是效率较低，劳动强度大，除锈时产生的尘埃对人体有害；对锈蚀严重的锈层、锈痕不能彻底去除。机械设备安装中常采用此法。

手工除锈的工具有钢丝刷、金属或非金属刮刀、砂布、锉刀和研磨膏等。

对于铜及其合金，可使用擦铜油（由油酸、氨水、硅藻土、磁土粉、氧化铬、煤油等组成）去除铜锈。使用时，将擦铜油摇匀后，用棉布蘸取少许，稍用力擦拭即能去锈除油，恢复原来的金属光泽。擦拭后应用清洁干燥的棉布将金属表面擦干净。

②机器除锈。机器除锈效率高，劳动强度低，适用于批量工件的除锈工作。设备安装中常用于除锈的机器有电动钢丝刷和喷砂除锈机。喷砂除锈机由空气压缩机、砂斗、橡胶管和喷枪等组成。

2）化学除锈。金属的锈一般为金属氧化物。化学除锈就是利用化学药品（酸类）将锈层溶解掉。安装工程中常用的化学除锈方法有酸洗除锈和化学除锈剂与除锈膏除锈。除锈前应将表面的油脂和污物去除。

酸洗除锈常用来去除金属材料（如管子）未加工表面的较重锈蚀。钢铁的酸洗常使用硫酸或盐酸，有色金属多用硝酸。酸洗的速度取决于锈的性质以及酸的种类、浓度和温度。酸洗的步骤是：去油（一般用碱性清洗液）、去碱（一般用清水冲，若用石油溶剂去油可省去此工序）、酸洗除锈、用清水冲洗、中和（含2%亚硝酸钠和4%苛性钠的水溶液）、再用清水冲洗、干燥（擦干水迹后吹干或烘干）、涂油（防止再生锈）。

酸洗时金属与酸反应后有氢气析出，氢气对促使锈层脱落有很大作用。但由于氢原子体积非常小，可向钢铁内部扩散，使钢铁产生内应力，使力学性能改变，韧性、塑性降低，脆性和硬度提高，这种现象称为氢脆。为消除这种不利影响，可在除锈酸液中加入酸洗缓蚀剂。缓蚀剂在酸液中，能在基体金属表面（不是锈层表面）形成一层薄膜，使基体金属与酸的作用减慢而得到保护，同时也不影响锈层的溶解。

（4）防锈与防腐。防锈与防腐的方法主要以下几种：

1）加入合金元素，改变金属内部组织。用热处理法使金属组织均匀并消除内应力，或用渗铬、渗硼、渗硅等化学热处理法改变组织成分，均可提高金属的耐蚀性。

2）加表面覆盖层

①用搪铅或搪瓷法搪一层或用电镀或喷镀法镀一层耐蚀金属层或非金属层。

②用油漆、涂料等覆盖一层非金属保护层。

③用氧化、发蓝等表面处理法，使金属表面产生一层致密结构物。

④用衬橡胶、衬铅、衬不锈钢、衬塑料、衬玻璃钢等金属和非金属衬里的方法使介质与金属表面隔离。

3）阴极防锈法。电化学反应时，阳极被腐蚀，阴极不被腐蚀。如在船壳上加一块锌块或镁块，则锌或镁成为阳极被腐蚀掉，钢铁的船壳成为阴极而被保护。又如地下管道，可用通电方法使其成为阴极而被保护。

4）临时性封存。用临时性措施使金属表面与环境隔离，如油封防锈、气相防锈、可剥塑料防锈、封套包装等。

5）设备的刷漆防锈。一般设备与空气接触的非加工面或金属结构外表面均要刷漆，刷漆的目的是防锈和美观，有些设备还可通过不同颜色鉴别其用途。刷漆防锈的除锈一般要求不高，涂漆前用钢丝刷和粗砂除锈，再用干净布擦净，先涂一遍或两遍红丹漆（红丹：清油＝2∶1），然后再涂两遍所需颜色的调和漆。

6）设备的刷漆防腐。在轻度腐蚀介质中工作的容器设备，一般用刷漆防腐，如煤气柜水槽内壁、再生塔和脱硫塔内壁等。除锈工作要求较高，目前多用喷砂方法，也可用酸洗法。这类设备以往常刷生漆，目前改刷多层过氯乙烯漆（先打底一次，再涂4～8次）。每次涂漆时，在前一层完全干燥后才刷下一层。生漆和过氯乙烯漆均有毒，在刷漆时，要注意通风和戴防毒面具。

5. 设备的装配

设备拆卸和清洗后，就可着手装配。装配是设备安装工作中一道重要的工序。装配就是按规定的技术要求，将众多的零件或部件进行组合、连接或固定，一是保证相连接的零件有正确的配合；二是保证零件间保持正确的相对位置，使之成为半成品或成品的工艺过程。装配质量的好坏将直接影响设备的性能和使用寿命。

在设备装配过程中,应特别注意零件之间的相互位置和相结合零件之间的松紧程度。由于相互配合的零件工作情况不同,要求也各不相同,如车床主轴箱内的花键轴与其上的滑移齿轮要求间隙配合,空气压缩机上的输入带轮要求过盈配合或过渡配合。零部件间的配合如果不符合规定的技术要求,机械设备便不能正常工作。

零件间、部件间和机构间的正确相对位置,也是保证机械设备正常工作的重要条件之一。如果零部件之间的相对位置不正确,也会使设备不能正常工作。

装配的一般原则和要求如下:

(1) 装配前,应熟悉设备技术文件,了解其性能,按图样核对机件构造和装配数据,并测量有关装配尺寸和精度,考虑装配方法和顺序。

(2) 各零件的配合面或摩擦面不允许有损伤。

(3) 在装配前,所有零部件表面的毛刺、切屑、油污等必须清除干净。

(4) 在装配时,零件相互配合的表面必须擦洗干净,并涂以清洁的润滑油(忌油设备涂无油润滑剂)。

(5) 装配时,应按次序进行并随时检查安装精度,必须在主体或底座安装合格后,方可装配其他部件,严防错装或漏装。必须符合图样规定的要求。

(6) 工作时有振动的零件连接,应有防止松动的保险装置。

(7) 机体上所有的紧固零件,均需紧固,不准有松动现象。

(8) 各种毡垫、密封件等安装后不得有漏油现象,毡圈、石棉绳应先浸透油。

(9) 密封部件严格采用图样所规定的垫料、填料。

(10) 在装配弹簧时,不准拉长或切短。

(11) 螺钉头、螺母应与机体表面接触良好。

(12) 带槽螺母穿入开口销后,开口销的尾部必须分开。

(13) 润滑油管必须清洗干净,装配后必须清洁畅通。

(14) 设备及各种阀体等零件,其本身质量必须符合有关规定。

(15) 装配时,应注意机件制造时的各种标记,不得错装。

(16) 在装配过程中,不得直接敲击加工机件。

(17) 在装配和吊装许可条件下,应尽量装成大件进行吊装装配。在吊装前,基准件应完成二次灌浆和精平。

(18) 装配后,必须先按技术条件检查各部分连接的正确性与可靠性,然后才可以进行试运转工作。

六、设备的找正、找平和二次灌浆

1. 设备的找正、找平

找正与找平是一切设备从开始安装至试运转过程中的主要工序。其任务是使设备通过调整达到规范规定的质量标准。

找正就是将设备放在规定的位置,使设备的纵横中心线与基础的纵横中心线对正。除此之外,设备上相关零部件之间的位置和形状的要求,如要求成直线、平行、同轴等也属设备找正的工作范围。

找平就是把设备调整成水平状态或铅垂状态的工艺过程。水平状态即设备上的主要工作面与水平面平行；铅垂状态即主要工作面垂直于水平面，如锻锤、水压机等立柱。

在安装施工中，要使设备调整到绝对平正，实际上是做不到的。因而在设备安装过程中，将设备调整到有关规范允许的偏差范围以内，即可认为设备安装的质量合格。

(1) 设备找正与找平的目的。

1) 为了保持设备的稳定和平衡，从而避免设备变形，减少设备运转中的振动。

2) 减少设备的磨损和动力消耗，从而延长设备的使用寿命。

3) 保证设备的润滑和正常运转。

4) 保证产品质量和加工精度。

5) 保证设备达到设计规定状态下的精度检验标准。

(2) 设备找正与找平的工作范围。设备的找正与找平工作，概括起来，主要是进行三找，即找中心、找标高和找水平。

一般情况下，设备的安装的找正与找平工作，可分为两个阶段进行。第一阶段叫做初平，主要是初步找正找平设备的中心、水平、标高和相对位置。通常这一过程与设备吊装就位同时进行。许多安装精度要求较低的整体设备和绝大多数静置设备安装，只需进行初平即可。第二阶段叫做精平。精平是在初平的基础上（对预留孔的地脚螺栓，初平后要浇灌混凝土使其固定），对设备的水平度、铅垂度、平面度等作进一步的调整和检测，使其达到完全合格的程度。对安装精度要求很高的设备，如大型精密机床、空压机等，均应在初平的基础上，对设备及各主要机件和相关机件进行精确调整和检测，以保证设备安装精度达到允许偏差的要求。精平的工作范围主要包括的内容：水平度检测、铅垂度检测、垂直度检测、直线度检测、平面度检测、平行度检测、同轴度检测、设备跳动检测等。

(3) 设备安装中找正与找平的测量。找正与找平的过程，实际上是测量形状公差和位置公差的过程。根据测量结果，进一步调整校正，直至达到要求为止。

设备的找正与找平，必须选择适当的测量基准面和一定数量的测点。基准面和测点选择得正确与否，是影响找正与找平工作质量和工作效率的重要因素。

1) 常用测量基准面及其选择。测量基准面的选择原则主要是：第一，满足设备安装基准重合的原则（即设计基准、加工基准和测量基准重合），一般选择最能保证设备工作精度的主要工作面为基准，以减少误差及测量工作量；第二，使调整校正工作量减至最少。常用的基准面如下：

①设备的主要工作面，如铣床的工作台、辊道辊子的圆锥柱表面等。

②支持滑动件的导向面，如车床床身导轨、水压机立柱等。

③支持转动部件的导向面或轴线，如压缩机曲轴主轴颈表面或轴泵轴线等。

④部件上加工精度较高的表面，如锻锤砧座上平面等。

⑤设备上应为水平或铅垂的主要轮廓面，如容器的外壁等。

2) 测点的选择。测点的选择应遵循少而精的原则，即选择的测点应有足够的代表性（能代表所在的测量面或线），测点数量不宜太多，以保证调整效率。通常情况下，对于刚性较大的物体，测点数量可较少，而对易变形的物体，测点则应适当增加；一般情况下，两测点间距不宜大于 6 m。测点一般都选在可能产生误差较大的地方，以保证调整精度。

测点应在测量和检查前选定，选定后用标记标明其具体位置，以后测量或检查时，均在这些位置上进行。

（4）设备安装中找正与找平常用的检测工具和检查方法。选择适当的测量工具和测量方法，不仅能保证找正找平的精度，而且还能提高调整效率。

1）选择量具和量仪。设备安装找正找平常用的量具和量仪有百分表、游标卡尺、内径千分尺、外径千分尺、水平仪、准直仪、读数显微镜、水准仪、经纬仪等。常用的工具有钢丝（弹簧钢丝）、弹簧秤、直尺、角尺、塞尺、平尺和平板等。具体选择的原则如下：

①采用的量具和量仪必须是经计量检定合格并在有效使用期内的产品，量具和量仪的精度必须满足设备安装允许误差的测量要求。

②符合标准的无刻度工具，可用于被测对象允许偏差等于或大于工具本身误差的检测。

③符合标准的有刻度测量器具，可用于被测对象允许偏差等于或小于器具分度值的测量，必要时可用目测估计允度值的 1/10、1/5 或 1/2。

④计算测量数据时，应考虑测量中的各种误差（包括测量器具的系统误差、测量方法误差和其他因素引起的误差），如这类误差小于允许偏差的 1/10～1/3 时（高精度 1/10，低精度 1/3，一般 1/5），可忽略不计。进行比较性检测时，每次测量条件应相同，若因条件变化，导致的测量误差可以相互抵消的，可忽略不计。

2）设备安装中常用的检测方法。主要有以下几种：
①用水平仪检测水平度和直线度。
②拉钢丝测直线度、平行度和同轴度。
③用水准仪检测标高、水平度。
④用液体连通器测水平度及标高。
⑤吊线锤、测微光管等测铅垂度。
⑥用光学量仪检测。
⑦电测法（导电接触耳机听音法等）。

2. 设备安装精度允许值偏差的方向

设备安装允许有偏差，若安装偏差在允许范围内，则认为合格。但是，有些偏差是有方向性的（上和下、前和后、左和右等，以其中一个方向为正值，则另一个方向就为负值），设备技术文件中规定了偏差方向时，必须按规定执行；若无规定时，其安装精度的允许偏差方向可按下述原则处理：

（1）有利于补偿受力或温度变化所引起的偏差。
（2）有利于补偿使用过程中磨损所引起的偏差。
（3）有利于减小功率消耗。
（4）有利于运转更加平稳。
（5）使机件在负荷作用下受力较小。

(6) 使有关机件更好地连接、配合。

(7) 有利于加工件的精度。

设备精度偏差方向的确定是一项技术性极强的工作，对于某种偏差方向，通常要考虑多种因素，应以主要因素来确定安装精度的偏差方向。

3. 二次灌浆

对于刚性较好的设备，安装精平作业检测之后，通过有关单位和部门按技术标准复查合格，即可进行二次灌浆。二次灌浆的作用一是可以固定垫铁，二是可以将设备的负荷均匀地分配在基础上。二次灌浆的具体做法是用水泥、碎石、砂浆混合后，将设备底座与基础表面之间的空隙填满，并将垫铁也固定在混凝土里。

二次灌浆常用材料是碎石混凝土或砂浆，碎石的粒度为 1～3 cm。二次灌浆的混凝土标号应比基础混凝土标号高一级。所用砂子不得夹有泥土、木屑等杂物；对含有泥块杂质的砂石应过筛，石子应用水冲洗干净。

(1) 二次灌浆前安装质量的复查。设备二次灌浆后便不能再移动和调整。因此，二次灌浆前应对设备的安装质量进行一次全面的、严格的复查，一般复查的内容如下：

1) 垫铁和地脚螺栓的复查

①对垫铁的复查。主要检查和记录垫铁的规格、组数和布置情况，每组垫铁是否符合规定、排列整齐。然后用锤子敲打垫铁，用听音法检查垫铁是否接触紧密或有无松动。

②地脚螺栓的复查。再一次用扳手检查，各地脚螺栓的紧度应一致，每根地脚螺栓都不得有松动现象，振动大的设备地脚螺栓应有螺母防退保险装置。

2) 基础的复查。基础上表面应有麻面，被油污的混凝土应铲除干净，并用水洗干净，凹处不得留有积水。

3) 设备安装质量的全面复查。

①复查中心线。设备上所取中点是否恰当和正确；基础上中心线两端线坠是否对准了中心标板上的中心冲眼；复查中心线上挂的线坠是否对准了设备上的中心点。

②复查标高。用平尺、水准仪、钢直尺及测杆等联合检查标高。

③复查水平度。按照施工图样所示基准面位置，放置水平仪和辅助工具测量其水平度。

④复查有关的连接和间隙。有些设备在灌浆前，要检查轴承外套与轴瓦口的间隙；轧钢机在灌浆前应检查与机座的间隙等。

(2) 设备进行二次灌浆的一般工艺。设备的二次灌浆如图 9—31 所示。

1) 容器类静置设备的二次灌浆。这类设备安装精度不高，灌浆可一次完成，要求灌浆层与设备底座接触紧密。

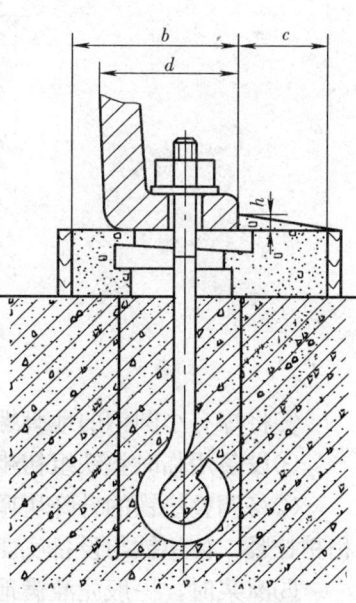

图 9—31 设备的二次灌浆

2) 一般机械设备的二次灌浆。这类设备有较高的安装精度,灌浆时要求捣固密实,不能影响设备安装精度。灌浆层的厚度不应小于 25 mm;灌浆前应安设外模板,外模板至设备底座面外缘的距离 $c \geqslant 60$ mm;当设备底座下不全部灌浆,且灌浆层需承受设备负荷时,应安装内模板;内模板至设备底座底面外缘的距离 $b \geqslant 100$ mm,并不得小于底座底面边宽 d(见图9—31)。内模板的高度应等于底座底面至基础或地平面的距离。当灌浆层只起固定垫铁或防止油、水等作用时,灌浆层厚度可小于 25 mm。

灌浆层的高度,在底座外面应高于底座的底面($h \geqslant 10$ mm)。灌浆层的上面应略有坡度,以防水、油流入设备底座。二次灌浆层的混凝土凝固以前,可用水泥砂浆加适量的水玻璃抹面。抹面时,砂浆应压密实。

3) 承受较大负荷时的二次灌浆。当二次灌浆层需承受部分负荷时,灌浆层与设备底座面接触要求较高。特别当设备的安装精度要求较高时,应尽量采用膨胀混凝土,以便使灌浆层与垫铁组共同承担负荷。空气压缩机类设备多采用二次灌浆。

4) 大型金属机床的二次灌浆。大型金属机床的二次灌浆多采用压浆法。压浆法施工方法和步骤如下:

① 先在地脚螺栓上点焊一根小圆钢(见图9—32),作为支撑垫铁的托架。点焊的强度应保证压浆时能被胀脱。

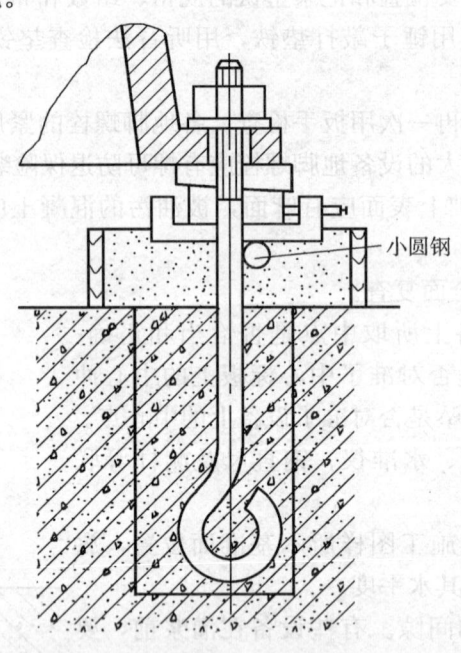

图9—32 压浆法

② 将焊有小圆钢的地脚螺栓穿入设备底座的螺栓孔。

③ 设备用临时垫铁组初步找正。

④ 将调整垫铁的升降块调至最低位置,并将垫铁放到小圆钢上,将地脚螺栓的螺母稍稍拧紧,使垫铁与设备底座紧密接触,暂时固定在正确位置。

⑤ 灌浆时,一般先灌满地脚螺栓孔,待混凝土达到规定强度的75%后,再灌垫铁下面的压浆层,压浆层的厚度 a 一般为 30~50 mm。

⑥压浆层达到初凝后期（手指按压还能略有凹印）时，调整升降块，胀脱小圆钢，将压浆层压紧。

⑦压浆层达到规定强度的75%后，拆除临时垫铁组，进行设备的最后找正。

⑧当不能利用地脚螺栓支撑调整垫铁时，可采用螺钉调整垫铁或斜垫铁支撑调整垫铁。待压浆层达到初凝后期时，松开调整螺钉或拆除斜垫铁，调整升降块，将压浆层压紧。

(3) 设备二次灌浆应注意的事项

1) 灌浆时，基础表面的杂物要全部清除干净，特别是油污，必须铲除干净，直到露出新的基础表面。

2) 放置模板时，不要碰动设备而影响设备的安装精度。

3) 设备地脚螺栓预埋孔内一定要干净，并用压缩空气吹净。用水冲洗基础，并且基础上平面凹处不得有水。

4) 灌浆工作不能中断，一定要一次灌完。

5) 灌浆后，在混凝土养护期内应按规定时间洒水养护，以免出现裂纹。

6) 灌浆工作应在环境温度5℃以上时进行，否则应采取措施。

7) 设备的二次灌浆层不得有裂缝、蜂窝和麻面等缺陷。

8) 采用活动地脚螺栓固定设备在二次灌浆后，应将地脚螺栓孔内全部灌满干砂，并用纱头、油毡等物堵塞地脚螺栓孔口，以防混凝土浆液流入孔内。

七、设备调试及试运行

1. 设备的试压

下列设备在安装施工之前必须试压：与各种动力机器配套供应的各种换热器；承受各种气压和液压的受压容器；现场组装、焊接的各种储罐、储槽；现场施工安装的各种高压、中压、低压管路系统。

有些设备，虽经制造厂进行水压试验，但为了消除设备在运输、保管、起重过程中出现的缺陷，必须在安装现场重复进行压力试验。试压的目的是检查设备的强度（称强度试验），并检查各部分特别是接头、焊缝处是否有渗漏（称严密性或密封性试验）。

(1) 密封性检验

1) 煤油渗漏试验。试验时，将焊缝较易检查的一面清理干净，并涂上白粉浆（粉笔水溶液，即白亚粉水溶液），晾干后，在焊缝另一面涂以或喷以煤油。根据煤油渗透后使白粉变湿变色的数量、位置和面积，判断焊缝的缺陷。

2) 氨渗透试验。氨渗透试验也是密封性试验的一种。对于无法涂煤油或白粉浆的设备某一面，如气柜底板、大型储槽的底板等，可用氨渗透试验进行检查。

试验的方法是在焊缝上粘贴用酚酞酒精水溶液（酚酞：酒精：水=1:10:100）或5%硝酸亚汞水溶液浸渍过的纸条（比焊缝宽20 mm），在底板上钻一小孔，且在四周用湿泥堵严，将氨气或含氨的压缩空气（氨的体积分数为1%左右）经钻孔通入底板下并保持试验压力5 min，如有渗漏，纸条上会出现红色（用酚酞时）或黑色（用硝酸亚汞时）斑点。用酚酞酒精水溶液时，应将焊缝上的熔渣除净，因酚酞遇到碱性物质就会变红,以免造成假象。

氨渗透试验,除可检验现场制氨的大型设备底板外,尚可检验设备衬里(衬铅、衬不锈钢等)和工作介质为氨气的设备及管道系统。

3) 充压缩空气涂肥皂水检漏试验。用一定压力的空气通过压力表调节阀通入容器中,然后用肥皂水涂抹在检验焊缝上或其他部分,如发现肥皂泡时,说明该处有泄漏。对小型容器可将容器放入池中,根据水泡的出现确定其渗漏处的缺陷。

用气体做密封性试验时,常用每小时内气体的泄漏量或泄漏率评定是否合格。设备容积可视为不变,气体的泄漏量或泄漏率可用压力表测量,如温度有变化应加以修正。

(2) 强度试验方法

1) 水压试验。水压试验是设备试压最普遍、最重要的方法,在设备内先灌满水并堵塞好容器上的所有孔和眼,再用水泵继续向容器内注水造成一定的压力,从而检查容器的强度和泄漏。水压试验的装置如图9—33所示。

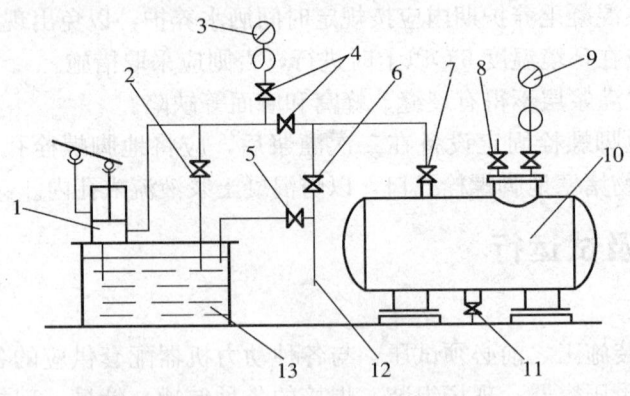

图9—33 水压试验装置
1—试压泵 2、4、5、6—阀门 3、9—压力表 7—进水阀门
8—出气阀门 10—被试设备 11—排水阀门 12—进水管 13—水槽

被试验的设备10上设有进水阀门7和出气阀门8(必须放在设备最高处,以便放气),以及压力表9。试验开始,先打开阀门5、6、7和出气阀门8,由进水管12通过阀门5和6灌满水槽和设备,一直到水从出气阀门8溢出为止。此时关闭阀门5、6和8,开启阀门4,启动试压泵1,对设备进行打压。水泵出口压力可由压力表3读出,设备内部的压力可由压力表9读出。在加压过程中,如压力表9上的读数平稳地升高,说明情况正常。如压力表的指针有跳动,表示设备里有空气,应继续排净。如压力表的指针不转动,甚至反转,表明阀门有泄漏,必须停止加压,应修好后重新加压。

加压时,压力应缓慢均匀上升,一般每分钟不应超过0.15 MPa,特别是快到试验压力时更应注意。当压力升至0.3~0.4 MPa时,应进行一次检查,必要时可拧紧设备上的人孔、手孔和法兰等螺栓(要先泄压后拧紧螺栓)。如发现设备有大量漏水,应立即泄压并进行修理;如漏水不多,为能更彻底地暴露出全部缺陷,可继续缓慢加压(同时注意漏水是否增大)。当加压达到试验压力时，试压泵便可停止，关闭阀门4。

强度试验是一种超压试验，试验压力要为工作压力的1.5倍左右。一般规定，设备不得长时间经受超压，以5 min为宜，然后应稍开阀门4和2，使压力降至工作压力再检查。

检查时，一般用0.5~1.5 kg的圆头锤，沿设备上各焊缝两侧（离接缝处约150 mm的地方）轻轻敲打。如无泄漏，无变形，同时压力表9上的压力值也维持不变，表示水压试验合格。

当水压试验用水温度低于环境气温露点温度时，设备外壁上可能出现水珠，这是空气的水汽凝结，不是泄漏，区别水汽凝结和渗漏的方法，一是把水珠擦掉，看它是否又很快冒出来；二是观察压力表是否下降；三是测量设备壁温是否高于露点。如为"是"即为泄漏。

试压完毕，应打开排水阀门11（必须放在设备最低处），把水放净。放水时，同时打开出气阀门8，以免造成负压。

寒冷冬天做水压试验时（水压试验环境温度不低于5℃），应考虑防冻问题，试压完毕后必须将水排净，以防损坏设备。

2）气压试验。气压试验是用气体（多为压缩空气）作为试压介质进行试验。气压试验适用条件：

①设备内不便于充满液体时。

②设备及支撑不能承受充满液体后的负荷时。

③放水后设备内部不易干燥，而生产使用中又不允许含有水分。

④设备基础的强度未考虑水压试验时装水的重量。

气压试验时，除了必须具有可靠的安全措施外，试压前必须认真检查设备质量，例如焊缝必须经过100％的无损探伤检查等。

气压试验时，压力应缓慢上升，当达到规定的试验压力50％以后，压力应以每级10％左右的试验压力逐级增至试验压力；然后降至工作压力，保持足够时间，以便进行检查。检查有无泄漏时，严禁用小锤敲击焊缝，只能用肥皂水涂在焊缝上进行检查。

水压试验和气压试验既可检验强度，又可检验密封性。

(3) 试验温度和试验压力

1）试验温度。指试验时的环境温度。强度试验一般在常温下进行。即使是在高温下运行的设备强度试验也是在常温下进行，但试压时，必须注意金属低温脆性问题。

当温度降低到某一临界值时，金属材料的塑性显著降低，这个温度称金属脆性转变温度。脆性转变温度与材料的成分、制造、热处理方法和应力状态有关。因此，在脆性转变温度以上运行的设备，试验温度应在脆性转变温度以上，一般水压试验温度较脆性转变温度高5℃，气压试验温度较脆性转变温度高15℃。在现场制作安装的低合金钢焊后未经热处理，更应遵守上述要求。当用高压储气瓶供应试验气体时，容器气体从高压降至低压，膨胀时要吸收热量，造成温度降低，应保证试验温度不降到

15℃以下。

2）试验压力

①一般设备。对一般设备，强度试验压力较设备工作压力高，试验压力的选择见表9—3。

表9—3　　　　　　　　　　一般设备强度试验压力

工作压力 P_I	试验压力 P_S
$P_I \leqslant 0.07$	$P_S = P_I + 0.1$
$0.07 < P_I < 0.6$	$P_S = 1.5 P_I$，$P_I \geqslant 0.2$
$P_I = 0.6 \sim 1.2$	$P_S = P_I + 0.3$
$P_I > 1.2$	$P_S = 1.25 P_I$

②高压化工容器。对于高压化工容器（$P_I = 10 \sim 100$ MPa），其水压强度试验压力规定为：

$$P_S = 1.3 \left(P \times \frac{[\sigma]_S}{[\sigma]} \times \frac{t}{t-c} \right)$$

式中　P_S——容器试验压力，MPa；

　　　P——设计压力（设计计算时所用的压力），一般为设备全部工作过程中可能出现的最大工作压力，又称最大许可工作压力，工作压力是指满负荷情况下正常工作压力，二者关系是：当使用安全阀时，$P = (1.05 \sim 1.10) P_I$；当工作压力由于化学反应原因，可能突然上升时，$P = (1.15 \sim 1.30) P_I$，单位为 MPa；

　　　$[\sigma]_S$——在试验温度下的材料许用应力，MPa；

　　　$[\sigma]$——在设计温度下的材料许用应力，MPa；

　　　t——容器实际厚度，cm；

　　　c——腐蚀裕度，cm。

当设备容器壁上工作温度超过200℃时，设备的试验压力为：

$$P_S = 0.125 \frac{\sigma_{20}}{\sigma_t} \times P_I$$

式中　P_I——工作压力，MPa；

　　　σ_{20}——温度为20℃时的设备材料许用应力，MPa；

　　　σ_t——在工作温度下的设备材料许用应力，MPa。

③真空设备。对真空设备的试验压力为0.2 MPa。

3）密封性试验压力。密封性试验压力一般都采用设备的工作压力。对密封性要求较高的设备（如工作介质为有害气体），规定按1.05倍工作压力为试验压力。

2. 设备的试运转

试运转的目的是对设备在设计、制造和安装等方面的质量进行一次全面检查和考

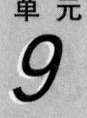

验,并使之符合生产工艺要求。进行试运转可更好地了解设备的使用性能和操作顺序,确保设备安全投入生产。

(1) 设备试运转前的准备工作

1) 参加试运转的人员,必须熟悉设备说明书和有关技术文件,了解设备的构造和性能,掌握其操作程序。

2) 科学地编制试运转方案。

3) 试运转各道安装工序(包括找平、找正、精平、清洗、装配、试压等)均已完成,并经检验合格。二次灌浆部分已达设计强度。

4) 准备好试运转所需要的各种工具、材料、安全保护用品。

5) 设备各部分装配零件,应完好无损,各连接件应紧固;各种仪表和安全装置均应检验合格。

6) 按有关规定对设备进行全面检查,确定没有任何隐患和缺陷后才能进行试运转。

7) 清除设备上无关的构件,清扫试运转现场。

(2) 设备试运转的步骤。试运转步骤应符合先低速后高速、先单机后联机、先无负荷后带负荷、先附属系统后主机、能手动的部件先手动再机动等原则。前一步的试运转合格才能进行后一步的运转。

无负荷试运转的目的是检查设备各部分的动作和相互间作用的正确性,同时也使某些摩擦表面初步磨合,称为"开空车"。负荷试运转的目的是检验设备安装后能否达到设计使用性能。设备试运转是否带负荷、负荷大小、时间长短,不同的设备有不同的要求。如有关规范规定金属切削机床只进行无负荷试运转。往复泵规定在空负荷下运转 5 min;在公称压力的 1/4 下运转 40 min;在公称压力的 1/2 和 3/4 下各运转 1 h;最后在公称压力下运转不少于 8 h。起重机则要求进行超负荷试运转。

1) 设备的单机空负荷试运转

①设备单机空负荷试运转前应具备的条件:

- 对大型、复杂、精密设备和生产线的试运转应编制试运转方案。
- 建立试运转组织机构。
- 参加试验人员应熟悉设备的构造、性能和工作原理,掌握操作程序和试运转方案。
- 设备及其附属装置施工完成。
- 管道施工完成并试验、吹扫合格。
- 润滑、液压、冷却、水、电、气、汽、电气、仪表等均检验合格,具备试运转条件。
- 试运转需要的资源已具备。
- 设备周围环境已清扫干净。

②设备单机试运转的内容。包括:电气、仪表操作控制系统的调试,润滑、液压、气、汽、冷却和加热系统的调试,设备单机及其系统运行综合调试,空负荷试运转(应在上述三项调试合格后进行)。

③设备单机及系统调试程序。设备及其润滑、液压、气、汽、冷却、加热和电气及控制系统，均应单独调试并符合要求。联合调试应按要求进行，不宜用模拟方法代替。联合调试应由部件开始至组件、单机、整机、成套设备，按设备技术文件规定的操作程序进行。

④设备单机空负荷运转应在联合调试合格后进行，并应符合下列规定：

第一，应按设备技术文件规定的空负荷试验的范围和程序，试验各运动机构的启动（其中大功率机组不得频繁启动）、变速、换向、停机、制动和安全联锁等动作，均应正确、灵敏、可靠，其中连续运转时间和继续运转时间应符合设备技术文件或相应规范的规定。

第二，空负荷试运转中，应进行下列检查，并应做好记录。
- 设备运行情况，轴承振动、轴向窜动及温度。
- 传动装置的运行质量。
- 液压、润滑、气（汽）动等各辅助系统工作情况和密封质量。
- 各种电气装置运行情况，各种仪表指示正确，工作正常。
- 必要时进行噪声测试并应符合规定。

⑤空负荷试运转结束后，应做好善后工作并整理好试运转的各项记录。

2）设备的联动空负荷试运转

①设备的联动空负荷试运转基本要求：
- 联动空负荷试运转的组织和试运转方案的确定。
- 联动试运转应由施工单位或总承包单位组织，业主、设计单位、主要设备供应商及各专业技术负责人参加。
- 联动试运转方案应由施工单位或总承包单位负责组织编制，由业主、设计单位、主要设备供应商及各专业负责人审核签字后生效。

②设备联动空负荷试运转的步骤。联动试运转应在单机试运转合格，生产线系统的工艺管道、生产用水、电气、蒸气、压缩空气、自控仪表、通风空调等各系统均试验合格的基础上进行。先将水、电、气、动等供应到试运转现场，按生产线的投料顺序，自前向后，按单机试运转的程序逐台启动至正常运转，单机运转正常后，可进行联动调试和联动试车。联动调试和试运转应按先部分后全部，先低速后高速，先手动后自动的顺序进行。必要时，可以水代料（或工艺允许的其他介质）进行无生产负荷试运转。

③设备联动空负荷试运转应符合下列规定：
- 水、电、气、汽等系统工作稳定，供应正常。
- 生产线系统各设备运转正常、协调，工作参数符合设计要求。
- 联动控制系统（集散控制系统）工作稳定。
- 各联锁装置、安全保护装置、自动控制装置动作灵敏、工作可靠。
- 各辅助系统（如通风系统、空调系统等）工作正常、稳定，符合设计要求。

（3）试运转过程中的操作要点

1）润滑系统调试。试运转时，主机启动前，必须先进行润滑系统调试。

2）液压系统调试。试运转时，主机启动前，要进行液压系统的调试。所用液压油的规格均应符合设备技术文件的规定。

3）设备的启动

①设备上的运动部分应先用人力缓慢盘动数周，确认没有阻碍和运动方向错误等反常现象后，方可正常启动。某些大型设备，人力无法盘动时，可使用适当机械盘动。

②首次启动时，应先用随开随停的办法（点动）做数次试验，观察各部分动作，认为正确良好后，方可正式启动，由低速逐级增加至高速。

③设备运转中，传动带不得打滑发热，平带不得跑偏；齿轮副、链条和链轮啮合应平稳，无卡住现象和不正常的噪声、磨损。

④设置有高压顶轴油泵的设备，当高压油泵启动后，高压油将轴颈浮起。油压的调整能以一个盘车较轻松为宜，当机组启动达到额定负荷，应立即停止高压油泵运转。

⑤机组运转中，每隔 30 min 至 1 h 应检查各部压力、温度、振动、转速、膨胀间隙、安全装置、电压等，并做好记录。

（4）试运转中故障判断常用的方法

1）听。设备正常试运转时，声音应均匀、平稳。如不正常，就会发出各种杂音，如齿轮的轻微敲击声、嘶哑的摩擦声和金属碰击的铿锵声等，应查明部位，停车检查。听音一般采用听音棒，听音棒可以用旋具代替，将其尖端放在设备发声的部位，耳朵贴在顶部。

2）看。看压力表、温度计等各种监测仪表读数是否符合规定；看冷却水是否畅通，水量是否充足；看地脚螺栓及其他连接处是否松动等；特别是出现烟雾应及时停止，妥善处理。

3）摸。用手摸设备外表可触及部分（如轴承、电动机等）的温度和振动情况。

4）嗅。嗅不正常气味，如电动机绝缘烧毁的"焦"味，油温过高的烟味等。

（5）试运转结束后的工作。

1）停止运转后，辅助油泵应继续供油。

2）切断电源和其他动力源。

3）消除压力和负荷（包括放水和放气）。

4）对几何精度进行复查，复查各紧固连接部分。

5）装好试运转前预留未装的以及试运转中拆下的部件和附属装置。

6）清理现场。

7）整理试运转的各项记录。

8）办理工程交工验收手续。

第二节 设备安装的竣工验收

设备安装竣工后，应就工程项目进行验收。设备安装工程验收，一般由设备使用单位向施工单位验收。工程验收完毕，即施工单位向使用单位交工后，设备即可投入生产和使用。

竣工验收依据主要包括：可行性研究报告，施工图设计及设计变更通知书，技术设备说明书，国家现行的标准、规范、主管部门或业主有关审批、修改、调整的文件，工程总承包合同，建筑安装工程统计规定及主管部门关于工程竣工的规定。此外，对于国外引进的新技术和成套设备的项目以及中外合资的项目，应按照项目签订的涉外合同和国外提供的设计文件及国家标准规范等进行验收。外资独资项目按机电安装工程总承包合同约定执行。

一、机电安装工程竣工验收应具备的资料

工程验收时，应具备下列资料（一般由施工单位提交给使用单位）：

1. 竣工图

施工图是由设计单位提出，施工单位据以施工的技术文件，在施工前已绘制好。在施工中根据实际情况，施工单位或使用单位提出需加以修改。经双方单位认可后，对修改内容较大的部分，需要按修改方案重新绘制图样，即"竣工图"。竣工图是今后维修管理的重要的技术资料，如修改量不大，可在原有的施工图上注明修改部分作为竣工图。

2. 修改设计的有关文件

有关设计修改的文件（包括设计修改通知单、施工技术核定单、会议记录等）通称"设计变更"，平时应妥为保存，交工时提交给使用单位。

3. 主要材料和用于重要部位材料的出厂合格证和检验记录或试验记录

4. 重要焊接工作的焊接试验记录

5. 隐蔽工程记录

隐蔽工程记录是指工程结束后已埋入地下或建筑结构内，外面看不到的工程。对隐蔽工程，应在工程隐蔽前，由有关部门会同检查，确认合格，记录其方位、方向、规格和数量后，方可予以隐蔽。隐蔽工程记录表应及时填写，检查人员检查合格后，应在记录表上签字，工程验收时一并交给使用单位。

6. 各工序的检验记录

整个安装工程分为若干个施工过程，每个施工过程又分为若干道工序。对每道工序所应达到的要求，凡属必要的，分别由设计和设备技术文件、规范或规程予以规定。施工中均应按每道工序的要求进行详细检测记录（包括自检、互检和专业检查），以作为工程验收时的依据。

设备安装中记录表格有：设备开箱检查记录、设备受损（或锈蚀）及修复记录、各施工工序的"自检记录""互检记录"和"专业检查"记录等。

设备安装结束后,应根据检验情况和"质量检验评定标准",对所安装的设备进行质量评定。质量标准分为"合格"和"优良"两个等级。

7. 重要灌浆所用混凝土配合比的强度试验记录
8. 试运转记录
9. 其他有关资料
(1) 仪表校验记录。
(2) 重大返工工作记录。
(3) 重大问题及处理文件。
(4) 施工单位向使用单位提供的建议和意见。

二、设备的性能试验

设备性能试验(负荷试运转和试生产)主要考察设备和各种装置的性能和协调性,考察成套设备设计的合理性,考察各种资源的保障能力,考察产品的产量和质量是否达到设计要求等。

1. 设备性能试验的一般程序
(1) 建立包括各有关单位的负责人和专业技术负责人的试生产组织机构。
(2) 制订试生产方案(包括必要的工艺纪律和设备操作规程),此方案应由生产工艺技术人员(包括设计单位和建设单位)和设备安装技术人员共同制订、审核,由建设单位的最高技术负责人批准。
(3) 组织所有试生产人员学习生产工艺、设备操作规程,定岗定员,每个人均应熟练掌握自己岗位的职责和操作规程。
(4) 试生产要由低速到高速,生产量要由低到高,投料要循序渐进。
(5) 系统调试应从前到后分部调试,而后系统调试。
(6) 产品如暂时有问题,则应仔细分析各方面的原因逐一解决;产品一旦合格应稳定设备运行参数和工艺条件,继续考核其稳定性。

2. 设备性能试验的合格要求
(1) 设备运行良好,工作稳定,设备性能符合设计要求。
(2) 各辅助系统、控制系统工作稳定,性能良好。
(3) 所生产的产品质量(精度)稳定并符合设计要求,产量能达到设计要求。
(4) 生产的环境符合国家有关法规的要求,废弃物的排放符合国家标准。

三、设备的验收

1. 验收应具备的条件
(1) 全部完成并经验收符合设计要求和国家有关规范、标准的规定。
(2) 设备(成套设备)在试生产期内运行稳定。
(3) 已整理出试生产期间成本分析报告。
(4) 所有交工文件和技术资料均已整理完成并编制出设备最终验收报告书。

2. 验收要求

(1) 验收准备。工程完善，资料整理，写出最终验收报告书。

(2) 预验收（必要时）。由建设单位和总承包单位组织施工、设计、监理等单位进行预验收，必要时请一些专家参加，对检查出来的问题进行整改。

(3) 正式验收。设备接收单位（建设单位）接到最终验收报告书后，经审查符合验收条件时，要及时安排验收。组成有专家、部门代表参加的验收组，对各种资料和设备进行分析和审查，认为合格时，提出最终验收鉴定书。

单元测试题

一、单项选择题（下列每题的选项中，中有 1 个是正确的，请将其代号填在横线空白处）

1. 基础预压试验采用的方法是用重量等于设备自重及其允许承载物最大重量总和的_____倍的钢材、砂石等预压重物，均匀地压在基础上，观察设备基础在一定时间里的下沉可能性和下沉情况。预压时间一般为 3~5 天。

　　A. 1~1.5　　　B. 1.25~2　　　C. 2~3　　　D. 3~5

2. 气压试验时，除了必须具有可靠的安全措施外，试压前必须认真检查设备质量，例如焊缝必须经过_____的无损探伤检查等。

　　A. 75%　　　B. 80%　　　C. 90%　　　D. 100%

3. 使用无垫铁安装法施工，设备底部的灌浆层应大于_____mm，并应捣固振实。

　　A. 50　　　B. 80　　　C. 100　　　D. 120

二、判断题（下列判断正确的请打"√"，错误的打"×"）

1. 气压试验时，压力应缓慢上升，当达到规定试验压力的 50% 以后，压力应以每级 10% 左右的试验压力逐级增至试验压力；然后降至工作压力，保持足够时间，以便进行检查。检查有无泄漏时，严禁用小锤敲击焊缝，只能用肥皂水涂在焊缝上检查。
（　　）

2. 试运转步骤应符合先低速后高速、先单机后联机、先无负荷后带负荷、先附属系统后主机、能手动的部件先手动再机动等原则。
（　　）

3. 试验温度是指试验时的环境温度。强度试验一般在常温下进行，即使是在高温下运行的设备强度试验也是在常温下进行，但试压时，必须注意金属低温脆性问题。
（　　）

三、简答题

1. 水平度检测的常用方法有哪些？
2. 哪些设备在安装施工之前必须试压？
3. 设备试运转的目的是什么？

单元测试题答案

一、单项选择题
1. B 2. D 3. C

二、判断题
1. √ 2. √ 3. ×

三、简答题
答案略。

第 10 单元

质量检验与安全文明生产

- 第一节　质量检验/304
- 第二节　安全文明生产/339

第一节 质量检验

一、常用检测器具

1. 钢尺

钢尺有钢直尺和钢卷尺之分，均由薄钢板制成，目前用不锈钢材料的居多。钢直尺的长度有 150～1 000 mm 和 2 000 mm 等；卷尺长度从一米到几十米，小的卷尺刻度间隔多为 1 mm，大的卷尺多为 5 mm。钢直尺的刻度间隔一般为 1 mm，仅在尺的开头部分为 0.5 mm。

2. 线规

线规是用来测量金属丝的直径的，用薄钢板制成圆盘形，周边有很多开口。开口处好像卡钳的卡脚，如果某一金属丝恰好通过某一开口，那么这一金属丝的直径就等于这个开口对应的直径。在开口处标有号码，每个号码对应一个尺寸。金属丝号数和直径的对应关系见表 10—1。

表 10—1　　　　　金属丝号数和直径的对应关系

金属丝号数	金属丝直径（mm）	金属丝号数	金属丝直径（mm）
4	6.00	19	1.00
5	5.50	20	0.90
6	5.00	21	0.80
7	4.50	22	0.70
8	4.00	23	0.65
9	3.50	24	0.60
10	3.20	25	0.55
11	2.90	26	0.50
12	2.60	27	0.45
13	2.30	28	0.40
14	2.00	29	0.35
15	1.80	30	0.30
16	1.60	31	0.25
17	1.30	32	0.20
18	1.20		

3. 塞尺

塞尺俗称厚薄规、间隙片等，用来检测两个接合面之间的间隙大小。塞尺由一组薄片组成，每一个薄片有两个平行测量面，上面标有两个平行测量面间的间隙尺寸，如图 10—1 所示。

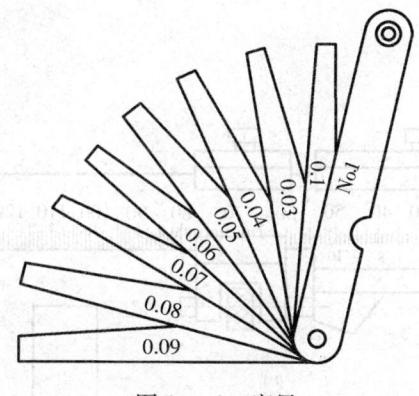

图 10—1 塞尺

塞尺的长度有 50、100、200 mm。当厚度尺寸在 0.03～0.1 mm 之间时，每片相差 0.01 mm；当厚度尺寸在 0.1～1 mm 之间时，每片相差 0.05 mm。

使用时，根据情况，可用一片或数片叠在一起插入间隙内，如用 0.03 mm 能塞入，而 0.04 mm 不能塞入，则间隙在 0.03～0.04 mm 之间，可见塞尺属极限量规。使用塞尺时应注意以下事项：

(1) 使用前，必须先清除塞尺和工件上的灰尘、油污。
(2) 塞入测量时，不能施力过猛，以免塞尺弯曲或折断。
(3) 不能在温度高的场合用塞尺进行测量。

4. 游标量具

游标卡尺、游标深度尺和游标高度尺是常见的三种游标量具，如图 10—2 所示。它们的结构相似，读数原理相同，所不同的是测量面的位置。

(1) 游标量具刻线原理。游标量具的主体是带有刻度的尺身，也叫主尺；沿着主尺滑动的框上有游标。用游标量具测量时，先看游标上零线在主尺的位置，来确定测量值的整数部分；再看游标上哪条刻线与主尺刻线对齐，以确定小数部分。

(2) 游标量具的使用。当用游标量具测量时，首先应把卡爪擦干净，不允许有灰尘和油污。然后把卡爪正确地放在被测量零件表面上，先将游标支架上固定螺母旋紧，再旋动微调螺母（若没有微调螺母，则可用手）使卡爪与工件接触，便开始读数。读数一般分三步：

1) 根据游标零线所处的位置，读出主尺刻度的整数部分。
2) 看游标上第几条线与主尺刻线对齐，游标上这条刻线指示的数值即为小数部分。
3) 将整数部分和小数部分相加即为测量结果。

游标上固定螺母旋松，游标即可在主尺上滑动；若旋紧，游标便不能滑动。它常用来固定上次测量的结果，以便下次测量时参考。

5. 螺旋测微量具

螺旋测微量具是用螺旋副的测微原理进行测量的一种量具，按用途可分为外径千分尺、内径千分尺、深度千分尺、公法线千分尺和螺旋千分尺等。

(1) 千分尺的结构和原理。螺旋测微量具中，最常用的是外径千分尺，其结构如图 10—3 所示。弓架左端装有固定量砧，右端装着微动螺旋测微头。弓架两侧面覆盖着绝

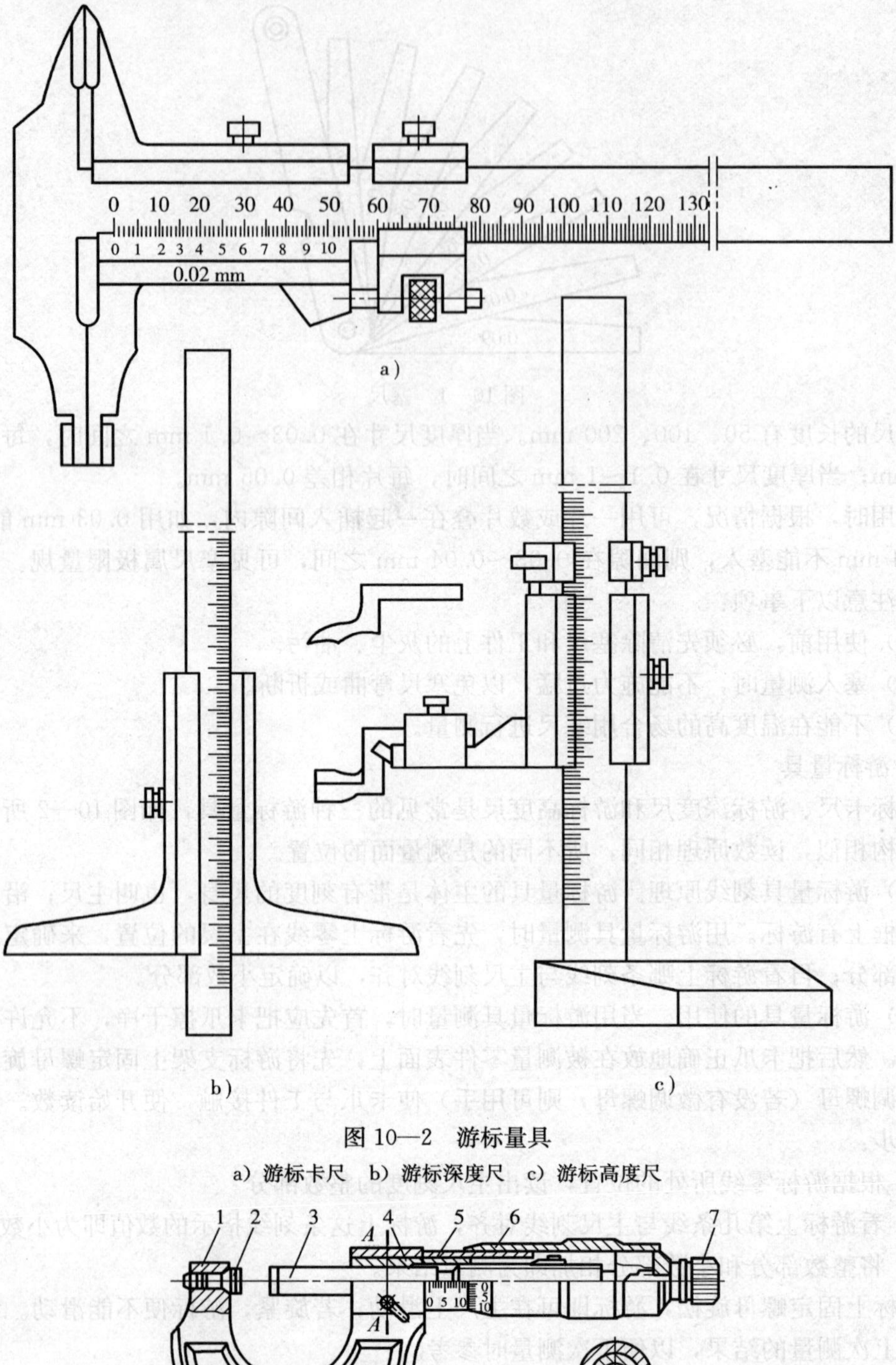

图 10—2 游标量具
a) 游标卡尺 b) 游标深度尺 c) 游标高度尺

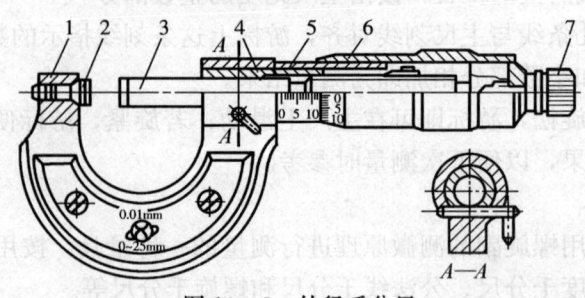

图 10—3 外径千分尺
1—弓架 2—固定量砧 3—微动螺杆 4—锁紧把手 5—固定套筒 6—转筒 7—棘轮

热胶木，以防止使用时手的温度影响千分尺的测量精确度。

螺旋测微量具是利用螺旋副将角位移转变为线位移，其螺杆和螺母的螺距为 0.5 mm，螺母与固定套筒连在一起，螺杆和转筒连在一起。当螺杆旋转一周，螺杆在螺母内沿轴向移动 0.5 mm；在固定螺杆的转角圆周上等分 50 格，则螺杆每转动 1 格，螺杆在螺母内沿轴向移动 $0.5 \text{ mm} \times \dfrac{1}{50} = 0.01 \text{ mm}$，也就是分度值为 0.01 mm。

测力装置是靠棘轮作用，用来将测量力控制在 (8±2) N 范围内。

锁紧装置是用偏心轮作用，用来锁紧测微螺杆。

(2) 千分尺的使用

1) 千分尺应擦干净，不允许有灰尘和油污。

2) 拿千分尺时应拿绝缘板覆盖之处，否则手温会影响测量结果。

3) 测量之前，先看微分筒的零线与固定套筒的基准中线是否对准，否则就会产生误差。因此，必须加以校正。校正时，应先使微动螺杆与固定量砧接触，利用锁紧装置将微动测量螺杆锁住，再用千分尺自带的专用扳手插入固定套筒的小孔中，转动固定套筒使其基准中线对准微分筒（即活动套筒）的零线，然后松开锁紧装置即调整完毕。

4) 千分尺的读数

①读出活动套筒边缘在固定套筒主尺上刻度，即 0.5 mm 的整数格数。

②读出活动套筒与固定套筒基准线中线对齐的刻度即为小数部分。

③把上述两个数相加即为测量结果。

6. 百分表

百分表的分度值为 0.01 mm，常见的百分表外形和传动机构如图 10—4 所示。百分表是用来测跳动量的。

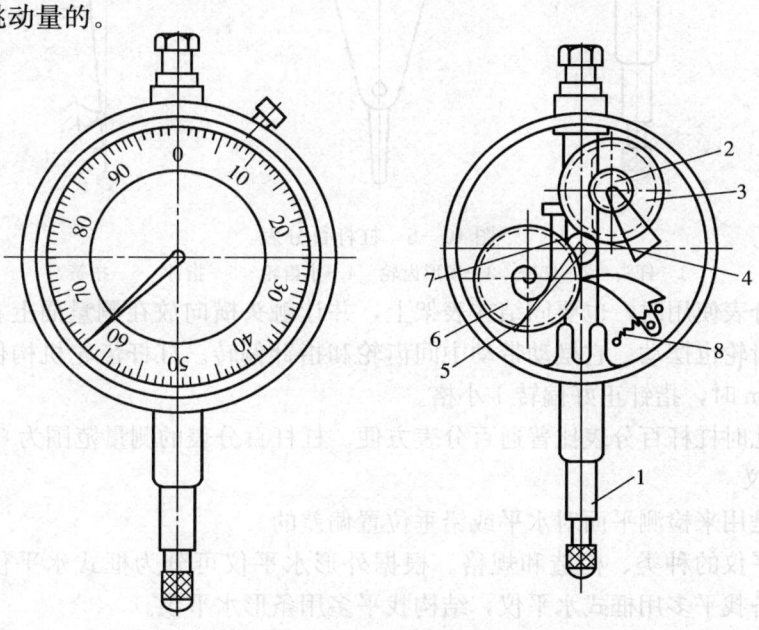

图 10—4　百分表
1—量杆　2、4—小齿轮　3、6—大齿轮　5—指针　7—游丝　8—弹簧

百分表使用时，要紧固在表架上，量杆的触头放在被测表面上。当带有齿条的量杆上下移动时，带动与齿条啮合的小齿轮 2 转动，此时与小齿轮 2 固定在同轴上的大齿轮 3 也跟着一起转动；通过大齿轮 3，即可带动小齿轮 4 及与小齿轮 4 固定在同一轴上的指针 5。这样，通过齿轮传动机构将量杆的微小移动扩大，并转变成为指针的偏转分度值。弹簧 8 用于控制百分表的测量力和使量杆自动回程。为了消除齿轮传动机构中由于齿侧间隙引起的测量误差，在表内装有游丝 7。由于游丝产生的扭转力矩作用在大齿轮 6 上，大齿轮 6 也与小齿轮 4 啮合，这样可以保证齿轮在正反转时都在同一侧接触。另外，大齿轮 6 上还固结着小指针（图中未画），记录大指针转动的圈数。

百分表的表盘可以自由转动，可随时调零。百分表的测量范围有 0～3、0～5、0～10 mm 三种，此外，还有大量程百分表和数显百分表。

7. 杠杆百分表

杠杆百分表又称为靠表，如图 10—5 所示。

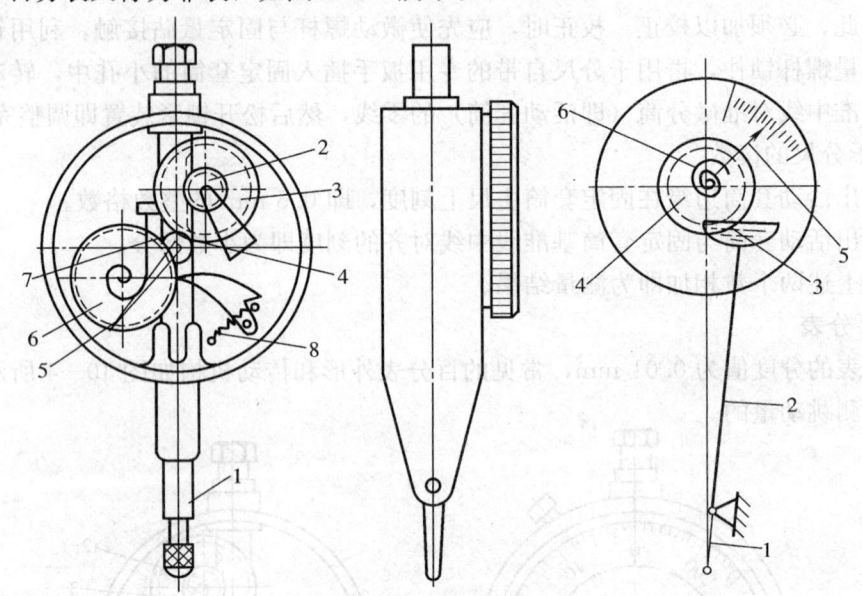

图 10—5　杠杆百分表

1—杆头　2—杠杆　3—扇形齿轮　4—小齿轮　5—指针　6—扭簧

杠杆百分表使用时，也要固结在表架上，并让触头横向放在测量面上。当测量杆摆动时，扇形齿轮也摆动。它摆动带动中间齿轮和指针偏转。杠杆齿轮机构保证当测量杆摆动 0.01 mm 时，指针正好偏转 1 小格。

测量小孔时杠杆百分表比普通百分表方便。杠杆百分表的测量范围为 0～0.8 mm。

8. 水平仪

水平仪是用来检测平面对水平或铅垂位置偏差的。

(1) 水平仪的种类、构造和规格。根据外形水平仪可分为框式水平仪和条形水平仪。机械设备找平多用框式水平仪，结构找平多用条形水平仪。

框式水平仪（见图 10—6）的金属框经精加工，准确地交成 90°，所以它能精确地检验测量面对水平面或铅垂面的偏差。

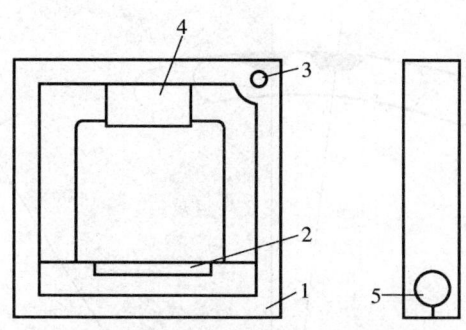

图 10—6　框式水平仪
1—金属框架　2—主水准器　3—副水准器　4—绝缘把手　5—调整装置

框式水平仪主要由金属框架、主水准器、副水准器和绝缘把手及调整装置等组成。副水准器多作定位用，绝缘把手用以防止人身体温度对测量精确度的影响。框式水平仪金属框架尺寸有 150 mm×150 mm、200 mm×200 mm、250 mm×250 mm、300 mm×300 mm 四种，条式水平仪的金属框架（也有用塑料制作）的长度有 150、200、250、300、500 mm 等。

框式水平仪主要度量指标见表 10—2。

表 10—2　　　　　　　　框式水平仪的主要度量指标

精度等级	Ⅰ	Ⅱ	Ⅲ	Ⅳ
分度值（$\frac{mm}{m}$）	0.02～0.05	0.06～0.1	0.12～0.2	0.25～0.30
倾斜角度	4″～10″	10″～12″	24″～40″	50″～1′

（2）水平仪的测量原理。水平仪是一种测量微小角度的仪器。其主要部分是水准器。水准器是一个封闭的弧形玻璃管，内装酒精或乙醚，但不能装满，留一个气泡，这个气泡永远停留在玻璃管内的最高点。如果水平仪处于水平或铅垂工作位置时，气泡就处在弧形玻璃管中间位置；若水平仪倾斜一个角度，气泡就向最高点移动。根据气泡移动的弧长，便可知道水平仪倾斜的角度，也即被测面倾斜的角度，如图 10—7 所示。在弧形玻璃管上有刻度，指示气泡移动的格数。水平仪的分度值是气泡偏移一格，被测表面在 1 m 长度上两端的高度差（mm/m），或者是被测表面倾斜角度。如：200 mm×200 mm 的框式水平仪，分度值为 0.02 mm/m，若气泡移动一格，被测面倾斜角度为 4″，在 1 m 长度上两端高差为 0.02 mm。

框式水平仪刻度间隔多为 2 mm，则分度值为 0.02 mm/m（4″）的框式水平仪水平玻璃管曲率半径 R 为：

$$R=\frac{360\times60\times60\times2}{1\,000\times4\times2\pi}=103.1\ (m)$$

若分度值为 0.1 mm/m（20″），则曲率半径为：

$$R=\frac{360\times60\times60\times2}{1\,000\times20\times2\pi}=20.6\ (m)$$

由此可见，曲率半径大，精确度高；曲率半径小，精确度低。

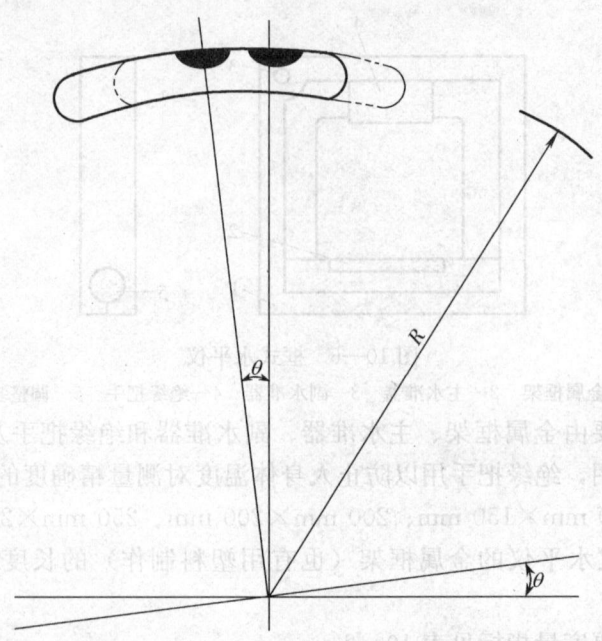

图10—7 水平仪测量原理

(3) 水平仪的使用。使用水平仪时，首先要知道水平仪的分度值，其次要看水平仪是否有误差，水平仪由于运输或长期使用等原因，往往会产生误差。使用有误差的水平仪进行测量，会使测量结果产生系统误差，这是不允许的。

1) 水平仪的检验。检验水平仪是否有误差，可将水平仪放在经过精平的平台上，观察水平仪读数，再把水平仪调转180°后，仍放在原处，再观察水平仪的读数。如果两次读数的大小和偏移方向一样，则说明水平仪没有误差；若两次不一样，证明水平仪有误差。

2) 水平仪的校正。精确度较高的水平仪一般都有调整装置，如图10—8所示为水平仪调整装置原理示意图，其调整原理是使玻璃管水准器两端呈水平状态。

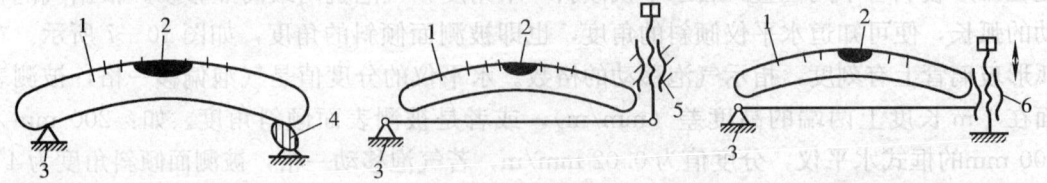

图10—8 水平仪调整装置的原理
1—玻璃管 2—气泡 3—固定支撑 4—偏心轴 5—吊挂螺旋 6—支撑螺旋

3) 水平仪的修正。当水平仪存在误差时，若用校正的方法，需要一个经过精平的平台，这在安装现场是不易办到的。所以，在安装工作中经常用修正的方法，即用有误差的水平仪进行实测，再把测量结果中水平仪误差剔除加以修正。实测时，在同一个位置上要测两次，即正测一次，再把水平仪调转180°后再测一次（简称反测）。其结果会出现四种情况，设水平仪误差为a，被测平面偏差为b，水平仪读数值为i，气泡向一边移动的格数为x，则水平仪误差和被测平面偏差的情况见表10—3。

表 10—3　　　　　　　　　水平仪误差和被测平面偏差的情况

气泡移动情况	气泡居中	正测居中，反测移一边	气泡移向同一边	气泡移向两边
正测	0	0	x	x
反测	0	x $\rightarrow$ ($\leftarrow$)	y $\rightarrow$ ($\leftarrow$)	y $\leftarrow$ ($\rightarrow$)
水平仪误差 a	$a=0$	$a=\dfrac{x}{2}i$	$a=\dfrac{1}{2}(y-x)i$	$a=\dfrac{1}{2}(y+x)i$
被测面偏差 b	$b=0$	$b=\dfrac{x}{2}i$	$b=\dfrac{1}{2}(y+x)i$	$b=\dfrac{1}{2}(y-x)i$
说明	误差=偏差=0	误差=偏差≠0	0≤误差＜偏差（$x=y$时，误差=0）	误差＞偏差≥0（$x=y$时，偏差=0）
备注	1. 箭头指向为气泡移动方向 2. x、y 分别表示气泡移动格数			

4）使用水平仪的注意事项

①水平仪精确度高，受环境影响大，尤其是温度的影响，因此，应尽量避免其受热。拿取水平仪时，应拿绝缘胶木把手处，以防止人手温度对测量结果的影响。

②测量时，必须将被测面和水平仪工作面擦干净。

③观测水平仪读数时，要待气泡静止后进行，视线要垂直水准器管。

④在工件上安置水平仪时要轻取轻放，以免碰伤水平仪工作表面。

9. 水准仪

水准仪是一种大地测量工作中不可缺少的光学仪器，在机械设备安装过程中经常用来测量设备基础（或垫铁）的标高。

（1）水准仪的构造

1）水准仪的主要部件。水准仪结构如图 10—9 所示，主要部件有：

①瞄准器。用来对目标进行粗略的瞄准。

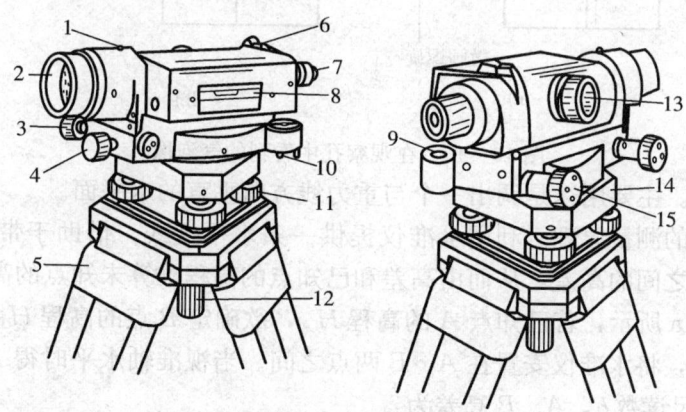

图 10—9　水准仪构造

1—瞄准器　2—物镜　3—微动螺旋　4—制动螺旋　5—三脚架　6—照门　7—目镜　8—长水准管
9—圆水准管　10—圆水准管校正螺钉　11—脚螺旋　12—连接螺旋　13—对光螺旋　14—基座　15—微倾螺旋

②物镜。使物体或目标进入望远镜系统成像。

③微动螺旋。当制动螺旋拧紧后可转动微动螺旋，使望远镜在水平面内进行微小的转动。

④制动螺旋。当制动螺旋拧紧后可固定望远镜部分在水平方向不再转动。

⑤目镜。目镜用来观察物体或目标，目镜的位置可以调节，使十字线成像清晰。

⑥长水准管。当长气泡在水准管的中间时，说明望远镜的视准轴已达到水平。

⑦圆水准管。用于初步调平仪器的水平度。当圆水准气泡居中时，表示仪器大致水平。

⑧脚螺旋。用来粗调仪器的水平。

⑨对光螺旋。转动对光螺旋，可使目标成像调节到最清晰。

⑩微倾螺旋。当转动微倾螺旋时，可使望远镜和长水准器一起在竖直方向做微小转动。

2）水准仪的主要机构

①瞄准机构。主要作用是提供一条直的光线视线。在望远镜上方还装有准星和缺口，用于粗瞄准。

②调平机构。主要作用是用来调平视线。调平机构一般由粗调机构和精调机构所组成。粗调机构是三角螺旋调整机构。粗调时，如果水准管气泡居中，则仪器基本水平。粗调完毕后，观察长水准管气泡的情况，如果左右长水准气泡不符合，如图10—10a所示，应转动微倾螺旋进行精调，使长水准管气泡相符合，如图10—10b所示。

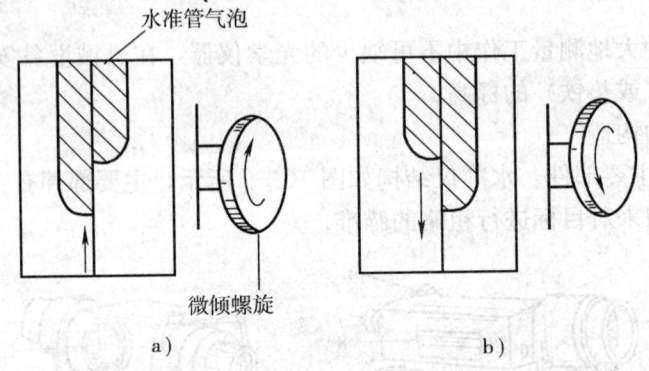

图10—10 在观察孔中看到的气泡像

③转轴机构。主要用途是调出一个与重力线方向垂直的水平面。

(2) 水准仪的测量原理。利用水准仪提供一条水平视线，借助于带有刻度的标尺，来测量地面两点之间的高差，从而由高差和已知点的高程推算未知点的高程。

如图10—11a所示，若已知点 A 的高程 H_A，欲确定 B 点的高程 H_B，则可在 A、B 两点各竖立标尺，将水准仪安置在 A、B 两点之间。当视准轴水平时得 A 点标尺上的读数 a，B 点上标尺读数 b，A、B 高差为：

$$h_{AB}=a-b$$

那么 B 点的高程为

$$H_B=H_A+h_{AB}=H_A+(a-b)$$

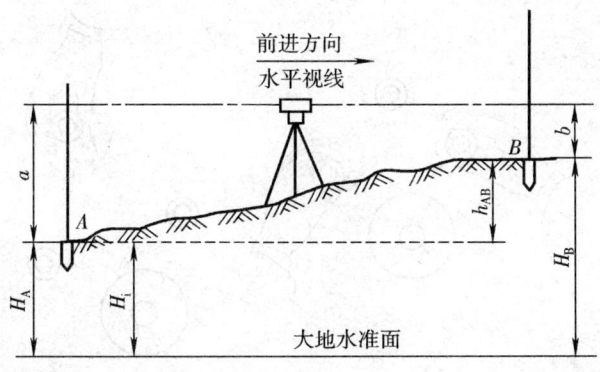

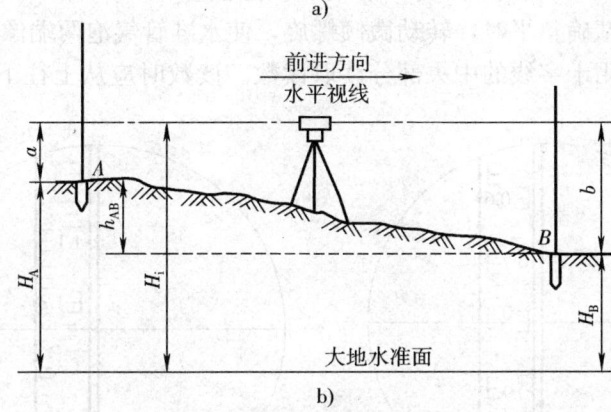

图 10—11 水准仪测量原理
a) 高差法 b) 视线高法

如果按照测量时的前进方向区分测点，则 A 点为后视点，读数 a 为后视读数；B 点为前视点，读数 b 为前视读数。因此上式可写为：

$$h_{AB}=后视读数-前视读数$$

当 h_{AB} 为正值时，说明 B 点高于 A 点；当 h_{AB} 为负值时，说明 B 点低于 A 点。上述由高差计算高程的方法称为高差法。

B 点的高程也可通过仪器的视线高程计算得到，即视线高（仪器高）法，如图 10—11b 所示。

视线高 $\qquad H_i=H_A+a$

高程 $\qquad H_B=H_i-b$

利用视线高法，可以很方便地在一个测站测出若干个前视点的高程。

（3）水准仪的操作

1) 安置仪器。首先松开架腿，按需要的高度调节架腿的长度后安稳三脚架。

2) 粗略整平。如图 10—12 所示，首先松开制动螺旋，用两手按箭头方向同时相对地转动脚螺旋 1、2，使气泡由 a 移至 b；然后再调整制动脚螺旋 3，使气泡移到小圆圈的中心。

3) 调整目标。首先，将望远镜上的照门和准星瞄准目标，旋紧制动螺旋；而后转动物镜对光螺旋，看清目标。

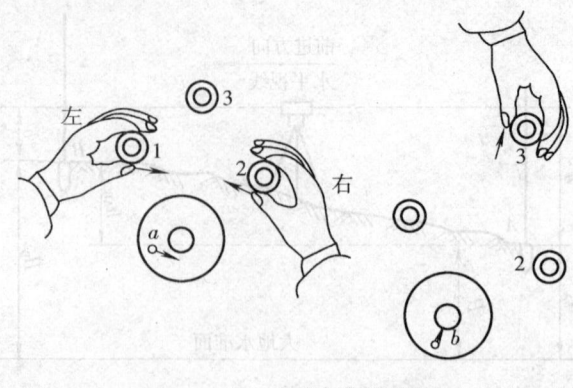

图10—12 水准仪粗略整平

4) 精确整平。精确整平时,转动微倾螺旋,使水准管气泡两端像吻合。

5) 读数。应利用十字线的中央部分读取读数。读数时应从上往下,即由小往大读,如图10—13所示。

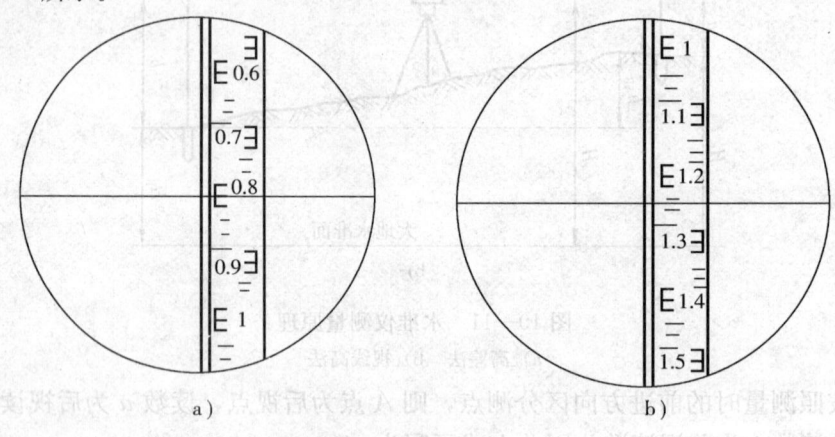

图10—13 测量的读数方法
a) 读数0.825 b) 读数1.276

(4) 水准仪的使用和维护

1) 测量时,水准仪应安放在稳定的地方,三脚架的三个脚应插入土中,以免三脚架倾倒。

2) 瞄准或读数时,应注意手或身体不要碰到三脚架;扶尺者应将尺子扶正。

3) 仪器装到三脚架上时,必须拧紧连接螺旋,以防仪器掉下来造成重大损失。

4) 仪器不能在强烈的阳光下暴晒,晴天在野外测量时,必须撑伞保护仪器。

5) 仪器使用完毕后,应擦去灰尘和水迹,特别注意不准用手摸镜头。

10. 经纬仪

经纬仪是大地测量中常用的测角仪器,可测量水平角和竖直角。在机械设备安装中,常用来对大型设备基础纵横向十字中心线、垂直线的位置测定及地面上两个方向之间的水平角测定等。

(1) 经纬仪的构造。如图10—14所示,经纬仪的构造可分为照准部、水平度盘和基座三大部分。

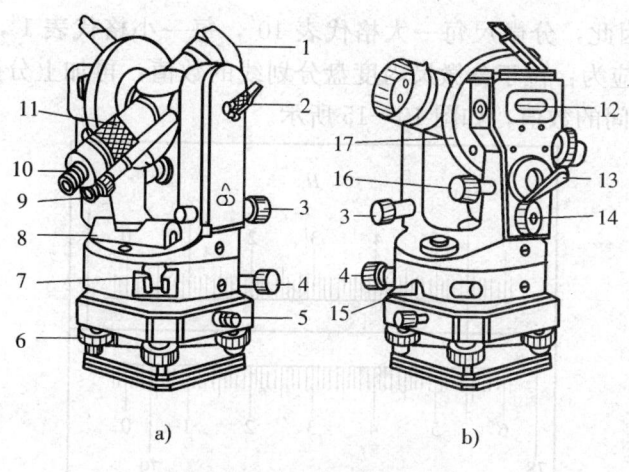

图 10—14 经纬仪构造
a) 正面　b) 背面

1—望远镜物镜　2—望远镜制动螺旋　3—望远镜微动螺旋　4—水平微动螺旋　5—轴座连接螺旋
6—脚螺旋　7—复测器扳手　8—照准部水准器　9—读数显微镜　10—望远镜目镜
11—物镜对光螺旋　12—竖直度盘指标水准管　13—反光镜　14—测微轮
15—水平制动螺旋　16—竖直度盘指标水准管微动螺旋　17—竖直度盘外壳

1) 脚螺旋。用来调仪器。

2) 水平度盘。在度盘上刻有 0°～360°的刻度，可用来测定水平角。

3) 光学对中器。用来使仪器的中心与地面上的测点对准。

4) 水平制动螺旋。用来制动水平方向的转动。

5) 水平微动螺旋。在水平制动螺旋拧紧后，转动微动螺旋，使仪器在水平方向微动。

6) 反光镜。当打开反光镜后，光线将从反光镜反射进仪器中，照亮度盘上的刻度。

7) 读数显微镜。当打开反光镜之后，就可以在读数显微镜中看到度盘的刻度。如果读数显微镜中的亮度太低，可以转动反光镜的位置，使读数显微镜中得到最佳亮度。同时，还可以转动读数显微镜的目镜，使读数显微镜中的刻度线显得非常清晰。

8) 对光螺旋。转动对光螺旋，使目标成像调节到最清晰。

9) 瞄准镜。用于望远镜对目标做粗略的瞄准。

10) 目镜。调节目镜的位置，能使十字线成像调节到最清晰。

11) 竖直度盘。可用来测定竖直角。

12) 望远镜制动螺旋。当螺旋旋松后，望远镜可绕横轴转动。

13) 望远镜微动螺旋。当制动螺旋拧紧后，转动微动螺旋，可使望远镜绕横轴做微小转动。

(2) 经纬仪的读数方法

1) 分微尺测微器的读数方法。装有分微尺的经纬仪，在读数显微镜内能看到两条带有分划的分微尺以及水平度盘（H_z）和竖直度盘（V）分划的影像，如图 10—15 所示。水平度盘和竖直度盘上相邻两分划影像的间隔与分微尺的全长相等，度盘分划值为 1°，分微尺全长读数也为 1°。分微尺等分成 6 大格，每一大格注一数字，从 0～6，每大格分为10小格。因此,分微尺每一大格代表$10'$,每一小格代表$1''$,可以估计$0.1'$即$6''$。因此度盘读数应为:位于分微尺内度盘分划线的数值,再加上分微尺上零分划线到这根度盘分划线之间的数值,如图10—15所示。

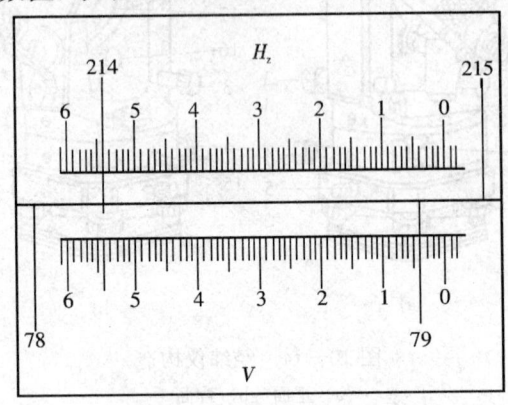

图10—15 分微尺的读数方法

水平度盘　　　　　　　　　$214°+54'00''=214°54'00''$
竖直度盘　　　　　　　　　$79°+06'00''=79°06'00''$

2)单平板玻璃测微器的读数方法。在读数显微镜中能同时看到三个读数窗,如图10—16所示。上面小窗口有测微尺分划和较长的单指标线,中间窗口有竖直度盘分划和双指标线,下面窗口有水平度盘分划和双指标线度盘分划值为$30'$,测微尺上分30大格,由0~30每5大格注一相应数字,每大格又分为3小格,当转动测微轮,使测微尺从0移至30,度盘分划刚好移动$30'$,故测微尺上一大格为$1'$,一小格为$20''$,可估读$2''$。

单平板玻璃测微器的读数方法是:望远镜瞄准目标后,先转动测微轮,使度盘上某一分划精确地移至双指标线中央,读取该分划的度盘数值,再在测微尺上根据单指标线读取$30'$以下分、秒,两数相加,即得完整的度盘读数。如图10—16a所示,平度盘读数为$4°30'+11'45''=4°41'45''$;如图10—16b所示,竖直盘读数为$91°+27'30''=91°27'30''$。

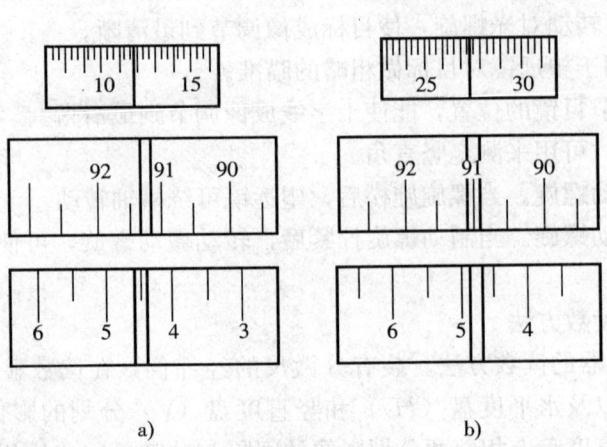

a)　　　　　　　　　b)

图10—16 单板玻璃测微器的读数

(3) 经纬仪的使用

1) 对中。对中的目的是使仪器中心与测站标志中心位于同一铅垂线上。对中时,可先用垂球大致对中,粗略整平后取下垂球,再调节对中器上的目镜,松开仪器与三脚架间的连接螺栓,两手扶住仪器基座,在架头上平移仪器,使分划板上小圆圈中心与站点重合,固定执行连接螺旋。平移仪器,整平可能受到影响,所以整平和对中需要反复交替进行,直至合格。

2) 整平。整平的目的是使仪器竖轴和水平度盘处于水平位置。如图 10—17a 所示,整平时,先转动仪器的照准部,使水平管平行任意一对地脚螺旋的连线,然后用两手同时相向转动两地脚螺旋,使水准管气泡居中;再将照准部转动 90°,如图 10—17b 所示,使水准管垂直于原两地脚螺旋的连线,转动另一地脚螺旋,使水准管气泡居中为止。

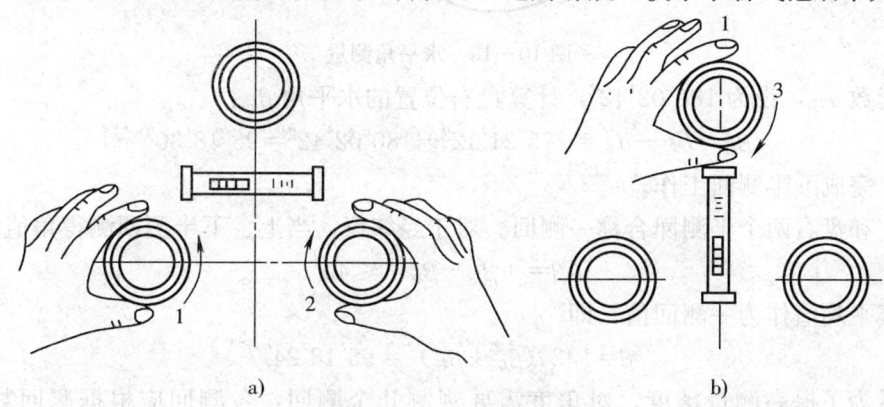

图 10—17 经纬仪整平

3) 调焦和照准。照准就是使望远镜十字线交点精确瞄准目标。照准前先松开望远镜制动螺旋与照准部制动螺旋,将望远镜进行目镜对光,使十字线清晰;然后用望远镜上的照门和准星粗略瞄准目标,使目标清晰,并消除视差;制动照准部和望远镜微动螺旋,精确照准目标;测水平角,使十字线照准目标底部。

4) 读数。调节反光镜及读数显微镜,使度盘与测微影像清晰,亮度适中,按前述的读数方法读数。

(4) 水平角测量。在对中、整平工作完成后,即可进行角度测量。下面介绍测角的基本方法——测回法。如图 10—18 所示,设要观测 $\angle AOB$ 的大小,先将经纬仪安置在角的顶点 O 上,进行对中、整平,并在 A、B 两点树立标杆或测钎,作为照准标志,然后即可进行测角。测回法测角的步骤如下:

1) 盘左位置(竖直度盘在望远镜左侧)。顺时针方向旋转照准部,瞄准左边目标 A,读取水平度盘读数 $a_{左}$,设为 $0°02'30''$。顺时针旋转照准部,照准右边目标 B,读取读数 $b_{左}$,设为 $95°20'48''$,记入表中,并计算左位置的水平角 $\beta_{左}$:

$$\beta_{左} = b_{左} - a_{左} = 95°20'48'' - 0°02'30'' = 95°18'18''$$

以上完成上半测回的工作。

2) 盘右位置(竖直度盘位于望远镜右侧)。倒转望远镜,先瞄准右边目标 B、读取水平度盘读数 $b_{右}$,设为 $275°21'12''$。逆时针方向转动照准部,照准左边目标 A,读取水

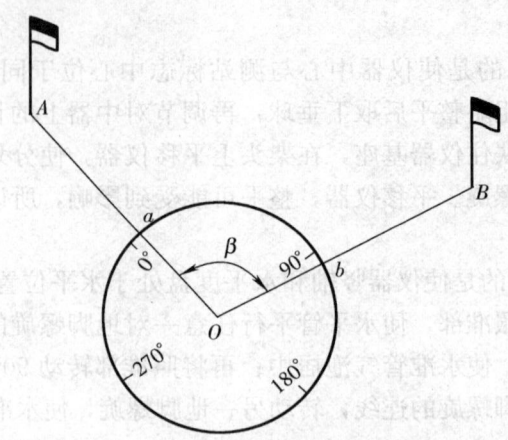

图10—18 水平角测量

平度盘读数 $a_右$，设为 $180°02'42''$，计算盘右位置的水平角 $\beta_右$：

$$\beta_右 = b_右 - a_右 = 275°21'12'' - 180°02'42'' = 95°18'30''$$

以上完成下半测回工作。

盘左和盘右两个半测回合称一测回。对于经纬仪，当上、下半测回测得角值之差

$$\Delta\beta = |\beta_左 - \beta_右| \leq 40''$$

取其平均值作为一测回值，即

$$\beta = 1/2(\beta_左 + \beta_右) = 95°18'24''$$

有时为了提高测量精度，对角度需要观测几个测回，各测回应根据测回数 n，按 $180°/n$ 改变起始水平度盘位置，各测回值互差不超过 $40''$，取各测回平均值作为最后结果。

(5) 竖直角的测量

1) 竖直角的观测

①经纬仪安放在测站的上方，然后进行对中和整平，并量取仪器的高度。

②先用盘左位置瞄准目标，以望远镜十字线的横线切于目标的顶端。

③转动测微螺旋，使双竖线夹住竖直度盘的分划线，然后进行精确读数。

④为了检验和提高观测质量，再用上述方法，进行盘右测量。

2) 竖直角计算公式。根据竖直角测量原理，竖直角是在竖直面内目标方向线与水平线的夹角，测定竖直角也就是测出这两个方向线竖直度盘上的读数差。当视准轴水平时，不论是盘左还是盘右，正常状态应该是 $90°$ 的整倍数，在观测竖直角之前，将望远镜放在大致水平的位置，观察一读数，然后逐渐仰起望远镜，观测竖直度盘读数是增加还是减少。若读数增加，则竖直角的计算公式为：

$$\alpha = 瞄准目标时的读数 - 视线水平时的读数$$

若读数减少，则

$$\alpha = 视线水平时的读数 - 瞄准目标时的读数$$

图10—19 所示为常用 J_6 型光学经纬仪的竖直度盘标记形式，设盘左时视线照准目标的读数为 L，盘右时视线的读数为 R。

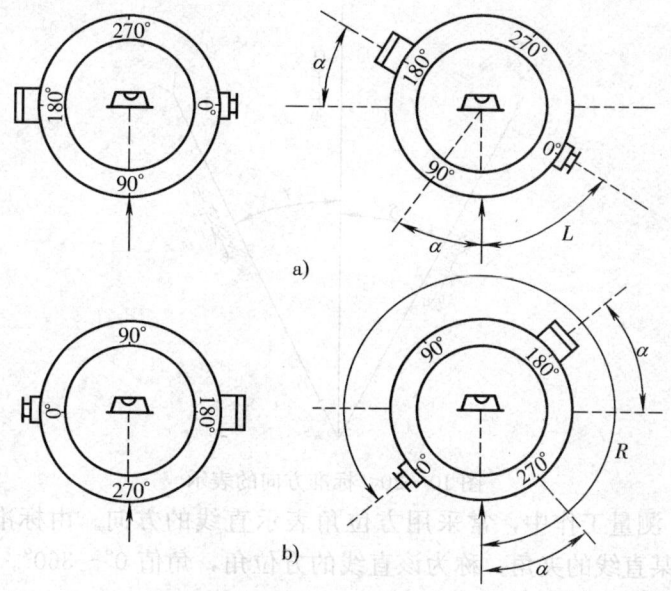

图 10—19 竖直度盘标记形式
a) 盘左 b) 盘右

如图 10—19 所示,在盘左位置,视线水平时竖直盘读数为 90°,当望远镜仰起,读数减小;在盘右位置,视线水平时竖直盘读数为 270°,当望远镜仰起,读数增加。根据上例得竖直角计算公式:

盘左 $\quad\quad\quad\quad\quad\quad\quad\quad\quad \alpha_L = 90 - L$

盘右 $\quad\quad\quad\quad\quad\quad\quad\quad\quad \alpha_R = R - 270°$

平均竖直角值为 $\quad\quad\quad \alpha = (\alpha_L + \alpha_R) = (R - L - 90°)$

11. 罗盘仪

罗盘仪是用来测定磁方位的仪器,可以用来确定工程测量所得两点连线方向。

(1) 直线定向。设备安装工程中,为确定地面两点间平面位置的相对关系,仅仅量得两点之间的水平距离是不够的,还需知道这两点连线的方向,才能把它们的相对位置确定下来。在测量工作中,一条直线的方向是根据某一标准方向来确定的。确定一条直线与标准方向的关系,称为直线定向。在测量工作中常用的标准方向有:

1) 真子午线方向。通过地面上一点,指向地球南北极的方向线,就是该点的真子午线方向。真子午线方向是用天文测量方法确定的。

2) 磁子午线方向。磁针在某点自由静止时所指的方向线,就是该点的磁子午线方向。

如图 10—20 所示,由于地球的两磁极与地球的南北极不重合。因此,地面上任意一点的真子午线与磁子午线方向是不一致的,两者的夹角 δ 称为磁偏角。

3) 坐标纵线(轴)方向。测量中常以通过测区坐标原点的坐标纵线为准,测区内通过任一点与坐标纵轴平行的方向线,称为该点的坐标纵线方向。

如图 10—20 所示,真子午线与坐标纵线间的夹角 γ 称为子午线收敛角。

(2) 直线方向的表示方法

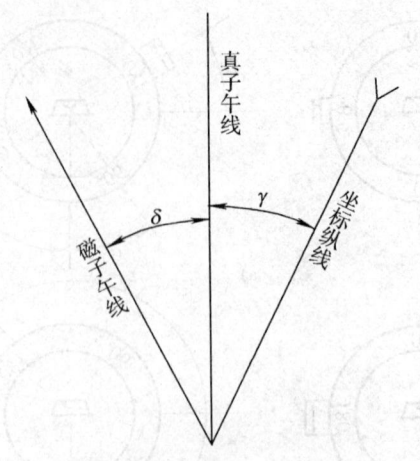

图 10—20 标准方向的表示

1）方位角。测量工作中，常采用方位角表示直线的方向。由标准方向的北端起，顺时针方向量得某直线的夹角，称为该直线的方位角，角值 0°～360°。由于采用的标准方向不同，直线的方位角有如下三种：

①真方位角。从真子午线方向的北端起，顺时针至直线间的夹角，称为该直线的真方位角，用 A 表示。

②磁方位角。从磁子午线方向的北端起，顺时针至直线间的夹角，称为磁方位角，用 A_m 表示。

③坐标方位角。从平行太阳坐标纵轴的方向线的北端起，顺时针至直线间的夹角，称为坐标方位角，以 α 表示。

测量工作中的直线都具有一定的方向，如图 10—21 所示，以 A 点为起点、B 点为终点的直线 AB 的坐标方位角为 α_{AB}。而直线 BA 的坐标方位角 α_{BA} 称为直线 AB 的反坐标方位角，正、反坐标方位角间的关系为：

$$\alpha_{BA} = \alpha_{AB} \pm 180°$$

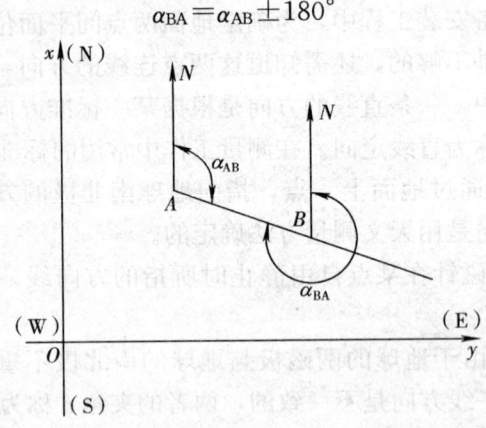

图 10—21 正、反坐标方位角互换

2）象限角。由坐标纵线的北端或南端起，顺时针或逆时针至直线间所夹的锐角，并注出象限名称，称为该直线的象限角，用 R 表示，角值由 0°～90°，如图 10—22 所示,直线 01、02、03、04 的象限分别为北东 R_{01}、南东 R_{02}、南西 R_{03} 和北西 R_{04}。

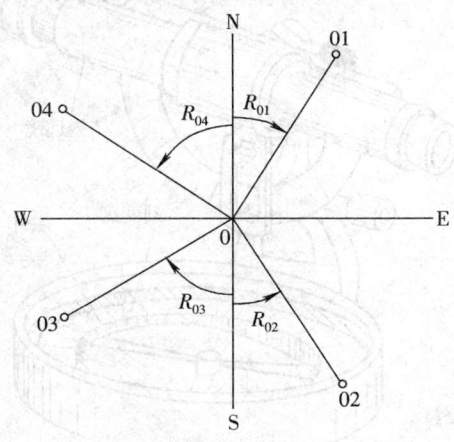

图 10—22 象限角的表示

3) 坐标方位角和象限角的换算关系。如图 10—23 所示为坐标方位角与象限角的互换,其换算关系见表 10—4。

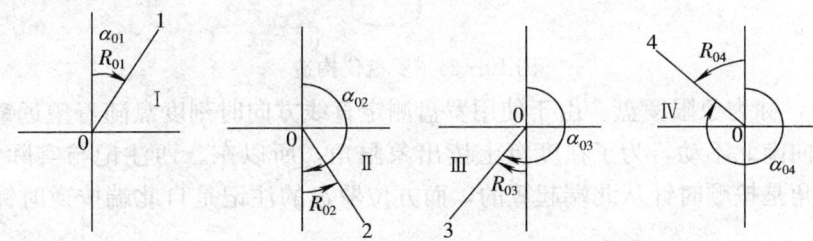

图 10—23 坐标方位角与象限角的互换

表 10—4　　　　　　　　坐标方位角与象限角的换算关系

直线方向	由坐标方位角推算象限角	由象限角推算坐标方位角
北东,第Ⅰ象限	$R_{01}=\alpha_{01}$	$\alpha_{01}=R_{01}$
南东,第Ⅱ象限	$R_{02}=180°-\alpha_{02}$	$\alpha_{02}=180°-R_{02}$
南西,第Ⅲ象限	$R_{03}=\alpha_{03}-180°$	$\alpha_{03}=180°+R_{03}$
北西,第Ⅳ象限	$R_{04}=360°-\alpha_{04}$	$\alpha_{04}=360°-R_{04}$

(3) 罗盘仪及其使用。在小测区建立独立的平面控制网时,可用罗盘仪测定直线的磁方位角,作为该控制网起始边的坐标方位角,将过起始点的磁子午线当作坐标纵线(轴)。

1) 罗盘仪的构造。如图 10—24 所示,罗盘仪主要由望远镜、刻度盘和磁针三部分组成。

①望远镜。望远镜是瞄准目标用的照准设备,望远镜为对外光式。望远镜一侧装有竖直度盘,用以测量竖直角。

②刻度盘。刻度盘上最小分划为 1°或 30′,每 10°做一注记。注记形式有两种:一种是按逆时针方向从 0°~360°,如图 10—25 所示,称为方位罗盘;一种是南、北两端为 0°,向两个方向注记到 90°,并注有北(N)、东(E)、南(N)、西(W)字样,如图

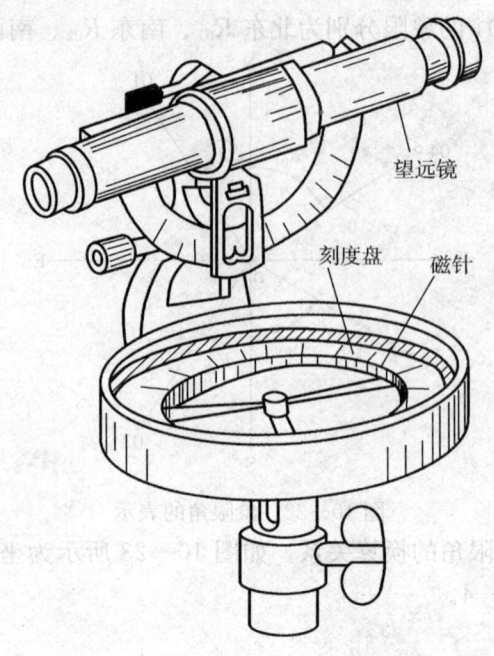

图 10—24 罗盘仪构造

10—26 所示，称为象限罗盘。由于使用罗盘测定直线方向时刻度盘随着望远镜转动，而磁针始终指向南北不动，为了在度盘上读出象限角，所以东、西注记与实际情况相反。同样，方位角是按顺时针从北端起算的，而方位罗盘的注记是自北端按逆时针方向注记的。

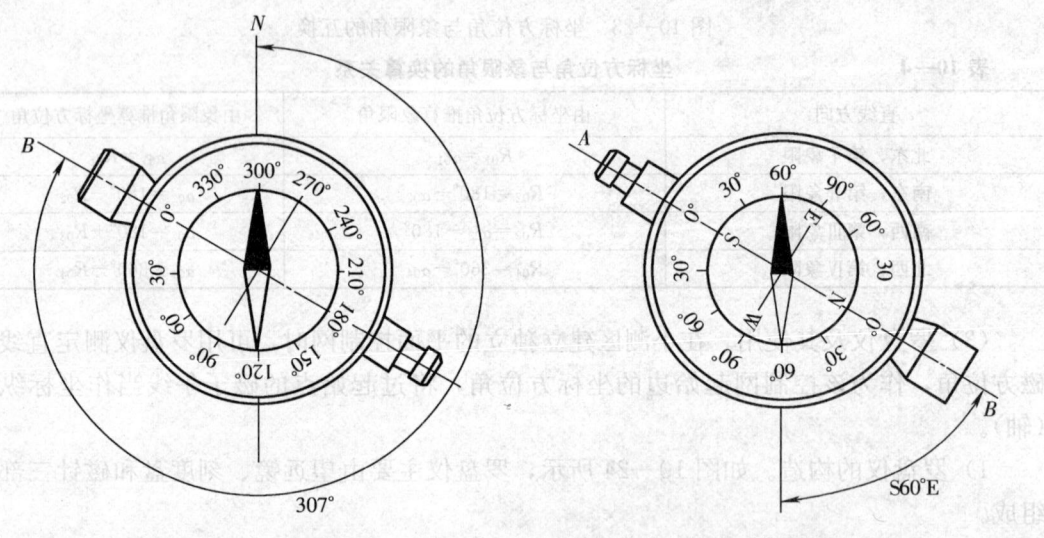

图 10—25 方位罗盘仪　　　　图 10—26 象限罗盘仪

③磁针。磁针是用人造磁铁制成，其中心装有镶着玛瑙的圆形球窝，在刻度盘的中心装有顶针，磁针球窝支在顶针上，可以自由转动。为了减少顶针的磨损和防止磁针脱落，不使用时应用固定螺旋将磁针固定。我国处于北半球，磁针北端因受到磁力影响而下倾，故在磁针南端绕有铜丝，使磁针水平，并借以分辨磁针的南北端。

2) 罗盘仪的使用。用罗盘仪测定直线的方位角（或磁象限角）时，先将罗盘仪安装在直线的起点，对中、整平。松开磁针固定螺旋放下磁针，再松开水平制动螺旋，转动仪器，用望远镜照准直线的另一端点上所立的标杆，待磁针静止后，如刻度盘的0°对向目标时，则读出磁针北端所指的刻度盘读数，即为该直线的磁方位角（或象限角）。

使用罗盘仪时，应注意避免任何铁器接近仪器，选择测站点应避开高压线、车间、铁栏杆等，以免产生局部磁化而影响磁针的偏转，造成读数的误差。使用完毕，应立即固定磁针，以防止顶针磨损和磁针脱落。罗盘内还装有水准器，用来整平罗盘仪。

二、常用测量方法

1. 直线度测量

直线度是检测实际线的形状对理想直线的偏差，根据允许偏差的大小可分为普通检测和精密检测。

（1）普通检测。对要求不高的构件，如型钢立柱、杆件、管子等，其直线度检测常用以下几种方法。

1) 贴切直线法。为了检测构件是否平直，可把构件放到检验平台上（见图10—27a）或用钢直尺贴靠在构件上（见图10—27b），然后可根据光隙大小判断、用塞尺或用钢直尺测量其直线度偏差。

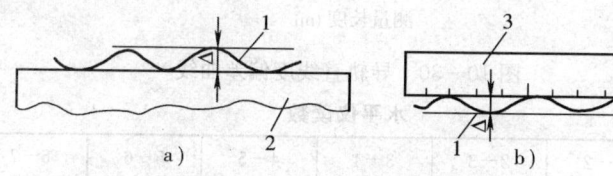

图10—27 贴切直线法检测直线度
a）用平台作贴切线 b）用钢直尺作贴切线
1—构件 2—平台 3—钢直尺

2) 端点连线法。

①单向弯曲。在安装现场对长度大的构件，一般用拉直线测量，即从两个端点拉一直线，检测构件凹凸处与拉线之间的距离。如图10—28所示，锅炉立柱的直线度允差a为1/1 000 mm，全长b为15 mm。

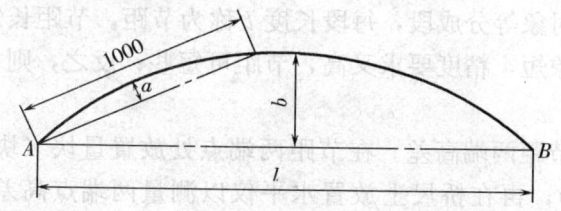

图10—28 端点连线法求直线度误差

②双向弯曲。用端点连线法检测双向弯曲构件直线度误差，其值应是端点连线上下最大数值之和，如图10—29所示为$b+c$。

③以符合最小条件的包容线为理想直线。用水平仪测量长表面的直线度，将水平仪在每连续测量段上测得的读数值在坐标纸上绘制曲线图，再按图上曲线来检查单位长度

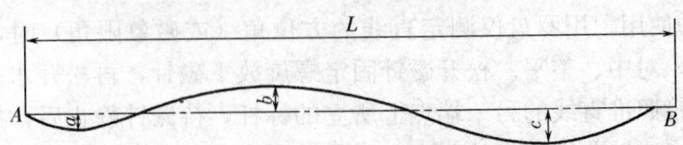

图10—29 双向弯曲端点连线法求直线度误差

上和全长上的直线度，如图10—30所示，横坐标表示导轨测量长度，纵坐标为偏差，用0.02/1 000的水平仪等距离（500 mm）测量，水平仪读数见表10—5。

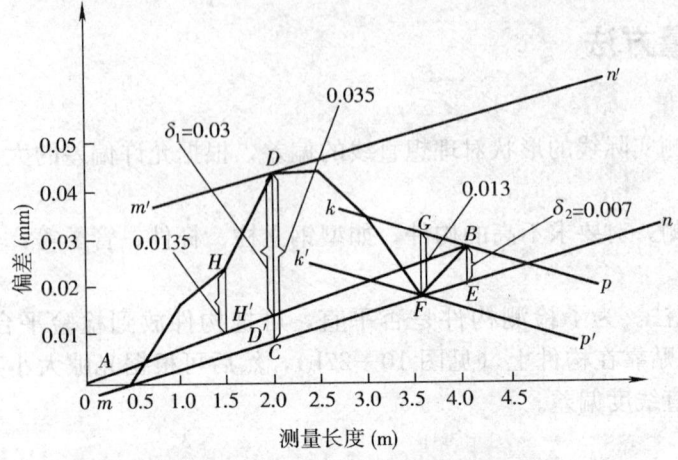

图10—30 导轨直线度偏差曲线

表10—5　　　　　　　　　　　水平仪读数

检具位置	0—1	1—2	2—3	3—4	4—5	5—6	6—7	7—8
水平仪读数	0	$+\dfrac{0.032}{1\,000}$	$+\dfrac{0.016}{1\,000}$	$+\dfrac{0.040}{1\,000}$	0	$-\dfrac{0.020}{1\,000}$	$-\dfrac{0.032}{1\,000}$	$+\dfrac{0.020}{1\,000}$

3）放样平台法。铆工和弯管工都在放样平台上检测管子和型钢的直线度。

（2）精密检测。直线度偏差精密检测可用水平仪、准直仪、千分表、电感测微仪、读数显微镜等。这里只介绍用水平仪节距法检测直线度偏差的方法。

1）测量步骤

①分段。把被测对象等分成段，每段长度 l 称为节距。节距长短与被测对象和精度要求有关。若被测对象短，精度要求又高，节距可短些；反之，则长些。一般 $l=200\sim500$ mm。

②用水平仪测量节距两端高差。在节距两端点处放置量块（块规），在量块上放置桥尺（精度高的平尺），再在桥尺上放置水平仪以测量两端点高差，如图10—31所示（若节距和水平仪等长，可省去量块和桥尺）。

③记录数据。节距两端高差与水平仪的分度值、读数格数和节距间的关系为

$$\Delta h = inl$$

式中　Δh——节距两端高差，μm；

　　　i——水平仪分度值，mm/m；

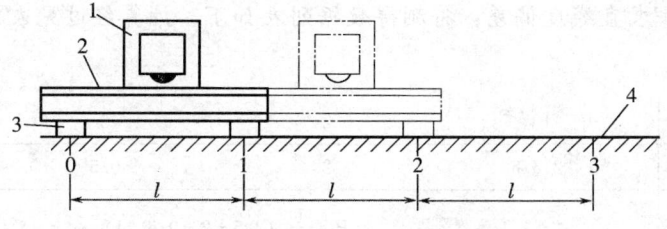

图 10—31 用水平仪测直线度偏差图
1—水平仪 2—桥尺 3—量块 4—被测物

l——节距，mm；

n——水平仪读数值，格。

2）直线度偏差计算

①图解法求直线度偏差。用图解法求直线度偏差，首先要作出实际线的近似轮廓线，简称运动曲线，如图 10—32 所示。

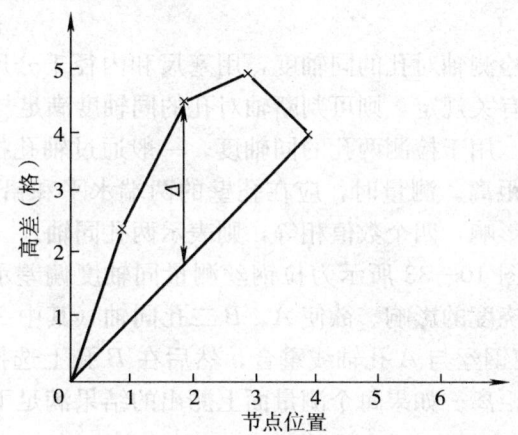

图 10—32 求直线度偏差

②用计算法求直线度偏差。用计算法可不作运动曲线，通过计算即可求直线度偏差。设用水平仪测得各段读数为 n_1、n_2、n_3…n_m（m 为分段数），其计算步骤为：

第一步，求得测得数的平均值为 P，即

$$P = 1/m\,(n_1+n_2+n_3+\cdots+n_m) = 1/m\sum n_i$$

第二步，求出 n_1-P，n_2-P，n_3-P…n_m-P

第三步，逐次求累积数：n_1-P，n_1+n_2-2P，$n_1+n_2+n_3-3P$…$\sum n_i - mp$

若差的累积数≥0，运动曲线为凸形，其中最大的一个为直线度偏差。若差的累积数≤0，运动曲线为凹形，其中绝对值最大的一个为直线度偏差。如差的累积数为波折形，则其中最大值与负的绝对值最大值之和为直线度偏差。

【例】用作图法、计算法求图 10—32 所示直线度偏差，其测得数据同下面计算法的数据。

（1）作图法求直线度偏差。由上图可知，此运动曲线为纯凸形，两端点连线也是贴切线。偏差的大小可用图中比例量取，也可计算，即

$$\Delta = (4.5-2) \times 0.02 \times 500 = 25\ (\mu m)$$

(2) 用计算法求直线度偏差：将测得数据列表如下，计算经过见表中所列。

解：

分段号	1	2	3	4
分段读数（格）	2.5	2	0.5	−1
求平均值（格）		$P=\frac{1}{4}(2.5+2+0.5-1)$		
求 $n_i - P$（格）	1.5	1	−0.5	−2
差累积数（格）	1.5	2.5	2	0

求得直线度偏差 $\Delta = 2.5 \times 0.02 \times 500 = 25$ （μm）

应当指出的是，用作图法求得的直线度偏差与计算法求得的直线度偏差是一致的。

2. 同轴度测量

(1) 塞尺法。用于检测轴对孔的同轴度，用塞尺和内径千分尺检测各部间隙和两端间隙相等或误差不超过有关规定，则可判断轴对孔的同轴度满足与否。

(2) 内径千分尺法。用于检测两孔的同轴度，一般通过轴孔拉钢丝的方法，用内径千分尺测孔壁与钢丝的距离。测量时，应在孔壁的两端水平和铅垂方向测出四组数值，若除去钢丝挠度因素的影响，四个数值相等，则表示两孔同轴。

(3) 拉钢丝法。如图10—33所示为拉钢丝测量同轴度偏差示意图。根据精确度要求，此时都要考虑钢丝挠度的影响。欲使 A、B 二孔同轴（其中 A 孔为基准孔，B 孔为被调孔），调整线架，使钢丝与 A 孔轴线重合，然后在 B 孔上选择测量面，并用内径千分尺测量孔壁到钢丝的距离。如果每个测量面上测出的结果满足下式关系，则 B 孔与 A 孔同轴，即

$$R_e = R_r = 1/2 (D-d)$$
$$R_s - R_x = 2f$$

式中　D——B 孔内径，mm；

　　　d——钢丝直径，mm；

　　　R_e——左孔壁到钢丝的距离，mm；

　　　R_r——右孔壁到钢丝的距离，mm；

　　　R_s——上孔壁到钢丝的距离，mm；

　　　R_x——下孔壁到钢丝的距离，mm；

　　　f——测量面处钢丝的挠度值，mm。

由于钢丝为挠性物体，用内径千分尺测量时，与钢丝接触的一端，全靠目力观察，误差较大。误差的产生主要有两个原因：一是千分尺放置位置不准确（应在上、下和左、右处的切点处），二是内径千分尺与钢丝接触力大小。为了提高测量的精确度、减少测量误差，常采用下列措施。

1) 用放大镜观察接触情况——放大镜法。先用拉钢丝、内径千分尺测量距离，再用放大镜观察接触情况。内径千分尺的分度值为 0.01 mm，还可目估 0.001 mm。但用

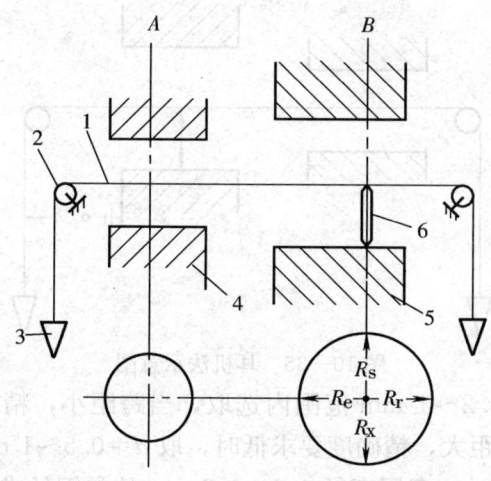

图 10—33 拉钢丝测量同轴度偏差
1—钢丝　2—滑轮和支架　3—线锤　4—基准孔　5—被测孔　6—内径千分尺

放大镜观察达不到这个精确度,其测量误差一般在 0.05 mm 左右。

2）光电法——又称闪光法（见图 10—34）。光电法是用小灯泡代替人的目力,虽然比放大镜法有很大改进（主要是易操作）,但因为接触力的大小不易控制,测量精确度仍没有明显提高。用灵敏的电流表（安装现场多用万用表）代替光电法中的灯泡,测量误差可降到 0.02～0.03 mm,其不足之处是因为人的眼睛既要观察接触情况,又要看表,仍不方便。

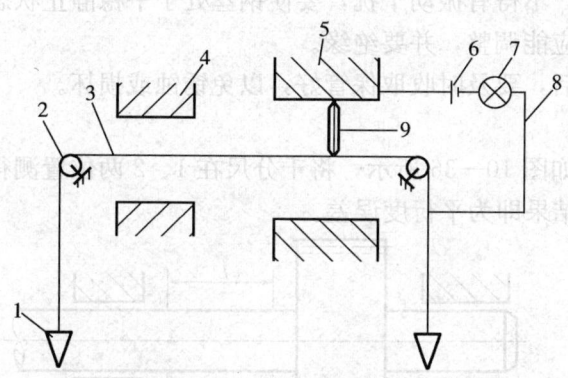

图 10—34　光电法示意图
1—线锤　2—滑轮和支架　3—钢丝　4—基准孔　5—被测孔
6—电池　7—小灯泡　8—导线　9—内径千分尺

3）耳机法——又称听声法（见图 10—35）。用耳机代替灯泡或电流表,操作者根据耳机内的响声判断接触情况。在设备实际安装当中,听声法和电流表法常联合使用,称为导电法,可用于最小公差为 0.02 mm 的测量中。使用导电法时,要注意钢丝与大地应绝缘；测量点处要清洗干净,保证接触电阻稳定。

（4）对钢丝的要求及注意事项

1）对钢丝的要求

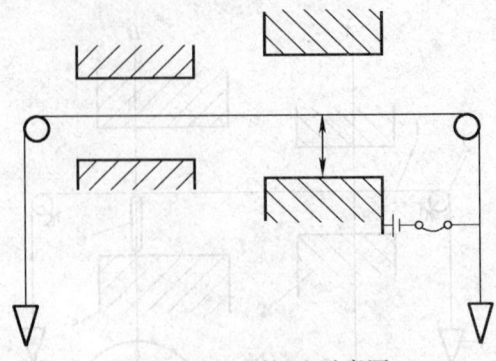

图 10—35 耳机法示意图

①钢丝直径一般在 0.2～1 mm 范围内选取，当跨距小，精确度要求高时，取直径 $d=0.2～0.5$ mm；当跨距大，精确度要求低时，取 $d=0.5～1$ mm。检查同轴度的钢丝直径一般不宜超过 0.5 mm，多用直径 0.2～0.3 mm 的琴钢丝或弹簧钢丝。

②钢丝直径要均匀，不准有锈蚀、打结和死弯等。

③钢丝的拉紧多用挂线锤的方法。当用线锤拉紧，线锤的质量即为钢丝的拉紧力。线锤的质量 G，一般在所拉钢丝抗拉强度 30%～80% 范围内选取。若用琴钢丝或弹簧丝，则还要考虑挠度。

2) 钢丝使用的注意事项

①所拉钢丝的有效长度不要小于被测对象的长度。

②在钢丝的有效长度内，除两支点外，不得再接触其他物体。

③被测对象周围，不得有振动干扰，要使钢丝处于平稳静止状态。

④钢丝两端支撑应能调整，并要绝缘。

⑤钢丝使用完毕后，要及时收取保管好，以免锈蚀或损坏。

3. 平行度检测

(1) 千分尺法。如图 10—36 所示，将千分尺在 1、2 两位置测得的读数差除以 1、2 两位置的距离 L，其结果即为平行度误差。

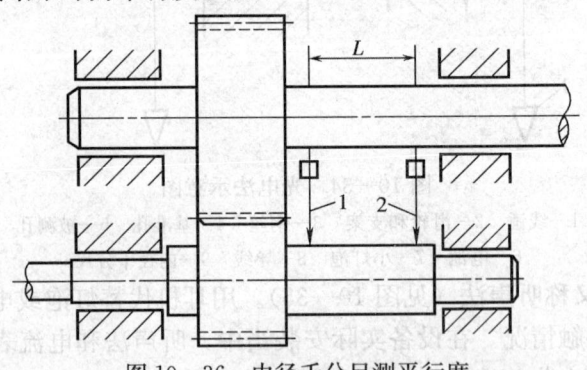

图 10—36 内径千分尺测平行度
1、2—千分尺读数位置

(2) 拉钢丝卡尺法。如图 10—37 所示，先使钢丝 2 与轴 1 垂直，即使 $a_1=a_2$，然后检查钢丝 2 与轴 3 的指针在 180°的两位置处的间隙，即 b_1 是否等于 b_2，其平行度误差为 $\Delta b_{12}/2R$。

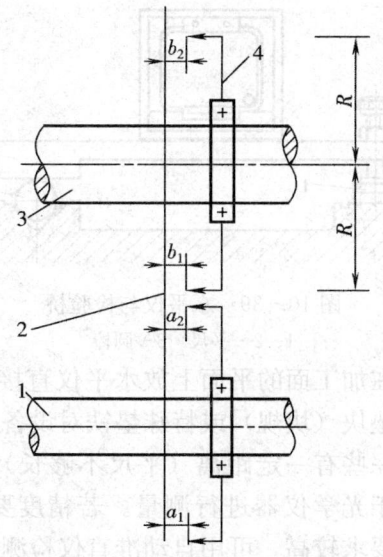

图 10—37 拉钢丝测平行度
1、3—轴　2—钢丝　4—卡尺

(3) 百分表法。检验龙门铣床水平铣头主轴中心线对工作台面的平行度时，先在主轴锥孔中插一根检验棒（见图 10—38），后将百分表放在工作台面上，百分表的测杆触及检验棒的上母线，移动百分表进行检验。偏差应以检验棒旋转 180°两次测得结果的算术和的一半计算。

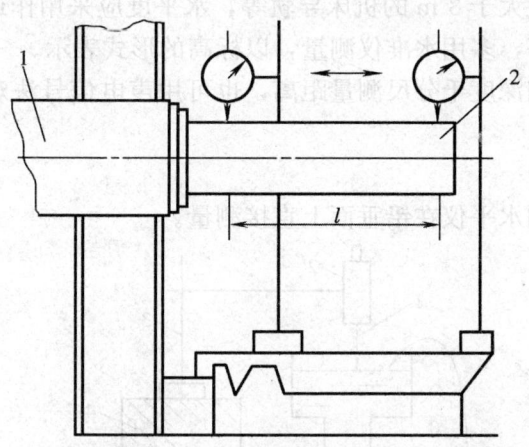

图 10—38　百分表测平行度
1—主轴　2—检验棒

(4) 水平仪法。如图 10—39 所示为用水平仪和平尺来检测机床导轨的平行度误差的示意图。以其中 V 形导轨作为基准，测量另一导轨对基准导轨的平行度误差。测量时，在 V 形导轨上放一圆棒，在平导轨上放一平尺。在平尺和圆棒上面再垂直放一根平尺，整个测量系统构成一个检验桥，在与导轨垂直的平尺上面放上一个水平仪，然后逐次移动检验桥，观察水平仪气泡移动的情况。

4. 水平度检测

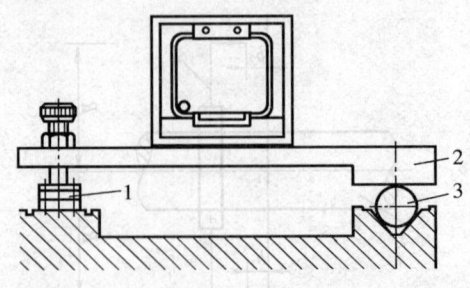

图 10—39 水平仪与检验桥
1、2—平尺 3—圆棒

(1) 水平仪法。一种是在加工面的平面上放水平仪直接测量。另一种是把水平仪放在平尺上，平尺两端放等高垫块（块规）或特殊垫铁对设备进行检测。

(2) 光学仪器法。对于一些有一定距离（平尺不够长）、又不在同一体的设备的等高水平面进行检测，应借助于光学仪器进行测量。若精度要求不高，可用水准仪检测，用钢直尺作观测目标；精度要求较高，可用自动准直仪检测。

(3) 液面法。液面法是根据在连通器内，各液面均处于同一个水平面上，以此水平面为基准与被测平面相比较。用液体连通器测量大间距的水平度比较方便，液体宜用鲜艳颜色（如蓝色或红色）。当被测设备精度要求不高时，可用钢直尺测量读数；对精度要求较高的设备，可用测微螺旋读数。

对一般设备，若被测平面较小，测点测出的水平度数值即可代表设备的水平度；对于较长的设备，如长度大于 3 m 的机床导轨等，水平度应采用作运动曲线方法测得；对于钢结构、行车轨道等，多用水准仪测量，以标高的形式表示。

精密测量时，可用深度千分尺测量距离，也可用声电信号法观测液面接触情况，如图 10—40 所示。

5. 铅垂度检测

(1) 水平仪法。用水平仪在铅垂面上直接测量。

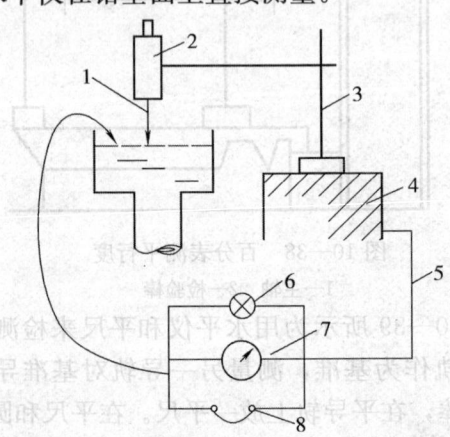

图 10—40 声电信号法观测液面接触情况
1—触针 2—深度千分尺 3—千分表架 4—被测物
5—导线 6—灯泡 7—电流表 8—耳机

(2) 经纬仪法（见图 10—41）。用此法检查时，必须在未吊装设备之前，先在设备壳体上、下部做好测点标记。待设备竖立后，用经纬仪测量设备壳体上、下部的 A、B 两测点。若将 A 点垂直投影下来能与 B 点重合，即说明设备壳体在这一侧与地面垂直；若不能重合，则说明设备壳体在这一侧与地面不垂直。此时可用测量标桅杆测出其偏差量为 Δ，故设备的铅垂度为 Δ/h。用同样的方法检测设备壳体另一个方向（与前一个方向成 90°）的铅垂度。

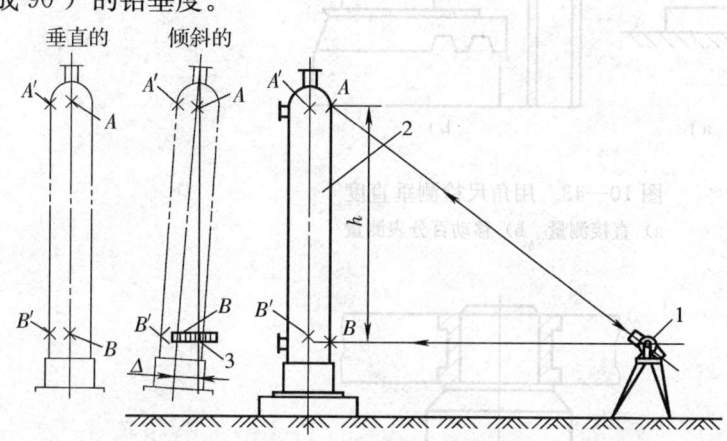

图 10—41 经纬仪法检查和测量设备壳体的铅垂度
1—经纬仪 2—设备壳体 3—测量标桅杆 A、B—测点标记

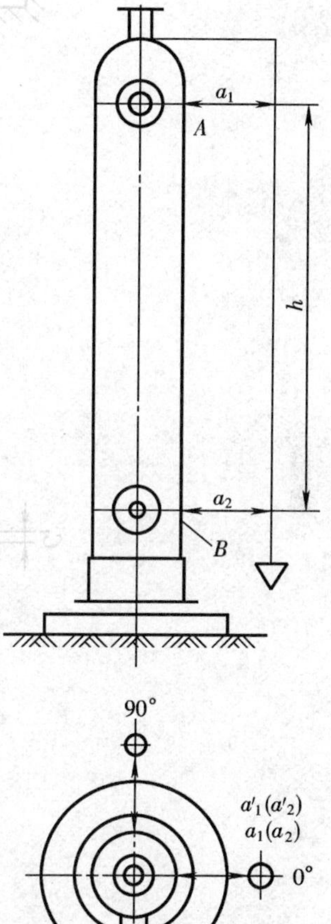

(3) 吊线锤法。检查时，由设备顶部互成垂直的 0°和 90° 两个方向上各挂设一根铅垂线至设备底部，然后在设备壳体上、下部的 A、B 两测点上用钢直尺进行测量，如图 10—42 所示。设设备上部在 0°和 90°两个方向上的设备壳壁与铅垂线之间的距离为 a_1、a'_1 和 a_2、a'_2，上、下两测点之间的距离为 h。

则设备壳体在 0°和 90°两个方向上的铅垂度分别为

$$\Delta/h = (a_1 - a_2)/h \text{ 和 } \Delta'/h = (a'_1 - a'_2)/h$$

此处的 Δ/h 和 Δ'/h 均应在允许值内，一般设备的铅垂度的允许值为 1/1 000，但设备顶外倾的最大偏差量不得超过 20 mm。

6. 垂直度检测

(1) 角尺法。当检测的两要素（线或面）距离较近，高度不大，可直接用 90°角尺靠测，如图 10—43a 所示，其垂直度偏差可根据光隙大小判断或用塞尺检查。若需测出垂直度精确数值，如检验龙门铣床水平铣头垂直移动对工作台的垂直度，可用百分表进行，如图 10—43b 所示。

图 10—42 吊线锤法检查设备壳体的铅垂度

(2) 水平仪法。用水平仪直接检测垂直度。

(3) 回转法

1) 拉线法。如图 10—44 所示，测量轴与拉设基准钢丝线的垂直度时，可在轴上固定一卡尺，当其转至靠近基准线时，测出卡尺与基准钢丝线的距离 C_1；转 180°后，测得 C_2，则垂直度误差为 $|(C_1 - C_2)/2R|$。

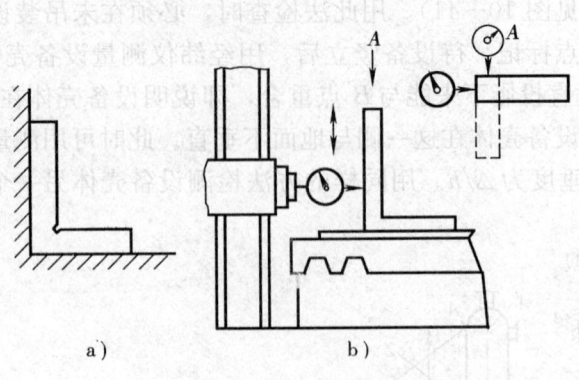

图 10—43 用角尺检测垂直度
a) 直接测量 b) 移动百分表测量

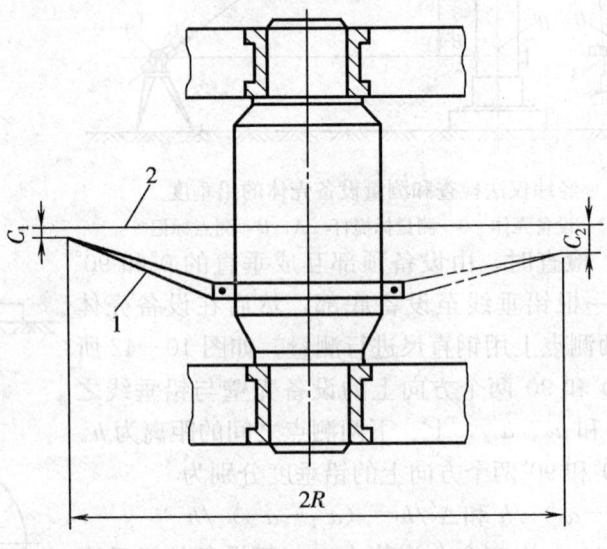

图 10—44 拉线法测垂直度
1—卡尺 2—基准钢丝线

2) 百分表法。如图 10—45 所示，检测摇臂钻床主轴中心线对底座工作面垂直度时，可在底座工作面到按纵横向放置平尺，在主轴上固定一个百分表，其测杆顶在平尺面上，旋转主轴 180°，分别在 a_1、a_2 和 b_1、b_2 位置上进行检测。其垂直度偏差为 $\Delta a/2R$ 和 $\Delta b/2R$。

3) 对角线法。如图 10—46 所示，炉排安装时要求 ABCD 成一矩形，两块墙板等长，即 AB=CD。安装时，可用拉对角线的方法进行检测。已知图示墙板间距的公差为 ±3 mm。但如果仅仅 AD=BC，并不一定表示 AD⊥DC，AB⊥BC，安装中还应测量 AC 和 BD 的长度是否相等才能验证 ABCD 是否为矩形。

三、联轴器找正对中

1. 轴向径向联合测量法

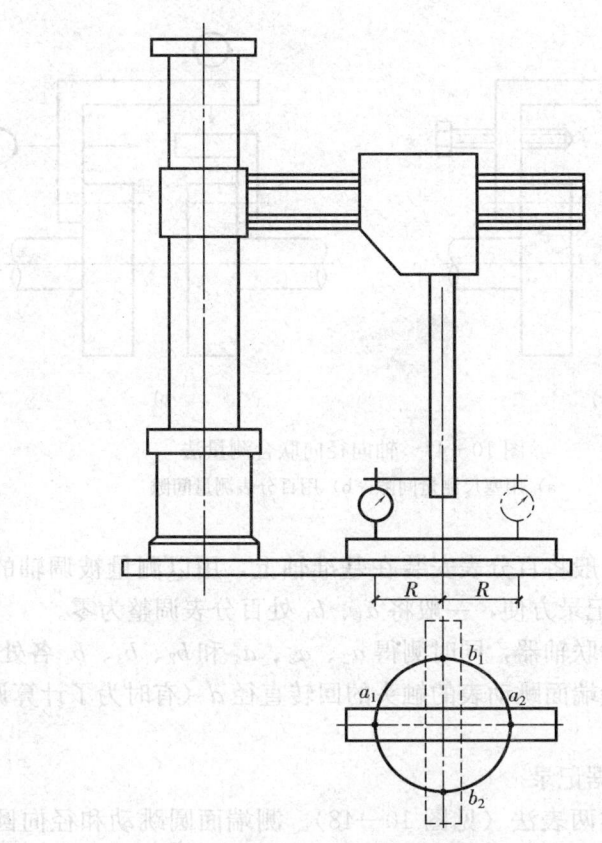

图 10—45 百分表法测垂直度

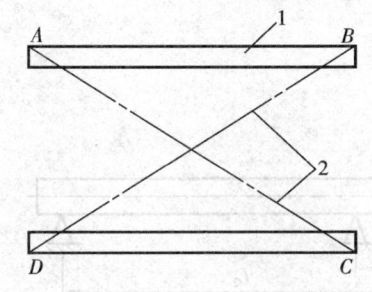

图 10—46 对角线法测垂直度
1—墙板　2—基准钢丝线

轴向径向联合测量法是通过联轴器的轴向间隙和径向圆跳动来检测同轴度偏差的。间隙测量可用塞尺（见图 10—47a），也可用百分表或千分表（见图 10—47b）。常用的是用百分表来测量间隙，为此，首先要有一个找正架，找正架应有足够的刚度，并要安装牢固。

(1) 测量步骤

1) 选择测点。将联轴器端面和外圆柱面分为四等分作为测点，分别用 b_1、b_2、b_3、b_4 和 a_1、a_2、a_3、a_4 表示。其中 b_i 表示轴向，a_i 表示径向；1 代表上，3 代表下；2 为

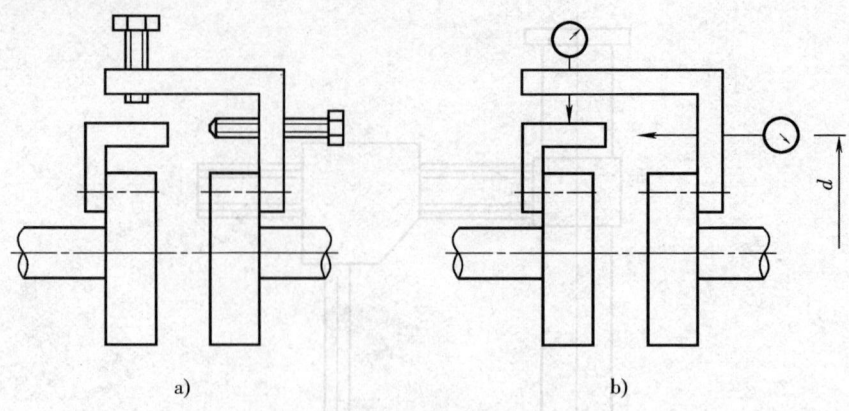

图 10—47 轴向径向联合测量法
a) 用塞尺测量间隙　b) 用百分表测量间隙

后，4 为前。

2) 安装百分表。一般将百分表安装在基准轴上，用以测量被调轴的端面圆跳动量和径向圆跳动量。为了记录方便，一般将 a_1、b_1 处百分表调整为零。

3) 测量。人工盘动联轴器，同时测得 a_2、a_3、a_4 和 b_2、b_3、b_4 各处数值。

4) 辅助测量。测量端面跳动表的触头的回转直径 d（有时为了计算调整量还要测量支撑间距等）。

(2) 测量方法和数据记录

1) 一点法——又称两表法（见图 10—48）。测端面圆跳动和径向圆跳动各用一个表，共计两个表（故称两表法）。盘动轴转动，在同一个位置上（后、下、前）测出端面圆跳动和径向圆跳动（故又称一点法）。

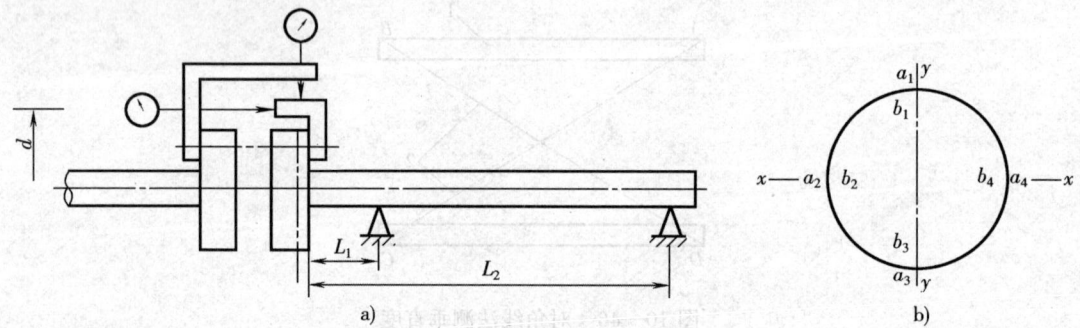

图 10—48 两表测量法
a) 测量　b) 数据记录

用一点法测量一般最少测两次，如果两次测得数据差异较大时，要找出原因予以排除。这可能是测量架安装不牢固、轴有轴向窜动和某些主观原因所致。一般测得数据应遵守下列关系，即

$$\left. \begin{array}{l} a_1+a_3=a_2+a_4 \\ b_1+b_3=b_2+b_4 \end{array} \right\}$$

一点法的缺点是轴的轴向窜动会影响测量精确度。

2) 两点法——又称三表法。用两点法测量如图 10—49 所示。测径向圆跳动用一个表，测轴向圆跳动用两个表，共计 3 个表（故称三表法）。盘动轴转动时，测一个位置上的径向圆跳动，同时测出这个位置和相隔 180°位置上的两点端面圆跳动量（故又称两点法）。这样做的目的是为了消除轴向窜动的影响。

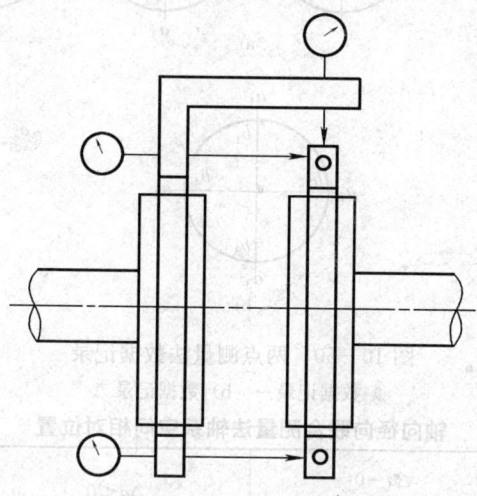

图 10—49 三表测量法

用两点法的测量数据记录如图 10—50a 所示，然后计算出测量结果，即

$$\left.\begin{aligned} b_1 &= \frac{1}{2}(b'_1 + b''_1) \\ b_2 &= \frac{1}{2}(b'_2 + b''_2) \\ b_3 &= \frac{1}{2}(b'_3 + b''_3) \\ b_4 &= \frac{1}{2}(b'_4 + b''_4) \end{aligned}\right\}$$

计算所得 b_1、b_2、b_3、b_4 和 a_1、a_2、a_3、a_4，再记录成如图 10—50b 所示形式，同样要用上式判断测量的正确性。

(3) 空间位置的判断。两轴空间位置可通过测得的端面圆跳动量和径向圆跳动量来判断。

在水平面（H）

$$\left.\begin{aligned} \Delta a_x &= a_4 - a_2 \\ \Delta b_x &= b_4 - b_2 \end{aligned}\right\}$$

在垂直平面（V）

$$\left.\begin{aligned} \Delta a_y &= a_3 - a_1 \\ \Delta b_y &= b_3 - b_1 \end{aligned}\right\}$$

根据 Δa_x、Δb_x 和 Δa_y、Δb_y 四个量为正、负或为零，轴系空间相对位置可有九种情况（见表 10—6）。

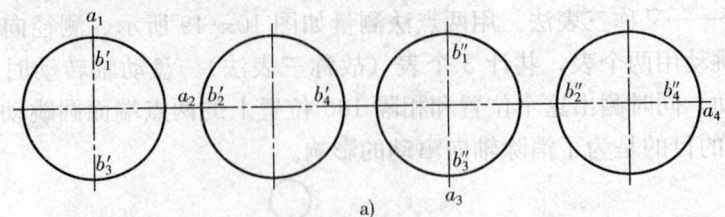

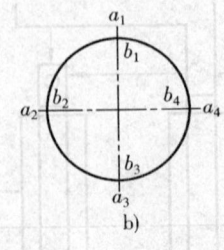

图 10—50 两点测量法数据记录
a) 数据记录一 b) 数据记录二

表 10—6 　　　　　　　　轴向径向联合测量法轴系空间相对位置

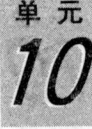

A—基准轴 B—被调轴	$\Delta a=0$ (BA 对正) $V:\begin{cases}\Delta a_y=0\\ 上下对正\end{cases}$ $H:\begin{cases}\Delta a_x=0\\ 前后对正\end{cases}$	$\Delta a<0$ $V:\begin{cases}\Delta a_y<0\\ B心偏上\end{cases}$ $H:\begin{cases}\Delta a_x<0\\ B心偏后\end{cases}$	$\Delta a>0$ $V:\begin{cases}\Delta a_y>0\\ B心偏下\end{cases}$ $H:\begin{cases}\Delta a_x>0\\ B心偏前\end{cases}$
$\Delta b=0$ ($B/\!/A$) $V:\Delta b_y=0$ $H:\Delta b_x=0$	A ─── B	A ─── B	A ─── B
$\Delta b<0$ $V:\Delta b_y<0$, 下开口大 $H:\Delta b_x<0$, 前开口大	A ╱B	A ╱B	A ╱B
$\Delta b>0$ $V:\begin{cases}\Delta b_y>0\\ 上开口大\end{cases}$ $H:\begin{cases}\Delta b_x>0\\ 后开口大\end{cases}$	A ╲B	A ╲B	A ╲B

(4) 同轴度偏差计算

1) 两轴轴心径向位移

$$a_x = \frac{1}{2}(a_4 - a_2)$$
$$a_y = \frac{1}{2}(a_3 - a_1)$$
$$a = \sqrt{a_x^2 + a_y^2}$$

式中 a_x——两轴心在 x 方向径向位移（H 面）；

a_y——两轴心在 y 方向径向位移（V 面）；

a——两轴心实际径向位移。

2) 两轴轴线偏斜

$$\theta_x = \frac{1}{d}(b_4 - b_2)$$
$$\theta_y = \frac{1}{d}(b_3 - b_1)$$
$$\theta = \sqrt{\theta_x^2 + \theta_y^2}$$

式中 d——测端面跳动表触头回转直径；

θ_x——两轴在 x 方向倾斜（H 面）；

θ_y——两轴在 y 方向倾斜（V 面）；

θ——两轴实际倾斜。

2. 径向反转测量法

径向反转测量法仅通过联轴器的外圆径向跳动量的测量，判断被调轴和基准轴间空间位置的关系。

（1）测量步骤

1) 选取测点。将联轴器的外圆柱面沿圆周作四等分，被调轴标记 a_1、a_2、a_3 和 a_4，基准轴标记为 a'_2、a'_3 和 a'_4。

2) 测量被调轴径向圆跳动。将百分表固定在基准轴（A）端，如图 10—51a 所示。而将其表触头触及被调轴半联轴器的外圆柱面上，并在 a_1 位置将百分表读数调整为零。盘车测得 a_2、a_3、a_4。

3) 测量基准轴径向圆跳动量。将百分表及表架拆下安装在被调轴（B）上，将触头触及基准轴（A）的半联轴器的外圆面上，如图 10—51b 所示，并在 a'_1 处调为零，盘车测得 a'_2、a'_3 和 a'_4。

（2）空间位置判断。联轴器所连的两轴空间位置，可通过径向圆跳动量判断。

在水平面测量时（H）

$$\Delta a_x = a_4 - a_2$$
$$\Delta a'_x = a'_4 - a'_2$$

在垂直面内测量时（V）

$$\Delta a_y = a_3 - a_1$$
$$\Delta a'_y = a'_3 - a'_1$$

根据 Δa 和 $\Delta a'$ 的大小和正负判断轴系空间位置（见表 10—7）。

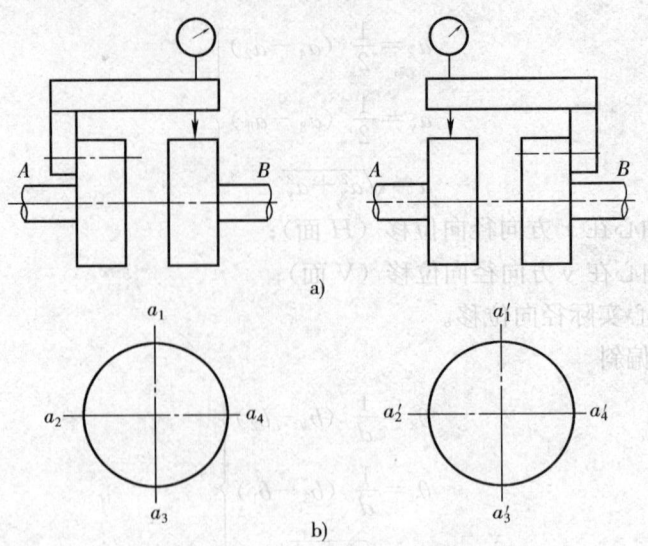

图 10—51 径向反转测量法
a) 正测 b) 反测

表 10—7　　径向反转测量法轴系空间位置

A—基准轴 B—被调轴	$\Delta a=0$（A、B 对正） $V:\begin{cases}\Delta a_y=0\\ 上下对正\end{cases}$ $H:\begin{cases}\Delta a_x=0\\ 前后对正\end{cases}$	$\Delta a<0$ $V:\begin{cases}\Delta a_y<0\\ B 心偏上\end{cases}$ $H:\begin{cases}\Delta a_x=0\\ B 心偏后\end{cases}$	$\Delta a>0$ $V:\begin{cases}\Delta a_y>0\\ B 心偏下\end{cases}$ $H:\begin{cases}\Delta a_x>0\\ B 心偏前\end{cases}$
$\|\Delta a\|=\|\Delta a'\|$ $B // A$	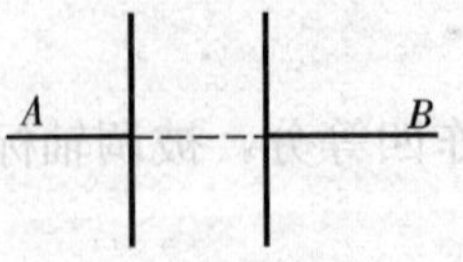 $\Delta a=0$ $\Delta a'=0$	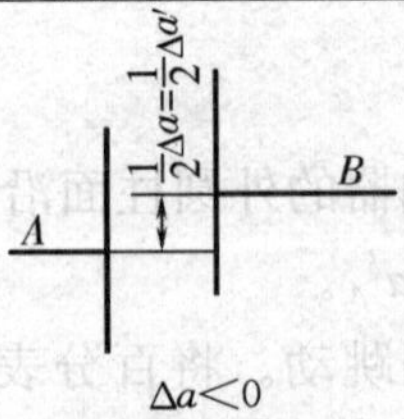 $\Delta a<0$ $\Delta a'>0$	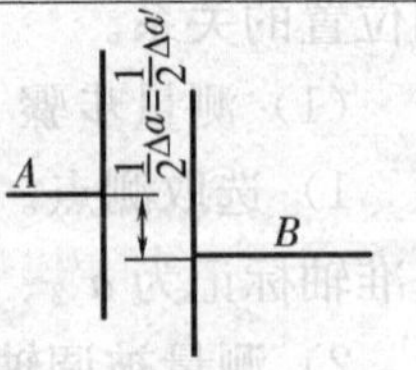 $\Delta a>0$ $\Delta a'<0$
V：下开口大 H：前开口大	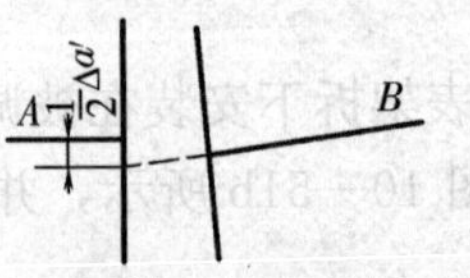 $\Delta a'<0,\ \Delta a=0$ $\|\Delta a'\|>\|\Delta a\|$	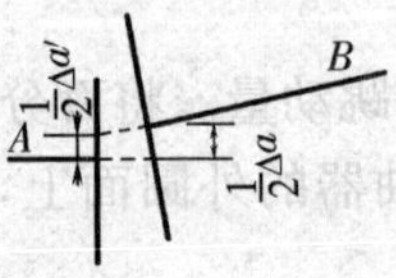 $\Delta a'>0,\ \Delta a<0$ $\|\Delta a'\|<\|\Delta a\|$	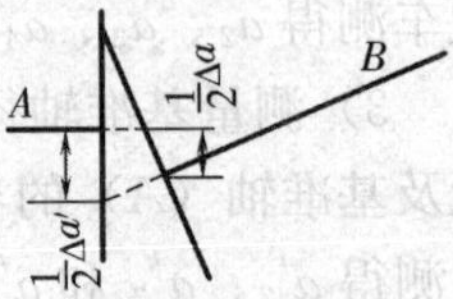 $\Delta a'<0,\ \Delta a>0$ $\|\Delta a'\|>\|\Delta a\|$
V：上开口大 H：后开口大	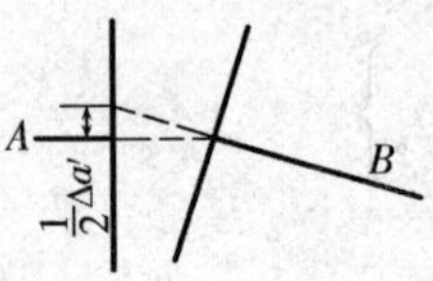 $\Delta a'>0,\ \Delta a=0$ $\|\Delta a'\|>\|\Delta a\|$	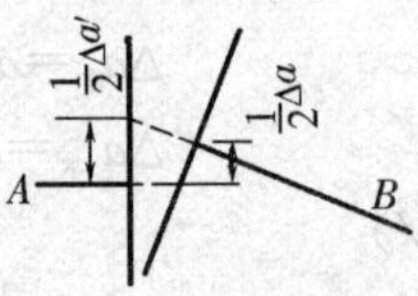 $\Delta a'>0,\ \Delta a<0$ $\|\Delta a'\|>\|\Delta a\|$	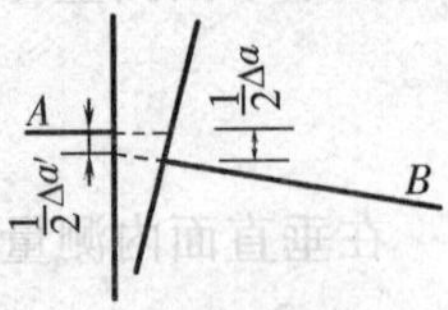 $\Delta a'<0,\ \Delta a>0$ $\|\Delta a'\|<\|\Delta a\|$

第二节 安全文明生产

一、安全用电

人体是导电体，当人体接触带电体时，则有电流流过人体，由此引起的局部伤害或死亡现象称为触电。

1. 触电原因

触电一般是由于人们没有遵守操作规程或粗心大意，直接接触或过分靠近电气设备的带电部分所致。人体触电时，通过人体的电流将严重损伤心脏和神经系统，甚至危及生命。

2. 安全电压

对人体来讲，安全电压为36 V以下。安全电压是指人体不戴任何防护用品时，触及带电体而不受电击或电伤。但是由于所处环境不同，所以国家规定安全电压等级为36 V、24 V、12 V等，即使处于安全电压下，也不允许随意或故意去触及带电体，因为所谓"安全"也是相对而言。严格地讲，安全电压是因人而异的，与触碰带电体的时间长短、与带电体接触面积和压力等均有关系。

二、安全用电要求

1. 随时移动的照明、潮湿地点的照明和金属容器内的照明灯具，必须符合安全电压的要求，即36 V以下；金属容器内为12 V。
2. 施工使用的一切电线穿过马路时，要穿入套管或架设。不允许用角钢或槽钢浮扣导线。
3. 不准用裸金属丝拴带电导线；擦换灯泡时要拉闸；不允许私自拉设照明和电源。
4. 施工现场的高架、烟筒、塔类、塔式起重机等，要有防雷设施，其接地电阻不得大于10 Ω。
5. 机械在使用前，应确保电气线路接线正确、电动机外壳接地（或接零）牢固可靠和绝缘良好。
6. 施工现场所使用的一切电气机械和临时用电，必须有专人进行维修和定期检测。在下班休息时所有电气设备应拉闸切断电源。
7. 所有的施工机械和电气设备要有防雨棚、防雨罩，露天的电闸要加防雨箱。
8. 在金属容器内使用手把电钻和手持电动砂轮时，必须二人轮换操作、轮换看管电闸，操作人员必须戴绝缘手套，脚下必须用干燥木板或胶皮垫绝缘，以防触电。如发现问题，监护人应立即切断电源。

三、安全用电的防护措施

1. 设立屏障，保证人与带电体的安全距离，并挂标示牌。
2. 有金属外壳的电气设备，要采取接地或接零保护。

3. 采用规定的安全电压。
4. 采用联锁装置和继电保护装置，推广漏电保护器。
5. 对有故障的电气设备，及时进行修理。
6. 健全安全规章制度，加强安全教育和培训。

四、触电的急救

当发生和发现触电事故时，要迅速进行抢救。

1. 脱离电源

（1）低压触电。若触电地点附近有电源开关或插销，要立即拉开开关或拔出插销，切断电源。

当电线搭落在触电者身上或被压在身体下时，可用干燥的衣服、手套、绳索、木板等绝缘物作为工具，拉开触电者或挑开电线，使触电者脱离电源。

（2）高压触电。应立即通知有关部门停电或戴上绝缘手套、穿上绝缘靴、用相应电压等级的绝缘工具拉开开关。

2. 现场急救

触电者脱离电源后要积极进行抢救。若触电者失去知觉，但仍能呼吸，应立即抬到空气流通、温暖舒适的地方平卧，并解开衣服，速请医生诊治。若触电者已停止呼吸，心脏也停止跳动，这种情况往往是假死，一般不能打强心针，而应该通过人工呼吸和心脏挤压的急救方法，使触电者逐渐恢复正常。

五、消防基本知识

1. 防火的安全要求

（1）施工现场要根据实际条件设立消火栓、水龙带，要保证阀门连接件灵活，并有足够的水压，消火栓四周不准堆放材料和机具。

（2）施工现场的电气焊、火炉、电炉、喷灯等使用时，用火人不得离开用火地点，需要离开时应有人代替或灭火后离开。用火周围和下方若有易燃品应设专人看管。

（3）施工现场应根据防火特点设置消防器材（如泡沫灭火器、四氯化碳灭火器、沙子和消火工具等），现场的消防器材不许任意乱动，并按期检查和更换药剂。

（4）现场用火要制订用火安全措施。

（5）施工现场不准随意吸烟，吸烟要到指定地点。

（6）用电炉熔锡时，锡锭熔化后不允许着水，以防止气化爆炸；使用喷灯时，不能把汽油加得过满（四分之三为宜）；点喷灯时，应朝背风靠墙处，以防火焰过大；打气不能过足，以免伤人。

（7）用汽油清洗工件时，要在通风良好的地方进行，绝对禁止吸烟。清洗完后，把废汽油集中在指定地点并竖立标志牌，用红漆写上"危险"字样，以引起注意。

（8）电气焊作业时，与乙炔发生器、电石桶、易燃油类等的距离不得小于 10 m。

2. 灭火常识

（1）发现火警，要立即拨打 119。

(2) 灭火时，要弄清着火材质，采用相应的灭火工具和材料。乙炔着火要用沙子覆盖；油类着火不能用水灭火等。

(3) 会用灭火器灭火。

六、施工环境保护

1. 环境卫生管理

(1) 制订卫生管理制度及应落实卫生责任区，进行经常性卫生检查。

(2) 工地建筑和安装垃圾应随时清理，当天运走，不用的料具和机械及时清退出场，保持场内整洁。生活区设垃圾箱，每日专人清运。

(3) 按标准设洗澡房，并保持清洁，工地范围内由保健医生定期消毒。

(4) 施工现场食堂按卫生标准设置和配备用具，并取得卫生许可证，完善消毒、灭鼠、灭蝇、防尘、防腐措施。工作人员定期体检，持证上岗。

2. 施工环保措施

(1) 控制噪声污染。合理分布动力机械设备的工作场所，避免一个地方运行较多的机械设备。

(2) 减少粉尘

1) 运输可能产生粉尘的材料的车辆配备挡板或用防水布遮盖。

2) 运输车辆应及时清扫、冲洗、保证场地及车辆清洁。

3) 场地运输道路定时洒水降尘。

4) 工地不准燃烧垃圾废弃物。

(3) 不在工地围栏外堆放材料、垃圾，严格按照批准占地的范围、占用期限使用临时用地。

(4) 施工现场内道路平整畅通、排水出口良好。现场出入口设置洗车槽，车辆必须冲洗干净后方准上路行驶。

(5) 除加工房外，临时设施均按标准硬化地面设置。四周设置砖砌排水沟，生活污水经场内污水过滤沉淀后排入下水道。

(6) 工地废水设沉淀池和栅栏，并采取必要的净化措施，防止堵塞下水管道。

(7) 工程完工后，按要求拆除所有工地围蔽和安全防护设施，并将工地周围清理干净，做到工完料清、场地干净。